国外高等物理教育丛书

# 热物理学导论（翻译版）

[美] 丹尼尔·施罗德（Daniel V. Schroeder）著

闫明旗 孙克斌 译

机械工业出版社

全书分为三部分：第一部分介绍了热物理学基础知识；第二部分、第三部分分别详细介绍了热力学和统计力学知识以及它们在实践中的应用。本书最大的特点是形象易懂，讨论了绝大部分重要的应用：气体、液体、固体、磁体、热机、化学反应、玻色子和费米子等。本书可作为高等学校物理学、应用物理学等专业的教科书，也可供相关专业师生参考。

北京市版权局著作权合同登记　图字：01-2019-6416 号。

**图书在版编目（CIP）数据**

热物理学导论：翻译版 / (美) 丹尼尔·V. 施罗德 (Daniel V. Schroeder) 著；闫明旗，孙克斌译. —北京：机械工业出版社，2022.1（2024.11重印）

（国外高等物理教育丛书）

书名原文：An Introduction to Thermal Physics

ISBN 978-7-111-68909-6

Ⅰ. ①热…　　Ⅱ. ①丹…②闫…③孙…　　Ⅲ. ①热力学－高等学校－教材　　Ⅳ. ① O414.1

中国版本图书馆 CIP 数据核字 (2021) 第 162476 号

机械工业出版社（北京市百万庄大街 22 号 邮政编码 100037）
策划编辑：张金奎　责任编辑：张金奎
责任校对：汤　嘉　封面设计：张　静
责任印制：郜　敏
北京中科印刷有限公司印刷
2024 年 11 月第 1 版第 2 次印刷
184mm×260mm · 20.75 印张 · 475 千字
标准书号：ISBN 978-7-111-68909-6
定价：79.80 元

电话服务　　　　　　　　　网络服务
客服电话：010-88361066　　机 工 官 网：www.cmpbook.com
　　　　　010-88379833　　机 工 官 博：weibo.com/cmp1952
　　　　　010-68326294　　金 书 网：www.golden-book.com
**封底无防伪标均为盗版**　机工教育服务网：www.cmpedu.com

# 译序

本书译自施罗德教授（Daniel V. Schroeder）的 *An Introduction to Thermal Physics*。施罗德教授在美国犹他州的韦伯州立大学物理系工作，他对物理教学倾注大量心血，并一直与学生保持密切交流，为学生制作了一系列学习资源，如 Mathematica 教程、用 HTML5 和 JavaScript 制作的在线互动仿真、可视化量子力学等。施罗德教授的丰富教学经验使得本书尤其适合本科生学习热物理学。

本书同时讲解了热物理学中的主要部分——热力学和统计力学。施罗德教授写作时把可读性放在首位，并讨论了绝大部分重要的应用：气体、液体、固体、磁体、热机、化学反应、玻色子和费米子，等等。阅读此书，读者能够理解熵、温度这种基本概念的定义和运算，并掌握如何解决数学上相对简单、概念上相对复杂的热力学问题；同时，读者也可以了解统计力学的基本概念，尤其是学会使用量子统计中最重要的计算和近似方法。

在本书的前两部分，施罗德教授着重讲述热力学，他从理想气体出发，给出了热和功这两个术语的定义。之后，他通过简单的抛硬币的例子，帮助读者理解熵和可逆性，明确了热力学第二定律本质就是熵不能够自发减小。基于此，施罗德教授用熵和能量定义出了温度，推导出了热力学中重要的热力学恒等式。然后，他介绍了理想和现实的热机与制冷机；并将这一过程中使用的热力学概念进一步总结，提出了自由能——本质就是恒定外部环境下研究系统时更有用的热力学量。借助自由能，施罗德教授提出了相变的概念，并从热力学角度定量描述了相变过程以及物理书中较少涉及的溶液和化学反应。

在本书的第三部分，施罗德教授开始讲解统计力学，他一开始就强调对微观态的求和——配分函数——在统计力学中的重要意义；然后，他将配分函数应用到第二部分的很多系统中，展示了这种方法能够简便地处理恒定外部环境下的系统；再之后，他以理想量子气体（费米气体和玻色气体）为例进一步阐述这一点。尽管他展示的这些物理模型都非常简单，但却涵盖了各种各样的物理现象：固体中的晶格振动、黑体辐射、简并费米气体和玻色-爱因斯坦凝聚，等等。当然，施罗德教授也注意到，忽略相互作用的理想模型具有其局限性，有必要向读者介绍存在相互作用的系统，因此他在第 8 章讨论了弱相互作用气体和铁磁体的伊辛模型，作为有相互作用系统的范例。

本书的习题也极具风格，是深入理解教材的必要内容，承担了开拓视野、启发思考的作用。习题的范围横跨多种学科，包括宇宙学、地质学、大气科学等，同时又有许多题目让读者思考日常生活现象的热物理学解释。比如，本书存在前后联系的一些习题（甚至在不同章节中），它们讨论了黑洞的热力学性质、岩石的形成、云的产生，等等。施罗德教授强调，读者要尽可能花一些时间做这些习题，因为本书的习题除了可以练习正文所学知识外，很多也承担着补充正文内容、承上启下的功能，所以我们也建议读者尽可能多地完成习题。

本书作者对读者具有很高的期望，如前言所述，"即使你将来从事的职业和科学完全没有关系，但是对于热物理学的理解，将会充实你生命中的每一天。"译者在翻译此书时，力图将作者的这种期望逐字逐句传递给读者，因此在一些直译不能完全表述作者意图的地方，我们加入了一些译者注。但受能力所限，译文定会存在许多缺点，恳请广大读者不吝指正（ThermalPhysics@163.com）。

译者

2021 年 11 月

# 前言

**热物理学**（thermal physics）用来处理大量的粒子，通常为 $10^{23}$ 数量级，例如气球中的空气、湖中的水、金属块中的电子、太阳发射的光子（电磁波包）等。任何大到肉眼可见的物质（甚至一般显微镜可见的物质）都拥有足够数目的粒子，可以纳入热物理学的范畴。

让我们考虑一块金属，假设其包含 $10^{23}$ 个离子和 $10^{23}$ 个传导电子。我们无法详细跟踪每一个粒子的运动，即便真的可以，我们也不想这样做。相反，在热力学中，我们假设粒子只是随机运动，进而使用概率学定律来预测这块金属应该表现出的行为。或者，我们可以测量金属的整体性质（如刚度、电导率、热容、磁化强度等），并推断出它由什么粒子构成。

一些宏观物质的性质并不真正取决于原子物理学尺度的微观细节。比如热量总是自发地从一个热的物体流向另一个冷的物体，而从不逆向流动；液体总是在较低的压力下容易沸腾；无论发动机是使用蒸气还是空气亦或是其他工作介质，在给定的温度范围内的最高效率都是相同的。这些结果以及它们所遵循的原理构成了一门学科，叫作**热力学**（thermodynamics）。

但是，为了更好地理解物质，我们必须考虑到两个方面，即原子的量子行为以及把一个原子同其他 $10^{23}$ 个原子连起来的统计规律。这样我们不仅可以预测金属和其他物质的性质，而且可以理解为什么热力学原理是这样的——例如，为什么热量总是从热的物体流向冷的物体。对热力学的解释以及随之而来的许多应用构成一个学科，叫作**统计力学**（statistical mechanics）。

物理教师和教科书作者关于热物理学第一门课程的内容分歧很大。有些人喜欢只讲授热力学，它在数学上要求不高并且很容易在日常生活中应用。还有些人则强调统计力学，因为它具有强大的预测能力和坚实的原子物理学基础。在某种程度上，如何选择取决于人们希望应用的领域：在工程或地球科学中，热力学通常就够了；而统计力学对于固体物理或天体物理则必不可少。

在本书中，我试图平衡地讲解热力学和统计力学，而不过分强调其中某一学科。这本书分为三个部分。第一部分介绍了热物理学的基本原理（也即热力学第一、第二定律），我将用一种统一的方式在微观视角（统计力学）和宏观视角（热力学）中切换。为了更好地陈述这部分内容，本书将会把这些原理应用于一些简单的热力学系统。第二部分和第三部分讲述处理热力学和统计学时用到的更高级的方法。我希望本书能够适应大多数同时教授

V

热力学和统计力学的课程，但是只倾向于某一方面的课程应该使用其他的教科书。

学习热物理学的兴奋来源于它能帮助我们理解所生活的世界。事实上，热物理学的应用是如此的广泛，以至于没有一个作者是所有这些问题的专家。在撰写本书时，我试图学习并加入尽可能多的应用，如化学、生物学、地质学、气象学、环境科学、工程学、低温物理学、固体物理学、天体物理学和宇宙学。即便如此，我肯定仍然错过了很多引人入胜的应用。但在我看来，尽管这样一本书不能讲解太多的应用——因为本科物理学生应该专注于刚才提到的某一个科目——但是我认为我有责任让你发现自己真正的兴趣所在。即使你将来从事的职业和科学完全没有关系，但是对于热物理学的理解，将会充实你生命中的每一天。

在撰写本书时，我的目标之一是希望它能足够短，以适用于一个学期的课程，但是我失败了，这本书依然包含了太多的话题，即使对于一个非常快节奏的学期来说，它依然太长了。然而，本书主要还是为一个学期的课程而设计的，只需省略几个没有时间讲述的部分，选择一些有时间来深度讲解的部分即可。在我自己的课程中，我一直省略第 1.7 节、第 4.3 节、第 4.4 节、第 5.4 节到第 5.6 节以及第 8 章的所有内容。取决于你课程的重点，第二部分和第三部分的许多其他内容也可以省略。你如果有一个以上的学期，那么你可以涵盖所有的主要内容或一些额外的内容。

听录音教不会你弹钢琴（虽然它可能会有帮助），阅读教科书也教不会你物理学（虽然它也可能有帮助）。为了鼓励你在使用本书时积极学习，出版商提供了足够的空间让你记录笔记、问题和异议，所以你在阅读的时候一定要带一支铅笔（而不是荧光笔）。更重要的是你要注意这本书中的习题。所有物理教科书作者都告诉读者应该解答书中的习题，我也要求你们这样做。在本书中，你每隔几页就会看到习题——在绝大部分小节之后都有。我把它们放在每一节的结束（而不是每一章的最后），这是为了引起你的注意，尽可能地提示你，你现在能做到什么。习题分很多种类型：思考题、简短的数值计算、数量级的估计、推导、理论的扩展、新的应用，等等。解答这些习题所需的时间差异超过三个数量级，请尽你所能完成它们，越早越好，尽量不要赶到一起。你可能没有时间做完所有习题，但是无论如何请全部阅读，这样你会知道自己错过了什么。多年以后，如果你有兴致了的话，请回去做一做你跳过的习题。

在阅读本书之前，你应该已经上了一年的入门性质的物理课程和微积分。如果它们不包括任何热物理学的内容，你应该花一些额外的时间学习第 1 章。如果你的入门课程并未包含任何量子力学，在阅读第 2 章、第 6 章和第 7 章时附录 A 是必要的。多变量微积分会随着本书的进行而分阶段介绍，它有助于理解这门课程，但不是绝对必要或必须同修的。

一些读者可能会对本书不包含某些主题或一些主题介绍得不够深入而感到失望。为了尽量补救，本书的最后提供了进一步阅读的注释清单，一些有关特定主题的参考文献也会在文中给出。除借用一些数据和插图之外，正文几乎没有因为引用原作者的某些想法给出任何参考文献。要强调的是，我完全没有资格决定谁是这些想法的真正主人。书中的几个历史评论十分简化，意在告诉读者事情可能是如何发生的，而不一定是实际情况。

没有任何一本书出版时是完美的，这本书也不例外。幸运的是，万维网为作者提供了持续更新的机会。在可预见的未来，本书的网址都会是http://physics.weber.edu/

thermal/。在那里你会发现各种各样的信息，包括错误和更正列表、用某些编程语言实现的需要计算机解决的问题的提示，以及其他参考和链接。你也会找到我的电子邮件地址，欢迎你发送疑问、评论和建议。

## 致谢

我需要感谢很多对这项工作有贡献的人：

首先要感谢那些帮助我学习热力学的杰出教师：Philip Wojak、Tom Moore、Bruce Thomas 以及 Michael Peskin。直到今天，我一直从 Tom 和 Michael 那里学习，我真诚地感激我和他们正在进行的合作。在自己教授热物理学的过程中，Charles Kittel、Herbert Kroemer 以及 Keith Stowe 的教科书给了我很多启发。

在撰写本书的过程中，几位热心的同事在自己的班级里进行了试讲，他们是：Chuck Adler、Joel Cannon、Brad Carroll、Phil Fraundorf、Joseph Ganem、David Lowe、Juan Rodriguez 和 Daniel Wilkins。我对这些老师和他们的学生使用我未完成的书所带来的不便深表歉意。我尤其感谢我在 Grinnell College 和 Weber State University 教授热物理学时的学生们，我希望列出他们所有人的名字，但是请允许我列出其中的三个人作为代表：Shannon Corona、Dan Dolan 和 Mike Shay，你们的问题帮助我用新的方法写出了书中的重要部分。

其他花费时间阅读本书初稿的人包括：Elise Albert、W. Ariyasinghe、Charles Ebner、Alexander Fetter、Harvey Gould、Ying-Cheng Lai、Tom Moore、Robert Pelcovits、Michael Peskin、Andrew Rutenberg、Daniel Styer、Larry Tankersley。Farhang Amiri、Lee Badger 和 Adolph Yonkee 提供了每一章必要的反馈，Colin Inglefield、Daniel Pierce、Spencer Seager 和 John Sohl 对于一些技术问题提供了专业的指导。Karen Thurber 帮我画了图 1.15、图 5.1 以及图 5.9 中出现的兔子和魔法师。我要感谢他们以及其他的几十位回答过我的问题、告诉过我参考文献以及允许我引用他们工作的人。

我感谢 Weber State University 的管理制度，以及所有的教师和职工，你们给了我各种形式的支持，尤其是给我创造了珍视和鼓励写书的环境。

同 Addison Wesley Longman 的编辑团队共同工作，我深感荣幸，尤其是 Sami Iwata 对完成这项工作比我更有自信，还有 Joan Marsh 和 Lisa Weber 给出的专业建议改善了本书每一页的排版。

在一个很多作者要感谢亲人的地方，我要谢谢我许多的朋友，尤其是 Deb、Jock、John、Lyall、Satoko 和 Suzanne，你们给予了我无穷的鼓励和支持。

# 目录

# 第一部分

# 基础知识

# 第 1 章   热物理学中的能量

## 1.1   热平衡

**温度**（temperature）是热力学中最常见的概念，它同时也是最棘手的概念之一——直到第 3 章我才会告诉你温度到底是什么。现在，我们先从一个很简单的定义开始：

> **温度**是用温度计量出来的数。

如果你想测量一锅汤的温度，你可以把一个温度计（例如水银温度计）放入汤内，等一会儿，读出这个温度计的读数就是了。这是一种**操作定义**（operational definition），因为它告诉了你怎么测量讨论的量。

那么这个过程为什么有效呢？直观地来讲，温度计中的水银随着它温度的上升或下降膨胀或收缩，最终当水银的温度等于汤的温度时，水银的体积就告诉了我们温度是多少。

注意到，这个温度计（以及其他温度计）依赖于下面的基本事实：两个物体相互接触并等待足够长时间后，它们的温度倾向于相同。这样一个如此基础的性质甚至可以作为温度的另外一个定义：

> **温度**是当两个物体相互接触并等待足够长的时间后变得相同的东西。

我称它为温度的**理论定义**（theoretical definition）。但是这个定义十分模糊：我们讨论的"接触"是哪种？"足够长"是多久？我们该如何赋予温度一个数值？如果最后有不止一个量在两个物体中变得一样又该怎么办？

在解答这些问题之前，我们先介绍几个术语：

> 当两个物体相互接触并等待足够长的时间后，它们达到了**热平衡**（thermal equilibrium）。
>
> 一个系统达到热平衡所需的时间称为**弛豫时间**（relaxation time）。

所以当你把一个水银温度计放入汤内，你需要等待弛豫时间这么久，水银才能与汤的温度相同（这样你的读数才准确）。此时，水银与汤就达到了热平衡。

那么，"接触"是什么意思呢？就目前来看，一个不错的定义是：通过一些手段让两个物体自发地交换我们称之为"热"的能量，就是"接触"的过程。直接的机械接触（如触摸）通常没有问题，但是即使物体被真空阻隔，它们也可以通过电磁波的形式互相"辐射"能量。如果你想阻止两个物体到达热平衡，你需要在它们之间放上一些绝热材料，例如玻璃纤维或保温瓶的双层外壁；即使这样，它们最终还是会到达平衡的，你不过是在增加弛豫时间罢了。

在一些例子中，弛豫时间的概念通常十分清晰。当你把冷的奶油倒进热的咖啡里面，这一杯液体的弛豫时间不过几秒；然而，咖啡与周围房间到达热平衡的弛豫时间通常需要很多分钟。[1]

这个咖啡和奶油的例子带来了另外的问题：这两种物质最终不仅温度一致了，也相互混合了。这种混合对于热平衡来说不是必须的，但是它构成了第二种平衡——**扩散平衡**（diffusive equilibrium），此时，物质的分子（这个例子中是奶油分子和咖啡分子）可以自由移动并且没有移动到某个特定方向的倾向。同样，在大规模的运动（例如图 1.1 中气球的膨胀）可以发生但是不再自发时，物体就达到了**机械平衡**（mechanical equilibrium）。对于任意一种两个系统间的平衡，都有一种在它们之间可以交换的量：

| 交换的量 | 平衡的种类 |
| --- | --- |
| 能量 | 热平衡 |
| 体积 | 机械平衡 |
| 粒子 | 扩散平衡 |

注意到，我声称热平衡交换的量是能量，我们将在下一节中看到一些佐证。

**图 1.1** 一个热气球与其周围的环境存在热交换、机械接触和气体扩散，与其交换能量、体积和粒子。但这些不是都达到了平衡的。

当两个物体能交换能量，并且能量倾向于自发地从一个物体移动到另一个物体，我们就说那个释放能量的物体具有较高的温度，接受能量的物体具有较低的温度。有了这个概念，我们可以重新描述温度的理论定义：

> **温度**是一个物体自发地向它的周围环境释放能量的趋势的度量。当两个物体在
> 热接触时，那个倾向于自发地失去能量的物体具有较高的温度。

---

[1]有其他的作者更加详细地定义弛豫时间为温度相较于最一开始乘了一个因子 $1/e$（$e \approx 2.7$）所需的时间。但是在这本书中，我们只需要定性的定义。

在第 3 章中，我会回到这个理论定义，更精确地定义它，并用最基本的量解释温度到底是什么。

同时，我们也需要更精确地叙述温度的操作定义（你用温度计量出来的量）。该如何校准温度计来得到一个温度的数值呢？

绝大多数温度计利用热膨胀的原理工作：物体在热的时候倾向于占据更多空间（压强不变时）。水银温度计不过是一个方便测量固定量水银体积的装置。为了定义温度的实际单位，我们选取两个常见的温度，例如水的冰点和沸点，并把它们赋予任意的数值，例如 0 和 100。我们接下来就把它们标到水银温度计上，量出 100 个等间隔的刻度，就可以用定义说这个温度计现在测量的是摄氏度了。

当然不是水银才能做温度计，我们也可以利用其他物质的热膨胀效应，例如一条铁片或固定压强下的气体。我们还可以使用电学性质，例如一些标准物体的电阻。图 1.2 中展示了几个适用范围不同的实用温度计。乍看起来，不同的温度计应该在 0 °C 到 100 °C 具有不同的刻度，事实就是如此——尽管在很多情况下差别非常小。如果你对温度的精度要求很高，这些差别就需要考虑，但是对我们现在的情况来说，没必要找出这些温度计与标准的差距。

**图 1.2** 一系列的温度计。中间两个是玻璃液体温度计，基于测量汞（适用于较高温度）和酒精（适用于较低温度）的膨胀。右侧的表盘温度计基于测量金属线圈的转动，而其后面的球泡设备基于测量固定体积气体的压强。左后方的数字温度计使用的是热电偶——一个连接两种金属的两端构成的回路——它可以产生与两侧温度差相关的电压。在左前方是一组三个陶用测温锥，它们在特定的温度下软化并下垂。

基于气体膨胀的温度计尤其有趣：若外推到非常低的温度，我们可以预测，对于任何等压的低密度气体，其体积应在大约 −273 °C 时变为 0（实际上，气体总是先液化，但趋势非常明显）。另外，如果保持气体的体积固定，那么当温度接近 −273 °C 时，其压强将接近零（见图 1.3）。这种特殊的温度称为**绝对零度**（absolute zero），定义了**绝对温标**（absolute temperature scale）的零点，由威廉·汤姆森（William Thomson）在 1848 年首次提出。汤姆森后来成为了拉格斯的开尔文男爵（Baron Kelvin of Largs），因此绝对温度的国际单位制称为**开尔文**（kelvin）。[1] 开尔文的大小与摄氏度相同，但开尔文温度以绝对零度而非水的冰点作为零点，所以室温约为 300 K。

正如我们即将看到的，只有当使用开尔文刻度（或另一个绝对刻度，如习题 1.2 中定义的朗肯（Rankine）刻度）的温度时，许多热力学方程式才是正确的。出于这个原因，在将温度代入任何方程之前，通常应当将其转换成绝对温标。（但是，当谈论两个温度之间的差时，摄氏度也是可以的。）

---

[1]某些比较严格的编辑认为不能说"度开尔文"（degree kelvin）——绝对温度单位的名称就是"开尔文"。而且他们也认为所有国际单位制的英文全名均不得大写。

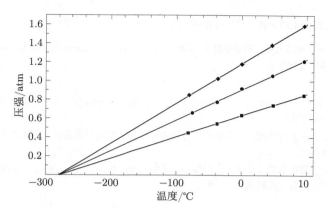

**图 1.3** 固定体积的气体在不同温度下，学生所测量的压强数据（使用图 1.2 所示的球泡装置）。这三组数据来自于球泡内三种不同数量的气体（空气）。无论气体的量如何，压强都是温度的线性函数，并在大约 −280 ℃ 时外推到零。（更精确的测量结果表明，气体的量确实对这个零点有微小的影响，但是当气体的密度趋近于零时，总是存在极限 −273.15 ℃。）

**习题 1.1** 在华氏温标下，冰的熔点为 32 °F，而水的沸点为 212 °F。

(1) 分别推导从华氏温标向摄氏温标转换及其相反过程的转换公式。

(2) 绝对零度在华氏温标下的数值是多少？

**习题 1.2** 朗肯温标（记为 °R）与华氏温标有相同的温度间隔，但其零点与绝对温标类似，均为绝对零度（故朗肯温标之于华氏温标相当于绝对温标之于摄氏温标）。导出朗肯温标与华氏温标，以及朗肯温标与绝对温标之间的转换公式。室温在朗肯温标下的数值是多少？

**习题 1.3** 写出以下事物的绝对温度：

(1) 人体体温，

(2) 水的沸点（在 1 atm 标准大气压下），

(3) 你记忆中最冷的一天的气温，

(4) 液氮的沸点（−196 ℃），

(5) 铅的熔点（327 ℃）。

**习题 1.4** 某个物体是另一个物体"两倍热"的说法是否合理？使用摄氏温标还是绝对温标对这个问题有影响吗？请做出解释。

**习题 1.5** 当你发烧，用温度计测量体温时，弛豫时间大概是多少？

**习题 1.6** 试举例说明为何你不能通过触摸物体的冷热来准确判断物体的温度。

**习题 1.7** 当液态汞的温度上升一摄氏度（或一开尔文）时，它的体积增加 1/5520。（固定压强下）单位温度变化下体积的膨胀比率称作**热膨胀系数**（thermal expansion coefficient）$\beta$：

$$\beta \equiv \frac{\Delta V/V}{\Delta T}$$

（式中，$V$ 为体积；$T$ 为温度；$\Delta$ 标记变化量。且在这个例子中，这些变化量应为无穷小量，$\beta$ 才能有良好的定义。）故对汞来说，$\beta = 1/5520\,\mathrm{K}^{-1} = 1.81 \times 10^{-4}\,\mathrm{K}^{-1}$。（具体数值会随温度变化，但在 0 ℃ 到 200 ℃ 之间它的变化率不超过 1%。）

(1) 取一个水银温度计，估计其底部水银泡的大小，并据此估计使此温度计按既定标度工作时，温度计的内径应是多少。忽略玻璃的热胀冷缩。

(2) 水的热膨胀系数随温度显著变化：在 100 ℃ 时为 $7.5 \times 10^{-4}\,\mathrm{K}^{-1}$，但随着温度显著降低直至在 4 ℃ 时达到零。4 ℃ 以下时变为较小的负值，并在 0 ℃ 时达到 $-0.68 \times 10^{-4}\,\mathrm{K}^{-1}$（这种现象与冰的密度比水低这一事实相关）。根据这一现象，思考湖水冻结的过程，仔细地讨论如果水的热膨胀系数始终为正的话这一现象会有何不同。

**习题 1.8** 对于固体，我们也可以将**线热膨胀系数**（linear thermal expansion coefficient）$\alpha$ 定义为单位温度变化下长度的增加比率：

$$\alpha \equiv \frac{\Delta L/L}{\Delta T}$$

(1) 对于钢铁，$\alpha = 1.1 \times 10^{-5}\,K^{-1}$。试估计一座 1 公里长的钢桥在一个寒冷的冬夜和一个炎热的夏日之间的长度变化。

(2) 图 1.2 中的表盘温度计通过一个卷曲的金属薄片工作，它由被层压在一起的两片不同种类的金属制成，解释它的工作原理。

(3) 证明固体的体膨胀系数等于三个方向线膨胀系数的和：$\beta = \alpha_x + \alpha_y + \alpha_z$。（因此对于各个方向膨胀程度一致的各向同性固体，$\beta = 3\alpha$。）

## 1.2 理想气体

我们将低密度气体的许多特性归纳为著名的**理想气体定律**（ideal gas law）：

$$PV = nRT \tag{1.1}$$

式中，$P$ 是压强；$V$ 是体积；$n$ 是气体的物质的量；$R$ 是一个普适常数；$T$ 是用开尔文作为单位的温度。（如果你在公式中错误地使用了摄氏度作为单位，你将会看到气体的体积或压强在水的冰点时是 0，在更低的温度时变为负值。）

理想气体公式中的常数 $R$ 在国际单位制下（即：用 $N/m^2 = Pa$ 作为压强单位，用 $m^3$ 作体积单位）的经验值为

$$R = 8.31\,\frac{J}{mol\cdot K} \tag{1.2}$$

请小心，化学家经常使用 atm（$1\,atm = 1.013 \times 10^5\,Pa$）和 bar（$1\,bar$ 严格等于 $10^5\,Pa$）作为压强单位，用升（$1\,L = (0.1\,m)^3$）作为体积单位。

**一摩尔**（mole）分子的数目是阿伏伽德罗常量，

$$N_A = 6.02 \times 10^{23} \tag{1.3}$$

相比于物理学家，这是另一个在化学家那里更有用的"单位"。通常我们关心体系的分子数，用大写 $N$ 标记：

$$N = n \times N_A \tag{1.4}$$

如果我们把理想气体定律中的 $n$ 换成 $N/N_A$，把 $R/N_A$ 记作新的常数 $k$，可以得到

$$PV = NkT \tag{1.5}$$

这将是我们更常用的理想气体定律。式(1.5)中的常数 $k$ 叫作**玻尔兹曼常量**（Boltzmann's constant），这个常数在国际单位制下非常小（因为阿伏伽德罗常量很大）：

$$k = \frac{R}{N_A} = 1.318 \times 10^{-23}\,J/K \tag{1.6}$$

我推荐使用下面的公式记忆两者之间的关系：

$$nR = Nk \qquad (1.7)$$

即便不考虑单位，理想气体定律依旧总结了许多重要的物理事实。对给定温度下一定数目的气体，压强翻倍，刚好使得体积缩小为原来的一半；在体积固定时，温度翻倍刚好对应压强变为原先的两倍，等等。本节的习题讨论了几个关于理想气体定律的推论。

就像其他所有的物理定律一样，理想气体定律也是一个近似，真实世界的气体从来都不完全遵守它。只有在气体密度很低时，也即气体分子之间的平均距离远大于分子本身的大小时，该定律才是有效的。对于室温室压下的空气（以及其他常见气体），分子之间的平均距离大约是其尺寸的 10 倍，因此理想气体定律对大多数用途来说已经足够精确。

**习题 1.9** 在室温和 1 atm 下，1 mol 空气的体积是多少？

**习题 1.10** 在一个一般大小的屋子里，空气分子的数目大概是多少？

**习题 1.11** 考虑大小相同的房间 $A$ 和 $B$，他们通过一个打开的门相连接，若 $A$ 房间更暖和（可能是因为窗户朝向太阳），详细解释哪个房间的空气总质量更大？

**习题 1.12** 计算室温和大气压下理想气体每个分子的平均体积。然后对该结果开立方以估计分子间平均距离。这个距离与 $N_2$ 或 $H_2O$ 等小分子的大小相比如何呢？

**习题 1.13** 1 mol 大约是 1 g 质子所包含的总质子数，中子的质量与质子大致相同，但电子的质量与质子和中子相比可以忽略。所以如果你知道了一个分子中的总质子数和中子数（也即"原子质量"），你就大概知道了 1 mol 这种分子的总质量（多少克）。[1] 根据元素周期表，算出 1 mol 以下物质的质量：水、氮气（$N_2$）、铅、石英（$SiO_2$）。

**习题 1.14** 计算 1 mol 干燥空气的质量，其中包含 $N_2$（占总体积的 78%）、$O_2$（21%）以及氩气（1%）。

**习题 1.15** 估计热气球（见图 1.1）内气体的平均温度。假设未充气的气球和载荷的总质量为 500 kg，那么气球中空气的总质量是多少？

**习题 1.16 指数大气**

(1) 考虑一块厚度（高度）为 d$z$ 的水平大气板。若这部分大气是静止的，则上下表面的压强差应该要平衡这部分大气的重力。根据这个事实，用大气密度表示出压强随高度的变化率 d$P/$d$z$。

(2) 根据理想气体定律，用压强、温度、空气分子的平均质量 $m$ 表示出空气的密度。（计算 $m$ 所需要的信息已在习题 1.14 中给出。）然后验证压强满足下列微分方程：

$$\frac{\mathrm{d}P}{\mathrm{d}z} = -\frac{mg}{kT}P$$

该方程称作**气压方程**（barometric equation）。

(3) 假设大气温度不随高度变化（这不是一个特别好的假设，但也不算太差），解气压方程，得到压强关于高度的函数：$P(z) = P(0)\mathrm{e}^{-mgz/kT}$。证明密度也满足类似的方程。

(4) 估算如下地点的气压：犹他州的奥格登（Ogden, Utah）（海拔 1430 m），科罗拉多州的莱德维尔（Leadville, Colorado）（海拔 3090 m），加州的惠特尼山（Mt. Whitney, California）（海拔 4420 m），珠穆朗玛峰（Mt. Everest）（海拔约 8850 m）。（假设海平面处大气压强为 1 atm。）

**习题 1.17** 即使在低密度下，真实气体也不完全满足理想气体定律。一个系统地考虑实际气体与理想气

---

[1] 摩尔的精确定义是 12 g 碳-12 原子的总原子数。物质的**原子质量**（atomic mass）就是 1 mol 该物质以克计的质量。各个原子和分子的质量通常用**原子质量单位**（atomic mass unit）表示，记为 u。1 u 定义为一个碳-12 原子质量的 1/12。质子和中子的质量均比 1 u 略大，但正如大多数热物理学问题一样，这里将原子质量取作离实际值最近的正整数是可以的，这就相当于直接计算原子中的质子和中子总数。

体行为偏离的方式是**维里展开**（virial expansion）：

$$PV = nRT \left( 1 + \frac{B(T)}{(V/n)} + \frac{C(T)}{(V/n)^2} + \cdots \right)$$

式中，函数 $B(T)$、$C(T)$ 等称作**维里系数**（virial coefficient）。当气体的密度很小——气体的摩尔体积很大——时，每一项都比前一项小很多。大多数时候我们有充足的理由忽略第三项及之后的项而把注意力放在第二项上，这一项的系数 $B(T)$ 称为第二维里系数（第一维里系数是 1）。氮气（$N_2$）的第二维里系数的部分测量值如下：

| $T/K$ | $B/(cm^3/mol)$ |
|-------|----------------|
| 100   | $-160$         |
| 200   | $-35$          |
| 300   | 4.2            |
| 400   | 9.0            |
| 500   | 16.9           |
| 600   | 21.3           |

(1) 对表中的每个温度，计算大气压下氮气的维里方程中的第二项 $B(T)/(V/n)$。讨论理想气体定律在这些温度下的适用性。

(2) 考虑分子间的作用力，解释为何我们希望 $B(T)$ 在低温时为负，而在高温时为正。

(3) 任何 $T$ 与 $P$、$V$ 之间的函数关系——比如理想气体定律和维里方程——都称作**物态方程**（equation of state）。另一个有名的物态方程是在数值上对黏稠的液体同样适用的**范德瓦耳斯方程**（van der Waals equation）：

$$\left( P + \frac{an^2}{V^2} \right)(V - nb) = nRT$$

式中，$a$ 与 $b$ 由具体的气体种类决定。计算满足范德瓦耳斯方程的气体的第二和第三维里系数（即 $B$ 和 $C$），将结果用 $a$ 与 $b$ 表示。（提示：根据二项式展开，当 $|px| \ll 1$ 时，$(1+x)^p \approx 1 + px + \frac{1}{2}p(p-1)x^2$。将此近似应用到 $[1 - (nb/V)]^{-1}$ 上。）

(4) 绘制范德瓦耳斯方程所预测的 $B(T)$ 的图像，并选取合适的 $a$ 与 $b$ 使结果能与上面氮气的数据拟合。并讨论在这个温度条件范围内范德瓦耳斯方程的准确程度。（本书第 5.3 节将会对范德瓦耳斯方程做更进一步的讨论。）

### 1.2.1  气体的微观模型

在第 1.1 节中，我们定义了"温度"和"热平衡"的概念，并且简单叙述了热平衡起源于两个系统之间的能量交换。但是，温度究竟是如何与能量有关联的？这个问题通常来讲并不简单，但是对于理想气体来说，它却很容易；我现在尝试说明这一点。

我将要构造一个想象中的充满气体的容器"模型"。[1] 尽管这个模型不会在所有的方面都完美，但是我希望它尽可能多地保留了低密度气体的行为。我先从最简单的例子开始——一个圆柱体中只含有一个气体分子，如图 1.4 所示。圆柱的长为 $L$，活塞的面积是 $A$，容器的体积是 $V = LA$。此时，粒子的速度是 $\vec{v}$，水平分量是 $v_x$。随着时间流逝，分子在容器壁之间不断地碰撞，所以它的速度会发生改变。我要假设所有的碰撞都是弹性碰撞，也即分子的速率不会改变，同时，我还要假设容器和活塞的表面是完美光滑的，因此类似光在镜子中的反射那样，分子的运动路径关于法线对称。[2]

---

[1] 这个模型可以回溯到 1738 年由 Daniel Bernoulli 发表的论文，但是模型的很多推论直到 19 世纪 40 年代才被理解。

[2] 这个假设只对分子的平均行为成立；在任意一个特定的碰撞中，分子可能会损失或者获得动能，且几乎可以以任何角度离开表面。

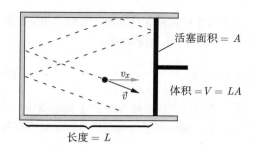

图 1.4 一个极度简化的理想气体模型，只有一个分子进行弹性碰撞。

活塞面积 $= A$

体积 $= V = LA$

长度 $= L$

现在，我想知道温度是如何与分子的动能产生关联的，但是现在我唯一知道只有理想气体定律：

$$PV = NkT \tag{1.8}$$

式中，$P$ 是压强。所以我首先要弄清楚压强和动能的关系；然后我将使用理想气体定律得到压强和温度的关系。

在这个简单的气体模型中，压强是什么呢？压强被定义为单位面积上的力，在这里就是单位面积上分子对活塞（和容器的其他管壁）施加的力。分子施加在活塞上的压强是多少呢？通常情况下是零，因为分子几乎不接触活塞。但是时不时地，分子会撞击活塞并回弹，施加一个相对较大的力。其实我真正关心的是施加在活塞上的平均压强。我会在字母上面加一横来表示一个量在较长时间下的平均值，比如 $\overline{P}$，具体计算如下：

$$\overline{P} = \frac{\overline{F_{x,\text{施加在活塞上}}}}{A} = \frac{-\overline{F_{x,\text{施加在分子上}}}}{A} = -\frac{m\left(\overline{\frac{\Delta v_x}{\Delta t}}\right)}{A} \tag{1.9}$$

第一步我写出了分子施加于活塞的 $x$ 分量的力，第二步我使用了牛顿第三定律把它变成了活塞施加于分子的力，最后我使用牛顿第二定律将力换成分子质量 $m$ 乘以加速度 $\overline{\Delta v_x/\Delta t}$。由于我希望对某个比较长的时间段做平均，因此需要把 $\Delta t$ 取一个较大的值。但是要注意的是，我只能包含因为活塞引起的加速度，不能包含由另一侧墙壁引起的加速度。最好的办法是使得 $\Delta t$ 刚好等于分子往返一次需要的时间：

$$\Delta t = 2L/v_x \tag{1.10}$$

（与活塞垂直墙壁的碰撞并不会改变分子 $x$ 方向的运动。）在这个时间间隔内，分子刚好经历一次与活塞的碰撞，$x$ 方向的速度变化为

$$\Delta v_x = (v_{x,\text{终}}) - (v_{x,\text{初}}) = (-v_x) - (v_x) = -2v_x \tag{1.11}$$

把这些公式代入式(1.9)，就可以得到分子施加在活塞上的平均压强

$$\overline{P} = -\frac{m}{A}\frac{(-2v_x)}{2L/v_x} = \frac{mv_x^2}{AL} = \frac{mv_x^2}{V} \tag{1.12}$$

很有意思的是，这个公式中出现了 $v_x$ 的平方。其中一个 $v_x$ 来自于 $\Delta v_x$：如果分子的运动速度加快，每一次碰撞会更加剧烈，这会施加更多的压强。另一个来自 $\Delta t$：如果分子运动速度加快，碰撞会更加频繁。

现在，想象容器中不只有一个分子，而是有 $N$ 个相同的分子，且 $N$ 是一个比较大的数。这

些分子拥有随机的位置和运动方向。[1] 我假设分子之间不发生碰撞或相互作用，它们只和墙壁有作用。因为每个分子周期性地碰撞活塞，所以平均压强就是对式(1.12)的求和：

$$\overline{PV} = mv_{1x}^2 + mv_{2x}^2 + mv_{3x}^2 + \cdots \tag{1.13}$$

如果分子数足够多，碰撞足够频繁，压强将会是连续的，我们就可以直接丢掉 $P$ 上面的横线。另一方面，对 $N$ 个 $v_x^2$ 的求和可以写为 $N$ 乘以 $v_x^2$ 的平均值，利用同样的横线记号标记对所有分子的平均，式(1.13)就变成了

$$PV = Nm\overline{v_x^2} \tag{1.14}$$

到目前为止，我一直在讨论这个模型的推论，没有引入任何真实世界的事实（除了牛顿定律）。但是现在，我将要使用理想气体定律式(1.8)，把这个公式当成实验得到的事实，来消去式(1.14)右边的 $N$：

$$kT = m\overline{v_x^2} \quad \text{或} \quad \overline{\frac{1}{2}mv_x^2} = \frac{1}{2}kT \tag{1.15}$$

我把这个公式的另一形式写到了右边，此时其等号左边几乎就是分子的平动**动能**（kinetic energy），唯一的区别在于存在角标 $x$，但是我们可以把它去掉，因为这个公式对于其他两个方向 $y$ 和 $z$ 依然成立：

$$\overline{\frac{1}{2}mv_y^2} = \overline{\frac{1}{2}mv_z^2} = \frac{1}{2}kT \tag{1.16}$$

所以平均的平动动能为

$$\overline{K}_{平动} = \overline{\frac{1}{2}mv^2} = \frac{1}{2}m\left(\overline{v_x^2 + v_y^2 + v_z^2}\right) = \frac{1}{2}kT + \frac{1}{2}kT + \frac{1}{2}kT = \frac{3}{2}kT \tag{1.17}$$

（和的平均是平均的和。）

我们最好暂停一下，回顾刚刚发生了什么：我从一种一堆分子在容器里面跳动的简单气体模型开始，将理想气体定律视为一个实验事实，就得到了结论——气体分子的平均平动动能可以简单地由某个常数乘以温度给出。所以如果这个模型是准确的，温度就是气体分子平均平动动能的直接度量。

这个结果给了我们一个对玻尔兹曼常量 $k$ 的很好解释，即把温度转换为能量。回忆 $k$ 的单位，J/K，我们现在看到，至少对于这个简单的模型，$k$ 的确是温度和分子能量之间的转换因子。不过考虑一下数字的大小：对于一个在室温（300 K）下的空气分子，$kT$ 是

$$(1.38 \times 10^{-23} \text{ J/K})(300 \text{ K}) = 4.14 \times 10^{-21} \text{ J} \tag{1.18}$$

平均平动动能是上式的 3/2 倍。因为分子如此的小，其动能理应这么小。处理这样的值时，焦耳不是一个好的单位，通常我们使用**电子伏特**（electron-volt，eV）——一个电子在 1 V 电势差的电场中加速所获得的能量：$1 \text{ eV} = 1.6 \times 10^{-19} \text{ J}$。玻尔兹曼常量可以重新写为 $8.62 \times 10^{-5} \text{ eV/K}$，所以室温下：

$$kT = (8.62 \times 10^{-5} \text{ eV/K})(300 \text{ K}) = 0.026 \text{ eV} \approx \frac{1}{40} \text{ eV} \tag{1.19}$$

即使使用电子伏作为单位，室温下分子的能量依然是很小的。

---

[1] 随机到底是什么意思？哲学家已经写了数千页的论述来尝试回答这个问题。不过在这里，我们所使用的就是它日常的意义——分子位置和速度的分布基本均匀，没有朝着任何特定方向的明显趋势。

如果你想知道气体分子的平均速率，基本上可以使用式(1.17)得到——解 $\overline{v^2}$ 可得

$$\overline{v^2} = \frac{3kT}{m} \tag{1.20}$$

如果对式(1.20)开根号，我们不会得到平均速度，反而得到的是速度平方平均值的开方，也即均方根值（root-mean-square 或简写为 rms）：

$$v_{均方根} = \sqrt{\overline{v^2}} = \sqrt{\frac{3kT}{m}} \tag{1.21}$$

我们将会在第 6.4 节中看到，$v_{均方根}$ 比 $\overline{v}$ 略大。所以如果你不是很关心精确度，$v_{均方根}$ 可以用来估计平均的速度。根据式(1.21)，在给定温度下，轻的分子往往比重的分子运动得更快。如果代入数值的话，你将会发现在室温下，分子移动的速度达到了几百米每秒。

回到我们的主要结果，也即式(1.17)，你可能想知道它对真实气体是否成立——毕竟我在推导时候用了一些假设来简化模型。严格地说，如果分子间有相互作用，或者如果它们与墙壁的碰撞是非弹性的，或者理想气体定律本身失效，我的推导就会不正确。分子之间的短程相互作用通常没什么影响，并不会改变分子的平均速度。唯一需要关心的是当气体变得密集以至于分子本身所占据的空间与容器总体积可比时，这种简单的分子在空间中直线运动的图像就不再适用，而且此时理想气体定律也会因为要严格遵守式(1.17)而失效。然而，这个公式不仅对于致密气体是正确的，对于大多数液体甚至固体也是如此！我们会在第 6.3 节中证明它。

**习题 1.18** 计算室温下氮气的均方根速度。

**习题 1.19** 考虑处于热平衡、由氢气和氧气组成的混合气体。平均而言，哪种气体移动得更快？快了多少倍？

**习题 1.20** 铀有两种常见的同位素，其原子质量分别为 238 和 235。分辨这两种同位素的方法之一是使它们与氟化合，生成六氟化铀气体，$UF_6$，然后比较两种不同同位素生成的气体的平均热运动速度。计算室温下两种同位素气体分子各自的均方根速度，并做比较。

**习题 1.21** 在一场雹暴中，冰雹的平均质量为 2 g，并以 15 m/s 的速度和 45° 的角度击打着窗户。窗户的面积为 0.5 m²，且冰雹每秒击打 30 次。问冰雹施加在窗户上的平均压强是多少？这个压强与大气压强相比如何？

**习题 1.22** 如果你在一个充满气体的容器上打一个小洞，气体便会往外泄漏。在这个习题中你将会对气体流出洞的速率做一个粗略估计。（至少当在洞足够小的时候，此过程称作**泻流**（effusion）。）

(1) 考虑容器内壁上很小的一块面积 $A$，证明在时间 $\Delta t$ 内与这块小面积相撞的分子数目为 $PA\Delta t/(2m\overline{v_x})$，式中，$P$ 为压强，$m$ 为平均分子质量，$\overline{v_x}$ 为与小面积相撞的分子的 $x$ 方向平均速度。

(2) 计算 $\overline{v_x}$ 并不是很容易，但计算 $(\overline{v_x^2})^{1/2}$ 是一个不错的近似，这里的平均表示的是对气体中所有分子的平均。证明 $(\overline{v_x^2})^{1/2} = \sqrt{kT/m}$。

(3) 如果此时把那一小块内壁取走，那些本来会和其相撞的分子则会溢出容器。假设没有其他东西从这个孔进入，证明容器内分子数 $N$ 与时间的关系满足如下微分方程：

$$\frac{dN}{dt} = -\frac{A}{2V}\sqrt{\frac{kT}{m}}N$$

（假设温度固定）求解这个方程，并得到指数形式的解 $N(t) = N(0)e^{-t/\tau}$，式中，$\tau$ 是 $N$ 和 $P$ 缩减为初始值的 1/e 所需的"特征时间"。

(4) 计算室温下一个 1 L 容器中的空气从一个 1 mm² 的小孔逃逸出去的特征时间。

(5) 如果你的自行车轮胎破了个洞，导致它在充满气之后一小时就变瘪了，那么这个洞大概有多大？（对

自行车轮胎体积做出合理估计。）

(6) 在儒勒·凡尔纳（Jules Verne）的小说《环绕月球》（*Round the Moon*）中，为了处理狗的尸体，太空旅行者快速地打开了窗，将狗的尸体扔出，并关上窗。你觉得他们可以在过量空气溢出前足够快地完成这件事情吗？通过估计和计算证明你的判断。

## 1.3　能量均分定理

式(1.17)是一个更加通用的结论——**能量均分定理**（equipartition theorem）——的特殊情况。这个定理不仅包括平动动能，还覆盖了所有其他形式能量，只要它们可以写为位置坐标或速度的二次函数；每一个这种形式的能量就叫作一个**自由度**（degree of freedom）。目前为止，我们只讨论过在 $x$、$y$ 和 $z$ 方向上的平动运动。其他的自由度可能包括旋转运动、振动运动和弹性势能（如储存在弹簧中的）。所有这些形式的能量都具有类似的公式：

$$\frac{1}{2}mv_x^2, \quad \frac{1}{2}mv_y^2, \quad \frac{1}{2}mv_z^2, \quad \frac{1}{2}I\omega_x^2, \quad \frac{1}{2}I\omega_y^2, \quad \frac{1}{2}k_sx^2, \quad 等等 \tag{1.22}$$

第四和第五个是转动动能，为转动惯量 $I$ 和角速度 $\omega$ 的函数；第六个是弹性势能，为弹性系数 $k_s$ 和距离平衡点的位移 $x$ 的函数。能量均分定理就是说每一个自由度的平均能量都是 $\frac{1}{2}kT$：

**能量均分定理**：在温度为 $T$ 时，每一个二次自由度的平均能量都是 $\frac{1}{2}kT$。

如果一个系统具有 $N$ 个分子，每个都有 $f$ 的自由度，并且不具有其他的非二次的与温度相关的能量，则它的**总热能**（total thermal energy）是

$$U_热 = N \cdot f \cdot \frac{1}{2}kT \tag{1.23}$$

严格来讲，这只是平均的总热能，但是如果 $N$ 足够大，偏离平均值的误差其实可以忽略。

我将在第 6.3 节中证明能量均分定理。然而，现在重要的是要准确理解它所说的内容。首先，$U_热$ 基本上从来不是系统的总能量；我们还有不随着温度改变的"静态"能量，比如储存在化学键中的能量或系统中所有粒子的静能（$mc^2$）。因此，最好将能量均分定理应用于温度升高或降低时的能量变化，并且不要在相变或其他的粒子间的键可能断裂的反应中使用。

要使用能量均分定理，我们还有一个困难：计算系统具有的自由度。我们最好通过实例来学习。在像氦、氩这样的单原子分子气体中，只有平移运动，所以每个分子有三个自由度，即 $f=3$。在氧气（$O_2$）或氮气（$N_2$）等双原子分子气体中，每个分子也可以围绕两个不同的轴旋转（见图1.5）。量子力学告诉我们，围绕两个原子连线的旋转不算自由度，二氧化碳（$CO_2$）也是这样的，因为它同样在这个轴上具有旋转对称性。但是大部分多原子分子都可以沿着所有的三个轴旋转。

**图 1.5** 双原子分子可以围绕两个彼此垂直的轴旋转，但是不能沿着两个原子连线的第三轴个旋转。

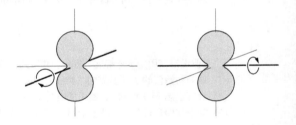

为什么旋转自由度应该具有与平移自由度完全相同的平均能量？这个问题并非是显而易见的，但是，我们可以想象气体分子在容器内部运动，它们彼此碰撞并与壁面碰撞，可以预见平均转动动能最终将达到一个平衡值：如果分子移动迅速（高温），值就较大；如果分子移动缓慢（低温），值就较小。在任何一个碰撞中，转动动能可能转化为平动动能或反过来；但平均上来看，这些过程应当到达平衡。

双原子分子也可以像两个原子被弹簧固定在一起一样地振动。这种振动应该算作两个自由度，一个是振动动能，另一个是势能。（你可能已经在经典力学中学过，简谐振子的平均动能和势能相等——这与能量均分定理相一致。）更复杂的分子可以以多种方式振动，例如拉伸、弯曲、扭曲。振动的每个"模式"都具有两个自由度。

然而，在室温下，许多振动自由度对分子的热能没有贡献。就像我们将在第 3 章中看到那样，这个结论同样需要量子力学来解释。因此，空气分子（$N_2$ 和 $O_2$）在室温下只有 5 个自由度，而非 7 个；在较高的温度下，这些振动模式最终都会贡献自由度。我们说这些模式在室温下被"冻结"了；显然，与其他分子的碰撞足够使得空气分子旋转，但几乎不足以使其振动。

在固体中，每个原子可以在三个垂直方向上振动，因此每个原子有 6 个自由度（3 个是动能，3 个是势能）。图 1.6 是一种简单的晶体固体模型。如果让 $N$ 代表原子数并让 $f$ 代表每个原子的自由度，代入固体模型的自由度 $f = 6$，我们就可以使用式(1.23)了。同样地，一些自由度可能会在室温下被"冻结"。

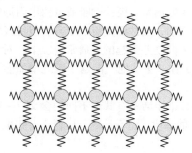

**图 1.6** 晶体的"弹簧床"模型。每个原子就像一个球，通过弹簧与它的相邻原子相连。在三维中，每个原子有六个自由度：三个来自动能，三个来自弹簧中的势能。

液体比气体和固体更加复杂。通常可以使用公式 $\frac{3}{2}kT$ 来确定液体中分子的平均平动动能，但能量均分定理对其余的热能不起作用，因为液体的分子间势能不能很好的用二次函数描述。

你可能会想知道能量均分定理有什么实际的、我们可以用实验验证的结果？简单来说，向系统中增加一些能量，测量其温度的变化，并与式(1.23)进行比较。我们将在第 1.6 节更详细地讨论这个过程，并展示一些实验结果。

**习题 1.23** 分别计算室温和标准大气压下 1 L 氢气和空气的总热能。

**习题 1.24** 计算室温下 1 g 铅的总热能，假设此温度下没有被"冻结"的自由度。（此时该假设正好成立。）

**习题 1.25** 尽可能多的列出一个水蒸气分子的所有自由度。（仔细思考分子可以怎么振动。）

## 1.4　功和热

热力学很大一部分精力都在处理三个密切相关的概念：**温度**（temperature）、**能量**（energy）和**热**（heat）。很多学生在学习热力学时的困难就来源于混淆了这三个概念。让我再提醒你一下，从根本上说，温度是物体自发释放能量倾向的衡量。我们刚刚看到，在很多情况下，当一个系统的能量增加时，温度也会升高。但不要将此视为温度的定义，它只是一个恰好正确的关于温度的陈述。

为了进一步解答疑问，我真的应该给你一个能量（energy）的精确定义。不幸的是，我做不到。因为能量是所有物理学中最基本的动力学概念，所以我不能用更基本的概念描述它。但是，我可以列出各种形式的能量——动能、静电能、引力能、化学能、核能——并附上一个定理：能量通常可以从一种形式转换为另一种形式，但宇宙中的能量总数永远不会改变。这便是著名的**能量守恒定律**（law of conservation of energy）。我有时把能量描绘成可以从一个地方移动到另一个地方且坚不可摧（不能被标记）的流体，它的总量永远不变。（这个类比很方便但是存在错误——因为根本不存在这样的流体。）

假设你有一个装满气体或其他热力学系统的容器。如果你注意到系统的能量增加，你可以得到结论：一些来自外部的能量进去了；因为这些能量不可能是凭空创造出来的，否则会违反能量守恒定律。同样地，如果系统的能量减少，那么一定有一些能量从容器中逃脱，而到了别处。有各种各样的机制可以将能量移入系统或移出系统，但是在热力学中，我们通常把能量的移动机制分为两类：**热**（heat）和**功**（work）。

**热**定义为任意由温度差引起的两个物体之间的自发能量流动。我们认为"热"从热的取暖器流到了冷的屋子，从热水流到了冷的冰块，从温暖的太阳流向寒冷的地球。这些能量流动的机制可能不同，但是这些能量转移的过程都称作"热"。

在热力学中，**功**定义为热之外的能量流动。你压缩活塞、搅拌咖啡或者给电阻通电，这些都是在做功。在上面提到的例子中，系统的能量都会增加，通常温度也会上升。但是我们不说系统被"加热"了，因为能量的流动不是自发的，不是由温度差引起的。通常情况下，对于功，我们可以找到一个"中间人"（也可能是无生命的物体）在"主动地"向这个系统增加能量，因为这个过程不会"自动地"发生。

热和功的定义很难马上接受，因为这两个词在日常生活中有截然不同的含义——摩擦双手使得手掌变暖，把一杯茶放在微波炉里加热都被认为是做功，而不是热，尽管这看起来有点不可思议。

要注意的是，不管是热还是功都指的是能量的转移。你可以讨论系统中的总能量，但是讨论系统中有多少热或者多少功是毫无意义的。我们只能够讨论有多少热进入了系统或者外界向这个系统做了多少功。

我将会使用字母 $U$ 代表系统的总能量，字母 $Q$ 和 $W$ 分别代表任何所关心的时间段内进入系统的热和功（如果能量流出系统，这两个量都可能是负的）。这两者之和 $Q + W$ 则是流入系统的总能量，根据能量守恒定律，这个量一定等于系统总能量的变化（见图 1.7）。写成公式，这就是

$$\Delta U = Q + W \tag{1.24}$$

也即系统总能量的变化等于热加上功。[1] 这个公式只是能量守恒定律的重新表述，但却可以回溯到它刚刚被发现的时候——那时，能量和热的关系还有很大争议——它称作**热力学第一定律**（first law of thermodynamics），这个名字十分神奇，而且我们到现在还在使用它。

---

[1] 不少物理和工程类书籍定义系统对外做功时 $W$ 是正的，所以式(1.24)写为 $\Delta U = Q - W$。这个正负号规范在处理热机问题时很方便，但是我发现在其他情况下它只会带来疑惑。我的正负号规范与大多数化学家的选择一致，并且也被很多物理学家使用。
另一个符号问题是，大家通常希望 $\Delta U$、$Q$ 和 $W$ 是无穷小。这本书中，我都把无穷小的 $\Delta U$ 写成 d$U$，并直接用 $Q$ 和 $W$ 表示无穷小。你可能在别的书中看到过 d$Q$ 或者 d$W$，但是无论如何不要认为这是热和功的"改变"——这是没有意义的。为了防止你犯这种错误，很多书的作者在 d 上半部分加一横写作 đ$Q$ 和 đ$W$。对我而言，这个符号依然看起来很像"变化"，所以我更喜欢直接使用 $Q$ 和 $W$ 本身，只要记 $Q$ 和 $W$ 是无穷小即可。

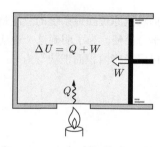

**图 1.7** 接受的热能与外界做的功的数目之和等于系统总能量的变化。

国际单位制下能量的单位是**焦耳**（joule），定义为 $1\,\mathrm{kg\cdot m^2/s^2}$。（所以 $1\,\mathrm{kg}$ 的物体以 $1\,\mathrm{m/s}$ 的速度运动有 $\frac{1}{2}\,\mathrm{J}$ 的动能，因为动能公式为 $\frac{1}{2}mv^2$。）我们通常用**卡路里**（calorie）作为热的单位，$1\,\mathrm{cal}$ 是指把 $1\,\mathrm{g}$ 水升高 $1\,{}^\circ\mathrm{C}$ 需要的热（当没有功作用于系统时）。焦耳（James Joule）（以及其他人[1]）验证了相同的温度升高也可以通过机械功的方式（如搅拌水）获得，并且两者的数目等价。焦耳测量出的 $1\,\mathrm{cal}$ 用现代的单位写出来是 $4.2\,\mathrm{J}$；现在，$1\,\mathrm{cal}$ 被定义为 $4.184\,\mathrm{J}$。有些人通常使用这个单位来描述化学反应。著名的食物卡路里（有时记作 C）单位其实是千卡路里，也即 $4184\,\mathrm{J}$。

根据产生机制的不同，热的传递过程分为三类。**传导**（conduction）由分子直接接触引起，运动速度较快的分子撞击运动速度较慢的分子转移能量；**对流**（convection）是气体或者液体的流动，由热物体的膨胀趋势引起，通常发生在引力场中；**辐射**（radiation）是电磁波的发射，室温下的物体通常是红外线，对于更热的物是可见光，例如电灯泡、太阳。

**习题 1.26** 考虑一块电池和一个电阻串联的系统，把电阻浸没在水里（来冲一杯热茶）。从电池流向电阻的能量是"热"还是"功"？从电阻流向水中的能量呢？

**习题 1.27** 请举出一个没有热量进入但温度上升的系统的例子，再举出一个反例——有热量进入但系统的温度不变。

**习题 1.28** 估计 $600\,\mathrm{W}$ 的微波炉将一杯水从室温加热到沸点所需要的时间，假设所有的能量都用于加热水。（你自己假设一个合适的初始温度。）解释这个过程为何不涉及热量传递。

**习题 1.29** 装有 $200\,\mathrm{g}$ 水的水杯在餐桌上放着，你在测得水的温度为 $20\,{}^\circ\mathrm{C}$ 之后离开了。十分钟后你回来再次测量，发现现在水的温度为 $25\,{}^\circ\mathrm{C}$。在这个过程中水吸收的热量是多少？（提示：这个问题有陷阱。）

**习题 1.30** 将几勺水加入带有密封盖子的瓶中，用温度计测量，确定整个系统温度为室温。盖上盖子并反复猛烈摇动几分钟。若干次摇动以后再次测量温度。粗略计算预期的温度变化，并做比较。

## 1.5 压缩做功

在本书中，我们将会见到多种类型的功，但最重要的一类是通过压缩系统（通常是气体）所做的功，例如推活塞。你可能会回想起在经典力学中，推活塞所做的功等于你施加的力与位移的内积：

$$W = \vec{F} \cdot \mathrm{d}\vec{r} \tag{1.25}$$

（当系统不止一个点粒子时，这个公式其实有些模糊：$\mathrm{d}\vec{r}$ 是指质心的位移还是接触点（如果存在的话）的位移？或是什么别的位移？在热力学中这个问题的答案永远是接触点，我们不会考虑诸

---

[1] 其他帮助建立热力学第一定律的人包括 Benjamin Thompson (Count Rumford)、Robert Mayer、William Thomson 和 Hermann von Helmholtz。

如重力等远程力所做的功。在这种情况下，我们根据功能原理知道系统的总能量增加了 $W$。[1]

但是对于气体，用压强和体积表达所做的功就十分简便。为了明确这个说法，考虑图 1.8 所示的典型汽缸活塞装置。力与位移平行，所以我们可以忽略内积而把功写为

$$W = F\Delta x \tag{1.26}$$

（我们规定活塞向里移动时 $\Delta x$ 为正。）

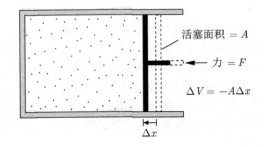

**图 1.8** 当活塞向内移动时，气体的体积变化了（一个负数）$\Delta V$，并且对气体做的功是 $-P\Delta V$（在准静态假设下）。

接下来要做的是用 $PA$——气体压强乘以活塞面积——代替 $F$。为了进行这种替换，需要假设气体被压缩的过程中，它的内部总是处于平衡状态，所以它的压强在任何地方都是均匀的（此时整体压强是存在的）。因此，活塞的运动必须相当缓慢，以便气体有时间恢复平衡；我们称这种体积变化非常缓慢的过程为**准静态**（quasistatic）过程。虽然完全的准静态压缩是理想化的，但它在实践中通常是一个很好的近似。想要气体的压缩过程是非准静态的，你必须非常努力地猛击活塞，使得它的运动速度比气体可以"响应"的速度快（也即活塞速度必须至少与气体中的声速相当）。

对于准静态压缩，施加在活塞上的外力就等于气体压强与活塞面积的乘积，[2] 因此

$$W = PA\Delta x \quad （准静态压缩） \tag{1.27}$$

$A\Delta x$ 刚好是体积变化的相反数（因为体积在活塞向内移动时体积减小），所以，

$$W = -P\Delta V \quad （准静态） \tag{1.28}$$

举个例子，如果你有一箱在大气压（$10^5 \text{ N/m}^2$）下的空气且试图将它的体积减小 1 L（$10^{-3} \text{ m}^3$），你就需要做 100 J 的功；很简单地就可以证明这个公式对于气体膨胀来说也适用——只不过 $\Delta V$ 是正数，所以功是负数。

然而，这个公式有一个瑕疵：通常在压缩过程中，气体的压强是会变化的，那么我们该用哪一个压强呢——是初始值、结束值、平均值还是什么别的？对于非常小（"无穷小量"）的体积变化来说，压强的变化可以忽略，因此没有什么问题；然而我们总可以把一个较大的体积变化分为一系列的微小变化。所以，如果压强在压缩过程中确实有显著变化，我们就需要把这个过程分为许多微小的步骤，在每个步骤中应用式(1.28)，并把这些功加起来得到总功。

用图形理解这个手段可能会比较简单：如果压强恒定，那么所做的功就是负的 $P$-$V$ 图中直

---

[1] 对于"功"的多种定义的详细讨论，请见 A. John Mallinckrodt and Harvey S. Leff, "All about work", *American Journal of Physics* **60**, 356–365 (1992).

[2] 即使对于准静态压缩来说，活塞和外壁之间的摩擦也有可能使施加的外力和气体对活塞的压强不相等。如果 $W$ 代表活塞对气体做的功，那么并没有什么问题；但是如果 $W$ 代表你在推活塞时所做的功，你就需要在下文中都假设摩擦可以忽略。

线下的面积（见图 1.9）；如果压强不恒定，我们就分成很多小步，计算每一步的面积并把它们加起来，功仍旧是 $P$-$V$ 图中曲线下的面积。

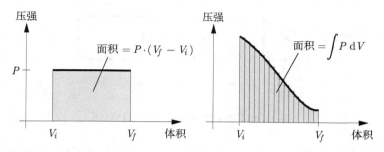

**图 1.9** 当气体的体积发生变化并且压强恒定时，对气体做的功等于 $P$-$V$ 图中面积的负数；即便压强不恒定，不过是把矩形面积换成了曲边梯形的面积。

如果你恰巧知道压强关于体积的方程 $P(V)$，你就可以用积分来计算所做的功了：

$$W = -\int_{V_i}^{V_f} P(V)\,\mathrm{d}V \quad \text{（准静态）} \tag{1.29}$$

这个公式十分有用，因为它既可以在压强不变又可以在压强变化时使用。然而，用这个积分不一定能轻易地计算出来一个 $W$ 的简单公式。

重要的是要记住，压缩膨胀做功并不是唯一一种可以对热力学系统所做的功。例如，电池中的化学反应会导致在其连接的电路上做电功。在本书中，我们将会看到许多例子，其中压缩膨胀做功是唯一的一种，但是我们也会看到很多例子并非如此。

**习题 1.31** 想象一个圆柱形容器中有初始体积为 1 L，初始压强为 1 atm 的氦气。通过某种方式，氦气膨胀至 3 L，同时压强以与体积成正比的形式增加。

(1) 画出这一过程的 $P$-$V$ 图。

(2) 算出这一过程中对气体所做的功，此处我们假设没有"其他"形式的功。

(3) 算出这一过程中氦气的能量变化。

(4) 算出这一过程中氦气吸收或放出的热量。

(5) 可以通过什么手段使体积膨胀的同时压强上升？

**习题 1.32** 施加 200 atm 的压强后，你可以将水的体积压缩至原先的 99%。将这一过程用 $P$-$V$ 图表示出来（不需要按比例绘制），并估计将 1 L 水压缩至此所需做的功。这个结果令你感到惊讶吗？

**习题 1.33** 一些理想气体历经如图 1.10 a 所示的循环过程。对于 $A$、$B$、$C$ 中的任意一段路径，判断其以下各量是正、是负、还是 0：对气体所做的功、气体的能量变化、向气体传入的热量。随后计算整个循环过程中的这三个量。这个循环的结果是什么？

**习题 1.34** 一种理想双原子分子气体，置于一个带有可移动活塞的圆筒中，并历经如图 1.10 b 所示的矩形形状的循环过程。假设在整个过程中温度恰好使分子的转动自由度被激活而振动自由度又被"冻结"。同时假设该过程的功只有气体的准静态压缩膨胀功。

(1) 对于 $A$ 到 $D$ 四步路径中的每一步，算出对气体所做的功、向气体传入的热量以及气体的能量变化。将所有答案用 $P_1$、$P_2$、$V_1$、$V_2$ 表示。（提示：在计算热量 $Q$ 前，用理想气体定律和能量均分定理先计算 $\Delta U$。）

(2) 描述在这四个步骤中分别对系统做了什么，比如在步骤 $A$，热量（通过火焰或其他手段）被传入气体系统，而活塞保持一个位置不动。

(3) 算出整个循环过程下所做的功、所吸收的热量以及气体的总能量变化。这和你所期待的结果一致吗？简要解释。

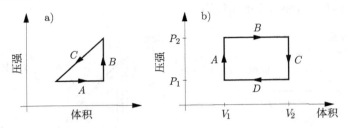

**图 1.10** 习题 1.33 和习题 1.34 的 *P-V* 图

### 1.5.1 理想气体的压缩

为了对前面的这些公式有一个直观的感受，我来尝试将它们应用于压缩理想气体。由于大多数常见的气体（如空气）非常接近理想气体，我们获得的结果实际上会是非常有用的。

当你压缩一个充满气体的容器时，你正在对它做功，也即增加它的能量。通常这会导致气体温度升高——例如你给自行车轮胎打气。但是，如果你非常缓慢地压缩气体，或者如果容器与其环境保持良好的热接触，则当气体被压缩时，由于热量将会从容器中逸出，其温度不会升高。[1]因此，快速压缩和缓慢压缩之间的差别在热力学中非常重要。

在本节中，我们将考虑两种理想化的压缩理想气体的方式：**等温压缩**（isothermal compression）——这种压缩非常缓慢，气体温度根本不会升高；以及**绝热压缩**（adiabatic compression）——这种压缩快到在此过程中没有热量从气体中逸出。大多数真正的压缩过程都介于这两个极端之间，通常更接近绝热压缩近似。不过，我们将从更简单的等温压缩的情况开始讲起。

假设你等温地压缩理想气体，即不改变其温度，我们几乎可以肯定该过程是准静态的，因此可以使用式(1.29)来计算所做的功，其中 $P$ 由理想气体定律确定。在 *P-V* 图上，理想气体定律 $P = NkT/V$，在固定的 $T$ 下是一个上凹的双曲线——这个双曲线称为**等温线**（isotherm），如图 1.11 所示。所做的功是负的曲线下面积：

$$W = -\int_{V_i}^{V_f} P\, \mathrm{d}V = -NkT \int_{V_i}^{V_f} \frac{1}{V}\, \mathrm{d}V$$
$$= -NkT \left(\ln V_f - \ln V_i\right) = NkT \ln \frac{V_i}{V_f} \tag{1.30}$$

我们可以看到，当 $V_i > V_f$，即气体被压缩时，对气体做的功是正的；当 $V_i < V_f$，即气体等温膨胀时，对气体做的功就是负的了。

随着气体的等温压缩，热必须跑到环境中去；为了计算这些热量有多少，我们可以利用热力学第一定律以及理想气体的 $U$ 是正比于 $T$ 的事实：

$$Q = \Delta U - W = \Delta \left(\tfrac{1}{2} NfkT\right) - W = 0 - W = NkT \ln \frac{V_f}{V_i} \tag{1.31}$$

也就是说，跑到环境中的热就是负的所做的功。对压缩来说，$Q$ 是负数，因为热从气体转移到环境中去了；对膨胀来说，$Q$ 是正数，因为热从环境进入气体了。

---

[1]水肺气瓶通常在水中充满，以防止内部的压缩空气过热。

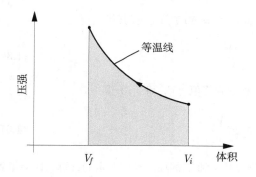

**图 1.11** 对理想气体的等温压缩来说，$P\text{-}V$ 图是一个上凹的双曲线，称为**等温线**。同样地，所做的功是负的曲线下面积。

下面我们考虑绝热压缩，没有热流入（或流出）气体，我仍假设这个压缩是准静态的。在实际中，这个近似通常效果不错。

如果我们对气体做功但是不让热逸出，气体的能量就会增加：

$$\Delta U = Q + W = W \tag{1.32}$$

如果这个气体是理想气体，$U$ 正比于 $T$，温度也会增加。在 $PV$ 图上，描述这个过程的曲线一定连接了高温度的等温线和低温度的等温线，因此这个曲线一定比两条等温线都要陡（见图 1.12）。

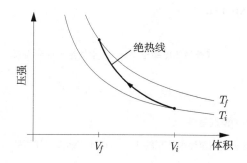

**图 1.12** 在 $P\text{-}V$ 图上，绝热压缩的曲线——**绝热线**（adiabat）——起始于低温等温线，终止于高温等温线。

为了找到一个准确描述这个曲线的方程，我首先利用能量均分定理：

$$U = \frac{f}{2}NkT \tag{1.33}$$

式中，$f$ 是每个分子的自由度——单原子分子是 3，室温附近的双原子分子是 5，等等。沿着绝热线的任何无穷小部分的能量变化是

$$dU = \frac{f}{2}Nk\,dT \tag{1.34}$$

同时，准静态压缩所做的功是 $-P\,dV$，因此，在绝热压缩过程中无穷小部分的式(1.32)可以写为

$$\frac{f}{2}Nk\,dT = -P\,dV \tag{1.35}$$

这个微分方程将绝热压缩过程中的温度和体积变化联系了起来。为了解这个方程，我们还需要把

压强 $P$ 用变量 $T$ 和 $V$ 来表示——也即理想气体定律 $P = NkT/V$。将其代入得

$$\frac{f}{2}\frac{\mathrm{d}T}{T} = -\frac{\mathrm{d}V}{V} \tag{1.36}$$

现在，我们可以将两边同时从初始值（$V_i$ 和 $T_i$）积分到终值（$V_f$ 和 $T_f$）得

$$\frac{f}{2}\ln\frac{T_f}{T_i} = -\ln\frac{V_f}{V_i} \tag{1.37}$$

为了简化该方程，将两边同时取自然指数，并分别合并 $i$ 和 $f$ 的项。经过一定的计算，你会得到

$$V_f T_f^{f/2} = V_i T_i^{f/2} \tag{1.38}$$

或更精炼的形式

$$VT^{f/2} = 常数 \tag{1.39}$$

给定任何起始体积、温度以及最终体积，你现在就可以计算最终的温度。如果要确定最终压强，我们可以使用理想气体定律来消去式(1.38)两侧的 $T$。结果可以写为

$$V^\gamma P = 常数 \tag{1.40}$$

我们将 $\gamma = (f + 2)/f$ 称为**绝热指数**（adiabatic exponent）。

**习题 1.35** 从式(1.39)出发推导出式(1.40)。

**习题 1.36** 给自行车轮胎打气的过程中，1 L、1 atm 下的空气被绝热压缩至 7 atm（空气绝大部分为双原子分子的氮气和氧气）。

(1) 经过压缩以后这部分空气的最终体积是多少？

(2) 压缩气体的过程中对空气做了多少功？

(3) 如果压缩前气体的温度是 300 K，那么压缩以后的温度是多少？

**习题 1.37** 在一台柴油机里，一个大气压下的空气被迅速压缩至原来体积的 1/20。估计压缩以后气体的温度，并由此解释为什么柴油机不需要火花塞。

**习题 1.38** 两个完全相同的气泡在湖底生成，并上升至湖面。因为湖面的压强远远小于湖底的压强，两个气泡在上升过程中都会膨胀。但是，$A$ 气泡上升得很快，以至于在这一过程中它与湖水之间没有热量交换。同时，$B$ 气泡上升得比较缓慢（可能是受到了某些水草的阻碍），所以它总是与湖水处于热平衡状态（湖水温度处处相等）。当到达湖面时哪个气泡更大？解释你的理由。

**习题 1.39** 当我们运用牛顿运动定律对连续介质的振动进行分析时，可以得到下式给出的声速：

$$c_s = \sqrt{\frac{B}{\rho}}$$

式中，$\rho$ 是介质的密度（单位体积的质量）；$B$ 为介质的**体积模量**（bulk modulus），即介质刚性程度的度量。更准确地说，如果我们向一块这样的介质额外施加压强 $\Delta P$，使得这块介质的体积减少了 $\Delta V$，那么 $B$ 就被定义为压强变化除以体积的相对变化：

$$B \equiv \frac{\Delta P}{-\Delta V/V}$$

这个定义仍旧是比较模糊的，因为我并没有提及这个压缩是绝热的还是等温的（或是什么其他过程）。

(1) 考虑理想气体的等温压缩和绝热压缩过程，分别计算它的体积模量，结果用压强 $P$ 来表示。

(2) 论证在计算声速的时候，我们需要利用绝热过程的 $B$。

(3) 推导理想气体的声速公式，用其温度和平均分子质量来表示。将这个结果与这种气体分子的均方根速度比较，由此估算室温下空气的声速。

(4) 一支苏格兰乐队在犹他州演奏的时候，其中一个乐手声称这里的海拔使他们的风笛偏离了音调。你认为海拔会影响声速（从而影响音腔中驻波的频率）吗？如果会，会向哪个方向改变呢？如果不会，又是为什么呢？

**习题 1.40** 在习题 1.16 中，你假设温度为常数，计算了空气压强随海拔的变化。但是，通常来讲，从地面往上 $10 \sim 15\,\mathrm{km}$ 的大气——**对流层**（troposphere）——温度是会随着高度的上升而下降的（这是由于地面受到太阳直接加热后，又将热量传输给地面附近大气）。如果温度的梯度 $|\mathrm{d}T/\mathrm{d}z|$ 超过某一临界值，那么就会发生对流：温暖的低密度气体向上升，而寒冷的高密度气体则会下沉。气压随高度的减少使得上升的空气绝热膨胀，进而有所冷却，对流发生的条件就是在考虑了绝热膨胀引起的冷却以后，这部分上升的空气温度仍旧比周围的空气高。

(1) 证明当理想气体绝热膨胀时，温度和压强符合如下微分方程：

$$\frac{\mathrm{d}T}{\mathrm{d}P} = \frac{2}{f+2}\frac{T}{P}$$

(2) 假设初始时 $\mathrm{d}T/\mathrm{d}z$ 刚好处于临界值，这样施加在上升气体的垂直方向的力总是近似平衡的。基于习题 1.16 (2) 的结果求出这种情况下 $\mathrm{d}T/\mathrm{d}z$ 的具体表达式。结果应当是一个常数，与压强和温度均无关，且它的估计值为 $-10\,^{\circ}\mathrm{C}/\mathrm{km}$。这个基本的气象学参数称作**干绝热直减率**（dry adiabatic lapse rate）。

## 1.6　热容

不严谨地讲，**热容**（heat capacity）是一个物体升高 $1\,^{\circ}\mathrm{C}$ 所需的热量：

$$C \equiv \frac{Q}{\Delta T} \quad \text{（有时成立，见下文）} \tag{1.41}$$

（热容的记号是大写字母 $C$。）的确，物质越多，对应的热容就越大。更基础的定义是**比热容**（specific heat capacity），定义为单位质量的热容：

$$c \equiv \frac{C}{m} \tag{1.42}$$

（比热容的记号是小写字母 $c$。）

我们一定要知道，热容的定义式(1.41)是不明确的：让物体升高 $1\,^{\circ}\mathrm{C}$ 需要的热取决于环境，更具体来说，取决于你是否对物体做功。把热力学第一定律代入式(1.41)有

$$C = \frac{Q}{\Delta T} = \frac{\Delta U - W}{\Delta T} \tag{1.43}$$

即便物体的能量是仅与温度相关的单值函数，作用在物体上的功 $W$ 仍旧可以是任意值，所以 $C$ 也可以是任意值。

在实际中，有两种最可能发生的情况（两种 $W$ 的选择）。最简单的选择是令 $W = 0$，也就是没有功作用于物体上。通常情况下，这意味着系统的体积不变——假如体积有变化，就会有因为体积变化引起的压缩膨胀功 $-P\Delta V$。我们把 $W = 0$ 以及 $V$ 不变这种特殊情况的热容叫作**定**

**容热容**（heat capacity at constant volume），记作 $C_V$。根据式(1.43)我们有

$$C_V = \left(\frac{\Delta U}{\Delta T}\right)_V = \left(\frac{\partial U}{\partial T}\right)_V \tag{1.44}$$

（下标 $V$ 表示体积是固定的；$\partial$ 是偏导记号，也即只对 $T$ 和 $V$ 的函数 $U$ 求 $T$ 的导数。）把这个量叫作"能量热容"（energy capacity）或许更好，因为这个量是该体系温度升高 1°C 需要的能量，与能量是不是以热量的形式进入无关。对于 1 g 水，$C_V$ 是 1 cal/°C，或大约 4.2 J/°C。

日常生活中的物体在加热过程中，往往会膨胀。此时，物体会向周围环境做功，所以 $W$ 是负数，此时的 $C$ 会比 $C_V$ 大：你需要增加额外的热，来补偿向外界做功损失的能量。如果物体周围的压强刚好是常数，此时需要的总热量是确定的，我们把每升高 1°C 需要的热量记作 $C_P$，称作**定压热容**（heat capacity at constant pressure）。代入式(1.43)我们有

$$C_P = \left(\frac{\Delta U - (-P\Delta V)}{\Delta T}\right)_P = \left(\frac{\partial U}{\partial T}\right)_P + P\left(\frac{\partial V}{\partial T}\right)_P \tag{1.45}$$

式(1.45)最右边的项是为了补偿物体做功需要额外增加的热能。可以发现，体积增加得越多，这一项越大。对于固体和液体 $\partial V/\partial T$ 通常很小，可以被忽略。但是对于气体，这一项是很大的。（公式中的第一项 $(\partial U/\partial T)_P$ 和 $C_V$ 不太一样，因为此时在偏导中是 $P$ 固定，而不是 $V$ 固定。）

式(1.41)到式(1.45)都是基本定义，所以可以应用到任何物体。为了确定特定物体的热容，通常有三种选择：测量它（见习题 1.41）；从一本已经列成表的参考书中查询；或者从理论上计算它。最后一种方法是最有趣的方法，在整本书中我们会不断地重复。对于某些物体，我们所知已经足够预测它的热容。

像第 1.3 节中描述的那样，若我们的系统只在二次"自由度"中储藏热能，根据能量均分定理则有 $U = \frac{1}{2}NfkT$（忽略任何形式的"静"能，因为它和温度无关），所以

$$C_V = \frac{\partial U}{\partial T} = \frac{\partial}{\partial T}\left(\frac{NfkT}{2}\right) = \frac{Nfk}{2} \tag{1.46}$$

此处我们假设 $f$ 与温度无关。（注意在这种情况下，固定 $V$ 还是固定 $P$ 在 $\partial U/\partial T$ 中没有区别。）这种方法给了我们一种直接测量物体自由度的手段，或者用已知的自由度来验证能量均分定理。例如，对于单原子气体，比如氦气，$f = 3$，所以 $C_V = \frac{3}{2}Nk = \frac{3}{2}nR$；也即每摩尔的热容为 $\frac{3}{2}R = 12.5$ J/K。对于双原子或多原子分子，热容应该更大，与每摩尔气体的自由度成正比。图 1.13 展示了氢气（$H_2$）的 $C_V$ 与温度的关系——在低温下，振动自由度和旋转自由度是被冻结的。对于固体，每一个原子有 6 个自由度，所以每摩尔的热容应该为 $\frac{6}{2}R = 3R$；这个规则叫作**杜隆-珀蒂定律**（rule of Dulong and Petit）。然而固体在低温下几乎所有的自由度都会被冻结，所以当 $T \to 0$，热容也会趋于 0，见图 1.14。

那气体的定压热容又是什么样呢？对于理想气体，无论是固定 $P$ 还是固定 $V$，$\partial U/\partial T$ 都一样，并且我们可以使用理想气体定律来计算定压热容式(1.45)中的第二项。在压强恒定时：

$$\left(\frac{\partial V}{\partial T}\right)_P = \frac{\partial}{\partial T}\left(\frac{NkT}{P}\right) = \frac{Nk}{P} \quad \text{（理想气体）} \tag{1.47}$$

因此，

$$C_P = C_V + Nk = C_V + nR \quad \text{（理想气体）} \tag{1.48}$$

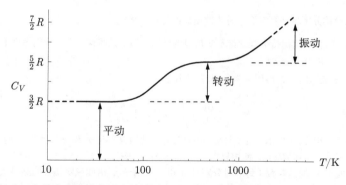

**图 1.13**　1 mol 氢气（$H_2$）的定容热容与温度的关系。要注意温度轴是对数的。在 100 K 以下，只有三个平移自由度是激活的。大约室温范围内，两个旋转自由度也是激活的。在 1000 K 以上，两个振动自由度也激活了。在室压下，氢气在 20 K 时液化，在约 2000 K 时开始分解。数据来自 Woolley et al. (1948) [61]。

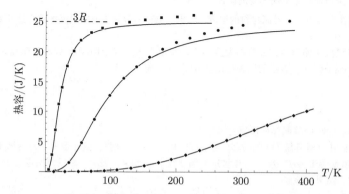

**图 1.14**　测量到的三种 1 mol 物质的定压热容（数据点）。实线是用第 7.5 节中的方法预测的定容热容与温度的关系。温度足够高时，每一种物质的 $C_V$ 都接近了能量均分定理预测的 $3R$。数据点与实线在高温下的偏差主要来自 $C_P$ 和 $C_V$ 的差异。在 $T = 0$ 时，所有的自由度都被冻结，$C_P$ 和 $C_V$ 都接近于 0。数据来自 *Thermophysical Properties of Matter*, edited by Y. S. Touloukian (Plenum, New York, 1970)。

换句话说，对每 1 mol 的理想气体，定压热容比定容热容多 $R$，也即气体常数。很有意思的是，只要压强保持不变，多出来的一项是与压强无关的。如果压强很大，气体膨胀会很小，所以我们也可以预期气体对环境做功与 $P$ 无关。

　　**习题 1.41**　为了测量一个物体的热容，我们通常将其与另一个已知热容的物体进行热接触。举个例子，假设一块金属被浸入沸水（100 °C）中，然后被快速转移到盛有 250 g（20 °C）水的泡沫塑料杯中。几分钟后，杯中盛装物的温度为 24 °C。假设在这个过程中杯中的物体与外界环境的热交换可忽略，且杯子自身的热容可忽略，回答下列问题：

　　(1) 水吸收了多少热量？

　　(2) 金属放出了多少热量？

　　(3) 这块金属的热容是多少？

　　(4) 如果这块金属的质量为 100 g，那么它的比热容是多少？

　　**习题 1.42**　一种意大利面的比热容大约为 1.8 J/(g·°C)。假如你将 340 g（25 °C）的这种面放入 1.5 L 沸水中，这将对水的温度产生什么影响（忽略火炉向水传入的热）？

　　**习题 1.43**　计算单个液态水分子的热容，并将结果用玻尔兹曼常量 $k$ 表示。若假设水的所有能量都储存在其二次自由度当中（该假设其实不正确），那么每个分子必须有几个自由度？

　　**习题 1.44**　本书最后附有一些物质在室温下的热力学量的数据表。检索表中各物质的等压热容 $C_P$，并看看你能否用能量均分定理估算它们。哪些数据显得比较反常？

**习题 1.45** 求偏导时，知道保持哪些变量不变是很重要的。为了说明这一点，我们考虑下面这些数学上的例子。令 $w = xy$ 以及 $x = yz$。

(1) 先用 $x$ 和 $z$ 表示出 $w$，再用 $y$ 和 $z$ 来表示出 $w$。

(2) 计算偏导

$$\left(\frac{\partial w}{\partial x}\right)_y \quad \text{以及} \quad \left(\frac{\partial w}{\partial x}\right)_z$$

验证它们并不相等。（提示：为了计算 $(\partial w/\partial x)_y$，使用仅含有 $x$ 和 $y$ 不含有 $z$ 的 $w$ 表达式。类似地，为了计算 $(\partial w/\partial x)_z$，使用只含有 $x$ 和 $z$ 的 $w$ 表达式。）

(3) 计算另外四个 $w$ 的偏导数（每一对分别对 $y$ 和 $z$ 求偏导），由此说明偏导的结果依赖于哪些变量保持不变。

**习题 1.46** 测量固体或液体的热容通常会固定压强而非固定体积。为了理解其中的原因，我们来研究当温度上升时为了维持体积不变所需的压强是多少。

(1) 假如我们在常压下缓慢升高材料的温度。写出用 d$T$ 和习题 1.7 中定义的热膨胀系数 $\beta$ 表示的体积变化量 d$V_1$。

(2) 假如我们缓慢压缩材料，并维持温度不变。写出这个过程中用 d$P$ 和**等温压缩率**（isothermal compressibility）$\kappa_T$ 表示的体积变化量 d$V_2$。$\kappa_T$ 定义如下

$$\kappa_T \equiv -\frac{1}{V}\left(\frac{\partial V}{\partial P}\right)_T$$

（也即习题 1.39 中等温体积模量的倒数。）

(3) 现在，我们让材料遵循 (1) 的过程膨胀，同时用 (2) 的方法抵消这个膨胀。因为体积不变，d$P$ 与 d$T$ 的比值就等于 $(\partial P/\partial T)_V$。先将这个偏导用 $\beta$ 和 $\kappa_T$ 表示。然后再用定义 $\beta$ 和 $\kappa_T$ 的偏导数表示它，结果应该是

$$\left(\frac{\partial P}{\partial T}\right)_V = -\frac{(\partial V/\partial T)_P}{(\partial V/\partial P)_T}$$

这个结果实际上是一个纯粹的数学关系：当三个量如上式互相相关时，可以用两个已知偏导计算第三个偏导。

(4) 计算理想气体的 $\beta$、$\kappa_T$ 和 $(\partial P/\partial T)_V$，验证它们满足 (3) 中的关系。

(5) 对于 25 °C 的水，$\beta = 2.57 \times 10^{-4}\,\mathrm{K}^{-1}$、$\kappa_T = 4.52 \times 10^{-10}\,\mathrm{Pa}^{-1}$。假设你将一些水从 20 °C 加热到 30 °C，那么你需要施加多少的压强以避免其膨胀？对（25 °C 的）水银重复以上计算，已知其 $\beta = 1.81 \times 10^{-4}\,\mathrm{K}^{-1}$、$\kappa_T = 4.04 \times 10^{-11}\,\mathrm{Pa}^{-1}$。基于此，你现在会选择在固定压强下还是固定体积下测量热容呢？

## 1.6.1 潜热

在某些情况下，对系统增加热量并不会提高系统的温度。这种情况会在**相变**（phase transformation）时发生，比如冰的融化或者水的沸腾。从概念上讲，此时的热容是无穷大：

$$C \equiv \frac{Q}{\Delta T} = \frac{Q}{0} = \infty \quad \text{（在相变发生时）} \tag{1.49}$$

但是，你仍然可能想知道完全融化或者蒸发物体需要的热量。这个量称作**潜热**（latent heat），记作 $L$。将其除以物质的质量，我们就得到了**比潜热**（specific latent heat），记作 $l$：

$$l \equiv \frac{L}{m} = \frac{Q}{m} \quad \text{（为了完成相变）} \tag{1.50}$$

就像热容的定义一样，这个定义也是模糊的，因为在这个过程中，可以对体系做任意量的功。通常情况下，我们假设压强是常数（一般是 1 atm），且除了恒定压强的压缩膨胀功以外没有其他的功。冰融化的比潜热是 333 J/g 或者 80 cal/g，水沸腾的比潜热是 2260 J/g 或者 540 cal/g。（为了直观感受这些数字，可以对比一下，把水从 0 °C 升高到 100 °C 需要的热量是 100 cal/g。）

**习题 1.47** 假如你有一杯 200 g 的处于沸点的咖啡。那么你需要加多少冰才能将其降温到适合啜饮的 65 °C 呢？（假设冰的初始温度为 −15 °C，其比热容为 0.5 cal/(g·°C)。）

**习题 1.48** 当春天终于在山间降临时，雪堆已经有 1 m 厚了，其中有 50% 的雪和 50% 的空气。直射的太阳光在地球表面的功率大约为 1000 W/m²，但雪会把 90% 的能量反射掉。当太阳辐射是唯一的能量来源时，估计这堆雪能存在多少天。

## 1.6.2　焓

在自然界和实验室中，定压过程经常发生。在此过程中，记录压缩膨胀功很困难，但是有一些技巧可以简化这个过程。我们可以不讨论系统中包含的能量，而总是加上这个系统因为占据体积所需要的功（压强固定，通常是 1 atm）。这个功就是 $PV$——环境的压强乘以系统的总体积（也即，为了放置这个物体需要腾出的空间）。在能量上加入 $PV$ 给了我们一个新的量，叫作**焓**（enthalpy），记作 $H$：

$$H \equiv U + PV \tag{1.51}$$

这是无中生有一个物体，并且放置在环境中需要的总能量，如图 1.15 所示。或者，换句话说，如果你可以用某种方式湮灭一个系统，你能收获的能量不仅仅只是 $U$，还包括系统湮灭之后留下的真空被空气填充所做的功 $PV$。

**图 1.15** 为了无中生有出一只兔子并放置在桌子上，魔术师不仅需要聚集兔子本身的能量 $U$，还需要额外的能量 $PV$，来压缩空气使得兔子占据一定的空间。魔术师需要的总能量就是**焓**，$H = U + PV$。

为了看到焓的用处，我们假设系统发生了一些变化——可能吸收了一些热，或是化学反应，等等——同时保持系统的压强恒定。系统的能量、体积以及焓都可能发生改变，分别记作 $\Delta V$、$\Delta U$ 和 $\Delta H$。新的焓是

$$
\begin{aligned}
H + \Delta H &= (U + \Delta U) + P(V + \Delta V) \\
&= (U + PV) + (\Delta U + P\Delta V) \\
&= H + (\Delta U + P\Delta V)
\end{aligned}
\tag{1.52}
$$

所以定压过程中的焓变为

$$\Delta H = \Delta U + P\Delta V \quad （恒定 P） \tag{1.53}$$

也就是说，有两种因素导致了系统焓的增加：能量增加；或者系统膨胀时，为了给它腾出体积而压缩大气做功。

我们现在回忆热力学第一定律：能量的改变等于系统得到的热能加上压缩膨胀过程中对系统所做的功再加上任何其他的对系统的功（比如电）：

$$\Delta U = Q + (-P\Delta V) + W_{其他} \tag{1.54}$$

结合式(1.53)，我们得到

$$\Delta H = Q + W_{其他} \quad （恒定 P） \tag{1.55}$$

这个公式告诉我们，焓的变化只和热以及其他形式的功有关，与（恒压）压缩膨胀功无关。也即，处理焓的时候，可以不考虑压缩膨胀过程。如果没有"其他"形式的功作用于物体上，焓的改变就直接等价于系统获得了多少热。（这就是我们使用符号 $H$ 的原因。）

对于简单的物体温度升高的情况，在恒定压强下，物体升高 1℃ 焓的改变与定压热容 $C_P$ 相同：

$$C_P = \left(\frac{\partial H}{\partial T}\right)_P \tag{1.56}$$

这个公式是最好的定义 $C_P$ 的方式，尽管它和式(1.45)完全等价。如同 $C_V$ 可以称作"能量热容"一样，$C_P$ 也可以称作"焓热容"。就像 $C_V$ 一样，这个描述可能完全不涉及热量，因为"其他"形式的功也可以被焓包括，比如微波炉做的功。

化学教科书中包含很多剧烈过程的 $\Delta H$ 值：相变、化学反应、电离、溶质溶解等等。比如，标准表格告诉我们在 1 atm 下沸腾 1 mol 水的焓为 40 660 J。因为 1 mol 水大约是 18 g（其中的 16 g 来自于氧，2 g 来自于氢），这意味沸腾 1 g 水需要的焓是 (40 660 J)/18 = 2260 J，和我们之前提到的比潜热的数值完全一致。但是，这些能量并非都储藏在蒸气形式的水当中。根据理想气体定律，1 mol 蒸气的体积是 $RT/P$（一开始液体的体积可以忽略），所以为了压缩大气需要的功为

$$PV = RT = (8.31\,\text{J/K})(373\,\text{K}) = 3100\,\text{J} \tag{1.57}$$

虽然只占了总能量 40 660 J 的大约 8%，但是有时候考虑这部分能量是必须的。

我们举另一个例子，考虑氢气和氧气生成水的化学反应：

$$\text{H}_2 + \frac{1}{2}\text{O}_2 \longrightarrow \text{H}_2\text{O} \tag{1.58}$$

每生成 1 mol 水，这个反应的 $\Delta H$ 是 −286 kJ；在标准表格中，这个数值称作水的**生成焓**（enthalpy of formation），该称呼来源于水由基本组成元素的单质"生成"了自己最稳定的态。（这个数值假设了反应物和生成物都处在室温室压下。在书末有包含这个数据和其他类似数据的表格。）如果你燃烧 1 mol 氢气，将会得到 286 kJ 的热量。这部分能量几乎完全来源于分子本身的热能和化学能，一小部分来自消耗的气体所占空间被空气占据而做的功。

你可能会疑惑，这是不是意味着这 286 kJ 只能以热的形式提取而不能转化为功（例如电功）。电功显然是个好东西，因为电这种能量形式比热有用的多。这个问题的答案是，通常来讲，大部

分化学反应释放的能量可以被转化为功, 但是有一个极限, 我们将在第 5 章中考虑这件事。

**习题 1.49** 如文中的讨论, 考虑标准状况下 1 mol 氢气和 0.5 mol 氧气燃烧的反应。有多少热能来自系统能量的减少? 又有多少来自大气做功? (忽略生成的水的体积。)

**习题 1.50** 考虑 1 mol 甲烷的燃烧

$$CH_4(气) + 2O_2(气) \longrightarrow CO_2(气) + 2H_2O(气)$$

反应前后系统均处于 298 K 和 $10^5$ Pa 下。

(1) 首先考虑甲烷分解为其组成元素单质 (即石墨和氢气) 的过程, 用书末参考表格计算这一过程的焓变 $\Delta H$。

(2) 现在考虑上述元素单质反应生成 1 mol $CO_2$ 和 2 mol 气态水的过程, 算出此时的 $\Delta H$。

(3) 甲烷和氧气直接生成二氧化碳和水的 $\Delta H$ 是多少? 解释这一结果。

(4) 如果这个反应过程中没有 "其他" 形式的功, 反应放出了多少热量?

(5) 这个反应中系统能量的变化量是多少? 如果生成的水是液态而不是气态, 那么你的答案会有什么不同?

(6) 太阳的质量为 $2 \times 10^{30}$ kg, 而放出能量的功率为 $3.9 \times 10^{26}$ W。假如太阳能量的来源是甲烷这样的化学燃料的燃烧, 那么它能够维持多长时间?

**习题 1.51** 用书末参考表格的数据计算出葡萄糖燃烧的焓变

$$C_6H_{12}O_6 + 6O_2 \longrightarrow 6CO_2 + 6H_2O$$

这是为我们身体提供绝大多数能量的 (总) 化学反应。

**习题 1.52** 已知 1 加仑 (3.8 L) 汽油燃烧的焓变为 31 000 kcal, 而 1 盎司 (28 g) 玉米片燃烧的焓变为 100 kcal。求产生每卡路里能量所消耗的汽油和玉米片。

**习题 1.53** 在书末表格中查阅原子态氢的生成焓, 这是 0.5 mol 氢气 (氢元素单质最稳定的存在形式) 分解为 1 mol 原子态氢的焓变。从这个数据, 算出分解一个氢气分子所需的能量, 并将结果以电子伏特为单位表示出来。

**习题 1.54** 一位 60 kg 重的徒步者想要攀登奥格登峰 (Mt. Ogden), 她需要上升的垂直高度为 5000 英尺 (1500 m)。

(1) 假设她将自己从食物中获取的化学能转化为机械功的效率为 25%, 而且全部机械都用于垂直爬升, 那么她出发前需要进食多少碗玉米片 (每碗 1 盎司, 100 kcal)?

(2) 在攀登过程中, 75% 的能量转化成了热能。如果这些能量无法排出, 那么她的体温将上升多少度?

(3) 事实上, 这部分热量并不会显著升高她的体温, 而是 (大部分) 会随着体表的汗液一同蒸发出去。在攀登过程中她需要喝多少水以补充流失的水分? (25 °C 下水蒸发的比潜热是 580 cal/g, 比 100 °C 时高大约 8%。)

**习题 1.55** 热容通常是正的, 但是有一类重要的例外: 被引力约束在一起的粒子组成的系统, 例如恒星和星团。

(1) 考虑仅由两个等质量粒子组成的系统, 它们绕着共同的质心做圆周运动。计算说明这个系统的引力势能是总动能的 $-2$ 倍。

(2) 至少平均而言, (1) 中的结论对任何被引力约束在一起的粒子组成的系统都是成立的:

$$\overline{U}_{势能} = -2\overline{U}_{动能}$$

每一个 $\overline{U}$ 都指在一个较长时间平均下, 系统中 (对应类型的) 总能量。这个结果称作**维里定理** (virial theorem) (证明见 Carroll and Ostlie (1996) [37], 第 2.4 节)。现在假设你向系统增加额外的能量, 并等待系统重新达到平衡。那么系统的平均总动能是增加还是减少? 做出解释。

(3) 恒星可以近似为仅由引力相互作用的粒子组成的气体。根据能量均分定理，这些粒子的平均动能应为 $\frac{3}{2}kT$，其中 $T$ 是气体的平均温度。用平均温度表示出恒星的平均能量，并计算其热容。计算时要注意符号。

(4) 用量纲分析说明一个质量为 $M$，半径为 $R$ 的恒星的引力势能为 $-GM^2/R$ 乘以某些无量纲常数。

(5) 太阳的质量为 $2 \times 10^{30}$ kg，半径为 $7 \times 10^8$ m。假设其仅由质子和电子组成，由此估算太阳的平均温度。

## 1.7　过程的速率

通常，要确定系统的平衡态是什么，我们不必考虑系统达到平衡的时间。根据许多人的定义，热力学只包括平衡状态的研究。有关时间和过程速率的问题被认为是一个单独的（但相关的）话题，有时它称为**输运理论**（transport theory）或**动理学**（kinetics）。

在本书中，我们不会过多讨论这类问题，因为它们通常相当困难，需要使用不同的工具。但是输运理论非常重要，我们应该对它有些了解。这就是本节的目的。[1]

### 1.7.1　热传导

热量从较热物体流向较冷物体的速率是多少？很多因素都在影响着这个答案，传热机制的影响尤为重要。

如果物体被真空隔开（例如太阳和地球，或热水瓶的内壁和外壁），则唯一可能的传热机制是辐射。我们将在第 7 章中推导辐射速率的公式。

如果一个流体（气体或液体）发生了热的转移，那么热对流——流体的整体运动——通常是主要的传热机制。热对流的速率取决于各种因素，例如流体的热容以及作用在其上的各种力。本书中，我们不会计算任何热对流的速率。

最后，热传导是由分子水平上的直接接触引起的传热。固体、液体和气体中都可以发生热传导。在液体或气体中，能量通过分子碰撞转移：当一个较快分子撞击一个较慢分子时，能量通常会从前者转移到后者。在固体中，热量通过晶格振动传导，在金属中通过传导电子传导。一个电的良导体通常也是一个热的良导体，因为传导电子可以携带电流和能量，而晶格振动在传导热量时比电子效率低得多。

无论这些细节如何，热传导率都遵循一个不难猜测的数学定律。为了确定这个规律，我们可以设想一个玻璃窗将温暖的室内与寒冷的室外分开（见图 1.16）。我们可以预计，通过窗户的热量 $Q$ 与窗户的总面积 $A$ 成正比，并与经过的时间 $\Delta t$ 成正比；还可以预计 $Q$ 与窗口的厚度 $\Delta x$ 成反比。最后，我们估计 $Q$ 还取决于室内和室外的温度——如果二者相同，则 $Q = 0$。最简单的猜测是 $Q$ 与温差 $\Delta T = T_2 - T_1$ 成正比；这个猜测其实对于任何通过传导的传热方式都是正确的（尽管不适用于热辐射）。总结这些正比与反比，我们可以写出

$$Q \propto \frac{A\Delta T\Delta t}{\Delta x} \quad \text{或者} \quad \frac{Q}{\Delta t} \propto A\frac{\mathrm{d}T}{\mathrm{d}x} \tag{1.59}$$

比例系数取决于传导热量的材料（这个例子中就是玻璃），该系数称为材料的**热导率**（thermal conductivity）。通常它的符号是 $k$，但为了将其与玻尔兹曼常量区分开，我们将其称为 $k_t$。我们还会在等式中加一个负号来提醒我们，如果 $T$ 从左到右增加，$Q$ 就会从右向左流动。最后，热

---

[1]这一节其实与本书的主要目的不太一致，它不是任何其他章节的基础，因此你可以略过这一节或后面再来看它。

传导定律就是

$$\frac{Q}{\Delta t} = -k_t A \frac{dT}{dx} \tag{1.60}$$

这个公式以发明傅里叶分析的 J. B. J. Fourier 命名为**傅里叶热传导定律**（Fourier heat conduction law）。

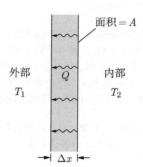

图 **1.16** 通过玻璃板的热传导率与其面积 $A$ 成正比，与其厚度 $\Delta x$ 成反比。

　　为了推导出傅里叶热传导定律，并预测特定材料的 $k_t$ 值，我们必须建立一个详细的分子模型来研究这个热传导过程。在下面的小节中，我将讨论最简单的情况——理想气体。不过，现在让我们把傅里叶定律作为一个经验事实，并将 $k_t$ 视为需要测量的材料属性。

　　普通材料的热导率变化超过四个数量级。在国际单位制（W/(m·K)）下，一些常见材料的值是：空气 0.026、木材 0.08、水 0.6、玻璃 0.8、铁 80、铜 400。正如上面所说，电的良导体往往是热的良导体。请注意，空气和水的值仅适用于热传导，通常来说，热对流才是这两种物质最主要的传热机制。

　　回到我们的窗户问题上，假设它的面积为 $1\,\text{m}^2$，厚度为 $3.2\,\text{mm}$（1/8 英寸）。如果窗户内部的温度为 $20\,^\circ\text{C}$，外部为 $0\,^\circ\text{C}$，则通过它的热传导速率为

$$\frac{Q}{\Delta t} = \frac{(0.8\,\text{W/(m·K)})\,(1\,\text{m}^2)\,(293\,\text{K}-273\,\text{K})}{0.0032\,\text{m}} = 5000\,\text{W} \tag{1.61}$$

如果你觉得这个数字大得荒谬，那你的感觉没错，因为窗户"刚好"在内部和外部之间存在如此大的温差是不现实的，实际情况是在玻璃的每一侧总是有一层薄薄的静止空气，两边的空气层可以提供比玻璃本身多得多的绝热性，使热量损失降低到几百瓦（见习题 1.57）。

　　**习题 1.56** 计算横截面积 $1\,\text{m}^2$，厚度 $1\,\text{mm}$，两侧温差 $20\,^\circ\text{C}$ 的静止空气薄层的热传导速率。

　　**习题 1.57** 装修人员和业主通常用 **R 值**（R value）——R 表示阻尼（resistance）——来讨论建筑材料的热传导性能，它的定义为材料的厚度除以热导率

$$R \equiv \frac{\Delta x}{k_t}$$

(1) 计算一块 1/8 英寸（$3.2\,\text{mm}$）厚的平板玻璃的 $R$ 值，再计算 $1\,\text{mm}$ 厚的静止空气薄层的 $R$ 值。两个结果均用国际单位制表示。

(2) 在美国，$R$ 值通常用英制单位 $^\circ\text{F·ft}^2\text{·hr/Btu}$ 表示，Btu 全称为英国热量单位（British Thermal Unit），$1\,\text{Btu}$ 指的是 1 磅水上升 $1\,^\circ\text{F}$ 所需要的热量。求出 $R$ 值的国际制单位与英制单位之间的转换因子。将你从 (1) 中得到的答案转换到英制单位。

(3) 证明由两种不同材料贴合而成的复合层（比如空气和玻璃，或砖块和木头）的等效总 $R$ 值是两种材料 $R$ 值之和。

(4) 对于一块两面各有 $1\,\text{mm}$ 厚静止空气薄层的玻璃板计算其等效 $R$ 值。（空气薄层的有效厚度受风

的影响，综合大多数情况来看 1 mm 是最符合实际数量级的估计。）由此等效 $R$ 值，对通过一块
1 m² 大小的单层玻璃窗的热量流失进行估计，已知室内温度比外界温度高 20°C。

**习题 1.58** 由标准参考表可知，由一层 3.5 英寸厚的竖直空气层所填充的（墙内部）空间的 $R$ 值为 1.0
（英制下），而 3.5 英寸厚的絮状玻璃纤维的 $R$ 值是 10.9。计算 3.5 英寸厚的静态空气的 $R$ 值，并讨论
上面两个值是否合理。（提示：上述参考值已经考虑了对流的影响。）

**习题 1.59** 对寒冷气候下某个房子通过窗户、墙、地板和屋顶等处的传导热流失做一个粗略的估计。然
后估计一下补偿这些热量流失一个月所需要的花费。如果可能的话，将估计的结果跟实际的账单做一个
比较。（电力公司通常用**千瓦时**（kilowatt-hour, kWh）来衡量耗电，其大小等于 3.6 MJ。在美国，天然
气以**克卡**（therm）作为单位进行计价，1 therm = $10^5$ Btu。这两者的单价则随地区的不同而不同，在
本书作者所生活的地区，每千瓦时的电需要交付 7 美分，而每克卡的天然气则需要交付 50 美分。）

**习题 1.60** 一个煎锅在炉面上快速加热至 200°C。这个锅有一个 20 cm 长的铁制手柄。估计手柄被加
热到无法直接手握需要的时间。（提示：手柄的横截面积并不重要。铁的密度是 7.9 g/cm³，它的比热是
0.45 J/(g·°C)。）

**习题 1.61** 地质学家通过挖（几百米深的）洞来测量温度与深度之间的关系，从而得出流出地球的传导
热流。假设在某个地区每深 1 km 温度就上升 20°C，并且岩石的热导率是 2.5 W/(m·K)。在这个地区
每平方米的热传导速率是多少？假设地球表面各个地区都是这个热传导速率，那么地球通过热传导损失
热量的速率大概是多少？（地球半径是 6400 km。）

**习题 1.62** 对于一根温度仅沿长度 $x$ 方向变化的匀质杆，通过考虑长度为 $\Delta x$ 的小段两端的热流，可以
推导出**传热方程**（heat equation）：

$$\frac{\partial T}{\partial t} = K \frac{\partial^2 T}{\partial x^2}$$

式中，$K = k_t/c\rho$，$c$ 是材料的比热，$\rho$ 是它的密度。（假设在杆中能量唯一的转移方式是热传导，并且
杆的两端与外界环境没有能量交换。）进一步假设 $K$ 与温度无关，证明热传导方程的解为

$$T(x,t) = T_0 + \frac{A}{\sqrt{t}} e^{-x^2/4Kt}$$

式中，$T_0$ 表示恒定的背景温度；$A$ 为常数。在几个特定的 $t$ 下，绘出（或用计算机画出）这个解关于
$x$ 的函数。从物理的角度解释这个函数，并详细讨论在时间演化过程中能量是怎么在杆中传播的。

## 1.7.2　理想气体的热导率

在气体中，热传导速率受限于分子与另一个分子碰撞之前能够行进多远。碰撞之间的平均距
离称为**平均自由程**（mean free path）。稀薄气体中，因为实际撞击其中一个分子之前，分子可以
路过其诸多相邻分子，所以平均自由程比分子之间的平均距离大许多倍。现在我们来对稀薄气体
的平均自由程进行粗略估计。

为简单起见，假设气体中所有的分子——除了我们考虑的那一个——都固定在原地，这个分
子在两次碰撞之间会行进多远？首先，我们可以说，当一个分子的中心位于其他分子中心的直径
（2$r$，$r$ 是分子半径）内时将会发生碰撞（见图 1.17）。为了进一步简化，我们假设所关心分子的
半径是 2$r$，而其他所有的分子都是质点。当我们的分子行进时，它会扫出一个半径为 2$r$ 的假想
圆柱体。当这个圆柱体的体积等于气体中每个分子的平均体积时，很有可能就会发生碰撞。平均

自由程 $\ell$ 大致是满足此条件时圆柱体的长度：

$$圆柱体的体积 = 每个分子的平均体积$$

$$\Rightarrow \pi (2r)^2 \ell \approx \frac{V}{N}$$

$$\Rightarrow \ell \approx \frac{1}{4\pi r^2} \frac{V}{N} \tag{1.62}$$

式中，的 $\approx$ 代表这只是一个对 $\ell$ 的大致估计，因为我们忽略了其他分子的运动和不同碰撞之间的不同路径长度。实际的平均自由程和这个估计相差一个与 1 接近的系数。但是我们没必要更精确了，因为 $r$ 本身就没有好的定义：分子没有清晰的边缘，甚至它们绝大多数都不是球形的。[1]

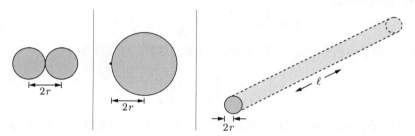

**图 1.17** 当两个分子的中心距离 $2r$ 时，分子之间发生碰撞。如果一个分子的半径为 $2r$ 而另一个分子是一个点，情况也是如此。当半径为 $2r$ 的球体沿长度为 $\ell$ 的直线移动时，它会扫出一个体积为 $4\pi r^2 \ell$ 的圆柱体。

氮或氧分子的有效半径应为 $1 \sim 2\,\text{Å}$；我们就假设 $r = 1.5\,\text{Å} = 1.5 \times 10^{-10}\,\text{m}$；我们将空气视为理想气体，在室温和一个大气压下，每个粒子占据的体积是 $V/N = kT/P = 4 \times 10^{-26}\,\text{m}^3$。利用这个数据，我们可以用式(1.62)估计出平均自由程是 $150\,\text{nm}$，是空气分子之间的平均距离的大约 40 倍。我们也可以估计出碰撞之间的平均时间：

$$\overline{\Delta t} = \frac{\ell}{\bar{v}} \approx \frac{\ell}{v_{均方根}} \approx \frac{1.5 \times 10^{-7}\,\text{m}}{500\,\text{m/s}} = 3 \times 10^{-10}\,\text{s} \tag{1.63}$$

现在回到热传导上来。考虑气体中温度沿 $x$ 方向增加的小区域（见图 1.18）。图中的粗虚线表示垂直于 $x$ 方向的平面；我们将要估计通过这个平面的热量。假设 $\Delta t$ 是碰撞之间的平均时间；在此期间，从左侧穿过虚线的分子将从左侧区域（其厚度为 $\ell$）内的某个位置开始，而从右侧穿过虚线的分子将从右侧区域（其厚度亦为 $\ell$）内的某处开始。这两个区域在 $yz$ 平面上都有相同的面积 $A$。如果左侧区域中所有分子的总能量为 $U_1$，则从左侧穿过虚线的能量大致为 $U_1/2$，因为此时只有一半分子 $x$ 方向速度分量为正。同样，从右边穿过的能量是右侧盒子中总能量的一半，即 $U_2/2$。因此，穿过这个平面的净热是

$$Q = \frac{1}{2}(U_1 - U_2) = -\frac{1}{2}(U_2 - U_1) = -\frac{1}{2}C_V(T_2 - T_1) = -\frac{1}{2}C_V \ell \frac{\mathrm{d}T}{\mathrm{d}x} \tag{1.64}$$

式中，$C_V$ 是这种气体的热容；$T_1$ 和 $T_2$ 是两个盒子中的平均温度。（最后一步我们利用了两个盒子之间的间距为 $\ell$。）

式(1.64)证明了傅里叶传热定律——热传导速率与温度差成正比。进一步地，与式(1.60)比

---

[1] 对于这个问题，我甚至没有给出一个碰撞的确切定义。毕竟，即使分子相距较远，它们也会相互吸引和偏转。关于气体输运过程的更仔细的处理，请参见 Reif (1965) [5]。

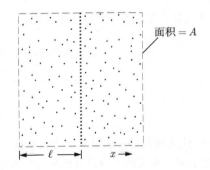

图 1.18 穿过粗虚线的热传导能够发生是因为从左侧区域移动到右侧区域的分子与从右侧移动到左侧的分子具有不同的平均能量。对于这些区域之间的自由运动，每个区域应该具有大约一个平均自由程的宽度。

较，我们可以得到热导率

$$k_t = \frac{1}{2}\frac{C_V \ell}{A \Delta t} = \frac{1}{2}\frac{C_V}{A\ell}\frac{\ell^2}{\Delta t} = \frac{1}{2}\frac{C_V}{V}\ell\bar{v} \tag{1.65}$$

式中，$\bar{v}$ 是分子的平均速度；$C_V/V$ 是气体单位体积的热容，可以写为

$$\frac{C_V}{V} = \frac{\frac{f}{2}Nk}{V} = \frac{f}{2}\frac{P}{T} \tag{1.66}$$

式中，$f$ 是每个分子的自由度。我们注意到，对于气体，其平均自由程 $\ell$ 与 $V/N$ 成正比；因此，一种固定气体的热导率应该仅与其温度有关，因为 $\bar{v} \propto \sqrt{T}$ 且 $f$ 与 $T$ 有关。在有限的温度范围内，自由度的数量是相当固定的，因此 $k_t$ 应该与绝对温度的平方根成正比；对多种气体的实验证实了这一预测（见图 1.19）。

图 1.19 几种气体的热导率与绝对温度平方根的关系。如式(1.65)所预测的，这些曲线基本上都是线性的。数据来自 Lide (1994) [58]。

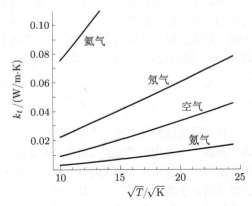

在室温和大气压下空气的 $f = 5$，所以 $C_V/V = \frac{5}{2}\left(10^5\,\mathrm{N/m^2}\right)/(300\,\mathrm{K}) \approx 800\,\mathrm{J/(m^3 \cdot K)}$。式(1.65)预测的热导率就是

$$k_t \approx \frac{1}{2}\left(800\,\mathrm{J/(m^3 \cdot K)}\right)\left(1.5 \times 10^{-7}\,\mathrm{m}\right)\left(500\,\mathrm{m/s}\right) = 0.031\,\mathrm{W/(m \cdot K)} \tag{1.67}$$

这个预测只比测量值 0.026 高一点，我们可以说这个预测还算成功，尤其是在考虑到做了这么多粗略近似的情况下。

前面对气体热导率的分析就是**动理论**（kinetic theory）的一个例子，它是基于实际分子运动的热物理学方法。另一个例子是第 1.2 节中提出的理想气体的微观模型。虽然动理论是热物理学最直接和最具体的方法，但它也是最困难的一种。幸运的是，我们有更简单的方法可以预测材料

的大部分平衡态性质，而无须了解分子运动的细节。然而，为了预测过程的速率，我们通常不得不求助于动理论。

**习题 1.63** 在多大的压强下，一个空气分子室温下的平均自由程等于 10 cm，也即实验室中仪器的大致尺度？

**习题 1.64** 对室温下氦的热导率做一个粗略的估计，并对你的结果进行讨论，解释为何它跟空气的值不一样。

**习题 1.65** 假设你生活在 19 世纪并且不知道阿伏伽德罗常量 [1]（当然也不知道玻尔兹曼常量和任意分子的质量大小）的数值。你要怎么从对气体热导率的估计，以及其他一些相对简单的实验结果中，对阿伏伽德罗常量的数值做一个粗略的估计？

### 1.7.3　黏度

可以在分子水平上传播的有两种东西——一个是能量，另一个是动量。

考虑图 1.20 所示的情况：两个平行的固体表面相互移动，由一个含有液体或气体的小间隙隔开。选取底面处于静止状态并且顶面朝向 $+x$ 方向移动的参考系，流体的运动是什么样的？在正常温度下，流体分子会以每秒数百米的热速度相互碰撞，但是我们先暂时忽略此运动，而是探究宏观尺度的平均运动。从宏观上看，很自然地猜测在底部表面上方，液体应该处于静止状态：一层薄薄的流体"粘"在表面上。出于同样的原因（因为参考系是任意的），也有一薄层"粘"到顶面并随之移动。在这两层之间，流体的运动可能是紊乱而混沌的；然而我们假设情况并非如此：运动足够慢，或者间隙足够窄，以至于流体的流动完全是水平的。这种流动就称为**层流**（laminar）。在层流假设下，流体 $x$ 方向的速度将沿着 $z$ 方向稳定增加，如图所示。

**图 1.20** 最简单的展示黏度的方法：两个平行的表面滑过彼此，被含有流体的狭窄间隙隔开。如果运动足够慢并且间隙足够窄，则流体流动是**层流**的：在宏观尺度上，流体仅在水平方向上移动，没有湍流。

除极少数在极低温度下的例外，所有流体都有倾向于抵抗这种因为剪切引起流动的趋势，称为**黏度**（viscosity）。顶层流体向下一层释放一些向前的动量，这一层又向下一层释放一些向前的动量，依此向下到底层，在底面上施加向前的力。同时（根据牛顿第三定律），顶层的动量损失使其在顶面上施加向后的力。流体越"黏"，动量传递效率越高，这些力越大。空气并不黏稠，而玉米糖浆则较为黏稠。

与热导率一样，不难猜测黏滞阻力取决于何种参数。最简单的猜测（其实是正确的）是力与表面的公共面积成正比，与间隙的宽度成反比，并且与两个表面之间的速度差成正比。利用图 1.20 的记号（使用 $u_x$ 来代表宏观速度，以便区分快得多的热速度），有

$$F_x \propto \frac{A \cdot (u_{x,\text{顶部}} - u_{x,\text{底部}})}{\Delta z} \quad \text{或者} \quad \frac{F_x}{A} \propto \frac{\Delta u_x}{\Delta z} \tag{1.68}$$

这个正比的系数称作流体的**黏性系数**（coefficient of viscosity）或简称**黏度**（viscosity），它的标

---

[1] 1856 年去世的阿伏伽德罗（Amedeo Avogadro）本人从来不知道后来以他的名字命名的数字的数值。直到 1913 年左右，密立根（Robert Millikan）测量了电荷的基本单位，才第一次准确地确定了阿伏伽德罗常量：那时其他人已经测量了质子（当时简称为氢离子）的荷质比，因此很容易就可以计算出质子的质量，从而得出 1 g 质子的数量。

准符号是希腊字母 $\eta$。我们的受力公式就可以写成

$$\frac{|F_x|}{A} = \eta \frac{\mathrm{d}u_x}{\mathrm{d}z} \tag{1.69}$$

我在 $F_x$ 上加了绝对值，因为在两个平板上的力大小相等方向相反，都是 $F_x$。单位面积的力具有压强的单位（Pa 或 N/m²），但是我们不称它为压强，因为这个力是平行而非垂直于表面的。它的正确叫法应该是**剪应力**（shear stress）。

从式(1.69)看出，黏度的单位在国际单位制中是 Pa·s。（有时候你会看到单位**泊**（poise），它属于厘米-克-秒（cgs）单位制，它的大小是国际单位制的 1/10，等于 dyn·s/cm²。[1]）不同流体的黏度差异通常很大，并且随温度变化也很大。水的黏度在 0 °C 时为 0.0018 Pa·s，但在 100 °C 时仅为 0.000 28 Pa·s。低黏度机油（SAE 10）的室温黏度约为 0.25 Pa·s。气体具有低得多的黏度，例如室温下空气的黏度就是 19 μPa·s。令人惊讶的是，理想气体的黏度与其压强无关，并随温度增加而增加；这种神奇的性质我们需要解释一下。

前一小节中理想气体热导率与温度的关系类似这里的黏度与温度的关系：它与压强无关，与 $\sqrt{T}$ 成正比。虽然气体携带能量的多少与粒子密度 $N/V$ 成正比，但这种依赖性在 $k_t$ 中与平均自由程抵消了：平均自由程决定了能量一次能传递多远，与 $V/N$ 成正比。$k_t$ 的温度依赖性来自于剩下的系数——气体分子的平均热速度 $\bar{v}$（见式(1.65)）。

同理，气体的水平动量在垂直方向的传递取决于三个因素：气体中的动量密度、平均自由程和平均热速度。前两个因素取决于粒子密度，但这种相关性相互抵消了：虽然更密的气体携带更多的动量，但随机热运动传递动量时一次只能传递更短的距离。然而，分子在高温下确实移动得更快。所以，气体的黏度应该与 $\sqrt{T}$ 成正比，和热导率以及黏度一样，实验证实了这一预测。

那么，为什么液体的黏度会随着温度的升高而降低呢？在液体中，密度和平均自由程基本上与温度和压强无关，但是另一个因素就起作用了：当温度较低并且热运动缓慢时，分子在碰撞时可以更好地彼此锁定。这种结合造成了从一个分子到另一个分子的动量转移的高效性。在固体的极端情况下，分子或多或少地永久地结合在一起并且黏度几乎是无限的；固体可以像流体一样流动，但只能在地质时标的尺度上才能看出来。

**习题 1.66** 类比热导率的公式，推导出理想气体黏度的近似公式，用它的密度、平均自由程和平均热运动速度来表示。据此说明黏度与压强无关并且与温度的平方根成正比。用你得到的式子从数值上估计室温下空气的黏度并与实验数据进行对比。

## 1.7.4  扩散

热传导是随机热运动的能量传递；黏度来源于动量的传递，其在气体中主要通过随机热运动完成。可通过随机热运动传递的第三个实体是粒子，它倾向于从高浓度区域扩散到低浓度区域。例如，将一滴食用色素滴入一杯水中，我们会看到染料逐渐向各个方向分散。这种粒子的分散称为**扩散**（diffusion）。[2]

就像能量和动量的流动一样，粒子的流动服从一个相当容易猜测的方程。正如由温度差引起的热传导和由速度差引起的黏性阻力一样，扩散是由粒子浓度的差异，即每单位体积的粒子数 $N/V$ 引起的。在本节中（且仅在本节中），我们将使用符号 $n$ 表示粒子浓度。为了保持直观，设想一个区域，其中的某种类型的粒子浓度 $n$ 在 $x$ 方向上均匀增加（见图1.21）；这些粒子在任何

---

[1] 达因（dyn）指的是使 1 g 物体的加速度为 1 cm/s² 所需的力，其大小为 1 dyn $= 10^{-5}$ N。——译者注
[2] 习题 1.22 讨论了气体从孔洞逃逸到真空中的简单过程，我们称其为**泻流**（effusion）。

表面上的**通量**（flux）是每单位时间每单位面积穿过它的粒子净数目；粒子通量的符号是 $\vec{J}$。然后，与式(1.60)和式(1.69)类比，我们可能会猜测 $|\vec{J}|$ 与 $dn/dx$ 成正比。再一次地，这个猜测在大多数情况下都是正确的。使用符号 $D$ 表示比例常数，我们可以写出

$$J_x = -D\frac{dn}{dx} \tag{1.70}$$

这个负号说明当 $dn/dx$ 是正数的时候，通量在 $x$ 方向上是负的。这个方程以 19 世纪德国生理学家 Adolf Eugen Fick 的名字命名为**菲克定律**（Fick's law）。

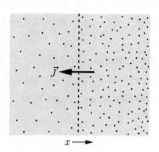

**图 1.21** 当一种特定分子的浓度从左到右增加的时候，就会存在**扩散**——分子从右向左的净流动。

常数 $D$ 称为**扩散系数**（diffusion coefficient），它取决于扩散分子的类型和扩散的介质。在国际单位制中它的单位是 $m^2/s$，室温附近水中的扩散系数范围从 $H^+$ 离子的 $9 \times 10^{-9}$、蔗糖的 $5 \times 10^{-10}$ 到非常大的分子如蛋白质的 $10^{-11}$ 数量级。气体扩散则更快：在室温和一个大气压下，一氧化碳分子通过空气扩散的 $D = 2 \times 10^{-5}\,m^2/s$。其他通过空气扩散的小分子具有相似的 $D$ 值。正如你可能预期的那样，扩散系数通常随着温度的升高而增加。

尽管扩散对于小尺度的物体如生物细胞、云滴和半导体极为重要，但我们从上面的很小的 $D$ 值看到，它不是大尺度混合的有效机制。考虑一个简单的例子：一滴食用色素添加到一杯水中。想象一下染料已经在一半的水中均匀分布了，需要多长时间才能扩散到另一半？根据菲克定律，我可以粗略地写为

$$\frac{N}{A\Delta t} = D\frac{N/V}{\Delta x} \tag{1.71}$$

式中，$N$ 是染料的分子总数；$\Delta x \approx 0.1\,m$；$V \approx A \cdot \Delta x$。因为我想要 $\Delta t$ 大约等于一半分子从杯子的一侧到另一侧的时间，所以我也用 $N$ 表示出粒子通量。尽管我不知道食用色素分子有多大，但我估计它的大小不会和蔗糖差太远，所以我们猜测 $D = 10^{-9}\,m^2/s$。用这个方程解 $\Delta t$，我们得到 $10^7\,s$，即接近四个月。如果你真的用水和食用色素进行实验，由于水的对流造成的牵连运动，你可能会发现它们的混合速度远比这里快。不过，如果你仔细观察有色和清澈的水之间的界面，还是可以看到扩散的。

**习题 1.67** 粗略估计一下 $1\,min$ 之内食用色素（或糖）能在水中扩散多大范围。

**习题 1.68** 假设你在房间的一端打开了一瓶香水。如果扩散是香水分子唯一的输运机制，那么这个房间另一头的人大概过多久可以闻到香水的味道？根据你的计算结果，结合实际情况，你觉得扩散会是这种情况下最主导的输运机制吗？

**习题 1.69** 假设有一段充满液体的窄管，其中某种分子的浓度仅沿管长方向（$x$）变化。考虑粒子流入两端长度为 $\Delta x$ 的部分的通量，可以推导出**菲克第二定律**（Fick's second law）：

$$\frac{\partial n}{\partial t} = D\frac{\partial^2 n}{\partial x^2}$$

注意到这个方程与习题 1.62 中推导的热传导方程非常相似，仔细地讨论这个方程的物理含义。

**习题 1.70** 类比热导率的公式，近似推导出理想气体扩散系数的表达式，用它的平均自由程和平均热运动速度来表示。用你得到的式子从数值上估计室温及标准大气压下空气的扩散系数并与正文中的实验数据进行对比。回答在固定压强下 $D$ 是怎么依赖于温度 $T$ 的？

相较于单纯的温度，人类对于能量的流动要敏感得多——你可以在一个寒冷黑暗的凌晨，带着木头和铁制的两种马桶坐垫去山上小屋试一试。两个坐垫温度一样，但是你那并非合格温度计的屁股会马上把它们分辨出来。

—— Craig F. Bohren and Bruce A. Albrecht,
*Atmospheric Thermodynamics* (Oxford
University Press, New York, 1998)。

# 第 2 章　热力学第二定律

在前一章中，我们探讨了适用于热力学系统的能量守恒定律，还介绍了热、功和温度的概念。然而，我们仍然没有回答一些非常基本的问题：温度到底是什么，以及为什么热会自发地从较热的物体流向较冷的物体，而从不反过来？更一般地说，为什么这么多热力学过程只能在一个方向上发生？这是热物理学的大问题，我们现在已经准备好来回答它。

简而言之，答案是这样的："不可逆"过程并非不可能沿着相反的方向发生，不过是正向的概率极高罢了。例如，当热从更热的物体流向更冷的物体时，能量会或多或少地随机移动。在等待一段时间之后，我们会发现在系统的所有部分中，能量分布更加"均匀"（后面将会进行精确的分析）的可能性非常大。"温度"就是对这些随机重排过程中能量进入或离开物体的趋势的一种量化。

为了精确地计算这些想法，需要研究系统如何储存能量，并学会计算能量的所有可能的排列方式。计算排列事物方法的数学称为**组合学**（combinatorics），我们就以该主题开始这一章。

## 2.1　双状态系统

如果随机抛了 3 个硬币——一分硬币、五分硬币和一角硬币，我们会得到多少种可能的结果？这个数目不是很多，所以我在表 2.1 中明确列出了结果。通过这种方法，我数出了 8 种可能的结果。如果硬币正反面概率相同，这 8 个结果就是等可能的，所以得到 3 个正面朝上或 3 个反面朝上的概率就是 1/8。2 个正面朝上且 1 个反面朝上对应 3 种不同的结果，因此 2 个正面朝上的概率就是 3/8，正好也等于 1 个正面朝上且 2 个反面朝上的概率。

现在我来介绍一些术语。8 种不同结果中的每一种都称为**微观态**（microstate）。通常，为了知道系统的微观态，我们必须清楚每个粒子的状态，在这种情况下是每个硬币的状态。如果更一

| 一分 | 五分 | 一角 |
| --- | --- | --- |
| 正 | 正 | 正 |
| 正 | 正 | 反 |
| 正 | 反 | 正 |
| 反 | 正 | 正 |
| 正 | 反 | 反 |
| 反 | 正 | 反 |
| 反 | 反 | 正 |
| 反 | 反 | 反 |

**表 2.1** 3 个硬币的所有可能的"微观态"（"正"代表正面朝上，"反"代表反面朝上）

般地指定状态——仅仅说有多少个正面或反面，我们称它为**宏观态**（macrostate）。当然，如果知道一个系统的微观态（比如"正正反"），那么我们肯定也知道它的宏观态（比如 2 个正面朝上）。但反过来却不行：知道正好有 2 个正面朝上并没有告诉我们每个硬币的状态，因为有 3 个微观态都对应于这个宏观态。对应于给定宏观态的微观态的数量称为该宏观态的**重数**（multiplicity），在这种情况下为 3。

我用大写希腊字母 $\Omega$ 来代表重数。在这个 3 个硬币的例子中，$\Omega$（3 个正）$= 1$、$\Omega$（2 个正）$= 3$、$\Omega$（1 个正）$= 3$、$\Omega$（0 个正）$= 1$。所有四个宏观态的重数和是 $1 + 3 + 3 + 1 = 8$，也就是微观态的总数。我将这个总数称为 $\Omega$（总）。因此，任何一个特定的宏观态的概率就是

$$n\text{个正面朝上的概率} = \frac{\Omega(n)}{\Omega(\text{总})} \tag{2.1}$$

举个例子，2 个正面朝上的概率就是 $\Omega(2)/\Omega(\text{总}) = 3/8$。我们可以这样写是因为假设了所有的 3 个硬币正反面概率相同，也就是说，所有 8 个微观态是等可能的。

我们现在增加硬币的数目：不是只有 3 个硬币而是 100 个。微观态的总数现在非常大：$2^{100}$，因为 100 个硬币中的每一个都有两种可能的状态。然而，宏观态的数量仅为 101 个：0 个正面朝上、1 个正面朝上、……，一直到 100 个正面朝上。这些宏观态的重数是什么？

我们先从 0 个正面朝上的宏观态开始考虑。如果没有正面朝上的硬币，那么每一个硬币都是反面朝上，所以微观态就只有一种，也就是 $\Omega(0) = 1$。

如果刚好 1 个正面朝上呢？这个朝上的硬币可能是第 1 个、第 2 个、……、第 100 个，所以微观态就有 100 种，即 $\Omega(1) = 100$。如果你把所有的硬币都当作反面朝上的话，$\Omega(1)$ 就是选出一个并翻过来的途径的个数。

想要算出 $\Omega(2)$，我们可以这样想：对第一个硬币我们有 100 种选择，其中任何一种选择都对应第二个硬币的 99 种选择。但是这 2 个硬币的顺序是任意的，因此，不同排列的个数是

$$\Omega(2) = \frac{100 \cdot 99}{2} \tag{2.2}$$

如果有 3 个硬币正面朝上，第 1 个硬币有 100 种选择，第 2 个有 99 种，第 3 个有 98 种。这 3 个硬币有 3 乘以 2（第 1 个位置有 3 个选择，剩下的 2 个位置一共有 2 种）种顺序，所以不同排列的总数是

$$\Omega(3) = \frac{100 \cdot 99 \cdot 98}{3 \cdot 2} \tag{2.3}$$

现在说不准你就找到规律了：$\Omega(n)$ 的分子就是从 100 开始乘，乘到 $100 - n + 1$ 一共 $n$ 个；它的分母是从 $n$ 乘到 1，也是 $n$ 个。

$$\Omega(n) = \frac{100 \cdot 99 \cdots (100 - n + 1)}{n \cdots 2 \cdot 1} \tag{2.4}$$

这个分母就是 $n$ 的阶乘，写作"$n!$"。我们同样也可以把分子写成阶乘的形式 $100!/(100 - n)!$（也就是把 100! 中的最小的 $100 - n + 1$ 项消掉，只剩下最大的 $n$ 项）。通项公式可以写成

$$\Omega(n) = \frac{100!}{n! \cdot (100 - n)!} \equiv \binom{100}{n} \tag{2.5}$$

最后这个表达式通常叫作"100 选 $n$"——从 100 个东西里面选出 $n$ 个的选法的数目，或者叫从

100 个选出 $n$ 个的 "组合数"。

如果我们有 $N$ 个硬币，$n$ 个正面朝上的宏观态的重数就是

$$\Omega\left(N, n\right) = \frac{N!}{n! \cdot (N-n)!} = \binom{N}{n} \tag{2.6}$$

也即从 $N$ 个物体中选出 $n$ 个的方法数。

**习题 2.1** 若你抛起 4 枚正反面概率相同的硬币。

(1) 像表 2.1 一样，列出所有的可能结果。

(2) 将所有可能的 "宏观态" 及其概率列一份表格。

(3) 利用组合数式(2.6)计算出每种宏观态的重数，并与直接计算的结果进行对比。

**习题 2.2** 假设你这次抛起 20 枚正反面概率相同的硬币。

(1) 有多少种可能的结果（微观态）？

(2) 我们用 "正" 标记正面，"反" 标记反面，那么序列 "正反正正反反正正正正正正反正正正正正反反"（严格按照顺序）的概率是多少？

(3) 12 个正面朝上、8 个反面朝上的概率是多少（以任意顺序）？

**习题 2.3** 假设你抛起 50 枚正反面概率相同的硬币。

(1) 有多少种可能的结果（微观态）？

(2) 25 个正面朝上 25 个反面朝上有多少种可能？

(3) 25 个正面朝上 25 个反面朝上的概率是多少？

(4) 30 个正面朝上 20 个反面朝上的概率是多少？

(5) 40 个正面朝上 10 个反面朝上的概率是多少？

(6) 50 个正面朝上 0 个反面朝上的概率是多少？

(7) 画出得到 $n$ 个正面朝上的概率随 $n$ 变化的函数图像。

**习题 2.4** 从一副有 52 张牌的标准扑克牌堆中抽出 5 张牌，计算（一次）抽到皇家同花顺的概率（不考虑牌的顺序）。皇家同花顺由 5 张数字分别是 10、J、Q、K、A 且花色相同的牌组成。

## 2.1.1　双状态顺磁体

你可能会疑惑这个傻傻的翻硬币的例子和物理有什么关系：事实上有不多的重要物理系统的组合学和这个例子完全一致。或许这些物理系统中最典型的要数**双状态顺磁体**（two-state paramagnet）。

由于电子和原子核的电磁学本质，所有材料都会以某种方式响应磁场。我们把组成粒子像微小的罗盘针的、倾向于与任何外部施加的磁场平行排列的材料叫作**顺磁体**（paramagnet）。（如果粒子之间彼此的相互作用足够强，即使没有任何外部施加的场，材料也可以磁化，我们称之为**铁磁体**（ferromagnet），最著名的例子就是铁。而顺磁性则是存在外部磁场时的一种磁性排列。）

因为每一个单独的磁性粒子都有它自己的偶极矩矢量，所以我将单独的磁性粒子视为**偶极子**（dipole）。在现实中，每一个偶极子可以是单独的电子、原子中的一群电子或是原子核。对于任何的这种微观偶极子，基于量子力学原理，沿任何给定轴的偶极矩矢量分量只能采用某些离散值——不允许中间值。最简单的情况是只有两个可取的值——正的和负的；在这种情况下，我们就有了一个**双状态顺磁体**，它的每一个罗盘针只能与外磁场方向一致或相反。我们把这个系统画成一系列的小箭头，每一个向上或向下，见图 2.1。[1]

---

[1]粒子的偶极矩矢量与其角动量矢量成正比；"自旋 1/2" 的粒子会出现简单的双状态情况。有关量子力学和角动量的更完整讨论，请参考附录 A。

**图 2.1** 双状态顺磁体的示意图，其中每个基本的偶极子可以与外部施加的磁场方向一致或相反。

我们定义 $N_\uparrow$ 为向上的偶极子个数（在某个特定时刻），$N_\downarrow$ 为向下的个数。偶极子的总数就是 $N = N_\uparrow + N_\downarrow$，我们认为这个数目不变。这个系统对于任何一个可能的 $N_\uparrow$ 值，从 0 到 $N$，都对应一个宏观态，每个宏观态的重数公式就和抛硬币的例子一样：

$$\Omega\left(N_\uparrow\right) = \binom{N}{N_\uparrow} = \frac{N!}{N_\uparrow! N_\downarrow!} \tag{2.7}$$

外磁场在每个小偶极子上施加扭矩，试图将其扭转到平行于外场的方向。如果外磁场向上，则向上的偶极子的能量低于向下的偶极子——因为你可以增加能量来将其从上扭转到下。系统的总能量（忽略偶极子之间的任何相互作用）由向上和向下的偶极子的总数决定，因此指定该系统所处的宏观态等价于指定其总能量。实际上，在几乎所有物理实例中，系统的宏观态至少部分地由其总能量表征。

## 2.2 固体的爱因斯坦模型

现在让我们考虑一个略微复杂但在物理中更有代表性的系统。考虑一系列微观系统，每个系统都可以存储任意数量的能量"单位"，每个单位大小一致。任何量子力学谐振子都有等大小的能量单位，其势能函数的形式为 $\frac{1}{2}k_s x^2$（这里 $k_s$ 是"弹簧常数"）。能量单位的大小是 $hf$,[1] 式中，$h$ 是**普朗克常量**（Planck's constant）（$6.63 \times 10^{-34}$ J·s），$f$ 是谐振子的固有频率（$\frac{1}{2\pi}\sqrt{k_s/m}$）。图 2.2 描绘了一系列此类谐振子。

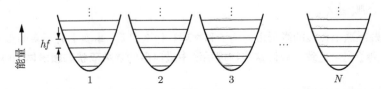

**图 2.2** 在量子力学中，任何具有二次势能函数的系统都具有均匀间隔为 $hf$ 的能级，这里的 $f$ 是振荡的固有频率。爱因斯坦固体是 $N$ 个这样的谐振子的集合，它们具有相同的频率。

量子谐振子可以用来描述双原子和多原子气体分子的振动运动，但更常见的是固体中原子的振荡（见图 1.6）。在三维固体中，每个原子可以在三个独立的方向上振动，因此如果有 $N$ 个谐振子，则只有 $N/3$ 个原子。爱因斯坦（Albert Einstein）于 1907 年提出了一个固体模型，它是具有量子化能量单位的相同谐振子的集合，因此我们将该系统称为**爱因斯坦固体**（Einstein solid）。

让我们先来看一个非常小的爱因斯坦固体——只包含 3 个谐振子，即 $N = 3$。表 2.2 以总能量递增的顺序列出了该系统可能具有的各种微观态，表中的每一行对应一个不同的微观态。这个

---

[1] 如附录 A 所述，量子谐振子的最低能量为 $\frac{1}{2}hf$，而不是零。但这种"零点"能量永远不会转移，因此它在热交换中不起作用。激发态的能量为 $\frac{3}{2}hf$、$\frac{5}{2}hf$ 等，后一个能级的能量都比前一个的能量大一个"单位" $hf$。就我们的目的而言，可以使用相对于基态的能量，因此允许的能量就是 0、$hf$、$2hf$ 等。
在别的地方你可能会看见量子谐振子的能量单位被写成 $\hbar\omega$，式中，$\hbar = h/2\pi$、$\omega = 2\pi f$。$\hbar\omega$ 与 $hf$ 只不过是把 $2\pi$ 放在哪里的区别。

爱因斯坦固体只有 1 个总能量为 0 的微观态，有 3 个具有 1 个能量单位的微观态，6 个具有 2 个能量单位的微观态，10 个具有 3 个能量单位的微观态。这就是说，

$$\Omega(0) = 1, \quad \Omega(1) = 3, \quad \Omega(2) = 6, \quad \Omega(3) = 10 \tag{2.8}$$

| 谐振子： | #1 | #2 | #3 |
|---|---|---|---|
| 能量： | 0 | 0 | 0 |
| | 1 | 0 | 0 |
| | 0 | 1 | 0 |
| | 0 | 0 | 1 |
| | 2 | 0 | 0 |
| | 0 | 2 | 0 |
| | 0 | 0 | 2 |
| | 1 | 1 | 0 |
| | 1 | 0 | 1 |
| | 0 | 1 | 1 |

| 谐振子： | #1 | #2 | #3 |
|---|---|---|---|
| 能量： | 3 | 0 | 0 |
| | 0 | 3 | 0 |
| | 0 | 0 | 3 |
| | 2 | 1 | 0 |
| | 2 | 0 | 1 |
| | 1 | 2 | 0 |
| | 0 | 2 | 1 |
| | 1 | 0 | 2 |
| | 0 | 1 | 2 |
| | 1 | 1 | 1 |

**表 2.2** 由 3 个谐振子组成的爱因斯坦固体的微观态，共包含 0、1、2 或 3 个能量单位。

$N$ 个谐振子组成的爱因斯坦固体在具有 $q$ 个能量单位时宏观态的重数通项公式是

$$\Omega(N, q) = \binom{q+N-1}{q} = \frac{(q+N-1)!}{q!\,(N-1)!} \tag{2.9}$$

你可以用这个公式检查刚才的例子。为了证明这个公式，我们利用一种图形来表示爱因斯坦固体的某个微观态：我用一个点来表示一个能量单位，并使用一条竖线来分隔两个谐振子。因此，在具有 4 个谐振子的固体中，序列

$$\bullet \mid \bullet\,\bullet\,\bullet \mid \quad \mid \bullet\,\bullet\,\bullet\,\bullet$$

代表的微观态就是第 1 个谐振子具有 1 单位的能量，第 2 个具有 3 个单位的能量，第 3 个没有能量，第 4 个具有 4 单位的能量。请注意，任何的微观态都可以用这种方式唯一地表示，并且每个可能的点和线的序列对应唯一一个微观态。总共有 $q$ 个点和 $N-1$ 条线，共 $q+N-1$ 个符号。给定了 $q$ 和 $N$，可能的排列数就是选择 $q$ 个符号当作点的方式数，即 $\binom{q+N-1}{q}$。

**习题 2.5** 对于一个具有下列 $N$ 值和 $q$ 值的爱因斯坦固体，列出所有可能的微观态，并计算可能的微观态的数目来验证式(2.9)。

(1) $N=3$、$q=4$

(2) $N=3$、$q=5$

(3) $N=3$、$q=6$

(4) $N=4$、$q=2$

(5) $N=4$、$q=3$

(6) $N=1$、$q=$ 任意值

(7) $N=$ 任意值、$q=1$

**习题 2.6** 计算由 30 个谐振子组成的有 30 单位能量的爱因斯坦固体的重数。（不要尝试列出所有可能的微观态。）

**习题 2.7** 对于一个由 4 个谐振子组成的有 2 单位能量的爱因斯坦固体，利用证明式(2.9)时所使用的点和线的表达方式，表达出所有可能的微观态。

你知道吗，今天晚上我碰见了一件很**惊人**的事情。我在来这里讲座的路上路过了一个停车场。我觉得你根本猜不出来发生了什么事——我看到了一个车牌号是 ARW357 的车！你能想象我刚好今晚从这个州的无数张车牌里面看见这一个的几率有多么渺茫吗？实在是惊人！

> —— 费曼（Richard Feynman），引用自 David Goodstein, *Physics Today* **42**, 73 (February, 1989)。

## 2.3 有相互作用的系统

我们已经知道了如何算出爱因斯坦固体的微观状态数。为了理解热和不可逆过程，我们需要考虑一个由两个爱因斯坦固体组成的系统，二者之间可以交换能量。[1] 我把这两个固体分别记为 $A$ 和 $B$（见图 2.3）。

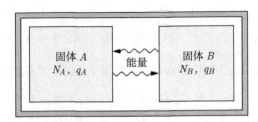

**图 2.3** 两个与外界隔绝并且可以互相交换能量的爱因斯坦固体。

首先我要明确，对于这样一个组合系统"宏观态"是什么。简单起见，我将假设这两个固体是**弱耦合**（weakly coupled）的，也就是说两个固体之间交换能量的速率远小于固体内部原子之间交换能量的速率。所以每一个固体的能量 $U_A$ 和 $U_B$ 只会缓慢地改变；在足够短的时间尺度内，它们都是固定的。我用（短时间内）固定的 $U_A$ 和 $U_B$ 来标记"宏观态"。在下面我们将会看到如何计算任意宏观态的重数。但是，在较长的时间尺度下，$U_A$ 和 $U_B$ 的值会改变，所以我也会讨论所有允许的 $U_A$ 和 $U_B$ 对应的可能微观态，而 $U_总 = U_A + U_B$ 始终固定。

我们从一个非常小的系统开始，每一个"固体"只包含 3 个谐振子，组合系统一共包含 6 单位的能量。也即：

$$N_A = N_B = 3, \quad q_总 = q_A + q_B = 6 \tag{2.10}$$

（在这里，我再一次地使用了 $q$ 来标记能量的份数。实际的能量是 $U = qhf$。）有了这些信息之后，我还需要单独指定 $q_A$ 或 $q_B$ 的值才能标记系统的宏观态。此时，所有可能的宏观态就是 $q_A$ = 0、1、……、6，见图 2.4，我在该图中使用了标准公式 $\binom{q+N-1}{q}$ 来计算每个固体宏观态的重数——$\Omega_A$ 和 $\Omega_B$。（在上一节中，有一些微观状态数已经通过列表方式得出来了。）因为两个固体是互相独立的：$A$ 中 $\Omega_A$ 个微观态中的每一个，$B$ 中 $\Omega_B$ 个微观态都是可能的。所以总的重数 $\Omega_总$ 是两个固体的重数的积。总的重数也被画成了柱状图。在较长的时间尺度下，这个系统可以达到的微观状态数是 462，也即上面表格中最后一列的求和。把一个存在 6 个谐振子、6 单位能量的系统代入标准公式，你就可以验证这个结果。

---

[1]这一节以及第 3.1 节和第 3.3 节的部分内容基于文章 T. A. Moore and D. V. Schroeder, *American Journal of Physics* **65**, 26–36 (1997)。

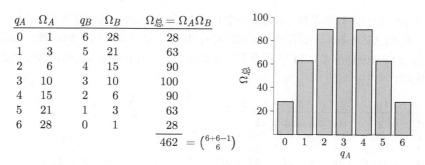

| $q_A$ | $\Omega_A$ | $q_B$ | $\Omega_B$ | $\Omega_{总} = \Omega_A\Omega_B$ |
|---|---|---|---|---|
| 0 | 1 | 6 | 28 | 28 |
| 1 | 3 | 5 | 21 | 63 |
| 2 | 6 | 4 | 15 | 90 |
| 3 | 10 | 3 | 10 | 100 |
| 4 | 15 | 2 | 6 | 90 |
| 5 | 21 | 1 | 3 | 63 |
| 6 | 28 | 0 | 1 | 28 |

$$462 = \binom{6+6-1}{6}$$

**图 2.4** 两个爱因斯坦固体组成的系统的宏观态和对应重数，每一个爱因斯坦固体包含 3 个谐振子，这个系统共享 6 单位能量。

现在让我引入一个重要假设：在很长的时间尺度下，能量在两个固体中是随机流动的，[1] 也即所有的 *462* 种微观态是等可能的。所以在任何时刻观察这个系统，你会发现这个系统处在这 462 种中的任何一种情况的概率是相同的。这个假设叫作**统计力学基本假设**（fundamental assumption of statistical mechanics）：

> 对于一个处于热平衡的孤立系统，所有可及微观态都是等可能的。

尽管这个假设看起来是合理的，但是我无法证明它。在微观尺度下，我们期待任何把系统从状态 $X$ 变到状态 $Y$ 的过程都是可逆的，所以系统可以非常容易地从状态 $Y$ 变回状态 $X$。[2] 此时，系统不会偏爱某个态。然而，我们很难想象，系统可以在一个合理的时间内到达所有"可及"微观态——事实上，我们将会看到，对于很大的系统，所有"可及"微观态的数目是如此之大，以至于在系统有限的生命周期内，只有很小的一部分才会真正出现。我们其实是在假设，在一个可以想象的足够"长"的时间尺度内，出现的那些微观态是所有的微观态的一个有代表性的样本。又因为我们假设态之间的转换是"随机"的，我们不需要关心可能存在的规律。[3]

如果我们对两个爱因斯坦固体构成的系统应用统计力学基本假设，可以发现，尽管 462 种微观态是等可能的，但是一些宏观态却更有可能发生。固体处在第 4 种宏观态（每一个固体有 3 单位能量）的概率是 100/462，但是固体处在第 1 种宏观态（能量全部处于固体 $B$ 中）的概率只有 28/462。如果初始时所有的能量都存在于固体 $B$ 中，一段时间之后，我们更可能观测到能量平均分布的宏观态。

即使对于这种只有几个谐振子、几份能量的小系统，计算它们的重数也有些繁琐。对于一个有几百个谐振子和几百份能量的系统，我肯定不愿意去计算它。但是，使用计算机做计算并不困难。利用表格软件或者类似软件，你可以轻松地重复出图 2.4（见习题 2.9）。

图 2.5 是一个由计算机生成的两个爱因斯坦固体的表格和图像，其

$$N_A = 300, \quad N_B = 200, \quad q_{总} = 100 \tag{2.11}$$

---

[1] 若要在两个谐振子之间存在能量交换，两个谐振子之间必然存在某种相互作用。幸运的是，这部分相互作用的精确机理是无关紧要的。但是这会带来一个后果，相互作用可能会影响谐振子的能级，我们之前假设谐振子能级均匀分布就可能不再成立了。所以我们需要假设，以至于爱因斯坦固体之间的相互作用足够得弱，以至于基本没有影响谐振子本身的能谱。这个假设不是统计力学必须的，但是可以让问题的计算更加简单。

[2] 这个思想也叫作**细致平衡**（detailed balance）原理。

[3] 有一类态是不可及的，可能因为它们的总能量与给定的能量不同；有一类态也是不可及的，可能因为等待的时间太短。"可及"的概念和"宏观态"很类似，取决于考虑的时间尺度。对于爱因斯坦固体的例子，我们假设给定能量对应的所有微观态都是可及的。

这个系统有 101 种可能的宏观态，但是表格中只列出了少数几种。通过观察重数，可以发现：即使对于最不可能的宏观态，即所有的能量都储存在 $B$ 中，也有 $3 \times 10^{81}$ 的重数；而最可能的宏观态——$q_A = 60$——则有 $7 \times 10^{114}$ 的重数。重要的不是这两个数很大，而是这两个数的比值很大：后者比前者大 $10^{33}$ 倍。

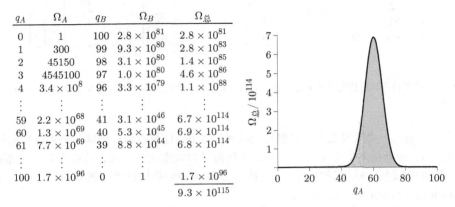

| $q_A$ | $\Omega_A$ | $q_B$ | $\Omega_B$ | $\Omega_{总}$ |
|---|---|---|---|---|
| 0 | 1 | 100 | $2.8 \times 10^{81}$ | $2.8 \times 10^{81}$ |
| 1 | 300 | 99 | $9.3 \times 10^{80}$ | $2.8 \times 10^{83}$ |
| 2 | 45150 | 98 | $3.1 \times 10^{80}$ | $1.4 \times 10^{85}$ |
| 3 | 4545100 | 97 | $1.0 \times 10^{80}$ | $4.6 \times 10^{86}$ |
| 4 | $3.4 \times 10^8$ | 96 | $3.3 \times 10^{79}$ | $1.1 \times 10^{88}$ |
| $\vdots$ | $\vdots$ | $\vdots$ | $\vdots$ | |
| 59 | $2.2 \times 10^{68}$ | 41 | $3.1 \times 10^{46}$ | $6.7 \times 10^{114}$ |
| 60 | $1.3 \times 10^{69}$ | 40 | $5.3 \times 10^{45}$ | $6.9 \times 10^{114}$ |
| 61 | $7.7 \times 10^{69}$ | 39 | $8.8 \times 10^{44}$ | $6.8 \times 10^{114}$ |
| $\vdots$ | $\vdots$ | $\vdots$ | $\vdots$ | |
| 100 | $1.7 \times 10^{96}$ | 0 | 1 | $1.7 \times 10^{96}$ |
| | | | | $9.3 \times 10^{115}$ |

**图 2.5** 一个由两个爱因斯坦固体组成的系统，其中一个具有 300 个谐振子，另一个具有 200 个谐振子，它们共享 100 单位的能量。

更加仔细地看这个例子，不难发现，总的微观状态数为 $9 \times 10^{115}$，因此系统处于最可能的宏观态的概率不是很大，只有 7%。有几个 $q_A$ 稍微偏移 60 的宏观态，概率也很接近 7%。但是当 $q_A$ 远离 60 时，不管是减小还是增加，概率都迅速地下降——$q_A$ 小于 30 或者大于 90 的概率小于百万分之一，$q_A < 10$ 的概率则低至 $10^{-20}$。宇宙的年龄不到 $10^{18}$ s，所以只有从宇宙的开端开始每秒钟观察系统好几百次，才会有一个不太小的概率观察到 $q_A < 10$。但是即使这样，你也几乎不可能观察到 $q_A = 0$。

假设这个系统一开始处于 $q_A$ 远小于 60 的态；或许所有的能量储藏在 $B$ 中。如果我们等待一会儿，让能量重新分布，你几乎肯定会看到能量从 $B$ 流向了 $A$。这个系统展现出了不可逆的特征：能量自发地从 $B$ 流向了 $A$，但是从不（除了 $q_A = 60$ 附近的微小扰动）从 $A$ 流向 $B$。显然，我们找到了对于热的物理解释：这是一种概率现象，不绝对肯定，但极其可能。

我们也偶然发现了物理学中的一个新定律：当系统处于自己最可能发生的宏观态时，或非常接近它时，也即具有最大重数时候，能量的自发流动将会停止。这个"重数增加原理"是**热力学第二定律**（second law of thermodynamics）的另一种表述。要注意到，这不是一个基本定律，而是一个有分量的关于概率的描述。

为了让这个陈述更加可靠，在实际情况中更通用，我们不应该只考虑只包含几百个粒子的系统，而应考虑类似 $10^{23}$ 数量级的系统。然而，即使用计算机，$10^{23}$ 数量级份能量分配给 $10^{23}$ 数量级个谐振子的问题也无法精确计算。幸运的是，我们可以使用一些合理的近似来解析地处理这个问题。这是下一节要做的事情。

**习题 2.8** 考虑由两个爱因斯坦固体 $A$ 和 $B$ 组成的系统，每个固体具有 10 个谐振子，共享 20 单位能量。假设这两个固体是弱耦合的且二者总能量固定。

(1) 这个系统共有多少个不同的宏观态？

(2) 这个系统共有多少个不同的微观态？

(3) 假如该系统处于热平衡，所有能量都集中在 $A$ 的概率是多少？

(4) 假如该系统处于热平衡，刚好有一半能量在 $A$ 中的概率是多少？

　　(5) 在什么情况下该系统会表现出不可逆行为？

　　**习题 2.9** 用计算机重新画出图 2.4，也即有两个爱因斯坦固体构成的系统，每个固体都有 3 个谐振子，共享 6 单位能量。之后再画出一个固体具有 6 个谐振子而另一个只有 4 个的情况（总能量单位数仍旧是 6）。假设所有的微观态是等可能的，最可能的宏观态及其概率是多少？最不可能的宏观态及其概率是多少？

　　**习题 2.10** 对于两个弱耦合的爱因斯坦固体，用计算机画出和这一节中相似的图和表，其中一个爱因斯坦固体有 200 个谐振子，另一个有 100 个，二者共享 100 单位能量。最可能以及最不可能的宏观态及其概率是多少？

　　**习题 2.11** 对于两个弱耦合的双状态顺磁体，用计算机画出和这一节中相似的图和表，每一个双状态顺磁体都具有 100 个基本磁偶极子。把一个偶极子从"上"（与外场平行）翻转到"下"（反平行）所需的能量记为一个"单位"能量。假如这个系统相对于所有偶极子朝上状态的能量是 80 "单位"，两个双状态顺磁体可以任意交换能量，最可能以及最不可能的宏观态及其概率是多少？

## 2.4　具有大量粒子的系统

　　在上一节中，我们看到，由两个存在相互作用的爱因斯坦固体组成的系统——其中每一个爱因斯坦固体都有 100 个左右的谐振子——某些宏观态出现概率比其他的大得多。然而，仍旧有大约 20% 的宏观态可能性都不低。接下来我们将讨论当系统更大时——每个固体包含 $10^{20}$ 个甚至更多的谐振子——会发生什么。在本节结束时，我的目标是让你知道，在所有的宏观态中，只有很小一部分是有明显可能性的。换句话说，重数的函数变得非常尖锐（见图 2.6）。然而，要分析这么大的系统，我们必须首先了解非常大数字的数学规律。

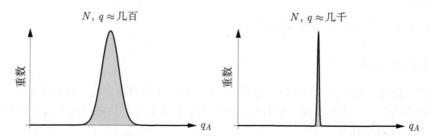

**图 2.6** 两个有相互作用的爱因斯坦固体的典型重数图，左图的 $N$ 和 $q$ 是几百，右图则是几千。随着系统尺寸的增加，峰相对于整个横轴变得非常窄。对于 $N \approx q \approx 10^{20}$ 的情况，峰太尖锐而无法绘制。

### 2.4.1　非常大的数字

　　在统计力学中，存在三种常见的数字：小数字、大数字和非常大的数字。

　　**小数字**（small number）指的是像 6、23、42 这种数字。你早就知道怎么处理这些数字。

　　**大数字**（large number）指的是比小数字大得多的数，通常由小数字的乘方组成。统计力学中最重要的大数字是 $10^{23}$ 数量级的阿伏伽德罗常量。对于大数字，最重要的性质是把它和一个小数字相加所得的结果其实就是它自己。举个例子：

$$10^{23} + 23 = 10^{23} \tag{2.12}$$

（唯一的例外是你最后又把这个大数字减掉了：$10^{23} + 42 - 10^{23} = 42$。）

　　**非常大的数字**（very large number）是比大数字还大得多的数字，往往由大数字的乘方组成。比如 $10^{10^{23}}$。[1] 这种数字有非常漂亮的性质：你可以把它和一个大数字乘起来而不改变它的值。例如，利用式(2.12)有

$$10^{10^{23}} \times 10^{23} = 10^{(10^{23}+23)} = 10^{10^{23}} \tag{2.13}$$

这个性质你可能一上来难以接受，但是它对于非常大的数字十分有用。（当然，如果你最后又把这个非常大的数字除掉了，你就不能这样写了。）

　　处理非常大的数字时，我们有一个常用的手段：取对数。这个方法把一个非常大的数字变成了一个一般的大数字，这样我们就可以更好地对它进行运算，只要最后再乘方回去就可以了。在这一节我就会使用这个手段。

　　**习题 2.12** 自然对数函数 ln 的定义为：对任意的正数 $x$ 都有 $e^{\ln x} = x$。
　　(1) 画出自然对数函数的图像。
　　(2) 证明恒等式

$$\ln ab = \ln a + \ln b \quad \text{和} \quad \ln a^b = b \ln a$$

　　(3) 证明 $\frac{\mathrm{d}}{\mathrm{d}x} \ln x = \frac{1}{x}$。
　　(4) 推导出常用的近似

$$\ln(1+x) \approx x$$

　　它在 $|x| \ll 1$ 时成立。用计算器检验一下这个近似在 $x = 0.1$ 和 $x = 0.01$ 时的误差。

　　**习题 2.13** 有关对数的有趣事实。
　　(1) 化简表达式 $e^{a \ln b}$（也就是变成不含有对数的形式）。
　　(2) 假如 $b \ll a$，证明 $\ln(b+a) \approx (\ln a) + (b/a)$。（提示：把 $a$ 从对数里面提出去，再使用习题 2.12 (4) 的近似。）

　　**习题 2.14** 把 $e^{10^{23}}$ 写成 $10^x$ 的形式，求出 $x$。

### 2.4.2　斯特林近似

　　我们的重数公式总是和"组合数"有关，而组合数是由阶乘组成的。为了在具有大量粒子的系统中应用这些公式，我们需要一些特别的方法来估计大数字的阶乘。这个方法是**斯特林近似**（Stirling's approximation）：

$$N! \approx N^N e^{-N} \sqrt{2\pi N} \tag{2.14}$$

当 $N \gg 1$ 时，这个公式十分准确。为什么呢？我下面就来解释。

　　$N!$ 是从 1 到 $N$ 这 $N$ 个因子的乘积，一个十分粗略的估计是把每一个因子都替换成 $N$，这就是 $N! \approx N^N$。这是一个过高的估计，因为几乎所有的因子都比 $N$ 小，这个近似比 $N!$ 的实际值大得多；事实上，平均下来每个因子都大了 e 倍，也就是说

$$N! \approx \left(\frac{N}{e}\right)^N = N^N e^{-N} \tag{2.15}$$

这仍比 $N!$ 相差了一个大数字的因子，大约是 $\sqrt{2\pi N}$。但若 $N$ 是一个大数字，那么 $N!$ 会是一个非常大的数字，所以这个（大数字）因子就可以被省略了。

---

[1]请注意 $x^{y^z}$ 的意思是 $x^{(y^z)}$ 而非 $(x^y)^z$。

如果我们只关心 $N!$ 的对数，式(2.15)通常已经足够准确：

$$\ln N! \approx N \ln N - N \tag{2.16}$$

把斯特林近似用在一些不太大的数字上来看看结果是很有意思的：表 2.3 展示了一些结果。你可以看到，不需要 $N$ 很大，斯特林近似就很有用了——式(2.14)甚至在 $N = 10$ 的时候就十分准确了，而式(2.16)则在 $N = 100$ 的时候就很准确了（如果你只关心对数值的话）。

| $N$ | $N!$ | $N^N e^{-N}\sqrt{2\pi N}$ | 误差 | $\ln N!$ | $N\ln N - N$ | 误差 |
|---|---|---|---|---|---|---|
| 1 | 1 | 0.922 | 7.7% | 0 | $-1$ | $\infty$ |
| 10 | 3 628 800 | 3 598 696 | 0.83% | 15.1 | 13.0 | 13.8% |
| 100 | $9 \times 10^{157}$ | $9 \times 10^{157}$ | 0.083% | 364 | 360 | 0.89% |

**表 2.3** 斯特林近似（式(2.14)和式(2.16)）与真实值的对比（在 $N = 1$、10 和 100 时）。

斯特林近似的推导详见附录 B。

**习题 2.15** 用计算器检验斯特林近似和式(2.16)在 $N = 50$ 时的准确度。

**习题 2.16** 假设你随机抛了 1000 个硬币。

(1) 刚好有 500 个正面朝上、500 个正面朝下的概率是多少？（提示：先写下总的结果的数目，然后利用斯特林近似计算 500-500 "宏观态"的"重数"。如果你的计算器可以不用斯特林近似，轻松计算 1000!，那就把这道习题的硬币数目乘以 10、100 或 1000，直到你必须使用斯特林近似。）

(2) 刚好有 600 个正面朝上、400 个正面朝下的概率是多少？

### 2.4.3　大型爱因斯坦固体的重数

了解了斯特林近似以后，我们现在来估计具有大量谐振子和能量单位的爱因斯坦固体的重数。我现在只考虑 $q \gg N$（这其实是"高温"极限）——也即能量单位数远大于谐振子数——的情况，而不考虑一般的情况。

让我从原先推导出的准确公式开始：

$$\Omega(N, q) = \binom{q + N - 1}{q} = \frac{(q + N - 1)!}{q!\,(N - 1)!} \approx \frac{(q + N)!}{q!\,N!} \tag{2.17}$$

我做了最后一个约等号的近似，是因为 $N!$ 只比 $(N-1)!$ 乘了一个大数字（$N$），而它相较于非常大的数字如 $\Omega$ 是可以忽略的。接下来，对式(2.17)取对数并应用式(2.16)中的斯特林近似：

$$\begin{aligned}
\ln \Omega &= \ln \left[ \frac{(q+N)!}{q!\,N!} \right] \\
&= \ln(q+N)! - \ln q! - \ln N! \\
&\approx (q+N)\ln(q+N) - (q+N) - q\ln q + q - N\ln N + N \\
&= (q+N)\ln(q+N) - q\ln q - N\ln N
\end{aligned} \tag{2.18}$$

目前为止我还没有利用 $q \gg N$，但是我先和习题 2.13 一样处理公式中的第一个对数：

$$
\begin{aligned}
\ln{(q+N)} &= \ln{\left[ q \left(1 + \frac{N}{q}\right) \right]} \\
&= \ln q + \ln{\left(1 + \frac{N}{q}\right)} \\
&\approx \ln q + \frac{N}{q}
\end{aligned}
\tag{2.19}
$$

上式中的最后一步，利用了在 $|x| \ll 1$ 时对数的泰勒展开 $\ln{(1+x)} \approx x$。将这个结果代入式 (2.18)，消掉 $q \ln q$ 项，有

$$
\ln \Omega \approx N \ln \frac{q}{N} + N + \frac{N^2}{q}
\tag{2.20}
$$

在 $q \gg N$ 时，最后一项相较于其他两项可以忽略。将剩下两项放到幂上，有

$$
\Omega(N, q) \approx \mathrm{e}^{N \ln(q/N)} \mathrm{e}^N = \left(\frac{\mathrm{e}q}{N}\right)^N \quad \text{（当 } q \gg N \text{ 时）}
\tag{2.21}
$$

这个公式简洁而又美观，但是你可能从未见过类似的公式：它的幂是一个大数字，因此 $\Omega$ 是一个非常大的数字，正如我们所知；同时，即使我们略微地增加 $N$ 或 $q$，$\Omega$ 都会因为这个巨大的幂 $N$ 而暴涨。

**习题 2.17** 类比推导式 (2.21) 时所用的方法，推导爱因斯坦固体在"低温极限" $q \ll N$ 下的重数公式。

**习题 2.18** 利用斯特林近似，证明对于任意的足够大（大数字）的 $q$ 和 $N$，爱因斯坦固体的重数近似为

$$
\Omega(N, q) \approx \frac{\left(\frac{q+N}{q}\right)^q \left(\frac{q+N}{N}\right)^N}{\sqrt{2\pi q(q+N)/N}}
$$

分母上的平方根只不过是大数字，通常可以忽略。但是它在习题 2.22 中是必须的。（提示：首先算出 $\Omega = \frac{N}{q+N} \frac{(q+N)!}{q! N!}$，而且不要忽略斯特林近似中的 $\sqrt{2\pi N}$。）

**习题 2.19** 利用斯特林近似，求出双状态顺磁体重数的近似公式。在极限 $N_\downarrow \ll N$ 下化简，你应该得到 $\Omega \approx (Ne/N_\downarrow)^{N_\downarrow}$。这个结果应该和你在习题 2.17 中得到的很相似；解释为什么这两个系统在这个极限下基本一样。

### 2.4.4 重数函数的锐度

最后，我们终于回到了这一节一开始提出的问题：对于两个有相互作用的大型爱因斯坦固体，它们重数的峰到底有多尖锐？

简单起见，让我假设每个固体都有 $N$ 个谐振子，我将总的能量单位数记为 $q$（而非 $q_{总}$），同样假设 $q$ 比 $N$ 大得多，以便应用式 (2.21)。那么对于任意给定的宏观态，这个组合系统的重数是

$$
\Omega = \left(\frac{\mathrm{e}q_A}{N}\right)^N \left(\frac{\mathrm{e}q_B}{N}\right)^N = \left(\frac{\mathrm{e}}{N}\right)^{2N} (q_A q_B)^N
\tag{2.22}
$$

式中，$q_A$ 和 $q_B$ 是两个固体的能量单位数（$q_A + q_B = q$）。

如果你把式 (2.22) 作为一个 $q_A$ 的函数作图，你会发现它在 $q_A = q/2$ 的地方有一个非常尖锐

的峰，这个峰的高度是一个非常大的数：

$$\Omega_{\max} = \left(\frac{e}{N}\right)^{2N} \left(\frac{q}{2}\right)^{2N} \tag{2.23}$$

我还对这个峰附近的形状感兴趣，所以令

$$q_A = \frac{q}{2} + x, \quad q_B = \frac{q}{2} - x \tag{2.24}$$

式中，$x$ 可以是任意的比 $q$ 小得多的数（但是可能还是挺大的）。将它代入式(2.22)，有

$$\Omega = \left(\frac{e}{N}\right)^{2N} \left[\left(\frac{q}{2}\right)^2 - x^2\right]^N \tag{2.25}$$

为了简化这个式子，我还是对它取对数，并利用式(2.19)的方法简化：

$$\begin{aligned}
\ln\left[\left(\frac{q}{2}\right)^2 - x^2\right]^N &= N\ln\left[\left(\frac{q}{2}\right)^2 - x^2\right] \\
&= N\ln\left\{\left(\frac{q}{2}\right)^2 \left[1 - \left(\frac{2x}{q}\right)^2\right]\right\} \\
&= N\left\{\ln\left(\frac{q}{2}\right)^2 + \ln\left[1 - \left(\frac{2x}{q}\right)^2\right]\right\} \\
&\approx N\left[\ln\left(\frac{q}{2}\right)^2 - \left(\frac{2x}{q}\right)^2\right]
\end{aligned} \tag{2.26}$$

现在我再把它放到幂上，代回式(2.25)，有

$$\Omega = \left(\frac{e}{N}\right)^{2N} e^{N\ln(q/2)^2} e^{-N(2x/q)^2} = \Omega_{\max} \cdot e^{-N(2x/q)^2} \tag{2.27}$$

这样形式的函数称为**高斯函数**（Gaussian）：它在 $x = 0$ 处有一个峰值并且在两边都快速衰减，见图 2.7。当重数掉到这个峰值高度的 $1/e$ 时，有

$$N\left(\frac{2x}{q}\right)^2 = 1 \quad \text{或} \quad x = \frac{q}{2\sqrt{N}} \tag{2.28}$$

这个值其实是一个大数字，但是如果 $N = 10^{20}$ 的话，它不过是整个横轴的百亿分之一罢了。在这个图的比例下，若峰的宽度大约是 $1\,\text{cm}$，那么整个横轴的长度就会有 $10^{10}\,\text{cm}$，也就是 $100\,000\,\text{km}$——可以绕地球两圈还多。在这个图中最边缘的地方，即使 $x$ 只比 $q/2\sqrt{N}$ 大 10 倍，对应的重数就比最大值小了 $e^{-100} \approx 10^{-44}$ 倍。

　　这个结果告诉我们，当两个大型爱因斯坦固体互相到达了热平衡时，任何偏离最可能的宏观态的随机扰动都几乎无法观测到。如果我们真的想要观测到这些扰动，必须将能量测量到 10 个有效数字的准确度。因为所有的微观态都是等可能的，一旦系统达到热平衡，我们不妨假设它就处在最可能的宏观态。当一个系统的大小趋于无穷的时候，任何偏离最可能宏观态的可测量扰动就永远不会出现了，这称作**热力学极限**（thermodynamic limit）。

　　**习题 2.20** 假如你把图 2.7 缩放到整个横轴和这张纸一样宽，图中的峰会有多宽？

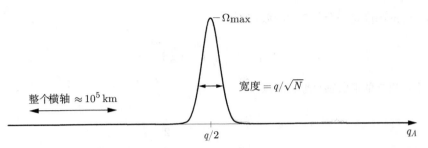

**图 2.7** 两个有相互作用的大型爱因斯坦固体组成的系统的重数图。爱因斯坦固体的每个谐振子对应许多单位的能量（高温极限）。横轴只画了极小一部分。

**习题 2.21** 根据下面的指示利用计算机画出式(2.22)的图像：定义 $z = q_A/q$，也即 $1-z = q_B/q$；然后忽略所有的常数，此时重数函数就是 $[4z(1-z)]^N$，式中，$z \in [0,1]$，因子 4 是为了保证无论 $N$ 是多少，峰的高度总是 1。把这个函数在 $N = 1$、10、100、1000 以及 10 000 时的图都画出来，观察峰的宽度是如何随着 $N$ 增加而减少的。

**习题 2.22** 对于两个大型爱因斯坦固体组成的系统，本习题提供了另一种估算其重数函数峰宽度的方法。

(1) 考虑两个完全相同的爱因斯坦固体，各自具有 $N$ 个谐振子，互相保持热接触。假设总能量单位数为 $2N$，这个组合系统的宏观态（也即第一个固体的能量取值）有几个？

(2) 利用习题 2.18 的结论，求出组合系统的总微观状态数。（提示：把两个爱因斯坦固体视为一个，不要把任何的"大"数字的因子扔掉，因为你最后要把两个几乎相等的"非常大"的数字相除。答案：$2^{4N}/\sqrt{8\pi N}$。）

(3) 这个系统最可能的宏观态（当然）是两个固体的能量相同的态。利用习题 2.18 的结论，求出这个宏观态重数的近似公式。（答案：$2^{4N}/(4\pi N)$。）

(4) 现在，通过比较 (2) 和 (3)，你就大概知道了重数函数的"锐度"——(3) 告诉了你峰的高度，(2) 告诉了你曲线下的总面积。做一个非常粗略的近似——假设峰是一个矩形。这样的话，它有多宽？在所有的宏观态中，多少比例（的宏观态）有足够大的概率？当 $N = 10^{23}$ 时，数值计算一下这个比例。

**习题 2.23** 考虑一个有 $10^{23}$ 个基本偶极子的双状态顺磁体，总能量固定为零，因此刚好有一半偶极子向上，另一半向下。

(1) 这个系统有多少"可及"的微观态？

(2) 假设这个系统的微观态每秒变化 10 亿次，100 亿年（宇宙的年龄）之后它能经历多少个微观态？

(3) 如果你等待得足够长，系统总会遍历每一种"可及"的微观态，这种说法对不对？解释你的答案并讨论"可及"的含义。

**习题 2.24** 单个大型双状态顺磁体的重数函数在 $N_\uparrow = N/2$ 时有一个非常尖锐的峰。

(1) 利用斯特林近似估计这个峰的高度。

(2) 利用这一节的方法推导峰附近区域的重数函数，自变量为 $x \equiv N_\uparrow - (N/2)$。检查你的结果在 $x = 0$ 时是否符合 (1) 的结论。

(3) 这个重数函数峰的宽度是多少？

(4) 假如你随机抛 1 000 000 个硬币，501 000 个正面朝上 499 000 个正面朝下值得惊讶吗？510 000 个正面朝上 490 000 个正面朝下呢？解释为什么。

**习题 2.25** 习题 2.24 中的数学还可以被用在一维**随机游走**（random walk）上：$N$ 个首尾相连尺寸相同的位移，每个位移只能向前或向后。（可以想象成一个醉鬼沿着一条小巷乱走的过程。）

(1) 如果你做一次一维随机游走，在这个过程的最后，你最有可能在哪里？

(2) 假如你随机游走了 10 000 步，你最后离原点的距离的期望是多少？（以步为单位。）

(3) 自然界中随机游走的一个例子是分子在气体中的**扩散**（diffusion）——平均步长是平均自由程（在第 1.7 节中计算过）。利用这个模型，忽略任何步长的变化，并假设分子随机游走是一维的，估计室温大气压下一个空气分子在空气中（或一个二氧化碳分子在空气中）随机游走的离原点距离的期望。讨论一下当时间不同或温度不同时结果会有什么变化，并与第 1.7 节的结论比较，看看二者是否一致。

这些东西成立是因为相较于 10，阿伏伽德罗常量更接近于无穷大。

—— Ralph Baierlein, *American Journal of Physics* **46**, 1045 (1978)。版权为 American Association of Physics (1978) 所有，已获得授权重印。

## 2.5　理想气体

在上一节中，我们证明了存在相互作用的爱因斯坦固体组成的系统的所有宏观态中，只有很小一部分是有明显可能的。这个结论其实同样适用于爱因斯坦固体以外的系统。实际上，它对于基本上任何的存在相互作用且具有"大量"粒子和能量的系统都成立。在这一节中，我将为理想气体证明这个结论。

理想气体比爱因斯坦固体复杂得多。它的重数不仅取决于它的体积，还与它的总能量和粒子数有关。进一步地，若两个气体存在相互作用，它们可以收缩或扩张，交换能量，甚至能够交换分子。即便如此，我们还是会发现，两个存在相互作用的气体的重数函数仍旧只在所有的宏观态中很小一部分存在非常尖锐的峰。

### 2.5.1　单原子分子理想气体的重数

简单起见，我只考虑单原子分子的理想气体，如氦气和氩气。我将从只包含一个分子的气体开始，逐步拓展到 $N$ 个分子的一般情况。

假设一个气体原子的动能为 $U$，它所在的容器体积为 $V$ 且只具有一个分子。这个系统的重数是多少？换句话说，在给定了 $U$ 和 $V$ 时，这个分子有多少种可能的微观态？

理所当然地，当体积扩大一倍，这个分子所处的态的数目也会增多一倍；因此，重数就应该和 $V$ 成正比。同理，这个分子的动量矢量可取的值越多，可能的态也就越多；所以，重数也应该和**动量空间**（momentum space）的"体积"成正比。（动量空间是一个假想的"空间"，它的轴是 $p_x$、$p_y$ 和 $p_z$；这个空间中的每一个"点"对应粒子的一个动量矢量。）综上，

$$\Omega_1 \propto V \cdot V_p \tag{2.29}$$

式中，$V$ 是普通的空间——或者叫**位置空间**（position space）——的体积；$V_p$ 是动量空间的体积；脚标 1 代表这个气体只有 1 个分子。

式(2.29)仍旧十分模糊——它还有两处并未确定。其一就是动量空间的体积 $V_p$。因为这个分

子的动能一定等于 $U$，因此我们有约束：

$$U = \frac{1}{2}m\left(v_x^2 + v_y^2 + v_z^2\right) = \frac{1}{2m}\left(p_x^2 + p_y^2 + p_z^2\right) \tag{2.30}$$

也就是

$$p_x^2 + p_y^2 + p_z^2 = 2mU \tag{2.31}$$

这个方程其实描述了动量空间中半径为 $\sqrt{2mU}$ 的球面（见图 2.8），动量空间的"体积"其实就是这个球面的面积（如果我们允许 $U$ 在一定程度上波动的话，还要乘以一个较小的厚度）。

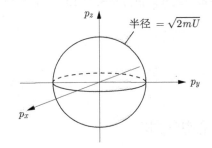

**图 2.8** 动量空间中半径为 $\sqrt{2mU}$ 的球面。如果一个分子的能量为 $U$，那么它的动量矢量一定在这个球面上。

式(2.29)中另一处待确定的就是它的比例系数。乍看起来，$\Omega_1$ 肯定是严格地和两个体积成正比的；但是体积是连续变量，我们怎么能够数出一个有限的重数来呢？即便是只有一个分子的气体，它不应该也是无穷的吗？

其实不然。为了实际数出微观状态数，我们必须要应用量子力学。（如果你想更系统地了解量子力学，请参考附录 A。）在量子力学中，一个系统的态用弥散在整个位置空间和动量空间的波函数来描述。波函数在位置空间的弥散越小，它在动量空间的弥散就越大，反之亦然。这就是著名的**海森伯不确定性原理**（Heisenberg uncertainty principle）：

$$(\Delta x)\,(\Delta p_x) \approx h \tag{2.32}$$

式中，$\Delta x$ 是在 $x$ 上的弥散；$\Delta p_x$ 是在 $p_x$ 上的弥散；$h$ 是普朗克常量。（其实，$(\Delta x)\,(\Delta p_x)$ 也可以比 $h$ 更大，但是我们只关心最准确地确定位置和动量的波函数。）这个限制同样适用于 $y$ 和 $p_y$、$z$ 和 $p_z$。

即使在量子力学中，允许的波函数的数目也是无限的。但是，如果整个位置空间和动量空间都是有限的，相互独立的波函数（具体的定义参见附录 A）的数目就是有限的了。我将一维情况画在了图 2.9 中。在这个一维的例子中，不同的位置态有 $L/(\Delta x)$ 个，不同的动量态有 $L_p/(\Delta p_x)$ 个。不同态的数目是二者的乘积：

$$\frac{L}{\Delta x}\frac{L_p}{\Delta p_x} = \frac{LL_p}{h} \tag{2.33}$$

这里利用了不确定性原理。在三维空间中，长度变成了体积，$h$ 的幂也就变成了 3：

$$\Omega_1 = \frac{VV_p}{h^3} \tag{2.34}$$

这个对于比例系数的"推导"坦白地说其实有点站不住脚：我没有证明式(2.34)中没有其他的无量纲系数比如 2 或者 $\pi$。如果你不介意的话，就把它当成是一个量纲分析的结果吧：重数一

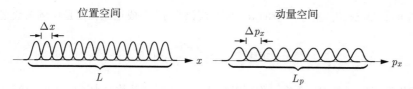

**图 2.9** 量子力学中，粒子在一维空间上移动时的许多"独立"的位置态和动量态。如果我们让波函数在位置空间中变窄，它们就会在动量空间中变宽，反之亦然。

定是一个无量纲数，我们可以简单地证明 $h^3$ 就刚好把 $V$ 和 $V_p$ 的单位抵消掉。[1]

到此为止，气体中只有一个分子的情况我们就讨论完了。如果增加一个分子的话，我们可以直接把两个式(2.34)乘起来吗？毕竟每一个分子 1 的态都对应着 $\Omega_1$ 个分子 2 的态。其实并不行，因为 $V_p$ 受到了总能量的限制。若两个分子具有同样大的质量，我们可以将两个分子时的式(2.31)写为

$$p_{1x}^2 + p_{1y}^2 + p_{1z}^2 + p_{2x}^2 + p_{2y}^2 + p_{2z}^2 = 2mU \tag{2.35}$$

这个公式描述了六维动量空间中的一个"超球面"。我没法把它画出来，但是它的"面积"仍旧可以计算，并将其称为两个分子所允许的动量空间的总体积。

因此，两个分子组成的气体的重数函数就应该是

$$\Omega_2 = \frac{V^2}{h^6} \times 动量空间超球面的面积 \tag{2.36}$$

只有当两个分子可区分时，式(2.36)才是正确的。如果它们不可区分，由于交换两个分子后并没有出现一个新的态，我们其实刚好多数了一倍（见图 2.10）。[2]因此，由两个不可区分的分子组成的气体的重数就是

$$\Omega_2 = \frac{1}{2} \frac{V^2}{h^6} \times 动量空间超球面的面积 \tag{2.37}$$

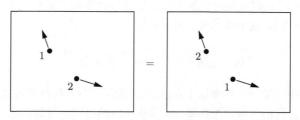

**图 2.10** 在两个相同分子组成的气体中，交换这两个分子的态与没有交换是一样的。

对于由 $N$ 个不可区分的分子组成的气体，$V$ 的幂就是 $N$，$h$ 的幂就是 $3N$；然而，我们重复计数了 $N!$ 次——交换 $N$ 个分子的方法数。此时，动量空间的系数就是半径为 $\sqrt{2mU}$ 的 $3N$ 维超球面的"面积"：

$$\Omega_N = \frac{1}{N!} \frac{V^N}{h^{3N}} \times 动量空间超球面的面积 \tag{2.38}$$

为了计算式(2.38)，我们需要知道"面积"的确切表达式。$d = 2$ 时，"面积"就是圆的周长，

---

[1]不要担心 $V_p$ 其实是面积而不是体积。我们总可以使动量空间中的球面具有很小的厚度，并将其面积乘以该厚度即可得到具有动量立方单位的量。当气体由 $N$ 分子组成时，重数将是一个巨大的数字，厚度的一点误差无关紧要。

[2]这个说法成立的前提是两个分子各自的态总是不同。两个分子确实有可能具有相同的位置和动量，这种态在式(2.36)中其实没有被计算两次。但是，除非气体十分稠密，这个概率微乎其微。

$2\pi r$。$d = 3$ 时，是 $4\pi r^2$。对于一般的 $d$，面积应该和 $r^{d-1}$ 成正比，但是比例系数很难猜出来。确切公式是

$$\text{"面积"} = \frac{2\pi^{d/2}}{(\frac{d}{2}-1)!} r^{d-1} \tag{2.39}$$

这个公式的推导详见附录 B。现在，你可以验证 $d = 2$ 时的系数。为了验证 $d = 3$，你需要知道 $(1/2)! = \sqrt{\pi}/2$。

将式(2.39)（$d = 3N$ 且 $r = \sqrt{2mU}$）代入式(2.38)，可得

$$\Omega_N = \frac{1}{N!} \frac{V^N}{h^{3N}} \frac{2\pi^{3N/2}}{(\frac{3N}{2}-1)!} \left(\sqrt{2mU}\right)^{3N-1} \approx \frac{1}{N!} \frac{V^N}{h^{3N}} \frac{\pi^{3N/2}}{(3N/2)!} \left(\sqrt{2mU}\right)^{3N} \tag{2.40}$$

因为 $\Omega_N$ 是一个非常大的数字，我在最后一步中把一些大数字的因子扔掉了。[1]

这个单原子分子理想气体的重数函数有些复杂，但是它与 $U$ 和 $V$ 的关系还是十分清晰的：

$$\Omega(U, V, N) = f(N) V^N U^{3N/2} \tag{2.41}$$

式中，$f(N)$ 是一个关于 $N$ 的复杂函数。

我们注意到，式(2.41)中 $U$ 的幂是总自由度 $3N$ 的一半，这和爱因斯坦固体在高温极限下的结果——式(2.21)——一样。这个结论是一个更普遍定理的特殊情况：对于任意一个只具有二次"自由度"，能量单位数多到无法察觉其量子化特征的系统，它的重数正比于 $U^{Nf/2}$，式中，$Nf$ 是总自由度。这个定理的证明详见 Stowe (1984) [6]。

**习题 2.26** 考虑二维空间（"平面"）中的单原子分子理想气体，该气体占据了面积 $A$ 而非体积 $V$。利用和上文一样的逻辑，类比式(2.40)，求出此时该气体的重数公式。

### 2.5.2 相互作用的理想气体

假设现在我们有两个用挡板隔开但是允许能量交换的理想气体（见图 2.11）。若每个气体都有 $N$ 个分子（种类一致），这个系统的总的重数是

$$\Omega_{总} = [f(N)]^2 (V_A V_B)^N (U_A U_B)^{3N/2} \tag{2.42}$$

这个表达式和上一节中的爱因斯坦固体（式(2.22)）的结果具有同样的形式：二者的能量的幂都是一个大数字。因此，我们可以依照和第 2.4 节中一致的过程，得到结论——重数函数在以 $U_A$ 作为自变量画图时，具有一个非常尖锐的峰：

$$\text{峰的宽度} = \frac{U_{总}}{\sqrt{3N/2}} \tag{2.43}$$

如果 $N$ 很大，系统处于平衡时，只有极小的一部分宏观态出现的可能性才不是小到极点的。

除了可以让两个气体交换能量，还可以让它们交换体积——也就是允许隔板前后移动，此时，一个被压缩，另一个就膨胀。同理可得，重数函数在以 $V_A$ 作为自变量画图时，也有一个非常尖锐的峰：

$$\text{峰的宽度} = \frac{V_{总}}{\sqrt{N}} \tag{2.44}$$

---

[1] 如果你认为推式(2.40)的过程不严谨的话，也请耐心——因为我将在第 6.7 节用一个完全不同的方法来做更严谨的推导。

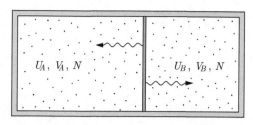

**图 2.11** 两个具有固定体积的理想气体，它们被挡板隔开，但是允许能量交换，二者的总能量不变。

再一次地，（若 $N$ 很大）只有体积平衡或基本平衡的宏观态才是有可能的，它只占总体积的很小一部分。在图 2.12 中，我画出了 $\Omega_{总}$ 关于 $U_A$ 和 $V_A$ 的曲面图。和图 2.7 一样，我只展示了 $U_A$ 和 $V_A$ 的一小部分；如果代入 $N = 10^{20}$，同时将整个横/纵轴按比例缩放到这张纸的大小的话，峰的宽度就会比一个原子还小了。

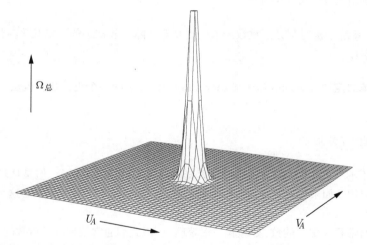

**图 2.12** 两个理想气体组成的系统的重数关于气体 $A$ 的体积和能量的二维曲面图（总体积和总能量保持不变）。若分子数目足够多，整个横/纵轴的长度就会远超过这张纸的大小。

其实我们也可以不让隔板移动，直接在隔板上戳个孔，这样一来两边就可以交换分子了。这种情况下，我们就需要知道 $\Omega_{总}$ 与 $U_A$ 和 $N_A$ 的关系才能得出平衡宏观态。从式(2.40)可以看出这个分析会比较复杂，但我们还是会在图中找到一个非常尖的峰——平衡的宏观态仍旧十分固定。（当然，你可能会猜到，这个平衡态就是两边的密度一致的宏观态。）

有些情况下，仅仅通过观察式(2.41)就可以判断某些特定分子排列的概率。例如，我们想求出图 2.13 所示的所有分子都在左半边的概率，只需要把 $V$ 替换为 $V/2$ 即可——因为这个宏观态的能量和分子数都不变，但是体积相较原先小了一半。代入式(2.41)，重数变成了原先的 $1/2^N$，也就是说，分子全在左边的微观态只有总数的 $1/2^N$，这个排列的概率显然就是 $2^{-N}$。即使 $N = 100$ 这个数也比 $10^{-30}$ 还小；也即从期望上来说，你从宇宙诞生开始每秒钟观察这个系统一万亿次，直到现在你才可能看到过一次这种排列。若 $N = 10^{23}$，这个概率真的是小到可以忽略了。

**习题 2.27** 与其关心所有分子都在容器左边一半的情况，我们来看看假如将容器横向等分为 100 份，所有分子都在容器左边的 99 份内（1% 的空间没有分子）的情况。如果有 100 个原子，这个排列的概率是多少？如果有 10 000 个原子呢？ $10^{23}$ 个原子又是什么情况呢？

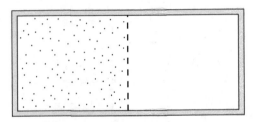

**图 2.13** 气体分子的一种极不可能的排列。

## 2.6 熵

我们已经看到，对于很多体系，粒子和能量倾向于向着重数最大（或接近最大）的方向发展。事实上，这个结论看起来似乎对任何系统都成立，[1] 只要这个系统包含足够多的粒子以及有足够多份能量可以应用大数的统计学规律：

> 任何大系统平衡时都处于重数最大的宏观态（除了非常小的实验几乎测量不到的涨落）。

这只是**热力学第二定律**（second law of thermodynamics）的一个更普适的说法。另一个简单的说法为：

> 重数倾向于增加。

即使这个定律不够"基本"（因为我通过计算概率的方法推导出了它），但是从现在开始我依然把它称作基本定律。如果你只关心重数最大的宏观态，那你基本上可以不关心这个态的概率是多少。

因为重数通常是非常大的数，处理起来很繁琐，所以我们通常处理的是重数的自然对数，而非它本身。因为历史原因，我们会在重数的对数上再乘以一个玻尔兹曼常量从而得到**熵**（entropy），记为 $S$：

$$S \equiv k \ln \Omega \tag{2.45}$$

换句话说，熵只不过是系统中物体排列方法个数的自然对数（乘以玻尔兹曼常量）。自然对数可以把一个非常大的数——重数——转换为一个一般大的数。如果你想理解熵，我建议你直接忽略掉系数 $k$，把熵当成一个无单位的量：$\ln \Omega$。当包含因子 $k$ 的时候，$S$ 拥有能量除以温度的单位，在国际单位制下是 J/K。我将在第 3 章中解释这个单位的用处。

我们先来看第一个例子，一个拥有 $N$ 个谐振子、$q$ 份能量，且 $q \gg N$ 的大型爱因斯坦固体。利用式(2.21)——$\Omega(N, q) = (eq/N)^N$，有

$$S = k \ln \left(\frac{eq}{N}\right)^N = Nk \left(\ln \frac{q}{N} + 1\right) \tag{2.46}$$

---

[1] 据我所知，没有人证明过对于所有大的系统这都成立，或许在某个地方潜藏着一个例外。但是热力学实验的成功表明这些例外一定非常稀少。

如果 $N = 10^{22}$，$q = 10^{24}$，我们有

$$S = Nk \cdot (5.6) = \left(5.6 \times 10^{22}\right) k = 0.77 \, \text{J/K} \qquad (2.47)$$

我们发现，增大 $q$ 或 $N$ 都会增加爱因斯坦固体的熵（尽管不成正比）。

　　通常来讲，系统的粒子数越多，包含的能量越多，重数和熵也越大。除了增加粒子数或能量，也可以把系统扩张到更大空间，或者把大分子分割成小分子、把曾经分开的组分混合等方式来增加熵。在每一种情况中，可能的排列数都会变大。

　　有些人直观地将熵视为一个粗略的同义词"无序"。然而，这个想法是否准确取决于你怎样定义无序。大多数人同意洗过的扑克牌比分类的扑克牌更加无序，因为洗牌的过程增加了牌的可能放置位置。[1] 但是，很多人会说，一杯碎冰比一杯水看起来更加混乱，然而水有更多的熵，因为水拥有更多排列分子位置和能量的方式。

　　熵有一个很好的性质：组合系统的熵是各部分熵的直接求和。例如，我们考虑一个由 $A$ 和 $B$ 两部分组成的组合系统，有

$$S_{总} = k \ln \Omega_{总} = k \ln \left(\Omega_A \Omega_B\right) = k \ln \Omega_A + k \ln \Omega_B = S_A + S_B \qquad (2.48)$$

我在这里假设了系统 $A$ 和 $B$ 的宏观态被分别指定。如果这两个系统之间有相互作用，那么它们的宏观态将会随时间涨落。为了计算在很长时间尺度上的熵，我们应当对两个系统的所有宏观态求和来计算得出 $\Omega_{总}$。熵和重数相似，是一个可及微观状态数的函数，这个数依赖于你所考虑的时间尺度。但是在实际应用中，这点区别几乎没有影响。如果组合系统处在它最可能的宏观态上，这个时候的熵和所有宏观态的总重数的熵相差无几（见习题 2.29 和习题 2.30）。

　　因为自然对数函数单调递增，一个有更多重数对应的宏观态拥有更高的熵。所以我们可以重新把**热力学第二定律**（second law of thermodynamics）写为下面的形式：

> 任何大系统平衡时都处在熵最大的宏观态（除了非常小的实验几乎测量不到的涨落）。

或者简单地说：

> 熵总是增加。

要注意，熵关于某些存在扰动的变量（如 $U_A$ 或者 $V_A$）的函数通常没有尖峰，因为自然对数会把重数函数的峰变平滑。但是这至少不影响我们的结论：对任何足够大的系统，远离熵最大的宏观态的涨落几乎是可以忽略的。

　　尽管"自发"过程发生的原因通常是因为熵增加，你可能会关心人为的干预会不会使得熵净减少。日常生活的体验似乎会给我们一个肯定的答案：任何人可以很容易地翻转所有的硬币，使其正面朝上；或者把一个打乱的扑克牌复原；或者清洁一个脏乱的屋子。但是，这些过程的熵减微不可察，而我们身体因对食物新陈代谢（我们从食物的化学键中获取能量，大部分能量最后变成废热转移给了环境）引起的熵增却十分可观。所以，我们的身体和其他无生命的物体一样，都

---

[1] 这个例子其实是有争议的：一些物理学家认为不应该在热力学熵中考虑这些重排，因为纸牌在没有外界帮助的情况下不会自动重新排列。个人来讲，我不认为这样的挑剔有任何意义。即使在最差的情况下，我的不那么挑剔的熵的定义都是可行的——因为有争议部分熵的数量与其他形式的熵相比是可以忽略的。

遵守着热力学第二定律。因此，无论你在一个地方做了什么使得环境的熵减少，注定会在别处产生至少同样的熵增。

即使我们不能使得宇宙中的总熵减少，有没有可能别人（或者某种事物）可以？麦克斯韦（James Clerk Maxwell）于 1867 年提出了这个问题，是否存在一个"非常善于观察并且拥有灵活手指的生物"[1] 可以把快速移动的分子移向一个方向，把慢速移动的分子移向另一个方向，这样就可以让热量从冷的物体传递到热的物体。汤姆森（William Thomson）后来将这个神秘的生物命名为麦克斯韦妖（Maxwell's Demon），从它诞生之日起，物理学家和哲学家就想消除它的存在。难以计数的基于机械原理的"妖精"被设计出来，但是都被证明是无效的。我们最后发现，即使一个假想的"智能"的小妖，在分类分子时必要的处理信息的过程中也一定会引起熵增。这个从麦克斯韦的年代就存在的小妖告诉了我们很多关于熵的知识，而最终结论似乎是，连妖精也不能违反热力学第二定律。

**习题 2.28** 一副 52 张的扑克牌有多少种可能的排列？（简单起见，只考虑牌的顺序，而不考虑牌是否颠倒等问题。）假设你从一组按顺序排列好的扑克开始反复洗牌，以使所有排列都变得"可及"。你在此过程中会创造多少熵？用纯数字（忽略 $k$ 的因子）以及国际单位制两种方式写出你的答案。与牌中分子之间热能排列的熵相比，这个熵重要吗？

**习题 2.29** 考虑由两个爱因斯坦固体组成的系统，$N_A = 300$、$N_B = 200$、$q_{总} = 100$（和第 2.3 节中的一样）。计算最可能的宏观态的熵。也计算一下很长时间尺度上假设所有微观态都可及时的熵。（忽略熵定义中的玻尔兹曼常量——对于这么小的系统最好把熵想象成一个纯粹的数字。）

**习题 2.30** 如习题 2.22 所述，再次考虑两个完全相同的大型爱因斯坦固体。

(1) 若 $N = 10^{23}$，同时假设所有的微观态都是允许的，计算该系统的熵（用玻尔兹曼常量的倍数表示）。（也即系统在很长时间尺度上的熵。）

(2) 若系统处于其最可能的宏观态上，求对应的熵。（这是系统在很小时间尺度上的熵，忽略了大的且不太可能的涨落，因为它们对应着系统远离最可能的宏观态。）

(3) 这个系统的熵真的与时间尺度相关吗？

(4) 假如该系统处于它最可能的宏观态附近，而你突然把两个固体的连接断开，使二者无法再交换能量。现在，即便在很长的时间尺度上，熵也是你在 (2) 中算出来的那个。由于这个数比 (1) 中的小，你在某种意义上违反了热力学第二定律。这个违反的程度显著吗？我们应该为此辗转反侧吗？

### 2.6.1 理想气体的熵

单原子分子理想气体熵的公式有点复杂，但是极其有用。如果从式(2.40)出发，使用斯特林近似，扔掉一些最多不过大数字的因子以后，取对数，就得到了

$$S = Nk \left\{ \ln \left[ \frac{V}{N} \left( \frac{4\pi mU}{3Nh^2} \right)^{3/2} \right] + \frac{5}{2} \right\} \tag{2.49}$$

这个著名的公式称作**萨克尔-泰特洛德公式**（Sackur-Tetrode equation）。

考虑 1 mol 处于室温室压的氦气，它的体积是 $0.025\,\mathrm{m^3}$，动能是 $\frac{3}{2}nRT = 3700\,\mathrm{J}$。把这些值代入萨克尔-泰特洛德公式，可以得到，要取对数的项是 330 000，取了对数之后只剩下 12.7。所以熵为

$$S = Nk \cdot (15.2) = (9.1 \times 10^{24})\,k = 126\,\mathrm{J/K} \tag{2.50}$$

理想气体的熵只取决于它的体积、能量以及粒子数。增加这三个量的任意一个熵都会增加。

---

[1] 引自 Leff and Rex (1990) [53] p. 5。

最简单的依赖关系是体积。例如，如果体积从 $V_i$ 变为 $V_f$，而 $U$ 和 $N$ 保持不变，熵的改变为

$$\Delta S = Nk \ln \frac{V_f}{V_i} \quad (U、N \text{ 固定})\tag{2.51}$$

这个公式的适用范围包括第 1.5 节中提到过的准静态等温膨胀过程，该过程中，气体推活塞做功的同时从向外界吸收能量以保持温度恒定。在这种情况下，我们可以认为，熵是因为热量输入而增加的。向一个系统输入热量总是会增加它的熵。在下一章中，我将讨论更普遍的熵与热的关系。

图 2.14 显示了另一种气体扩张的例子。最初，气体由隔板与旁边的真空分开，我们在隔板上扎一个小洞，使气体自由地填满整个空间。这个过程叫作**自由膨胀**（free expansion）。在自由膨胀的过程中，气体做了多少功呢？答案是没有！气体没有压任何物质，所以不做功。热呢？还是没有：没有热量流入或者流出气体。因此，根据热力学第一定律

$$\Delta U = Q + W = 0 + 0 = 0\tag{2.52}$$

气体的能量在整个自由膨胀的过程中都不改变，因此我们可以应用式(2.51)。此时，熵的增加不再是因为输入热量，而是因为我们此时此刻制造出来了新的熵。

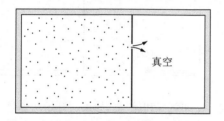

**图 2.14** 气体向真空的自由膨胀。因为气体既不做功也不吸热，所以能量不变，但是它的熵却会增加。

**习题 2.31** 完善推导萨克尔-泰特洛德公式(2.49)的数学步骤。

**习题 2.32** 求出习题 2.26 中二维理想气体的熵，结果用 $U$、$A$ 和 $N$ 表示。

**习题 2.33** 利用萨克尔-泰特洛德公式计算出 1 mol 氩气在室温大气压下的熵。为什么这个熵比同样条件下 1 mol 氦气的熵大？

**习题 2.34** 证明单原子分子理想气体在准静态等温膨胀时，熵的变化与热输入 $Q$ 具有简单关系

$$\Delta S = \frac{Q}{T}$$

同时证明该等式对上述提到的气体的自由膨胀并不成立。在下一章中，我将证明该等式对任意准静态过程都成立。

**习题 2.35** 根据萨克尔-泰特洛德公式，单原子分子理想气体在温度足够低的时候，熵（和能量）会变成负数。当然这很荒谬，所以萨克尔-泰特洛德公式在低温下必然失效。假如你从室温大气压下开始降低氦气的温度但保持密度恒定，同时假设氦气不会液化，那么在什么温度以下萨克尔-泰特洛德公式预言的熵会是负数？（气体在非常低温度下的行为是第 7 章的主要内容。）

**习题 2.36** 不管是单原子分子理想气体还是高温爱因斯坦固体，熵都是 $Nk$ 乘以某些对数项。这些对数都不太大，所以如果想要一个数量级估计的话，可以直接忽略它们，得到 $S \sim Nk$。也即，熵在以 $k$ 为单位时数量级是系统的总粒子数。这个结论其实对于大部分系统都是正确的（很重要的反例就是低温下粒子非常有序时）。大致估算一下这几个物体的熵：这本书（1 kg 碳化合物）、一只驼鹿（400 kg 水）、太阳（$2 \times 10^{30}$ kg 等离子态的氢）。[1]

---

[1]也即总共 $2 \times 10^{30}$ kg 的氢离子和电子。——译者注。

### 2.6.2　混合熵

另一种引起熵增的方式是混合两种不同物质。例如，如果我们一开始有两种单原子分子理想气体，$A$ 和 $B$。两种气体拥有一样的能量、体积和粒子数，它们分别占据两个气室，由隔板分隔（见图 2.15）。如果我们移开隔板，熵会增加。现在，我们把混合前后的气体都当成孤立的系统，计算熵增加了多少。因为气体 $A$ 扩张为之前体积的两倍，所以熵的增加为

$$\Delta S_A = Nk \ln \frac{V_f}{V_i} = Nk \ln 2 \tag{2.53}$$

气体 $B$ 的熵增是一样的，所以总的熵增为

$$\Delta S_{总} = \Delta S_A + \Delta S_B = 2Nk \ln 2 \tag{2.54}$$

这个增加叫作**混合熵**（entropy of mixing）。

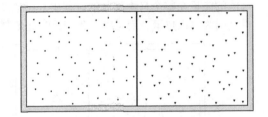

**图 2.15** 两种不同的气体被隔板分隔。当隔板被抽走时，每一种气体会填充整个空间，与另一种气体混合，创造了熵。

要注意这个结果只适用于两种气体不同的情况，比如氦气和氩气。如果一开始两侧是相同的气体，移开隔板熵一点也不会增加。（严格来讲，总的重数的确增加了，因为两侧的分子分布现在可以涨落。但是重数只是增加了一个"大"的因子，对熵的影响可以忽略。）

让我们用一种稍微不同的方法比较这两种情况。先不考虑隔板，假设我们的盒子一开始有 $1\,\mathrm{mol}$ 的氦气，它的总熵由萨克尔-泰特洛德公式给出

$$S = Nk \left\{ \ln \left[ \frac{V}{N} \left( \frac{4\pi mU}{3Nh^2} \right)^{3/2} \right] + \frac{5}{2} \right\} \tag{2.55}$$

如果我们增加 $1\,\mathrm{mol}$ 拥有同样能量 $U$ 的氩气，熵约为之前的 2 倍：

$$S_{总} = S_{氦气} + S_{氩气} \tag{2.56}$$

（因为式(2.55)中含有分子质量，所以氩气的熵会比氦气的稍大一点。）但是，如果我们不加入氩气，而是再加上 $1\,\mathrm{mol}$ 氦气，熵不会是之前的 2 倍。让我们观察式(2.55)：如果同时令 $N$ 和 $U$ 是之前的两倍，对数中的 $U/N$ 的比值不会改变，而最前面的另一个 $N$ 会变为 $2N$；但是对数里面也有一个 $N$（在 $V$ 下面）也变为 $2N$，所以导致熵增比预期的值小 $2Nk \ln 2$。"消失"的这部分刚好是混合熵。

所以增加氩气和增加氦气的区别（除了质量不同外）来源于萨克尔-泰特洛德公式中 $V$ 下面的额外的 $N$。这个 $N$ 来自哪里？如果你回去看第 2.5 节中的推导，会发现它来源于气体分子不可分辨引起的 $1/N!$ 项（也即交换两个粒子不会产生一个新的微观态）。如果我不加入这个因子，

单原子分子理想气体的熵将会是

$$S = Nk\left\{ \ln\left[V\left(\frac{4\pi mU}{3Nh^2}\right)^{3/2}\right] + \frac{3}{2}\right\} \quad \text{（可区分的分子）} \tag{2.57}$$

这个公式如果是正确的，将会带来令人困扰的结果。例如，如果你向一罐氦气中加入隔板，将其分成两部分，这个公式告诉我们每一部分的熵将显著小于原来整体熵的一半。这样的话，仅仅靠加入隔板，你就违背了热力学第二定律。我想不出一个简单的方法来证明世界不是这样的，但是它确实难以想象。

这个问题最早由吉布斯（J. Willard Gibbs）提出，现在称作**吉布斯悖论**（Gibbs paradox）。若气体分子不可区分，其实没有什么悖论，而实际的气体分子好像确实如此（见第 7 章）。但是这个悖论启发我们思考"可区分"的含义，进而思考熵的含义。[1]

**习题 2.37** 利用和正文一样的方法，计算两种单原子分子理想气体 $A$ 和 $B$ 的混合熵，二者的比例是任意的。令总粒子数为 $N$，$x$ 为 $B$ 的比例。你应该得到

$$\Delta S_{混合} = -Nk[x\ln x + (1-x)\ln(1-x)]$$

确认这个表达式在 $x = 1/2$ 时与正文中的结果一致。

**习题 2.38** 上一道习题得出的公式实际上可以应用到任何理想气体、某些密集气体、液体以及固体上。对于更密集的系统，我们必须假设两种分子大小一致并且它们之间的相互作用与同一种内部的一样（例如力）。这样的系统称作**理想混合物**（ideal mixture）。解释为什么理想混合物的混合熵是

$$\Delta S_{混合} = k\ln\binom{N}{N_A}$$

式中，$N$ 是总粒子数；$N_A$ 是 $A$ 粒子的粒子数。利用斯特林近似证明这个表达式在 $N$、$N_A$ 均很大时等价于上一道习题的结论。

**习题 2.39** 假设所有原子都可区分，计算室温大气压下 1 mol 氦气的熵；并与正文中不可区分原子的实际结果比较。

### 2.6.3　可逆和不可逆过程

如果一个物理过程增加了宇宙中的总熵，这个过程就不能反向进行，因为这样会违反热力学第二定律。因此创造了熵的过程是**不可逆**（irreversible）的。类似地，能让宇宙中总熵保持不变的过程是**可逆**（reversible）的。在实际中，没有哪个宏观过程是完美可逆的，尽管某一些对于大多数的目的来看很接近可逆。

一种熵增的过程是系统的突然扩张，例如，上面提到的气体的自由扩张。相反地，气体缓慢压缩或膨胀不改变（自身的）熵。在第 3 章中，我将会证明任何可逆的体积变化都必须是准静态的，所以有 $W = -P\Delta V$。（准静态过程若存在热量输入/输出或系统因其他原因而创造出来了熵，也是不可逆的。）

我们需要考虑为什么气体的缓慢压缩不会引起熵增。一种思路就是认为气体分子表现出了波函数的性质，填满了整个盒子，拥有离散（尽管间距很小）的能级。（盒中粒子的能级可以参考附录 A。）当你压缩气体时，每一个波函数都被压缩，所有的能级的能量都会变高，所以气体分子

---

[1] 见 E. T. Jaynes, "The Gibbs Paradox," in *Maximum Entropy and Bayesian Methods: Seattle 1991*, eds. C. R. Smith, G. J. Erickson, and P. O. Neudorfer (Kluwer, Dordrecht, 1992), pp. 1–22。

本身的能量也会相应地提高。但是如果压缩过程足够缓慢，分子所在的能级不会改变：一个开始时处于第 $n$ 个能级的分子结束时依然会处在第 $n$ 能级（尽管那个能级的能量上升了）。所以，在不同能级上排列分子的方式数目不变，重数和熵也就不变。但是，如果压缩过程足够剧烈，分子将会跳向更高能级，排列这些分子的方式数会上升，熵也就上升了。

或许热力学中最重要的一类过程就是热量从热的物体流向冷的物体。我们在第 2.3 节中已经看到，它发生的原因在于组合系统的总重数和熵在这个过程中会提高，因此热量流动总是不可逆的。但是，我们将在下一章中看到，当两个物体的温度差趋于零时，熵的增加变得可以忽略。如果你听到某个人讨论"可逆的热量流动"，他真正的意思是两个温度非常接近的物体之间非常慢的热量流动。要注意，在可逆极限下，无穷小地改变其中一个物体的温度会引起热量向另一个方向流动。类似地，在一个准静态的体积改变过程中，无穷小地改变压强就能改变该过程的方向。事实上，我们也可以把可逆过程定义为只需改变无穷小的外界条件，方向就可以改变的过程。

在生活中，我们可以观察到许多熵大量增加的过程，它们都是高度不可逆的：太阳光温暖地球、木头燃烧、我们身体新陈代谢营养物质、厨房中混合不同的原料。因为宇宙中的熵总是在不断地增加中，永远不会减少，一些考虑哲学问题的物理学家担心我们的宇宙最终会变成一个无聊的地方：一个有最大可能熵、没有温度密度变化的均匀流体。尽管以我们现在前进的速度，这个"热寂的宇宙"的到来还早得很——我们的太阳都还可以继续发光 50 亿年。[1]

考虑时间是如何开始的问题可能会有卓有成效：为什么宇宙以一个如此不可能的、低熵的态开始，以至于超过 100 亿年之后，它仍然离平衡相去甚远？这会是一个大的巧合吗（有史以来最大的）？有没有可能将来某个人在某一天发现一个更加令人满意的解释呢？

**习题 2.40** 对于下列每一个不可逆过程，解释为什么宇宙的熵增加了：

(1) 将盐加入一锅汤并搅拌。

(2) 打碎一个鸡蛋。

(3) Humpty Dumpty 一不小心从高高的墙上摔了下来。[2]

(4) 海浪撞击到沙堡上。

(5) 砍倒一棵树。

(6) 汽车燃烧汽油。

**习题 2.41** 列出几个你最喜欢和最不喜欢的不可逆过程，并说出每个过程中宇宙的熵如何增加了。

**习题 2.42** 黑洞（black hole）是一个引力强大到连光都不能逃脱的空间区域。所以至少在现实生活语境中，把什么东西扔进黑洞里是一个不可逆过程。其实，这个过程在热力学上也是不可逆的：增加黑洞的质量会增加它的熵。因为（至少在外面）没有办法判断什么物体曾经掉到了黑洞里面去，[3] 所以黑洞的熵一定比任何可能用来创建它的物质的熵都要大。知道这一点，就不难估计黑洞的熵。

(1) 用量纲分析证明质量为 $M$ 的黑洞的半径量级应该是 $GM/c^2$，式中，$G$ 是牛顿万有引力常量，$c$ 是光速。利用量纲分析的结果，计算一个太阳质量（$M = 2 \times 10^{30}$ kg）的黑洞的近似半径。

(2) 利用习题 2.36 的想法，解释为什么黑洞熵（以玻尔兹曼常量作为单位）的量级应该是任何可能用来创建它的物质的最大粒子数。

(3) 想要用最大可能的粒子数创造黑洞，你应该尽可能地使用低能粒子：长波的光子（或其他无质量粒子），但是波长不能比黑洞的尺寸大。令光子的总能量为 $Mc^2$，估计用来创建质量为 $M$ 黑洞的最大光子数。除了因子 $8\pi^2$ 之外，你应该与用一个难得多得的方法得到的黑洞熵的精确公式一

---

[1] 对于宇宙遥远未来的现代分析，可以参考 Steven Frautschi, "Entropy in an Expanding Universe", *Science* **217**, 593–599 (1982).

[2] Humpty Dumpty 的中文意思是矮胖的人，他是英文童谣里面的人物。——译者注

[3] 这个表述其实有些言过其实。电荷和角动量在黑洞形成过程中仍旧守恒，且这些量还可以从外部测量。在该习题中我就简单假设二者均为零。

样：[1]

$$S_{\text{黑洞}} = \frac{8\pi^2 G M^2}{hc} k$$

(4) 计算一个太阳质量的黑洞的熵，并评论一下这个结果。

星系中有 $10^{11}$ 个星星。过去看来这已经是**很大**的数了，但这也只是几千亿而已，依然比我们整个国家的赤字还小。之前，我们把它们称作天文数字，其实现在我们更应该把它称作经济数字。

—— 费曼（Richard Feynman），被 David
Goodstein, *Physics Today* **42**, 73 (Febru-
ary, 1989) 引用。

---

[1] 由霍金（Stephen Hawking）在 1973 年得到。若要了解黑洞更多的热力学内容，可以参考 Stephen Hawking, "The Quantum Mechanics of Black Holes", *Scientific American* **236**, 34–40 (January, 1977)、Jacob Bekenstein, "Black Hole Thermodynamics", *Physics Today* **33**, 24–31 (January, 1980) 以及 Leonard Susskind, "Black Holes and the Information Paradox", *Scientific American* **276**, 52–57 (April, 1997)。

# 第 3 章　相互作用及其结果

在上一章中，我讨论了当两个大型系统存在相互作用时，它们总是会朝着熵最大的宏观态演化。这就是热力学第二定律。尽管热力学第二定律不是自然界中的基本规律，它是通过概率和非常大的数字的数学推导出来的，但是对于任何我们肉眼可以观察到的系统，它朝着这个方向演化的概率是如此之高，以至于我们可以将热力学第二定律视为一个基本规律了。随着我们探究热力学第二定律所带来的结果，在接下来的书中，大部分情况下都要做这样的假设。

本章的目的有两个。其一，我们需要知道熵是如何与其他更容易直接测量的变量如温度、压强相关联的；我将会推导出在两个系统可以相互作用、交换能量、体积和/或粒子时所需的关系；每一种情况下，因为热力学第二定律，熵总是主导着系统演化的方向。其二，我们将使用这些关系和熵的各种公式，预测不同现实系统的热物理学性质，如固体的热容、气体的压强和顺磁体的磁化强度。

## 3.1　温度

热力学第二定律告诉我们，当两个物体到达热平衡时，它们总的熵达到了最大值。然而，在第1.1 节中，我给出了另外的热平衡的判断标准——它们的**温度**（temperature）相同；事实上，我曾定义温度是两个物体热平衡时变得相同的东西。然而，现在我们已经通过熵，对热平衡有了更精确的理解——我们已经准备好了去了解温度到底是什么。

我们先来看一个具体的例子。考虑两个"弱耦合"——可以交换能量——的爱因斯坦固体 $A$ 和 $B$（但是它们的总能量固定），假设它们的谐振子数目分别是 $N_A = 300$、$N_B = 200$，它们的总能量是 $q_总 = 100$ 单位（见图 2.5）。表 3.1 中列出了一系列的宏观态和它们的重数。同时，我还加上了固体 $A$ 和 $B$ 的熵以及总的熵（可通过求和 $S_A + S_B$ 或对 $\Omega_总$ 做对数得到）。

图 3.1 图形化地展示出了表 3.1 中的 $S_A$、$S_B$ 和 $S_总$（单位为玻尔兹曼常量）。平衡点，即 $S_总$ 最大的点，就在 $q_A = 60$ 处。此时，$S_总$ 的切线是水平的，即

$$\frac{\partial S_总}{\partial q_A} = 0 \quad 或 \quad \frac{\partial S_总}{\partial U_A} = 0 \quad （在平衡时） \tag{3.1}$$

（严格来讲，因为每个固体中的谐振子数目保持不变，这两个都是偏导数。能量 $U_A$ 就是 $q_A$ 乘以一个常数——能量单位大小——而已。）同时，$S_总$ 的斜率就是 $S_A$ 与 $S_B$ 的斜率的和。因此，

$$\frac{\partial S_A}{\partial U_A} + \frac{\partial S_B}{\partial U_A} = 0 \quad （在平衡时） \tag{3.2}$$

式(3.2)的第二项有点不太好：它的分子是关于 $B$ 的而分母是关于 $A$ 的。但我们知道 $U_B =$

| $q_A$ | $\Omega_A$ | $S_A/k$ | $q_B$ | $\Omega_B$ | $S_B/k$ | $\Omega_{总}$ | $S_{总}/k$ |
|---|---|---|---|---|---|---|---|
| 0 | 1 | 0 | 100 | $2.8 \times 10^{81}$ | 187.5 | $2.8 \times 10^{81}$ | 187.5 |
| 1 | 300 | 5.7 | 99 | $9.3 \times 10^{80}$ | 186.4 | $2.8 \times 10^{83}$ | 192.1 |
| 2 | 45150 | 10.7 | 98 | $3.1 \times 10^{80}$ | 185.3 | $1.4 \times 10^{85}$ | 196.0 |
| ⋮ | ⋮ | ⋮ | ⋮ | ⋮ | ⋮ | ⋮ | ⋮ |
| 11 | $5.3 \times 10^{19}$ | 45.4 | 89 | $1.1 \times 10^{76}$ | 175.1 | $5.9 \times 10^{95}$ | 220.5 |
| 12 | $1.4 \times 10^{21}$ | 48.7 | 88 | $3.4 \times 10^{75}$ | 173.9 | $4.7 \times 10^{96}$ | 222.6 |
| 13 | $3.3 \times 10^{22}$ | 51.9 | 87 | $1.0 \times 10^{75}$ | 172.7 | $3.5 \times 10^{97}$ | 224.6 |
| ⋮ | ⋮ | ⋮ | ⋮ | ⋮ | ⋮ | ⋮ | ⋮ |
| 59 | $2.2 \times 10^{68}$ | 157.4 | 41 | $3.1 \times 10^{46}$ | 107.0 | $6.7 \times 10^{114}$ | 264.4 |
| 60 | $1.3 \times 10^{69}$ | 159.1 | 40 | $5.3 \times 10^{45}$ | 105.3 | $6.9 \times 10^{114}$ | 264.4 |
| 61 | $7.7 \times 10^{69}$ | 160.9 | 39 | $8.8 \times 10^{44}$ | 103.5 | $6.8 \times 10^{114}$ | 264.4 |
| ⋮ | ⋮ | ⋮ | ⋮ | ⋮ | ⋮ | ⋮ | ⋮ |
| 100 | $1.7 \times 10^{96}$ | 221.6 | 0 | 1 | 0 | $1.7 \times 10^{96}$ | 221.6 |

**表 3.1** 两个爱因斯坦固体组成的系统的宏观态和它们的重数以及对应的熵。它们的谐振子数目分别为 300 和 200，总能量单位数为 100。

$U_{总} - U_A$，所以 $dU_B = -dU_A$。可以得到

$$\frac{\partial S_A}{\partial U_A} = \frac{\partial S_B}{\partial U_B} \quad （在平衡时）\tag{3.3}$$

换句话说，两个系统的共同点就是热平衡时，在熵关于能量的曲线中，它们具有相同大小的斜率。这个斜率肯定与系统的温度有关。

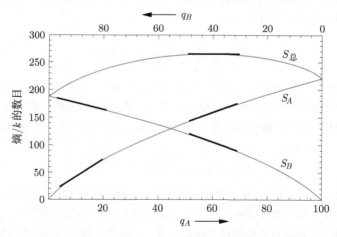

**图 3.1** 表 3.1 中熵的图像。在平衡时（$q_A = 60$），总的熵最大，其图像具有水平的切线，此时 $S_A$ 与 $S_B$ 切线的斜率大小相等方向相反。在远离平衡点的时候（如 $q_A = 12$），二者中具有更大的斜率的倾向于自发地获得能量，因此我们称它具有更低的温度。

为了更好地理解温度是如何与熵-能量曲线的斜率相关的，我们来考虑一个远离平衡的点，例如，图 3.1 中 $q_A = 12$ 的点。此时，$S_A$ 的曲线显然比 $S_B$ 陡得多；这意味着，当有一点能量从 $B$ 固体跑到 $A$ 固体去时，$A$ 所增加的熵比 $B$ 所减少的多得多，总熵增加了，因此，依据热力学第二定律，这个过程将会自发地发生。也即，能量总是倾向于流入 $S$-$U$ 图中更陡的物体，并从 $S$-$U$ 图中更平缓的物体中流出。前者是真的"想要"获得能量（来增加它的熵），同时后者却并

不太"介意"失去这一点能量（它的熵并不会因此下降太多）。因此，我们说，更大的斜率一定对应着更低的温度，而更小的斜率一定对应更高的温度。

现在我们来看看单位。多亏了熵定义中的玻耳兹曼常量的存在，斜率 $\partial S/\partial U$ 具有单位 $(\mathrm{J/K})/\mathrm{J} = 1/\mathrm{K}$。如果我们取斜率的倒数，就得到了一个单位是开尔文（也就是温度的单位）的量。进一步地，我们刚才看到当斜率大的时候温度较低，反之亦然；因此，我们直接写出

$$T \equiv \left(\frac{\partial S}{\partial U}\right)^{-1} \tag{3.4}$$

一个系统的**温度**（temperature）就是它的熵-能量曲线的斜率的倒数。这个偏导是在系统的体积和粒子数固定的情况下取得的。[1] 更严格地说

$$\frac{1}{T} \equiv \left(\frac{\partial S}{\partial U}\right)_{N,V} \tag{3.5}$$

从现在起，我就把式(3.5)视为温度的定义。（为了验证式(3.5)中没有其他的因子如 2，我将在第68页中利用已知答案的例子进行验证。）

你可能会奇怪我为什么不把这个导数倒过来，将式(3.5)写为

$$T = \left(\frac{\partial U}{\partial S}\right)_{N,V} \tag{3.6}$$

这个写法其实并没有任何问题，但是在实际中，我们很少会有能量关于熵、体积和粒子数的函数。然而，对于像表 3.1 中类似的已知数值的情况，这个公式也很好用。举个例子，比较固体 $A$ 的 $q_A = 11$ 和 $q_A = 13$ 两行，我们有

$$T_A = \frac{13\epsilon - 11\epsilon}{51.9k - 45.4k} = 0.31\epsilon/k \tag{3.7}$$

式中，$\epsilon\,(= hf)$ 是能量单位的大小。若 $\epsilon = 0.1\,\mathrm{eV}$，这个温度大约是 $360\,\mathrm{K}$。这和 $q_A = 12$ 时（区间的中点）的温度差不多。（严格来说，因为 1 或 2 个能量单位的变化相比 12 并非是无穷小量，这样算出来的"导数"并不准确；但是对于大系统来说，这不是问题。）类似地，对固体 $B$，得到

$$T_B = \frac{89\epsilon - 87\epsilon}{175.1k - 172.7k} = 0.83\epsilon/k \tag{3.8}$$

和我们前面描述过的一样，固体 $B$ 在这个时候更热——因为它在这个时候倾向于失去能量。

虽然现在看起来，我们对于温度的新定义（式(3.5)）并不和我们在第 1.1 节中给出的操作定义——也即我们从一个校准过的温度计上读出的数——完全等价。如果你有所怀疑，我们可以这么说：对绝大多数实际应用来说，这两个定义是一致的。但是任何的操作定义都会受到它所依赖的物理仪器的限制。对我们的情况来说，就是任何我们想要用来"定义"温度的温度计都可能会在某些温度下结冰或融化等，从而导致这个温度计的失效。甚至存在某些系统能够使得所有的标准温度计失效，我们将在第 3.3 节中见到这种例子。综上所述，我们新的定义确实比原先的更好，尽管它们不完全一致。

**习题 3.1** 利用表 3.1 计算固体 $A$ 和 $B$ 在 $q_A = 1$ 和 $q_A = 60$ 时的温度。把你的结果用 $\epsilon/k$ 表示；然后

---

[1] 尽管爱因斯坦固体与体积没什么直接关系，但是能量单位的大小可能与体积有关。对于其他的系统也可能有磁场强度等其他变量有关，它们在偏导时也要固定。

假设 $\epsilon = 0.1\,\mathrm{eV}$，用开尔文表示结果。

**习题 3.2** 利用温度的定义证明**热力学第零定律**（zeroth law of thermodynamics）：如果系统 $A$ 与系统 $B$ 处于热平衡、$B$ 与 $C$ 处于热平衡，则 $A$ 与 $C$ 也处于热平衡。（如果你觉得这道习题看起来没有意义，不是你一个人这样认为：直到 1931 年 Ralph Fowler 指出它其实是经典热力学中一个未声明的假设之前，所有人都觉得它是显然的。）

### 3.1.1 一个不实际的类比

为了更好地理解温度的理论定义——式(3.5)，我想要介绍一个不太实际的类比。设想一个和我们的世界不完全一致的世界，这个世界上的人总是在一刻不停地交换金钱来尝试变得更幸福。但是他们不是在为了自己个人的幸福而努力，而是每个人都试图最大化社区中所有人总的幸福。有些人得到一点金钱就会变得幸福得多，我们将这种人叫作"贪婪的"人——因为他们很乐于接收金钱而吝于给予；其他的人在得到了更多金钱的时候仅仅变幸福了一点，而损失一些金钱的时候也只变得伤心了一点；这些人就非常的"大方"——他们会为了最大化总的幸福而把钱交给更贪婪的人。

这个类比与热力学的对应关系如下：这个社区对应孤立系统，而人对应系统中的各个物体。金钱对应能量，总是在被交换且总量守恒；幸福度对应熵，社区的首要目标是最大化这个量；一个人慷慨的程度对应温度，衡量了它/他有多愿意放弃自己的能量/钱。总结一下，就是：

$$\text{钱} \quad \leftrightarrow \quad \text{能量}$$
$$\text{幸福度} \quad \leftrightarrow \quad \text{熵}$$
$$\text{慷慨程度} \quad \leftrightarrow \quad \text{温度}$$

我们还可以进一步地类比——一般来说，得到更多钱的人会变得更大方；在热力学中，这就是说当一个物体能量增加，它的温度也会增加。确实，大部分物体遵循这个规律，更高的温度对应着熵-能量图中更低的斜率，这样一个物体的曲线是处处下凹的（见图 3.1 和图 3.2）。

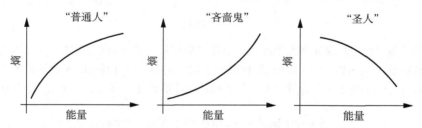

**图 3.2** 不同人的熵-能量（或幸福度-金钱）曲线。"普通人"获得越多能量越热（越大方），"吝啬鬼"获得越多能量越冷（越小气），而"圣人"根本不想获得能量。

然而，一个社区中似乎总会有几个守财奴——他们的财产越多越不大方。同理，没有任何物理定律说物体不能在增加能量时降低温度，即具有负的热容，这种物体的熵-能量曲线就是上凹的。（被重力聚集在一起的粒子——如恒星和星团——就是这样的。任何能量的增加都会变成势能，导致粒子相隔更远并减速。可以参考习题 1.55、习题 3.7 和习题 3.15。）

甚至存在更不常见的圣人——他们损失金钱后会变得更幸福。这种情况所对应的热力学系统的熵-能量曲线会具有负的斜率。它非常的反直觉，但是确实会在真实的物理系统中出现，我们将在第 3.3 节中看到这样的例子。（图 3.1 中总熵曲线的负斜率部分并不是"圣人"的例子，因为我现在讨论的是单个物体的熵随着它自己的能量的变化。）

习题 **3.3** 图 3.3 显示了两个物体 $A$ 和 $B$ 的熵-能量曲线，两个图的尺度一致。二者的初始能量如图所示，之后二者进行热接触。在不使用"温度"这个词的情况下，解释接下来会发生什么，为什么会发生？

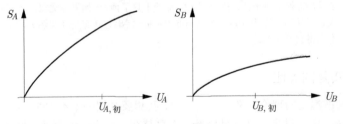

**图 3.3** 两个物体的熵-能量图。

习题 **3.4** 一个具有上凹的熵-能量曲线的"吝啬"系统，可以与其他系统达到热平衡吗？说明并解释。

### 3.1.2　现实世界的例子

温度的理论定义不仅有趣、直观，它还非常有用。如果你知道一个物体的熵关于能量的显式函数，就可以轻松地算出它的温度（及它随能量的变化）。

或许最简单的现实例子就是大型爱因斯坦固体在 $q \gg N$（$N$ 是谐振子数目）时的极限情况。总能量 $U$ 就是 $q$ 乘以一个系数，我称其为 $\epsilon$，熵的计算结果就是式(2.46)

$$S = Nk\left[\ln\left(\frac{q}{N}\right) + 1\right] = Nk\ln U - Nk\ln(\epsilon N) + Nk \tag{3.9}$$

因此，温度就是

$$T = \left(\frac{\partial S}{\partial U}\right)^{-1} = \left(\frac{Nk}{U}\right)^{-1} \tag{3.10}$$

换句话说，

$$U = NkT \tag{3.11}$$

这个结果恰巧就是能量均分定理所预测的：总能量应该是 $\frac{1}{2}kT$ 乘以自由度，而爱因斯坦固体每个谐振子具有 2 个自由度。（这个结论同样验证了式(3.5)不应该有其他的无量纲系数。）

我们来看另一个例子——计算单原子分子理想气体的温度。回忆式(2.49)，其熵为

$$S = Nk\ln V + Nk\ln U^{3/2} + N\text{的一个函数} \tag{3.12}$$

（式中，$N$ 为分子数）。所以，温度就是

$$T = \left(\frac{\frac{3}{2}Nk}{U}\right)^{-1} \tag{3.13}$$

解 $U$ 可得 $U = \frac{3}{2}NkT$，再一次地验证了能量均分定理。（到目前为止，我们已经可以从 $U$ 的公式出发，将第 1.2 节的逻辑顺序反过来，推导出理想气体定律。但是，我在第 3.4 节才会从一个关于压强的更通用的公式导出理想气体定律。）

习题 **3.5** 从习题 2.17 的结果开始，求出爱因斯坦固体在极限 $q \ll N$ 下温度的公式。之后，把能量表示成温度的函数，你应该得到 $U = N\epsilon e^{-\epsilon/kT}$（式中，$\epsilon$ 是能量单位的大小）。

**习题 3.6** 在第 2.5 节中，我给出了任何只有二次自由度系统的重数的定理：在高温极限下，也即能量单位数比自由度数目大得多时，系统的重数正比于 $U^{Nf/2}$，式中，$Nf$ 是总的自由度数目。求出该系统的能量与温度的关系，并谈论你的理解。并说明为什么这个 $\Omega$ 的公式在总能量很小的时候会失效？

**习题 3.7** 利用习题 2.42 的结果，计算黑洞的温度，用其质量 $M$ 表示。（能量是 $Mc^2$。）数值计算一个太阳质量的黑洞的温度。绘制熵-能量曲线，讨论曲线形状的含义。

## 3.2 熵和热

### 3.2.1 预测热容

在上一节中，对任何一个具有显式重数公式的系统，我们已经见识过了如何计算其温度关于能量的（或能量关于温度的）函数。为了将这些预测与实验结果比较，我们可以对 $U(T)$ 求导来得到定容热容（或者说"能量热容"）：

$$C_V \equiv \left(\frac{\partial U}{\partial T}\right)_{N,V} \tag{3.14}$$

对于 $q \gg N$ 的爱因斯坦固体，这个热容是

$$C_V = \frac{\partial}{\partial T}(NkT) = Nk \tag{3.15}$$

对于单原子分子理想气体，它是

$$C_V = \frac{\partial}{\partial T}\left(\frac{3}{2}NkT\right) = \frac{3}{2}Nk \tag{3.16}$$

这两者的热容都和温度无关，并且都是 $k/2$ 乘以总自由度。这个结果和低密度单原子分子气体以及在高温下的固体的实验测量结果一致。但是其他的系统可能复杂得多，比如第 3.3 节中将要讨论的系统，以及一些习题中的系统。

在开始考虑更麻烦的系统之前，让我来回顾一下用已经学习的工具预测热容所需的步骤：

1. 利用量子力学和组合学来求出重数 $\Omega$ 关于 $U$、$V$、$N$ 以及其他相关变量的函数。
2. 对 $\Omega$ 取对数计算出熵 $S$。
3. $S$ 对 $U$ 求导并取倒数得到温度 $T$，温度也是一个关于 $U$ 和其他变量的函数。
4. 解出 $U$ 关于 $T$（和其他变量）的函数。
5. 对 $U(T)$ 求导来预测热容（在其他变量不变时）。

对于大部分系统来说，这个过程过于错综复杂，你通常在第一步就会卡住。事实上，没有几个系统的重数可以写成严格的公式；据我所知，能写出来的只有：双状态顺磁体、爱因斯坦固体、单原子分子理想气体以及其他少数几种和它们具有较大数学相似性的系统。在第 6 章中，我将另辟蹊径，求出一种不需要知道重数或者熵就可以得出 $U(T)$ 的方法。但是，即便在这一章中，我们还是可以从已经介绍过的简单案例中有所收获。

**习题 3.8** 从习题 3.5 的结论开始，计算爱因斯坦固体在低温极限下的热容。画出预测的热容与温度的关系图。（注意：实际固体在低温下的热容实验数据并不符合这个预测。在第 7.5 节我将会讨论一个在低温下更精确的固体模型。）

### 3.2.2 测量熵

即便某个系统的熵无法被写成数学公式，我们仍旧可以测量它，只需将上面的 3~5 步反过来即可。根据温度的理论定义（式(3.5)），若我们向系统中增加一点热量 $Q$，保持体积不变，且没有其他形式的功，它的熵增就是

$$dS = \frac{dU}{T} = \frac{Q}{T} \quad （固定体积，没有做功） \tag{3.17}$$

因为热和温度通常比较容易测量，我们可以用这个关系用计算出许多过程熵的变化。[1] 在第 3.4 节中，我将证明这个关系 $dS = Q/T$ 同样适用于体积变化的情况，只要过程仍旧是准静态的。

如果一个物体的温度在吸收热量时保持不变（例如相变过程中），式(3.17)的 $Q$ 和 $dS$ 甚至可以不是无穷小量。当温度 $T$ 变化时，我们通常将其写成有关定容热容的形式：

$$dS = \frac{C_V \, dT}{T} \tag{3.18}$$

现在或许你就知道了当传入热量而温度显著变化时该怎么办：将这个过程想象成一系列的微小步骤，计算每一步的 $dS$，最后求和就是总的熵变：

$$\Delta S = S_f - S_i = \int_{T_i}^{T_f} \frac{C_V}{T} \, dT \tag{3.19}$$

通常，$C_V$ 在常见的温度范围内是固定不变的，因此可以拿到积分外面；但是，在其他时候，尤其是低温下，它随温度的变化显著，必须留在积分内。

我们来看一个简单的例子。假设你把一杯（200 g）水从 20 °C 加热到 100 °C，它的熵增加了多少？首先，200 g 水的热容是 200 cal/K 或约 840 J/K，并且在这个范围内热容与温度基本无关。因此熵增就是

$$\Delta S = (840 \, \text{J/K}) \int_{293 \, \text{K}}^{373 \, \text{K}} \frac{1}{T} \, dT = (840 \, \text{J/K}) \ln\left(\frac{373}{293}\right) = 200 \, \text{J/K} \tag{3.20}$$

这看起来不大，但它在基本单位（除以玻耳兹曼常量）下是 $1.5 \times 10^{25}$，这意味着这个系统的重数相较原先乘了 $e^{1.5 \times 10^{25}}$（一个非常大的数）。

如果我们恰巧得知了一个物体直到绝对零度的 $C_V$，我们只需要把积分下限设为 0 就可以计算它的总熵：

$$S_f - S(0) = \int_0^{T_f} \frac{C_V}{T} \, dT \tag{3.21}$$

但是 $S(0)$ 是多少呢？理论上来讲，在绝对零度时，系统只能处在它的最低能级上，因此 $\Omega = 1$、$S = 0$。这个事实通常叫作**热力学第三定律**（third law of thermodynamics）。

然而在实际中，有好几种原因会导致 $S(0)$ 并非是 0。其中最重要的是，在某些晶体中，只需要非常少的能量，分子的朝向就可能改变。例如，在冰中，水分子就可以有好几种排列方式。严格地讲，总有一种排列的能量比其他的都低；但是在现实情况下，这些排列通常是随机或基本随机出现的，你可能要等到天荒地老，晶体才能自我重新排列到达真正的基态。此时，我们就说

---

这个固体具有**残余熵**（residual entropy），它的值等于 $k$ 乘以可能的分子排列数的自然对数。

残余熵的另一种来源是同一元素不同同位素的混合。大多数元素具有不止一种稳定的同位素，但是在自然界中这些同位素随机地混合在了一起，产生了混合熵。再者，当 $T = 0$ 时，应该存在一种同位素不再混合或是按照一种有规律的方式排列的态，且具有最低的能量，但在实际的晶格中，原子总是固定在它们的随机的位置上。[1]

残余熵的第三种来源是原子核自旋排列产生的重数。在 $T = 0$ 时这个熵确实随着自旋与相邻原子的对齐或反对齐消失了，但是这只有在温度比 1 K 小得多得多的情况下才会发生，这个温度远小于常规的热容测量手段的测量范围。

利用测量热容的方法——式(3.21)，我们测量计算了很多物质的熵并制成了参考表格。（书后参考表格收录了几十个值。）根据一般约定，这些熵包含由于分子排列造成的残余熵，但不包含同位素混合或原子核自旋排列带来的残余熵。（这种表格一般由化学家编纂，而他们通常不关心原子核。）

你可能会担心式(3.21)的积分因为 $T$ 在分母上会导致在它的下限处发散。如果它是发散的，要么 $S_f$ 是无穷大，要么 $S(0)$ 是负无穷。但是，根据熵的定义 $S = k \ln \Omega$，它必须是有限的非负数。所以，唯一的可能就是

$$当 T \to 0 时 \quad C_V \to 0 \tag{3.22}$$

这个结论有时候也叫作**热力学第三定律**。显然，我们原先的关于爱因斯坦固体和理想气体的热容的推导（式(3.15)、式(3.16)）在低温下是错误的——因为所有的自由度都会逐渐"冻结"。你已经在习题 3.8 中看到这个结果了，而且接下来在整本书中我们还会看到许多例子。

**习题 3.9** 在固体一氧化碳中，每一个 CO 分子有两个可能的排列：CO 或 OC。假设这些排列是完全随机的（这个假设不是很准确，但是差不太多），计算 1 mol 一氧化碳的残余熵。

### 3.2.3 熵的宏观解释

历史上，$dS = Q/T$ 曾经是熵的定义。在 1865 年，克劳修斯（Rudolf Clausius）将熵定义为热 $Q$ 进入温度为 $T$ 的系统时增加 $Q/T$ 的东西。尽管这个定义不能告诉我们熵究竟是什么，但当我们不关心系统的微观组成的时候，它对大多数用途来说已经足够了。

为了展示熵的传统观点，我们来看一个例子：当一个较热的物体 $A$ 与一个较冷的物体 $B$ 进行热接触时到底会发生什么（见图 3.4）。具体地讲，我们假设 $T_A = 500\,\mathrm{K}$、$T_B = 300\,\mathrm{K}$。我们从经验知道，热会从 $A$ 流向 $B$；假设一段时间过后，总共流动的热有 1500 J；并且 $A$ 和 $B$ 都是足够大的物体，因此它们的温度变化可以忽略。在这段时间中，$A$ 的熵的变化是

$$\Delta S_A = \frac{-1500\,\mathrm{J}}{500\,\mathrm{K}} = -3\,\mathrm{J/K} \tag{3.23}$$

因为 $A$ 的热在流出，它损失了熵。同理，$B$ 的熵的变化是

$$\Delta S_B = \frac{+1500\,\mathrm{J}}{300\,\mathrm{K}} = +5\,\mathrm{J/K} \tag{3.24}$$

因为热量流入了 $B$，它的熵增加了。（注意到，在这样计算熵的变化时，传统的熵的单位 J/K 非常好用。）

---

[1]一个很重要的例外就是氦，它即使在 $T = 0$ 时也保持液体，这样就允许了两种同位素（$^3$He 和 $^4$He）自我排列成一个有序的结构。

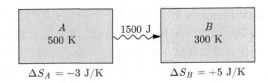

**图 3.4** 当 1500 J 的热从一个 500 K 的物体流出时，它的熵减少了 3 J/K；当同样的热进入一个 300 K 的物体时，它的熵增加了 5 J/K。

就像我经常将能量类比为一种可以改变形式、自由移动但不能产生或被摧毁的"流体"，我有时候也把熵想象成一种流体。当能量以热的形式进入或离开一个系统的时候，它必须要携带一定量 $Q/T$ 的熵。然而，熵有一个很诡异的特性——它是半守恒的：它不能被摧毁，但可以凭空产生。事实上，当热在温度不同的物体之间流动的时候，熵就自然而然产生了。就像上面的数值示例一样，被热"携带"的熵到达较冷物体时的值比从较热物体出发时的值更大（见图 3.5）。只有当物体温度趋于一致时，热量流动才没有新的熵产生，但是在这个极限下，热本来就没有流动的倾向。无论如何，我们一定要记住，熵的净增加才是热量流动背后的驱动力。虽然，熵根本不是流体而我的模型也是错误的。

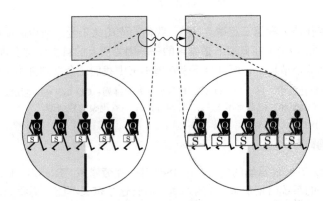

**图 3.5** 每一份离开较热物体的热（$Q$）都需要携带一些熵（$Q/T$）。当它进入较冷物体时，熵增加了。

**习题 3.10** 一个 30 g、0 °C 的冰块被放在了厨房的桌子上，它逐渐融化。已知厨房的温度是 25 °C。

(1) 计算这个冰块融化成 0 °C 的水的过程的熵增。（忽略过程中的体积变化。）

(2) 计算（融化的）水从 0 °C 升高到 25 °C 的熵增。

(3) 计算整个过程中厨房熵的变化。

(4) 计算这个过程中整个宇宙的净熵变化。这个值是正数、负数还是零？和你预期的一样吗？

**习题 3.11** 为了舒舒服服地泡个温水澡，你把 50 L 的 55 °C 热水和 25 L 的 10 °C 冷水混合，在这个过程中你创造了多少熵？

**习题 3.12** 估计一下在寒冷冬天中，一天时间由于热从你的房间流到外面导致的宇宙中熵的变化。

**习题 3.13** 日中之时，太阳对地球表面的辐射功率大约是每平方米 1000 W。太阳表面温度大约为 6000 K，地球表面温度大约为 300 K。

(1) 估计一下一平方米的地面被太阳加热的过程在一年中创造的熵。

(2) 假设你在这一平方米的地面上植上了草，有人说草（或者其他生命的）生长违反了热力学第二定律，因为植物把无序的营养物质变成了有序的生命。你应该如何回应？

习题 **3.14** 铝在低温下（小于 50 K）的热容实验数据可用如下公式拟合：

$$C_V = aT + bT^3$$

式中，$C_V$ 是 1 mol 铝的热容；常数 $a \approx 0.001\,35\,\text{J/K}^2$、$b \approx 2.48 \times 10^{-5}\,\text{J/K}^4$。利用这个数据，求出 1 mol 铝的熵随温度变化的公式。数值计算该公式在 $T = 1\,\text{K}$ 和 $T = 10\,\text{K}$ 时的值，用国际单位制（J/K）和无量纲数（除以玻尔兹曼常量）表示你的结果。（说明：我将在第 7 章解释为什么低温下金属热容是这个形式。线性项来自于传导电子存储的能量，立方项来自于晶格振动。）

习题 **3.15** 在习题 1.55 中，你使用维里定理估计了恒星的热容。从这个结论出发，分别利用其平均温度和总能量表示恒星的熵，画出其熵关于能量的函数，并谈谈你对这个函数形状的看法。

习题 **3.16** 计算机中 1 比特（bit）的内存是某种可以有两个不同态的实际物体，而这两个态通常被解释称 0 和 1。1 **字节**（byte, B）是 8 个比特，1 个 **千字节**（kilobyte, KiB）是 1024（$= 2^{10}$）个字节，1 个 **兆字节**（megabyte, MiB）是 1024 个千字节，1 个 **吉字节**（gigabyte, GiB）是 1024 个兆字节。

(1) 假设你的计算机擦除或覆写了 1 GiB 的内存，丢失了原先存储的所有信息。解释一下为什么这个过程一定创造了新的熵，计算这个熵的最小值是多少。

(2) 如果你想要把这个熵排入室温下的环境中，你必须要排出多少热才行？这个热的量显著吗？

## 3.3　顺磁

上一节的开头我总结了预测材料热力学性质的五个步骤，即首先从重数的组合公式出发，之后应用熵和温度的定义。我把这个过程应用到了两个系统：单原子分子理想气体和高温极限下（$q \gg N$）的爱因斯坦固体。这两个例子在数学上都非常简单，仅仅验证了能量均分定理。接下来，我将计算一个更复杂的例子，此时能量均分定理不再适用。这个例子在数学角度会更有趣，在物理角度也将会与我们的直觉相悖。

我要描述的系统是已经在第 2.1 节中简单提到过的 **双状态顺磁体**（two-state paramagnet）。我将从回顾基础的微观物理开始。

### 3.3.1　记号与微观物理

一个由 $N$ 个自旋 1/2 粒子组成的系统，处于一个指向 $+z$ 方向的恒定磁场 $\vec{B}$（见图 3.6）中。每一个粒子的行为类似一个小磁针，会感受到一个倾向于把自身磁偶极矩向磁场方向转动的扭矩。我将把这些粒子称为 **偶极子**（dipole）。为了简化讨论，我假设偶极子之间没有相互作用——每一个偶极子只感受到外界磁场引起的扭矩。此时我们称该系统为一个 **理想顺磁体**（ideal paramagnet）。

**图 3.6** 由 $N$ 个微观磁偶极子组成的双状态顺磁体，在每时每刻，每一个偶极子只能展现出"朝上"或"朝下"两种状态。这些磁偶极子只对外界磁场 $\vec{B}$ 有响应，相邻之间没有相互作用（但是可以交换能量）。

量子力学告诉我们，一个粒子沿着某个轴的偶极矩不能是任意值，相反，它是 **量子化**（quantized）的，只能取一些离散值。对于一个自旋 1/2 粒子，只有两个值是允许的，我把它们称作"上"和"下"（沿 $z$ 轴）。沿着 $+z$ 方向的磁场会导致偶极子偏好向上的态。把一个偶极子从向上的态翻转到向下的态需要增加能量，大小为 $2\mu B$，这里的 $\mu$ 是和粒子磁矩有关的常数（本质上是等效磁针的"强度"）。为了数值对称，我把朝上的偶极子的能量记作 $-\mu B$，朝下偶极子的能量记作 $+\mu B$（见图 3.7）。

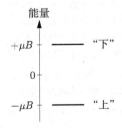

**图 3.7** 理想双状态顺磁体的能级。"向上"态的能量是 $-\mu B$，"向下"态的能量是 $+\mu B$。

系统的总能量是

$$U = \mu B \left( N_\downarrow - N_\uparrow \right) = \mu B \left( N - 2N_\uparrow \right) \tag{3.25}$$

式中，$N_\uparrow$ 和 $N_\downarrow$ 分别是向上和向下的偶极子的数目；总数 $N = N_\uparrow + N_\downarrow$。定义**磁化强度**（magnetization）$M$ 为整个系统的总磁矩。每一个"向上"偶极子拥有 $+\mu$ 的磁矩，每一个"向下"偶极子拥有 $-\mu$ 的磁矩，所以总的磁矩可以写为

$$M = \mu \left( N_\uparrow - N_\downarrow \right) = -\frac{U}{B} \tag{3.26}$$

我们想知道 $U$ 和 $M$ 与温度的关系。

我们的第一项任务是写出这个系统的重数。我们保持 $N$ 固定，用不同的 $N_\uparrow$ 值（也即不同的 $U$ 和 $M$）来区分不同的宏观态。这个系统在数学上等价于一个总数为 $N$ 并且有 $N_\uparrow$ 个朝上的硬币系统，所以重数为

$$\Omega \left( N_\uparrow \right) = \binom{N}{N_\uparrow} = \frac{N!}{N_\uparrow! N_\downarrow!} \tag{3.27}$$

### 3.3.2 数值解

对于较小的系统，我们可以直接计算重数式(3.27)，之后取对数即得到熵以及其他热力学量。表 3.2 展示了由 100 个偶极子组成的系统的部分结果，该表由计算机生成。每一行代表一种可能的能量值，并按能量升序排列，第一行的宏观态对应所有的偶极子都朝上。

熵与能量的关系是非常有趣的，见图 3.8。当 $U = 0$ 时，即刚好有一半偶极子向下时，有最大的重数和熵。当系统的能量增加时，二者会减小，因为分配能量的方式减少了。这个行为与"正常"系统如爱因斯坦固体（在第 3.1 节中讨论过）非常不同。

让我们更加仔细地观察一下这个行为。假设系统从它的最低能量态开始，也即所有的偶极子都朝上。此时熵-能量曲线非常陡峭，所以系统有很强的从环境吸收能量的趋势。当能量增加时（但仍然是负数），熵-能量曲线变得平缓，所以吸收能量的趋势变弱，就像爱因斯坦固体或者是任何的其他系统一样。然而，当顺磁体的能量趋向于 0 时，熵-能量关系图的斜率也变为 0，所以吸收能量的趋势消失了。在这一点，刚好有一半的偶极子朝下，并且此时系统对于能量变多一点还是变少一点"完全不敏感"。如果我们还向系统增加能量，它将会展现出奇特的行为——熵-能量曲线的斜率变为负数，所以它会自发地向临近的熵-能量曲线斜率为正数的物体释放能量。（请记住，任何允许的可以增加总熵的过程都会自发地发生。）

| $N_\uparrow$ | $U/\mu B$ | $M/N\mu$ | $\Omega$ | $S/k$ | $kT/\mu B$ | $C/Nk$ |
|---|---|---|---|---|---|---|
| 100 | $-100$ | 1.00 | 1 | 0 | 0 | —— |
| 99 | $-98$ | 0.98 | 100 | 4.61 | 0.47 | 0.074 |
| 98 | $-96$ | 0.96 | 4950 | 8.51 | 0.54 | 0.310 |
| 97 | $-94$ | 0.94 | $1.6 \times 10^5$ | 11.99 | 0.60 | 0.365 |
| $\vdots$ | $\vdots$ | $\vdots$ | $\vdots$ | $\vdots$ | $\vdots$ | $\vdots$ |
| 52 | $-4$ | 0.04 | $9.3 \times 10^{28}$ | 66.70 | 25.2 | 0.001 |
| 51 | $-2$ | 0.02 | $9.9 \times 10^{28}$ | 66.76 | 50.5 | —— |
| 50 | 0 | 0 | $1.0 \times 10^{29}$ | 66.78 | $\infty$ | —— |
| 49 | 2 | $-0.02$ | $9.9 \times 10^{28}$ | 66.76 | $-50.5$ | —— |
| 48 | 4 | $-0.04$ | $9.3 \times 10^{28}$ | 66.70 | $-25.2$ | 0.001 |
| $\vdots$ | $\vdots$ | $\vdots$ | $\vdots$ | $\vdots$ | $\vdots$ | $\vdots$ |
| 1 | 98 | $-0.98$ | 100 | 4.61 | $-0.47$ | 0.074 |
| 0 | 100 | $-1.00$ | 1 | 0 | 0 | —— |

**表 3.2** 由 100 个基本偶极子组成的双状态顺磁体的热力学性质。根据微观物理的计算结果，朝上的偶极子数目 $N_\uparrow$ 决定了能量 $U$ 和总磁化强度 $M$。重数 $\Omega$ 使用组合式(3.27)计算，熵是 $k\ln\Omega$。最后两列分别是温度和热容，由求导的方法计算出，方法将会在下文叙述。

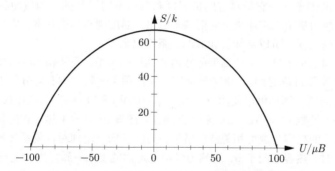

**图 3.8** 由 100 个基本偶极子组成的双状态顺磁体的熵与能量的关系。

在上一段中，我故意没有提"温度"。但是此时让我们考虑一下这个系统温度和能量的关系。当有超过一半的偶极子朝上时，总能量是负数，系统的表现是"正常"的：它的温度（熵-能量曲线斜率的倒数）随着能量的增加变高；用第 3.1 节的类比来说，这个系统增加能量后更"大方"。当 $U = 0$ 时，温度其实是无穷大的，意味着该系统将会向任何温度是有限的其他系统释放能量；此时这个顺磁系统无穷的慷慨。当它的能量更高时，我们可以说这个系统的慷慨程度是"比无穷还高"，但是严格来讲，根据温度的定义，此时的温度应该是负数（因为斜率是负的）。这个结论没有任何问题，但是我们要记住，负温度系统的表现就像是它的温度比任何拥有正温度的系统还高，因为负温度系统会向任何拥有正温度的系统放热。在这个例子中，如果我们用 $1/T$（类似"贪婪度"）代替 $T$ 会更合适。能量等于 0 时，系统的贪婪度是 0，在更高的能量时，它拥有负的贪婪度。图 3.9 显示了温度和能量的关系。

只有系统的总能量是有限的情况下，负温度才会发生——随着系统接近最高允许能量，重数会逐渐减少。这种系统最好的例子是核顺磁体（nuclear paramagnets），该系统中偶极子是原子核而不是电子。在某些晶体中，核偶极子的弛豫时间（与其他核偶极子交换能量的时间）比核偶极子与晶体达到平衡的时间小得多；因此，在短的时间尺度下，偶极子的行为类似孤立系统——只有磁能，没有振动能。为了给这样的系统一个负温度，我们从任何一个有正温度的态开始，也即偶极子大多数和磁场平行的态，然后突然地翻转磁场，使偶极子和磁场反平行。这个实验最早

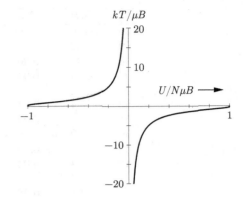

图 3.9 双状态顺磁体的温度与能量的关系。（这个图像由下文讲到的解析公式得到；用表 3.2 得到的图像跟这个很相似，但没有这么平滑。）

由 Edward M. Purcell 和 R. V. Pound 在 1951 年实现，他们使用了氟化锂（LiF）晶体中的锂原子核作为偶极子系统。在他们的原始实验中，偶极子自己只需要 $10^{-5}$ s 就可以达到热平衡，但是在磁场反转后大约需要 5 min 才能和室温下的晶格平衡。[1]

我喜欢顺磁体的例子——它所具有的负温度和其他不同寻常的行为迫使我们用熵而非温度进行思考。熵是由热力学第二定律决定的更基本的量。温度则不那么基本；它只不过是一个系统释放能量"意愿"的表征，可以从能量和熵的关系得出来。

表 3.2 的第 6 列列出了这个系统温度的数值和能量的关系。我从相邻的行中取 $U$ 和 $S$ 的值，并使用公式 $T = \frac{\Delta U}{\Delta S}$ 来计算它们。（更精确地讲，我使用了一阶"中心差分"近似，用之前一行的值减去后面一行的值。例如可以使用 $[(-96) - (-100)]\,/[8.51 - 0]$ 计算出 0.47。）在最后一列中，我使用了另一个导数 $C = \Delta U / \Delta T$ 来计算热容。图 3.10 显示了热容和磁化强度与温度的关系。注意到这个系统的热容与温度相关性非常强，与能量均分定理对常见系统预测的常数值非常不同。在温度为 0 时，热容趋向于 0，与热力学第三定律的要求一致。当 $T$ 趋于无穷时，热容也趋向于 0——此时，微小的能量增加就可以使温度大量升高。

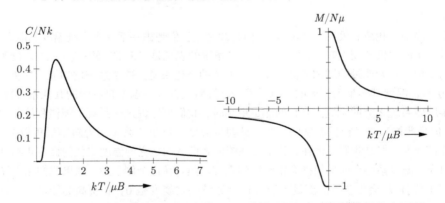

图 3.10 双状态顺磁体的热容和磁化率与温度的关系（使用下文讲到的解析公式计算）。

磁化强度与温度的关系也是非常有趣的。在温度为（正）0 时，这个系统是"饱和"的，所有的偶极子都向上因而拥有最大的磁化强度。当温度上升时候，随机的扰动倾向于翻转越来越多的偶极子。你可能会预计当 $T \to \infty$ 时，能量最大，同时所有的偶极子都朝下，但是其实不是这样

[1]关于这个实验更详细的描述，请参考 Zemansky 的 *Heat and Thermodynamics* 第 5 版（1968）或第 6 版（1981）（在第 6 版中，Dittman 是共同作者）。最初描述这个实验的（很短的）通讯发表在 *Physical Review* **81**, 279 (1951)，一个关于负温度的更戏剧性的例子可见 Pertti Hakonen and Olli V. Lounasmaa, *Science* **265**, 1821–1825 (23, September, 1994)。

的。$T = \infty$ 对应于拥有最大 "随机性" 的态, 刚好有一半的偶极子向下。负温度时候的行为刚好是正温度下的镜像, 当 $T \to 0$ (从下方) 时, 磁化强度依然会饱和, 只是此时朝向另一个方向。

**习题 3.17** 验证表 3.2 中第三行中的每一项 (从 $N_\uparrow = 98$ 开始)。

**习题 3.18** 用计算机重新计算表 3.2 并画出对应的熵、温度、热容以及磁化强度的图像。(这一节中的图像实际上是用下文的解析解画出来的, 所以你的数值图像可能没有那么光滑。)

### 3.3.3　解析解

我们已经通过数值解学习了这个系统的大多数行为。现在让我们回过头来, 用解析的办法推导出一些描述这些现象更普适的公式。

我将假设基本偶极子的数目是一个大数字, 因此任何时刻, 向上或者向下的偶极子数目也是很大的。这样我们就可以对式(3.27)应用斯特林近似。实际上, 直接计算熵最简单:

$$
\begin{aligned}
S/k &= \ln N! - \ln N_\uparrow! - \ln \left(N - N_\uparrow\right)! \\
&\approx N \ln N - N - N_\uparrow \ln N_\uparrow + N_\uparrow - \left(N - N_\uparrow\right) \ln \left(N - N_\uparrow\right) + \left(N - N_\uparrow\right) \\
&= N \ln N - N_\uparrow \ln N_\uparrow - \left(N - N_\uparrow\right) \ln \left(N - N_\uparrow\right)
\end{aligned}
\tag{3.28}
$$

从这里往下, 计算都非常直接但却很繁琐。我将会列出关键步骤和结果, 把数学步骤留给你 (见习题 3.19 )。

为了计算温度, 我们必须将 $S$ 对 $U$ 求导。我们可以使用链式法则和式(3.25)用 $N_\uparrow$ 来表示出这个导数:

$$
\frac{1}{T} = \left(\frac{\partial S}{\partial U}\right)_{N,B} = \frac{\partial N_\uparrow}{\partial U} \frac{\partial S}{\partial N_\uparrow} = -\frac{1}{2\mu B} \frac{\partial S}{\partial N_\uparrow}
\tag{3.29}
$$

现在, 把式(3.28)的最后一行求导代入可得

$$
\frac{1}{T} = \frac{k}{2\mu B} \ln \left(\frac{N - U/\mu B}{N + U/\mu B}\right)
\tag{3.30}
$$

从这个公式可以看出, $T$ 和 $U$ 的符号总是相反的。

解出式(3.30)中的 $U$, 有

$$
U = N\mu B \left(\frac{1 - e^{2\mu B/kT}}{1 + e^{2\mu B/kT}}\right) = -N\mu B \tanh \left(\frac{\mu B}{kT}\right)
\tag{3.31}
$$

式中, 的 tanh 是双曲正切函数。[1] 因此, 磁化强度为

$$
M = N\mu \tanh \left(\frac{\mu B}{kT}\right)
\tag{3.32}
$$

图 3.11 显示了双曲正切函数。在原点时, 它的斜率为 1, 之后逐渐上升并且逐渐变平, 当横坐标的值趋向于无穷时, 纵坐标无限接近 1。所以温度是一个很小的正数时, 系统就已经完全磁化 (正如我们之前看到的那样), 当 $T \to \infty$ 时, 磁化率趋向于 0。如上文讨论的那样, 我们可以通过给系统一个负的磁化强度来得到负温度。

---

[1]基础的双曲函数的定义为: $\sinh x = \frac{1}{2}\left(e^x - e^{-x}\right)$、$\cosh x = \frac{1}{2}\left(e^x + e^{-x}\right)$ 以及 $\tanh x = (\sinh x)/(\cosh x)$。从这些定义中, 你可以很容易地证明 $\frac{\mathrm{d}}{\mathrm{d}x}\sinh x = \cosh x$ 以及 $\frac{\mathrm{d}}{\mathrm{d}x}\cosh x = \sinh x$ (没有负号)。

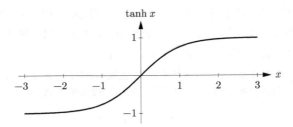

**图 3.11** 双曲正切函数。双状态顺磁体系统中，这个函数的 $x$ 对应 $\mu B/kT$。

我们可以通过对式(3.31)求导计算出顺磁体的热容与温度的关系：

$$C_B = \left(\frac{\partial U}{\partial T}\right)_{N,B} = Nk \cdot \frac{(\mu B/kT)^2}{\cosh^2(\mu B/kT)} \tag{3.33}$$

不管是低温还是高温，这个函数都会趋于 0，与我们在数值解部分看到的结果一致。

现实世界的顺磁体中，单个偶极子可以是电子或者原子核。当某些电子的角动量（不管是来自轨道还是自旋）没有被其他电子完全抵消时，它的环形电流会产生磁偶极矩，也就发生了电子顺磁性。每个偶极子的可能状态数总是一个取决于原子或分子中所有电子的总角动量的小整数。这里讨论的是最简单的情形，即每个原子只有一个电子，它的自旋没有被抵消时对应两种态。通常电子也会有轨道角动量，但在某些环境下，轨道运动被相邻原子"压制"只剩下自旋角动量。

对于电子的双状态顺磁体，常数 $\mu$ 的值是**玻尔磁子**（Bohr magneton），

$$\mu_B \equiv \frac{eh}{4\pi m_e} = 9.274 \times 10^{-24}\,\mathrm{J/T} = 5.788 \times 10^{-5}\,\mathrm{eV/T} \tag{3.34}$$

（这里的 $e$ 是电子电荷，$m_e$ 是电子的质量。）如果我们取 $B = 1\,\mathrm{T}$（这已经是一个很强的磁场），此时 $\mu B = 5.8 \times 10^{-5}\,\mathrm{eV}$。但是在室温下，$kT \approx 1/40\,\mathrm{eV}$。所以对于通常的温度（大于几个开尔文），我们可以假设 $\mu B/kT \ll 1$。在这个极限下，$\tanh x \approx x$，所以磁化强度变为

$$M \approx \frac{N\mu^2 B}{kT} \quad \text{（当 } \mu B \ll kT \text{ 时）} \tag{3.35}$$

$M \propto 1/T$ 的事实最早由居里（Pierre Curie）在实验中发现，称作**居里定律**（Curie's law）；对所有高温极限下的顺磁体，甚至角动量态多于两个的顺磁体，该定律都是成立的。在这个极限下，热容随 $1/T^2$ 下降。

图 3.12 显示了真实的双状态顺磁体的实验值，这种顺磁体是一种有机自由基 DPPH。[1] 为了降低基本偶极子之间的相互作用，DPPH 以 1:1 的比例和苯进行稀释，形成一个结晶复合体。注意到，直到只有几个开尔文的情况，它的磁化强度与居里定律都符合得相当好。当磁化强度接近最大可能值时，实验测量偏离了居里定律，更符合式(3.32)的曲线。[2]

通过把计算玻尔磁子时使用的式(3.34)中的电子质量换成质子质量，可以得到核顺磁体的典

---

[1] 如果你真的想知道的话，这种物质的全名是 1,1-二苯基-2-三硝基苯肼，英文全名是 $\alpha, \alpha'$-diphenyl-$\beta$-picrylhydrazyl。这种大分子产生顺磁性的原因在于它中间有一个含单个未成对电子的氮原子。

[2] 这是我能找到的接近理想双状态顺磁体的最好数据。更常见或者说更容易制备的是拥有多于两个态的理想顺磁体。研究最多的例子是盐，它们的顺磁离子一般是过渡金属或者稀土元素，拥有未成对的内层电子；它们通过与大量的磁性不活泼原子稀释来降低相邻离子之间的相互作用。比如铁铵明矾（iron ammonium alum），$Fe_2(SO_4)_3 \cdot (NH_4)_2SO_4 \cdot 24\,H_2O$，对每一个顺磁 $Fe^{3+}$ 离子，这里面有 23 对磁场不活跃的原子（不包含非常小的氢原子）。磁场小于 5 T，温度低于 1.3 K 时，这种晶体的磁行为都是理想的，最多时晶体可以完成 99% 的磁化。见 W. E. Henry, *Physical Review* **88**, 561 (1952)。在习题 6.22 中我们将会讨论理想的多态顺磁体。

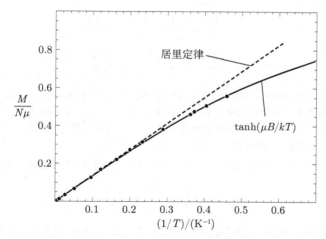

**图 3.12** 实验测到的有机自由基 "DPPH"（与苯 1:1 混合）的磁化强度。磁场 $B = 2.06\,\text{T}$，温度范围从 $300\,\text{K}$ 到 $2.2\,\text{K}$。实线是式(3.32)的预测结果（$\mu = \mu_B$），虚线是高温极限下的居里定律。（因为该实验中有效的基本偶极子数目有百分之几的不确定性，为了得到更好的拟合，理论图像的纵轴被调整过。）数据来自 P. Grobet, L. Van Gerven, and A. Van den Bosch, *The Journal of Chemical Physics* **68**, 5225 (1978)。

型的 $\mu$ 值。因为质子的质量大约为电子的 2000 倍，核的 $\mu$ 通常也会小一个 2000 倍的因子。为了达到相同的磁化强度，要么把磁场加大 2000 倍，要么使温度降低到 1/2000。实验室的磁场一般只能达到几个特斯拉，所以在实际中，我们需要降温到几个毫开尔文才能使几乎所有核顺磁体的磁矩平行。

**习题 3.19** 补充推导式(3.30)、式(3.31)和式(3.33)时所缺失的数学步骤。

**习题 3.20** 考虑一个理想的双状态电子顺磁体如 DPPH，其 $\mu = \mu_B$。在上文描述的实验中，磁场强度为 2.06 T，最低温度为 2.2 K。计算该系统的能量、磁化强度和熵，每个量都用它可能的最大值的比例表示。实验室需要达到什么条件才能得到最大可能磁化强度的 99%？

**习题 3.21** 在 Purcell 和 Pound 的实验中，最大磁场强度为 0.63 T，初始温度为 300 K。假设锂核只有两种可能的自旋态（实际上有四种），计算该系统每个粒子的磁化强度 $M/N$。$\mu$ 取 $5 \times 10^{-8}\,\text{eV/T}$。为了检测这么小的磁化强度，实验上使用了电磁波的共振吸收和发射。若通过一个电磁波光子，把一个原子核从一个态翻转到另一个态，求所需要的能量以及该光子的波长。

**习题 3.22** 画出（或用计算机绘制出）双状态顺磁体的熵关于温度的函数，并讨论一下这个图像会如何随着磁场强度变化而变化。

**习题 3.23** 证明双状态顺磁体熵关于温度的表达式是 $S = Nk[\ln(2\cosh x) - x\tanh x]$，式中，$x = \mu B/kT$。检验这个公式在 $T \to 0$ 和 $T \to \infty$ 的极限下的行为是否和预期一致。

　　下面的两道习题将这一节的方法应用到一个不同的系统——爱因斯坦固体（或者一系列完全相同的谐振子）——上，得出其在任意温度下的表现。这两道习题的方法和结果都极其重要。至少要完成其中一个，最好两个都完成。

**习题 3.24** 根据下面的指示用计算机研究爱因斯坦固体的熵、温度和热容。假设固体（一开始）有 50 个谐振子，有 0 到 100 个能量单位。类比表 3.2 列出一个表格，每一行代表一个不同的能量，列分别是能量、重数、熵、温度和热容。用附近两行的 $\Delta U/\Delta S$（回忆 $U = q\epsilon$，$\epsilon$ 为常数）来计算温度；热容（$\Delta U/\Delta T$）可以用同样的方法计算。这个表格的前几行应该看起来像：

| $q$ | $\Omega$ | $S/k$ | $kT/\epsilon$ | $C/Nk$ |
|---|---|---|---|---|
| 0 | 1 | 0 | 0 | — |
| 1 | 50 | 3.91 | 0.28 | 0.12 |
| 2 | 1275 | 7.15 | 0.33 | 0.45 |

（这个表格中的导数同样是使用"中心差分"近似计算的，例如，可以通过计算 $2/(7.15 - 0)$ 得到温度 0.28。）画出熵-能量关系图和热容-温度关系图。然后把谐振子数目调整为 5000（来"稀释"系统从而观察更低温度下的行为），再次绘制出热容-温度关系图。讨论一下你对热容的预测并与图 1.14 中铅、铝和钻石的数据比较。对这三个固体估计 $\epsilon$ 的数值，以 eV 为单位。

**习题 3.25** 在习题 2.18 中，你已经证明了有 $N$ 个谐振子 $q$ 个能量单位的爱因斯坦固体的重数大约是

$$\Omega(N, q) \approx \left(\frac{q+N}{q}\right)^q \left(\frac{q+N}{N}\right)^N$$

(1) 从这个公式出发，求出爱因斯坦固体的熵，用 $N$ 和 $q$ 表示。解释当 $N$ 和 $q$ 是大数字时，为什么我们省略掉的因子对熵没有影响。

(2) 利用上一问中的结论，计算爱因斯坦固体的温度关于其能量的表达式。（能量 $U = q\epsilon$，$\epsilon$ 为常数。）注意要尽量化简你的结果。

(3) 对上一问的表达式求逆，得到能量对温度的表达式，并求导得出热容。

(4) 证明在极限 $T \to \infty$ 下，热容 $C = Nk$。（提示：当 $x$ 非常小的时候，$e^x \approx 1 + x$。）这是你所期望的结果吗？为什么结果是这样？

(5) 把 (3) 中的结论画成图（可以使用计算机）。为了避免不方便的数值因子，画 $C/Nk$ 与无量纲数 $t = kT/\epsilon$（$t \in [0,2]$）的曲线更方便。讨论你对热容在低温下的预测并与图 1.14 中铅、铝和钻石的数据比较。对这三个真实的固体估计 $\epsilon$ 的数值，以 eV 为单位。

(6) 推导在高温极限下更准确的近似热容：保留指数泰勒展开的 $x^3$ 项，小心地展开分母，并把所有项乘出来；最后再把小于 $(\epsilon/kT)^2$ 的项舍掉。你应该会得到 $C = Nk\left[1 - \frac{1}{12}(\epsilon/kT)^2\right]$。

**习题 3.26** 上面两道习题中任何一道的结论也可以应用到气体分子的振动运动上。仅根据图 1.13 中 $H_2$ 的振动运动对热容的贡献，估计 $H_2$ 分子振动运动的 $\epsilon$。

## 3.4 机械平衡与压强

接下来我将这一章中的思想扩展到物体之间也可以交换体积的情况。就像能量的自发交换是由物体各自的温度所确定的一样，体积的交换是由各自的压强所决定的。因此，体积和熵之间一样有十分密切的联系，就像是温度和熵之间的关系 $1/T = \partial S/\partial U$ 一样。

现在让我们考虑两个系统（或许是气体）被一个可以移动、传导热量的隔板分开（见图 3.13）。这样一来，这二者就可以自由地交换体积和能量，但是它们总的体积和能量固定。总的熵是 $U_A$ 和 $V_A$ 的函数，见图 3.14。当 $S_总$ 取得最大值时，这个系统平衡。在平衡点处，它在两个方向上的导数自然就是 0：

$$\frac{\partial S_总}{\partial U_A} = 0, \quad \frac{\partial S_总}{\partial V_A} = 0 \tag{3.36}$$

在第 3.1 节中，我们早就讨论过第一个等式并得到结论：这个等式等价于两个系统的温度一样。接下来，我们可以利用同样的方法研究第二个等式。

类比第 3.1 节，有

$$0 = \frac{\partial S_总}{\partial V_A} = \frac{\partial S_A}{\partial V_A} + \frac{\partial S_B}{\partial V_A} = \frac{\partial S_A}{\partial V_A} - \frac{\partial S_B}{\partial V_B} \tag{3.37}$$

最后一步利用了总体积固定，所以 $dV_A = -dV_B$（$A$ 的体积增加等于 $B$ 的体积减少）。这样一

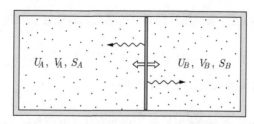

**图 3.13** 两个可以自由地交换体积和能量的系统。总的体积和能量保持不变。

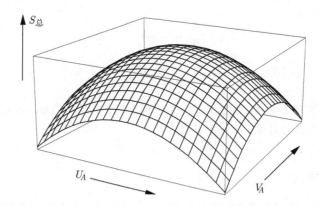

**图 3.14** 图 3.13所示系统的熵关于 $U_A$ 和 $V_A$ 的图像。$U_A$ 和 $V_A$ 的平衡值即是熵的最大值点。

来，

$$\frac{\partial S_A}{\partial V_A} = \frac{\partial S_B}{\partial V_B} \quad (\text{在平衡时}) \tag{3.38}$$

这个偏导是在两个系统的能量（$U_A$ 或 $U_B$）、粒子数（$N_A$ 或 $N_B$）都固定时取得的，但是要注意，我假设的是这两个系统可以自由交换能量，实际上它们也是到达了热平衡的。（如果我们只允许隔板移动，但是不允许它导热的话，两个系统的能量同样不是固定的——因为它们在做功。这样的平衡条件较为复杂。）

利用以往的经验，我们知道这两个系统达到了机械平衡时，它们的压强一定相等。因此，压强一定是关于偏导 $\partial S/\partial V$ 的函数。为了求出这个函数，我们进行量纲分析。熵的单位是 J/K，因此 $\partial S/\partial V$ 的单位就是 $(\text{N/m}^2)/\text{K}$，即 Pa/K。为了得到压强的单位，我们需要乘以一个温度。我们真的可以这样做吗？当然；因为两个系统达到了热平衡，它们一定具有相同的温度，所以两个系统的 $T(\partial S/\partial V)$ 在平衡时也是一样的。

我们还应该考虑当压强较大时，$\partial S/\partial V$ 是应该较大还是较小：当 $\partial S/\partial V$ 较大时，系统较小的扩张就可以带来较大的熵增，也就是说这个时候系统更"想"扩张，即压强较高。所以，没问题，这就是我们想要的压强。

因此，我说压强和熵的关系就是

$$P = T\left(\frac{\partial S}{\partial V}\right)_{U,N} \tag{3.39}$$

我不会把它叫作压强的定义，但是我希望你能理解：这个量具有压强所有的性质，所以，它很有可能就是压强。

当然，保险起见，我们还需要利用已经知道的结论来验证这个公式。回忆单原子分子理想气体的重数

$$\Omega = f(N) V^N U^{3N/2} \tag{3.40}$$

式中，$f(N)$ 是只与 $N$ 有关的函数。取对数得到熵

$$S = Nk \ln V + \frac{3}{2} Nk \ln U + k \ln f(N) \tag{3.41}$$

根据式(3.39)，压强就是

$$P = T \frac{\partial}{\partial V}(Nk \ln V) = \frac{NkT}{V} \tag{3.42}$$

即

$$PV = NkT \tag{3.43}$$

如果你相信式(3.39)更基本的话，我们就推导出了理想气体定律。当然，你也可以把这个计算当成验证式(3.39)中没有任何其他的无量纲系数的方法。

### 3.4.1 热力学恒等式

我们接下来将要介绍一个非常漂亮的等式，它同时涵盖了温度的定义和关于压强的新公式。为了得到这个等式，我们来设想一个系统的能量和体积都微小地变化的过程，变化量分别为 $\Delta U$ 和 $\Delta V$。这个过程的熵变化了多少？

为了解答这个问题，我们把这个过程分为两步：第一步，能量变化了 $\Delta U$ 而体积不变；第二步，体积变化了 $\Delta V$ 而能量不变；见图 3.15。总的熵的变化就是两步的和：

$$\Delta S = (\Delta S)_1 + (\Delta S)_2 \tag{3.44}$$

现在，让我们在第一项上乘以 $\Delta U / \Delta U$，第二项上乘以 $\Delta V / \Delta V$，得

$$\Delta S = \left(\frac{\Delta S}{\Delta U}\right)_V \Delta U + \left(\frac{\Delta S}{\Delta V}\right)_U \Delta V$$

角标和前面一样，代表保持不变的量。若所有的变化都是无穷小量，分数自然就变成了偏导数：

$$\begin{aligned} dS &= \left(\frac{\partial S}{\partial U}\right)_V dU + \left(\frac{\partial S}{\partial V}\right)_U dV \\ &= \frac{1}{T} dU + \frac{P}{T} dV \end{aligned} \tag{3.45}$$

式中，第二个等号应用了温度的定义和压强的新公式(3.39)。这个结果叫作**热力学恒等式**（thermodynamic identity）。它通常写为

$$dU = T dS - P dV \tag{3.46}$$

只要一个系统的 $T$ 和 $P$ 具有良好的定义且所有其他相关的参量都保持不变（例如，我已经假设了系统的粒子数不变），热力学恒等式在无穷小变化时就是正确的。

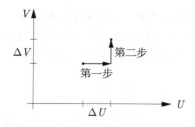

图 **3.15** 为了计算 $U$ 和 $V$ 同时变化时的熵的改变, 我们将其分为两步: 第一步, 能量变化了 $\Delta U$ 而 $V$ 不变; 第二步, 体积变化了 $\Delta V$ 而 $U$ 不变。

　　这一章中最重要的公式非它莫属。从这个等式我们可以还原温度的定义和关于压强的新公式。例如, 当一个过程的体积恒定 ($\mathrm{d}V = 0$) 时, 热力学恒等式变为 $\mathrm{d}U = T\,\mathrm{d}S$, 也就是式(3.5), 温度的定义; 当一个过程的能量不变 ($\mathrm{d}U = 0$) 时, 热力学恒等式变为 $T\,\mathrm{d}S = P\,\mathrm{d}V$, 也就是式(3.39), 压强的新公式。

　　**习题 3.27** 利用热力学恒等式, 考虑等熵过程, 你能够得到什么偏导关系? 这个关系与你已经知道的一样吗? 为什么?

### 3.4.2　再谈熵和热

　　热力学第一定律

$$\mathrm{d}U = Q + W \tag{3.47}$$

和热力学恒等式惊人地相似。我们自然地就想到把 $Q$ 和 $T\,\mathrm{d}S$、$W$ 和 $-P\,\mathrm{d}V$ 联系起来。然而, 这两个关联并非总是成立——仅仅在体积变化是准静态 (压强总是处处相等)、没有其他形式的功且其他有关参量 (比如粒子数) 不变的情况下二者才等价。此时, 我们知道 $W = -P\,\mathrm{d}V$, 因此, 通过式(3.46)和式(3.47)可以得出

$$Q = T\,\mathrm{d}S \quad (\text{准静态}) \tag{3.48}$$

因此, 在这个限制下, 即便某个过程中系统做了功, 它熵的变化仍旧是 $Q/T$。(在绝热, 即 $Q = 0$, 且准静态的特殊情况下, 系统的熵保持不变; 我们将这种过程称为**等熵** (isentropic) 过程。简而言之, 绝热过程 + 准静态 = 等熵过程。)

　　式(3.48)给了我们在去掉等体积限制的情况下重新讨论第 3.2 节的机会。例如, 当 1 L 水在大气压下保持煮沸的状态 (100 °C), 水吸收了 2260 kJ 的热, 它的熵增就是

$$\Delta S = \frac{Q}{T} = \frac{2260\,\mathrm{kJ}}{373\,\mathrm{K}} = 6060\,\mathrm{J/K} \tag{3.49}$$

对于温度变化的等压过程, 我们知道 $Q = C_P\,\mathrm{d}T$, 通过积分, 可得

$$(\Delta S)_P = \int_{T_i}^{T_f} \frac{C_P}{T}\,\mathrm{d}T \tag{3.50}$$

因为大部分参考表格的热容都是定压热容而非定容热容, 这个公式比式(3.19)的等体积情况更加实用。

　　尽管很多常见的过程几乎都是准静态的, 我们还是要记住几个例外。第一个例子是, 如果你把一些气体封在一端装有活塞的圆柱体里面, 猛击这个活塞, 使它的运动速度远大于气体分子的

移动速度（见图 3.16），气体分子就会在活塞前面聚集，你需要克服的阻力就十分巨大。我们假设活塞移动了一小段距离以后就停下了，因此等到气体再次均匀以后，压强只增加了一个无穷小量。在这个情况下你对气体做的功就比 $-P\,dV$ 大，故这个过程中的热一定比 $T\,dS$ 小。所以

$$dS > \frac{Q}{T} \quad (\text{当 } W > -P\,dV \text{ 时}) \tag{3.51}$$

你就创造了"额外的"熵——因为你向气体中增加的能量比仅仅完成这个体积变化更多。

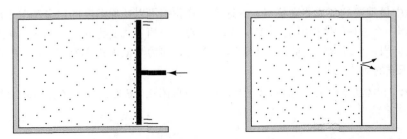

**图 3.16** 两种非准静态的体积变化：非常快速的压缩气体以至于气体内部出现不平衡，以及气体到真空的自由膨胀。

另一个例子是我们曾在第 2.6 节中讨论过的气体向真空的自由膨胀。设想一个膜将容器中的气体和它旁边的真空隔开。当这个膜突然破了个洞时，气体就向真空膨胀。它没有做功也没有被做功，热量没有流入也没有流出，因此根据热力学第一定律，$\Delta U = 0$。同时，若体积的变化非常小，则热力学恒等式(3.46)一定适用，即 $T\,dS = P\,dV > 0$，故气体的熵增加了。（如果这个气体是理想的，我们也可以直接从第 2.6 节的萨克尔-泰特洛德公式看出来。）

在这两个例子中，除热"流入"产生的熵之外，都存在一个创造新的熵的机械过程。创造更多的熵总是有可能的，但是热力学第二定律告诉我们，一旦熵被创造，它就不可能被消灭。

**习题 3.28** 1 L 空气一开始在室温大气压下，之后恒定压强地加热直到体积加倍。计算这个过程的熵增。

**习题 3.29** 画出一个物质（比如 $H_2O$）在固定压强下定性的熵-温度关系图。指明图中这个物质哪里是固体、液体或气体，并简要解释这个图有哪些特点。

**习题 3.30** 见图 1.14，钻石在室温下的热容近似与 $T$ 正比。把这个关系外推到 500 K，估计 1 mol 的钻石温度从 298 K 升高到 500 K 过程的熵增。加上它在 298 K 时的值（见书后参考表格），计算出 $S(500\,K)$。

**习题 3.31** 实验上测量的热容通常在参考文献中以经验公式表示。在一个很大范围内，描述（1 mol）石墨热容的一个还不错的经验公式为

$$C_P = a + bT - \frac{c}{T^2}$$

式中，$a = 16.86\,\text{J/K}$、$b = 4.77 \times 10^{-3}\,\text{J/K}^2$、$c = 8.54 \times 10^5\,\text{J·K}$。假设 1 mol 石墨在恒定压强下从 298 K 升温到 500 K，它的熵增加了多少？加上它在 298 K 时的值（见书后参考表格），计算出 $S(500\,K)$。

**习题 3.32** 一个包含 1 L 空气的圆柱体处于室温（300 K）和大气压（$10^5\,\text{N/m}^2$）下，该圆柱体的一端有一个无质量的活塞，其表面积为 $0.01\,\text{m}^2$。假如你非常用力地猛推这个活塞，施加了 2000 N 的力；但活塞只移动了 1 mm 就因为碰到了一个不能移动的障碍而停下。

(1) 你对这个系统做了多少功？

(2) 有多少热流入气体？

(3) 假设所有增加的能量都进入了气体（没有进入活塞或圆柱体壁），气体的能量增加了多少？

(4) 利用热力学恒等式计算出气体的熵增（当它重新平衡以后）。

**习题 3.33** 利用热力学恒等式证明如下关于热容的公式

$$C_V = T \left( \frac{\partial S}{\partial T} \right)_V$$

有时，这个公式比更常见的 $U$ 的公式更方便。然后通过把 $\mathrm{d}H$ 写成 $\mathrm{d}S$ 和 $\mathrm{d}P$ 的表达式，推导出 $C_P$ 的类似公式。

**习题 3.34** 聚合物就像橡胶一样，是由许多非常长的分子以一种熵非常高的方式缠绕在一起组成的。我们来考虑一个非常粗略的橡皮筋模型——一个链接只能指向左侧或右侧的一维链子。链子共有 $N$ 节，每节长 $\ell$（见图 3.17），总长度 $L$ 是这个链子从一开始到最后的净位移。

(1) 用 $N$ 和向右的链接个数 $N_R$ 表示出这个系统的熵。

(2) 用 $N$ 和 $N_R$ 表示出 $L$。

(3) 这样的一维系统的 $L$ 就像是三维系统的 $V$ 一样。类似地，压强 $P$ 对应着张力 $F$。取橡皮筋被向内拉伸的时候 $F$ 为正，写出这个系统恰当的热力学恒等式并解释。

(4) 利用这个热力学恒等式，你可以把张力 $F$ 写成熵的偏导的形式。基于这个表达式，把张力用 $L$、$T$、$N$ 和 $\ell$ 写出来。

(5) 证明当 $L \ll N\ell$ 时，张力正比于 $L$（胡克定律）。

(6) 讨论张力与温度的依赖关系。假如你增加橡皮筋的温度，它会倾向于收缩还是扩张？这个行为有道理吗？

(7) 假设你双手拿着一个舒张的橡皮筋的两端，突然拉它，它的温度会增加还是减少？为什么？用一个真实的橡皮筋（得是一个很沉的皮筋，你还要拉得够多）检验一下你的预测，用你的嘴唇或者额头量一量就知道了。（提示：你在 (1) 中计算出的熵并不是橡皮筋的总熵，还有与分子振动相关的额外熵；这个熵与 $U$ 相关，但是近似与 $L$ 无关。）

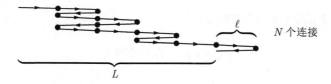

**图 3.17** 橡皮筋的简易模型——一个链接只能指向左侧或右侧的一维链子。

## 3.5　扩散平衡和化学势

当两个系统处于热平衡时，它们的温度相同。当它们处于机械平衡时，压强相同。当它们处于扩散平衡时，什么量是相同的呢？

我们可以利用同上一节中一样的逻辑来找到答案。考虑两个系统，$A$ 和 $B$，它们可以自由交换能量和粒子，见图 3.18。（系统的体积也可以变化，但是为了简化讨论，我假设不变。）我画了一个由两个相互作用气体组成的系统，但是也可以是气体与液体、固体相互作用或者两个固体之间原子的逐渐移动。我将假设两个系统是由同一种粒子组成的，如 $H_2O$ 分子。

假设总能量和总粒子数固定，系统的熵是 $U_A$ 与 $N_A$ 的函数。在平衡时，总熵取得最大值，所以有

$$\left( \frac{\partial S_{\text{总}}}{\partial U_A} \right)_{N_A, V_A} = 0 \quad \text{以及} \quad \left( \frac{\partial S_{\text{总}}}{\partial N_A} \right)_{U_A, V_A} = 0 \tag{3.52}$$

（如果系统的体积也可以变化，也会得到 $\partial S_{\text{总}}/\partial V_A = 0$。）与之前一样，第一个公式表明两个系统的温度相同。第二个公式是新的，但是和前一节中与体积有关的公式很类似。用之前的推理方

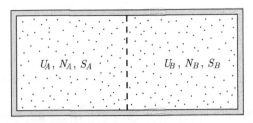

**图 3.18** 两个可以交换能量和粒子的系统。

法，我们可以得到

$$\frac{\partial S_A}{\partial N_A} = \frac{\partial S_B}{\partial N_B} \quad (\text{在平衡时}) \tag{3.53}$$

该偏导数要求能量和体积固定。因为此时系统处于热力学平衡，所以温度相等，我们也可以在这个公式中乘上一个温度因子 $T$。遵守惯例，我们通常也再乘以 $-1$，得到

$$-T\frac{\partial S_A}{\partial N_A} = -T\frac{\partial S_B}{\partial N_B} \quad (\text{在平衡时}) \tag{3.54}$$

$-T(\partial S/\partial N)$ 这个量与温度和压强相比，有点不太常见，但它确仍是极其重要的。它称作**化学势**（chemical potential），记作 $\mu$：

$$\mu \equiv -T\left(\frac{\partial S}{\partial N}\right)_{U,V} \tag{3.55}$$

这就是两个系统处于扩散平衡时需要相等的量：

$$\mu_A = \mu_B \quad (\text{在平衡时}) \tag{3.56}$$

如果两个系统不处于平衡，拥有较大 $\partial S/\partial N$ 值的系统会倾向于获得粒子，因为此时另外的系统损失的熵比该系统获得的熵更少。由于定义式(3.55)中前面存在的负数，这个系统反而拥有一个较小的 $\mu$ 值。所以有结论：粒子倾向于从高 $\mu$ 值的系统流向低 $\mu$ 值的系统（见图 3.19）。

**图 3.19** 粒子倾向于从高化学势的系统流向低化学势的系统，即使它们都是负数。

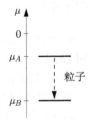

我们可以把 $N$ 变化的过程也包含到热力学恒等式里。假设 $U$ 的改变为 $\mathrm{d}U$，$V$ 的改变为 $\mathrm{d}V$，$N$ 的改变为 $\mathrm{d}N$，使用和上一节中一样的逻辑，系统总的熵变为

$$\mathrm{d}S = \left(\frac{\partial S}{\partial U}\right)_{N,V}\mathrm{d}U + \left(\frac{\partial S}{\partial V}\right)_{N,U}\mathrm{d}V + \left(\frac{\partial S}{\partial N}\right)_{U,V}\mathrm{d}N$$

$$= \frac{1}{T}\mathrm{d}U + \frac{P}{T}\mathrm{d}V - \frac{\mu}{T}\mathrm{d}N \tag{3.57}$$

和之前一样，解 $\mathrm{d}U$，有

$$\mathrm{d}U = T\,\mathrm{d}S - P\,\mathrm{d}V + \mu\,\mathrm{d}N \tag{3.58}$$

就像 $-P\,\mathrm{d}V$ 项通常和机械功有关一样，我们有时也把 $\mu\,\mathrm{d}N$ 项称作"化学功"。

　　记住这个广义热力学等式可以帮助我们记住 $T$、$P$ 和 $\mu$ 的微分公式并推导出其他类似公式。注意到在这个公式中有四个量在发生改变：$U$、$S$、$V$ 和 $N$。现在考虑一个任意两项固定的过程。例如，一个固定了 $U$ 和 $V$ 的过程：

$$0 = T\,\mathrm{d}S + \mu\,\mathrm{d}N, \quad \text{也即}, \quad \mu = -T\left(\frac{\partial S}{\partial N}\right)_{U,V} \tag{3.59}$$

同样地，对于固定 $S$ 和 $V$ 的过程，我们有

$$\mathrm{d}U = \mu\,\mathrm{d}N, \quad \text{也即}, \quad \mu = \left(\frac{\partial U}{\partial N}\right)_{S,V} \tag{3.60}$$

我们就得到了另一个关于化学势的有用公式。它告诉我们化学势拥有能量的单位；更具体来讲，$\mu$ 是保持系统熵和体积固定时，增加一个粒子所需要的能量。通常来讲，为了保持熵（或重数）不变，你必须在增加粒子的同时移出一些能量，所以 $\mu$ 是负数。但是，如果一些拥有势能（比如待在山顶的系统拥有重力势能，或者晶体系统拥有化学势能）的粒子进入系统，这部分能量也会对 $\mu$ 有影响。在第 7 章中，我们将会看到拥有*动能*的粒子进入系统的例子。

　　现在我们来看一些别的例子。首先考虑一个很小的，只有 3 个谐振子 3 个能量单位的爱因斯坦固体。它的重数是 10，所以熵是 $k\ln 10$。假设我们再增加一个谐振子（把每一个谐振子当作一个"粒子"）同时保持能量还是 3 个单位，此时重数变为 20，熵变为 $k\ln 20$。为了保持熵不变，我们需要移除一单位的能量，见图 3.20。所以这个系统的化学势为

$$\mu = \left(\frac{\Delta U}{\Delta N}\right)_S = -\frac{\epsilon}{1} = -\epsilon \tag{3.61}$$

式中，$\epsilon$ 是能量单位的大小。（因为对于如此小的系统，增加一个粒子不是无穷小的变化，所以应该谨慎地看待。严格来讲，此时的偏导数 $\partial S/\partial N$ 不是良好定义的。而且，在真实的固体晶体中，增加一个原子会增加 3 个谐振子，不是只增加 1 个，并且我们也要增加一些负的势能使得它和周围原子形成化学键。）

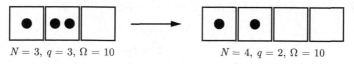

$N=3,\ q=3,\ \Omega=10$　　　　　　　$N=4,\ q=2,\ \Omega=10$

**图 3.20** 为了保持熵（重数）不变，我们在增加谐振子（用盒子标记）的同时必须要移除一单位能量（用点标记）。

　　我们来看一个更加真实的例子——计算单原子分子理想气体的 $\mu$。此时，我们需要使用完整的萨克尔-泰特洛德熵公式(2.49)：

$$S = Nk\left\{\ln\left[V\left(\frac{4\pi mU}{3h^2}\right)^{3/2}\right] - \ln N^{5/2} + \frac{5}{2}\right\} \tag{3.62}$$

对 $N$ 求导有

$$
\begin{aligned}
\mu &= -T\left\{k\left[\ln\left(V\left(\frac{4\pi mU}{3h^2}\right)^{3/2}\right) - \ln N^{5/2} + \frac{5}{2}\right] - Nk\cdot\frac{5}{2}\frac{1}{N}\right\} \\
&= -kT\ln\left[\frac{V}{N}\left(\frac{4\pi mU}{3Nh^2}\right)^{3/2}\right] \\
&= -kT\ln\left[\frac{V}{N}\left(\frac{2\pi mkT}{h^2}\right)^{3/2}\right]
\end{aligned}
\tag{3.63}
$$

（在最后一行我使用了 $U = \frac{3}{2}NkT$。）在室温和室压下，每个分子的体积 $V/N$ 是 $4.2 \times 10^{-26}\,\text{m}^3$，但是 $(h^2/2\pi mkT)^{3/2}$ 小得多。对于氦气，这个数是 $1.3 \times 10^{-31}\,\text{m}^3$，所以要取对数的项是 $3.3 \times 10^5$，取对数后是 $12.7$，因此化学势为

$$
\mu = -0.32\,\text{eV}\quad（\text{在 }300\,\text{K}、\ 10^5\,\text{N/m}^2\text{ 下的氦气}）
\tag{3.64}
$$

如果保持温度不变，增加浓度，$\mu$ 会变得不那么负，表明这个气体有更强烈的意愿向周围的系统释放粒子。或者，更一般地讲，增加一个系统的密度总是会增加化学势。

在这一节中，我假设了每个系统只包含一种粒子。如果一个系统包含几种粒子（例如空气是氮气分子和氧气分子的混合），那么每一种组分（标记为 1、2、……）都有自己的化学势：

$$
\mu_1 \equiv -T\left(\frac{\partial S}{\partial N_1}\right)_{U,V,N_2}, \quad \mu_2 \equiv -T\left(\frac{\partial S}{\partial N_2}\right)_{U,V,N_1}
\tag{3.65}
$$

此时热力学恒等式可以写为

$$
dU = T\,dS - P\,dV + \sum_i \mu_i\,dN_i
\tag{3.66}
$$

该求和遍历所有的组分，$i = 1$、$2$、……。如果两个系统处于扩散平衡，那么每一种组分的化学势都必须相等，即 $\mu_{1A} = \mu_{1B}$、$\mu_{2A} = \mu_{2B}$，等等，这里的 $A$ 和 $B$ 表示两个系统。

在学习化学反应平衡和相变时，化学势是核心概念，它还是 "量子统计"（描述奇怪稠密气体或者其他相关系统）的核心角色。我们将在第 5 章和第 7 章中多次使用它。

最后要强调的是化学家通常用摩尔而不是单个粒子来表示化学势：

$$
\mu_{化学家} = -T\left(\frac{\partial S}{\partial n}\right)_{U,V}
\tag{3.67}
$$

此时，$n = N/N_A$ 是我们关心的粒子的物质的量。这意味着化学家的化学势总是比我们的化学势增加一个阿伏伽德罗常量的因子 $N_A$。如果要把这一节写成化学家的习惯的话，只需要把每一个 $N$ 都变为 $n$；但是在式(3.61)到式(3.64)的例子中，你需要把每一个 $\mu$ 都乘 $N_A$。

**习题 3.35** 上文中我证明了具有 3 个谐振子和 3 个能量单位的爱因斯坦固体的化学势 $\mu = -\epsilon$（$\epsilon$ 为能量单位的大小，我们把每一个谐振子视为一个 "粒子"）。假如固体现在有 4 个单位的能量，它的化学势与 $-\epsilon$ 相比怎么样？（不需要算出值来，只需要说它比 $-\epsilon$ 大还是小就好了。）

**习题 3.36** 考虑一个 $N$ 和 $q$ 都远大于 1 的爱因斯坦固体，把每一个谐振子看作一个独立的 "粒子"。

(1) 证明其化学势为

$$\mu = -kT \ln\left(\frac{N+q}{q}\right)$$

(2) 根据这个结论，讨论在极限 $N \gg q$ 和 $N \ll q$ 下，增加一个没有能量的粒子时 $S$ 增加了多少。这个公式直觉上讲得通吗？

**习题 3.37** 考虑海拔为 $z$ 的一个单原子分子理想气体，其每个分子除了动能之外还有 $mgz$ 的重力势能。

(1) 证明其化学势就和在海平面上一样，只不过多了一项 $mgz$：

$$\mu(z) = -kT \ln\left[\frac{V}{N}\left(\frac{2\pi mkT}{h^2}\right)^{3/2}\right] + mgz$$

（你可以通过定义 $\mu = -T(\partial S/\partial N)_{U,V}$ 或公式 $\mu = (\partial U/\partial N)_{S,V}$ 得出该结果。）

(2) 假设你有两罐氦气，一罐在海平面，另一罐海拔为 $z$，二者温度、体积相同。假设它们处于扩散平衡，证明海拔更高的那一罐分子数为

$$N(z) = N(0)e^{-mgz/kT}$$

这与习题 1.16 的结论一致。

**习题 3.38** 假设你有一混合气体（比如空气就是氮气和氧气的混合）。**摩尔分数**（mole fraction）$x_i$ 定义为第 $i$ 类气体的分子数比例：$x_i = N_i/N_{总}$。**分压**（partial pressure）$P_i$ 定义为第 $i$ 类气体压强与总压强的比例：$P_i = x_i P$。假如混合气体是理想的，说明固定的分压 $P_i$ 下，系统中第 $i$ 类粒子的化学势 $\mu_i$ 和没有其他气体的化学势一样。

## 3.6 总结与展望

这一章完成了我们对于热物理学中基本原理的讨论。我们还是要记住最根本的原理是热力学第二定律：熵总是倾向于增加。这个定律决定了系统交换能量、体积和粒子的趋势。熵关于这三个变量的导数非常有意义并且容易测量。表 3.3 中总结了这三种相互作用以及对应的熵的导数。这三个偏导公式被总结为一个热力学恒等式：

$$\mathrm{d}U = T\,\mathrm{d}S - P\,\mathrm{d}V + \mu\,\mathrm{d}N \tag{3.68}$$

这些概念和原理组成了**经典热力学**（classical thermodynamics）的基础：通过不依赖于粒子微观行为的基本定律研究由大量粒子组成的系统。这个公式对于任意的宏观态由 $U$、$V$ 和 $N$ 决定的大型系统都适用，并且也可以很简单地推广到其他的大型系统中去。

| 相互作用种类 | 交换的量 | 主导的变量 | 公式 |
|---|---|---|---|
| 热作用 | 能量 | 温度 | $\frac{1}{T} = \left(\frac{\partial S}{\partial U}\right)_{V,N}$ |
| 机械作用 | 体积 | 压强 | $\frac{P}{T} = \left(\frac{\partial S}{\partial V}\right)_{U,N}$ |
| 扩散作用 | 粒子 | 化学势 | $\frac{\mu}{T} = -\left(\frac{\partial S}{\partial N}\right)_{U,V}$ |

**表 3.3** 本章讨论过的三种相互作用、对应的变量和对应的偏导数的总结。

除了研究这些非常基本的概念，我们也讨论了三个具体的模型系统：双状态顺磁体、爱因斯

坦固体以及单原子分子理想气体。我们分别应用了微观的物理定律来求出这三个系统的重数和熵的精确公式，并且进一步预测热容和一些其他的可以测量的性质。这种利用微观模型来预测系统性质的方法叫作**统计力学**（statistical mechanics）。

本书的其余部分探讨了热物理学的进一步应用。第 4 章和第 5 章将经典热力学定律应用到一系列的实际的工程、化学以及相关学科的系统中；第 6 章、第 7 章和第 8 章将回到统计力学，引入更复杂的微观模型并利用新的数学工具从而做出预测。

**习题 3.39** 在习题 2.32 中，你计算出了二维世界中的单原子分子理想气体的熵。对 $U$、$A$ 和 $N$ 做偏导来确定该气体的温度、压强和化学势。（二维中压强被定义为单位长度的压力。）尽量简化你的结果并解释它们为什么有道理。

我曾许多次出席聚会，这些聚会之中不乏按照传统标准来说是受过高等教育的人。但这些人多觉得科学家不过是茕茕孑民罢了。屈指可数的几次中，我实在是忍无可忍，诘问他们有谁能够说出热力学第二定律是什么，结果大失所望。然而在科学中这个问题不过相当于 "**你读过莎士比亚吗？**"。

—— C. P. Snow, *The Two Cultures* (Cambridge University Press, 1959)
获剑桥大学出版社允许引用。

# 第二部分
# 热力学

# 第 4 章  热机与制冷机

## 4.1  热机

**热机**（heat engine）是一种可以吸收热量并把一部分热能转化为功的机器。蒸汽轮机就是一种重要的热机，大多数现代电厂用它发电。汽车中使用的内燃机并没有真正地吸收外界的热量，但是如果我们将它的热能当作是从外部而非内部来的话，也可以把它看成一种热机。

很遗憾的是，热机只能将一部分吸收来的热能转化为功。究其原因，在于当热流入的时候，它携带了一些熵，而多余的熵必须在下一个循环开始之前处理掉；为了处理这些熵，热机必须要向它所在的环境中放出一些废热。因此，热机产生的功就是它所吸收的热与排出的废热之间的差。

在这一节中，我将精确地描述这些想法，并确定一个热机到底可以将多少的热转化为功。令人惊奇的是，我们即使不知道任何热机具体的工作原理，也能够得到很多有用的结论。

图 4.1 展示了能量流入和流出热机的过程。热机吸收的热来自于**高温热库**（hot reservoir），废热被排放到**低温热库**（cold reservoir）中。热库的温度记为 $T_h$ 和 $T_c$，我们假设它们不变。（一般来说，在热力学中，**热库**（reservoir）是一种非常巨大的物体，当热流入/流出的时候，它的温度几乎没有变化。对于蒸汽机来说，高温热库是燃料燃烧的地方，低温热库是它的外界环境。）我使用符号 $Q_h$ 代表在一段时间内热机从高温热库吸收的热、$Q_c$ 代表向低温热库放出的热，并用 $W$ 代表在这段时间内热机所做的功。这三个量都是正的；在本章中，我不会照搬之前关于热和功的符号惯例。

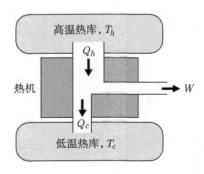

**图 4.1** 热机的能量流动图。能量以热的形式从高温热库进入热机，从热机离开时有功和排放到低温热库的废热两种形式。

我们从热机得到的产出就是它所产生的功 $W$，消耗是热机吸收的热 $Q_h$。我就可以把一个热

机的**效率**（efficiency）$e$ 定义为它的产出/消耗比:

$$e \equiv \frac{产出}{消耗} = \frac{W}{Q_h} \tag{4.1}$$

这样问题就来了: 对于给定的 $T_h$ 和 $T_c$ 的值, 可能的最高效率是多少? 想要解答这个问题, 我们其实只需要热力学第一、第二定律, 并假设热机是循环运行的, 即在每个循环结束时, 热机都会返回其原始状态。

热力学第一定律告诉我们能量守恒。因为热机循环结束时返回原始状态, 它所吸收的能量必须等于它放出的能量。用我们的记号, 这就是

$$Q_h = Q_c + W \tag{4.2}$$

我们可以用这个公式来消去式(4.1)中的 $W$, 效率就是

$$e = \frac{Q_h - Q_c}{Q_h} = 1 - \frac{Q_c}{Q_h} \tag{4.3}$$

因此效率不可能大于 1, 并且等号只在 $Q_c = 0$ 时取到。

为了得到更进一步的结论, 我们还需要引入热力学第二定律——热机以及其环境的总熵不能减少。因为热机循环结束时返回原始状态, 它所放出的熵的量不能比它吸收的少。（在这种情况下, 我喜欢把熵想象成能够创造但不能湮灭的流体, 如第 3.2 节。）从高温热库获得的熵是 $Q_h/T_h$, 向低温热库放出的熵是 $Q_c/T_c$; 根据热力学第二定律, 有

$$\frac{Q_c}{T_c} \geqslant \frac{Q_h}{T_h} \quad 或 \quad \frac{Q_c}{Q_h} \geqslant \frac{T_c}{T_h} \tag{4.4}$$

代入式(4.3), 得

$$e \leqslant 1 - \frac{T_c}{T_h} \tag{4.5}$$

这就是我们想要的答案。举个例子, 若 $T_h = 500\,\mathrm{K}$、$T_c = 300\,\mathrm{K}$, 可能的最高效率就是 40%。简而言之, 你若想要得到最大的效率, 你必须要让低温热库非常冷或（同时）让高温热库非常热。毕竟, $T_c/T_h$ 越小, 热机的效率就越高。

如果我们想要热机的效率比极限 $1 - T_c/T_h$ 小很简单: 只需要产生额外的熵, 为了处理这些熵, 你需要向低温热库中排放额外的废热, 能变成功的能量就更少了。最简单的产生新的熵的方法就是热传导过程本身。例如, 当热 $Q_h$ 从高温热库离开的时候, 高温热库的熵减少了 $Q_h/T_h$, 但是若热机温度比 $T_h$ 低, 进入热机的热所携带的熵就比 $Q_h/T_h$ 大了。

在推导极限式(4.5)的时候, 我们同时使用了热力学第一和第二定律。第一定律告诉我们效率不能比 1 大, 即, 我们不可能产生比输入的热更多的功。在这种情况下, 第一定律经常被形容为"你赢不了"。然而, 热力学第二定律让事情更糟了: 它告诉我们 $e = 1$ 只有在 $T_c = 0$ 或 $T_h = \infty$ 时才能取到, 然而这两个条件在实际中都是达不到的。此时, 第二定律经常被形容为"你甚至不能收支平衡"。

**习题 4.1** 回忆习题 1.34, 当时我们考虑了双原子分子理想气体在 $P\text{-}V$ 图上进行着矩形循环。假设这个系统现在被当作热机使用, 把热转化为机械功。

(1) 估计这个热机在 $V_2 = 3V_1$、$P_2 = 2P_1$ 时的效率。

(2) 计算在同样的两个极限温度下工作的"理想"热机的效率。

**习题 4.2** 某个电厂的发电功率为 1 GW（$10^9$ W），其蒸汽轮机在 500 ℃ 下工作，废热被排出到 20 ℃ 的环境中。

(1) 这个电厂的最大可能效率是多少？

(2) 假设你发明了一种用于管道和涡轮的新型材料，可以使得蒸气的最大温度提高到 600 ℃；装上你的零件的电厂每年大概可以多赚多少钱？假设额外的电力售价为每千瓦时 5 美分（且电厂燃料消耗和之前一样）。

**习题 4.3** 某个电厂的发电功率为 1 GW，其效率为 40%（现代火力发电厂的典型效率）。

(1) 这个电厂排出废热的功率是多少？

(2) 假设这个电厂的低温热库是一个流量为 100 $\text{m}^3/\text{s}$ 的河，这条河的温度会上升多少？

(3) 为了避免对河流"热污染"，电厂可以用蒸发河水来散热。（这比直接加热河水贵得多，但在某些地区从环境角度来看更可取。）水蒸发的速度是多少？河水有多少比例被蒸发了？

**习题 4.4** 有人曾提出利用海洋的热梯度来驱动热机。假设某处海水的表面温度为 22 ℃ 而底部温度为 4 ℃。

(1) 工作在这两个温度下的热机的最大可能效率为多少？

(2) 如果想要这个热机产生 1 GW 的电功率，最小需要每秒处理多少体积的海水（来提取其热量）？

### 4.1.1 卡诺循环

现在让我来解释一下，在给定了 $T_c$ 和 $T_h$ 后，如何制造确实可以达到最高可能效率的热机。

每一个热机都有一种负责吸收热量、排出废热和做功的物质，我们管这个物质叫作"工作介质"。很多热机的工作介质都是气体。想象一下，我们首先让气体从高温热库吸收一些热 $Q_h$，在这个过程中，热库的熵减少了 $Q_h/T_h$，气体的熵增加了 $Q_h/T_{气体}$；为了避免产生任何新的熵，我们需要 $T_{气体} = T_h$。这其实不太可能——因为两个物体温度一样的话热根本不会流动，所以我们需要 $T_{气体}$ 比 $T_h$ 小一丁点，并且让气体在吸收热时保持这个温度（让气体自己膨胀）。循环的这一步就要求气体等温膨胀。

同理，在气体向低温热库排放废热的阶段，为了避免产生多余的熵，我们希望它的温度只比 $T_c$ 高一个无穷小量，并且当热量离开气体的时候，我们需要等温地压缩它来保持温度不变。

现在我们有了温度只比 $T_h$ 小一点的等温膨胀和温度只比 $T_c$ 大一点的等温压缩，剩下的就是如何使得气体从一个温度到达另一个温度并回去了。我们不希望气体在这些中间温度的时候有任何热量流入流出，因此，这些中间过程就一定是绝热的。这整个循环包括四步，见图 4.2 和图 4.3。这四步分别为：$T_h$ 下的等温膨胀、从 $T_h$ 到 $T_c$ 的绝热膨胀、$T_c$ 下的等温压缩、从 $T_c$ 回到 $T_h$ 的绝热压缩。卡诺（Sadi Carnot）于 1824 年首次指出了这一循环的理论重要性，因此这个循环现在称作**卡诺循环**（Carnot cycle）。

利用第 1.5 节的等温和绝热过程的公式，就可以直接证明使用理想气体的卡诺循环实现了最高可能效率 $1 - T_c/T_h$。但是对于已经理解了熵和热力学第二定律的我们，这个证明不是必须的——尽管它会是一个很有意思的练习（见习题 4.5）。我们现在已经知道这个过程中没有新的熵产生，式(4.4)的等号就一定会取到，也就是式(4.5)所允许的最高效率了。即使气体不理想，甚至工作介质不是气体时，这个结论都会成立。

尽管卡诺循环非常高效，但是它太不切实际了。等温步骤中的热量流动十分缓慢，甚至需要无穷的时间，这种热机才能对外输出非无穷小量的功。所以，不要想着往你的车里装一个卡诺热机了：虽然它确实减少了你的耗油量，但是步行恐怕都比你的车快得多。

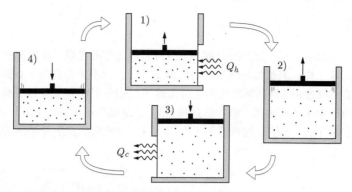

**图 4.2** 卡诺循环的四个步骤：(1)$T_h$ 下等温膨胀的同时吸收热量，(2) 绝热膨胀到 $T_c$，(3)$T_c$ 下等温压缩的同时排出废热，(4) 绝热压缩回到 $T_h$。在 (1) 步时，该系统必须与高温热库保持热接触，而在 (3) 步时与低温热库保持热接触。

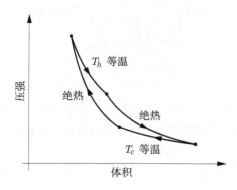

**图 4.3** 单原子分子理想气体的卡诺循环的 $P$-$V$ 图。

**习题 4.5** （通过计算吸收和排出的热）证明利用理想气体作为工作介质的卡诺热机效率为 $1 - T_c/T_h$。

**习题 4.6** 为了让卡诺热机的功率不再是无穷小量，我们必须要使得其工作介质的温度低于高温热库并高于低温热库的量不是一个无穷小量。考虑一个卡诺循环，其工作介质在吸收高温热库的热时温度为 $T_{hw}$、在向低温热库放出热时温度为 $T_{cw}$。在大多数情况下热传导速率正比于温度差：

$$\frac{Q_h}{\Delta t} = K(T_h - T_{hw}) \quad \text{和} \quad \frac{Q_c}{\Delta t} = K(T_{cw} - T_c)$$

简单起见，我假设两个过程的正比系数 $K$ 一样。让我们再假设两个过程的时间一样，也即二者的 $\Delta t$ 一样。[1]

(1) 假设除了这两个热传导过程外没有别的熵被创造出来，推导这四个温度 $T_h$、$T_c$、$T_{hw}$ 和 $T_{cw}$ 之间的关系。

(2) 假设两个绝热过程所花费的时间可以被忽略，写出这个热机输出功率（每单位时间的功）的表达式。利用热力学第一和第二定律把这个功率写成关于四个温度（以及常数 $K$）的表达式，然后利用上一问中的关系消掉 $T_{cw}$。

(3) 当建造一个热机的花费比燃料多得多的时候（一般是这样的），通常把热机设计为输出功率最大而非效率最高。证明对于固定的 $T_h$ 和 $T_c$，上一问中得到的功率最大值在 $T_{hw} = \frac{1}{2}(T_h + \sqrt{T_h T_c})$ 处出现。（提示：你需要解二次方程。）求出对应的 $T_{cw}$ 的表达式。

(4) 证明该热机的效率为 $1 - \sqrt{T_c/T_h}$。根据典型的燃煤蒸汽轮机的数据 $T_h = 600\,^\circ\mathrm{C}$、$T_c = 25\,^\circ\mathrm{C}$ 计算这个效率，并与理想卡诺热机的效率比较。哪个更接近现实情况下燃煤电厂约 40% 的效率？

---

[1]想要得出 (4) 中的效率，这两个假设都不是必须的。详见本习题的参考文献：F. L. Curzon and B. Ahlborn, "Efficiency of a Carnot engine at maximum power output", *American Journal of Physics* **41**, 22–24 (1975)。

## 4.2 制冷机

**制冷机**（refrigerator）只不过是一个或多或少反方向工作的热机。在实际中，制冷机可能以一种完全不同的方式工作，但是如果你只关心它做了什么，而不关心它是怎么做的话，你可以直接把图 4.1 中的箭头反过来，得到制冷机的能量流动图，见图 4.4。再一次地，所有的符号都表示正的量。从低温热库中（冰箱内部）吸收的热量是 $Q_c$，从墙壁电源插头处获取的电能为 $W$，释放到厨房中的废热是 $Q_h$。当然，这也适用于空调，只不过此时低温热库是房子内部，而高温热库是房子外部。[1]

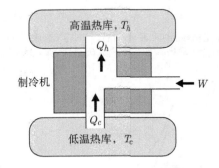

**图 4.4** 冰箱或空调的能量流动图。对于一个厨房冰箱来说，它的内部是低温热库，外部环境是高温热库，由电力驱动的压缩机对系统做功。

我们如何定义制冷机的"效率"呢？同样地，与这个量有关的数字是产出/消耗比，但是此时产出是 $Q_c$ 而消耗是 $W$。为了避免与式(4.1)混淆，我们把该比值叫作**性能系数**（coefficient of performance）：

$$\mathrm{COP} = \frac{\text{产出}}{\text{消耗}} = \frac{Q_c}{W} \tag{4.6}$$

类似热机，我们也可以使用热力学第一定律和第二定律推导出用 $T_h$ 和 $T_c$ 表示的 COP 的极限。热力学第一定律告诉我们 $Q_h = Q_c + W$，因此

$$\mathrm{COP} = \frac{Q_c}{Q_h - Q_c} = \frac{1}{Q_h/Q_c - 1} \tag{4.7}$$

注意到这个量并没有明显的上限，热力学第一定律允许它大于 1。

同时，热力学第二定律要求转移到高温热库的熵一定要不能比从低温热库吸收的少。我们有

$$\frac{Q_h}{T_h} \geqslant \frac{Q_c}{T_c} \quad \text{或} \quad \frac{Q_h}{Q_c} \geqslant \frac{T_h}{T_c} \tag{4.8}$$

（因为熵的流动方向刚好相反，这个关系刚好与式(4.4)相反。）代入式(4.7)有

$$\mathrm{COP} \leqslant \frac{1}{T_h/T_c - 1} = \frac{T_c}{T_h - T_c} \tag{4.9}$$

对于一个典型的厨房冰箱（带有冷冻柜），$T_h$ 可能为 $298\,\mathrm{K}$，$T_c$ 可能为 $255\,\mathrm{K}$，此时 COP 最高可达 5.9。换句话说，从墙壁每获取 1 J 的电能，制冷剂最多可以从冰箱/冷冻柜内部吸收 5.9 J 的热量，在这个理想情况下，它会向厨房释放 6.9 J 的废热。从公式可以看出，当 $T_h$ 和 $T_c$ 差别不大时，COP 最大。因此一个可以把物体降温到液氦温度（4 K）的制冷机的效率是非常小的。

---

[1] 空调通常都有一个风扇，把室内的空气加速流动来加快热的流动。不要把空气（从来没有离开你的室内，也就是低温热库）和热（即使没有风扇也可以向外界传递，只不过会慢一点）混淆。

为了制造一个拥有可能最大 COP 的理想制冷机，我们可以再一次地使用卡诺循环，只不过这一次要反过来。为了让热量以相反的方向流动，当热量被排出时候，工作介质必须稍稍热于 $T_h$；当吸热时，它必须要稍稍冷于 $T_c$。和之前一样，因为热量的流动太慢，在实际情况下它的表现十分糟糕。在第 4.4 节中，我将会描述一个在实际操作中使用的制冷机。

从历史上看，在热力学第二定律的形成并认识到把熵作为一个有意义物理量的过程中，热机和制冷机起了至关重要的作用。早期从经验中得出的热力学第二定律较为繁琐，包括所有的热机都必须产生一些废热、所有的制冷机都需要一些额外的功这样的说法。卡诺和其他人提出了巧妙的论据来展示如果制造的热机或制冷机效率超过了卡诺循环的话，必将违反热力学第二定律（见习题 4.16 和习题 4.17）。卡诺还认识到，对于理想热机，必须有一个与热相关的量从高温热库流入并从低温热库流出，且二者相等。但在卡诺 1824 年的回忆录中，他并没有仔细区分这个量和我们现在称之为"热"的量。在那个年代，热和其他形式能量之间的关系还存在争议。由于科学家还没有采用从绝对零度开始的温度定义，简单的 $Q/T$ 的公式并没有被当时的人所发现。直到 1865 年，在这些其他的问题得到彻底解决之后，克劳修斯（Rudolf Clausius）让当时的科学界重新关注卡诺的量，并将其置于坚实的数学基础之上。他基于希腊语，类比"能量"（energy）这个词，创造了"熵"（entropy）一词，它在希腊语的意思是"转变"。克劳修斯没有解释熵究竟是什么，之后，玻尔兹曼（Ludwig Boltzmann）在接下来的几年中接受了这个问题，并最终于 1877 年将其解决。

**习题 4.7** 为什么要在建筑物的窗户上而不是房间中间放置空调？[1]

**习题 4.8** 你能够通过开着冰箱门而冷却厨房吗？为什么？

**习题 4.9** 估计家用空调可能的最大 COP。注意恰当地估计房间内外的温度。

**习题 4.10** 假设热流入你的厨房冰箱的平均功率是 300 W，在理想假设下，你的冰箱需要每秒从插座获取多少电能？

**习题 4.11** 工作在 1 K 高温热库和 0.01 K 低温热库下的循环制冷机可能的最大 COP 是多少？

**习题 4.12** 解释为什么理想气体按照习题 1.34 和习题 4.1 中讨论过的矩形 $P$-$V$ 进行循环不能（反过来）用作一个制冷机。

**习题 4.13** 在炎热夏季的许多情况下，热量流入空调房的速率正比于房间内外的温度差 $T_h - T_c$。（如果热完全是由热传导流入的话，这就是正确的。阳光直射的辐射是一个例外。）证明此时空调的电费大致正比于温度差的平方。讨论这个结论的含义，并举出几个数值例子。

**习题 4.14 热泵**（heat pump）是一个通过把寒冷外部的热量泵到室内来取暖的电器。换句话说，它就是一种制冷机，只不过目的是加热高温热库而非冷却低温热库（尽管它也干了这件事）。我们定义以下的符号，方便起见，它们都是正数：

$$
\begin{aligned}
T_h &= \text{室内温度} \\
T_c &= \text{室外温度} \\
Q_h &= \text{一天中泵入室内的热量} \\
Q_c &= \text{一天中从室外吸取的热量} \\
W &= \text{一天中热泵消耗的电能}
\end{aligned}
$$

(1) 解释为什么热泵的 COP 应该定义为 $Q_h/W$。

(2) 从能量守恒定律，我们可以得到 $Q_h$、$Q_c$ 和 $W$ 的什么关系？该定律会阻止 COP 大于 1 吗？

(3) 利用热力学第二定律推导 COP 的上限，仅用 $T_h$、$T_c$ 表示该上限。

(4) 解释为什么热泵比单纯将电能转换为热的电炉好。（要包括一些数值估计。）

---

[1]这里指的是"window air conditioner"，一种一体式空调，而非国内更常见的分体式空调。——译者注

**习题 4.15** 吸收式制冷机（absorption refrigerator）是一种由气体火焰而非功供能的制冷机。（这种制冷机通常用丙烷做燃料，多用于没有电能的区域。[1]）我们定义以下的符号，方便起见，它们都是正数：

$$
\begin{aligned}
Q_f &= \quad \text{火焰输入的热量} \\
Q_c &= \quad \text{从制冷机内部吸取的热量} \\
Q_r &= \quad \text{排放到室内的废热} \\
T_f &= \quad \text{火焰温度} \\
T_c &= \quad \text{制冷机内部温度} \\
T_r &= \quad \text{室内温度}
\end{aligned}
$$

(1) 解释为什么吸收式制冷机的 COP 应该定义为 $Q_c/Q_f$。

(2) 从能量守恒定律，我们可以得到 $Q_f$、$Q_c$ 和 $Q_r$ 的什么关系？该定律会阻止 COP 大于 1 吗？

(3) 利用热力学第二定律推导 COP 的上限，仅用 $T_f$、$T_c$ 和 $T_r$ 表示该上限。

**习题 4.16** 证明假如你有一个效率比理想值（式(4.5)）更高的热机，你就可以把它和一个卡诺制冷机放到一起从而使整个制冷机无须外部功输入。

**习题 4.17** 证明假如你有一个 COP 比理想值（式(4.9)）更高的制冷机，你就可以把它和一个卡诺热机放到一起从而使整个热机不产生废热。

## 4.3　真实的热机

在前两节中，我们讨论了可以达到理论效率极限的理想热机和制冷机。这些理论极限非常有用，它们告诉了我们大致上一个热机或制冷机的效率是如何随着它的工作温度变化的。这些极限也可以作为判断真实的热机或制冷机的效率的基准。例如，若你有一个在 $T_c = 300\,\mathrm{K}$ 和 $T_h = 600\,\mathrm{K}$ 下工作的效率为 45% 的热机，你就会知道再去尝试改进这个热机的设计没太大意义了——因为可能的最高效率也才是 50%。

你或许也会想要知道真实的热机或制冷机是如何制造的。这是一个浩大的课题，但是在这一节和下一节中我将尝试介绍几个真实的热机和制冷机的例子，来填补前两节中过于抽象所造成的空白。

### 4.3.1　内燃机

让我们从绝大多数汽车中使用的汽油发动机开始吧。它的工作介质是气体，循环的一开始气体是由空气和蒸发的汽油混合而成的；这个混合物先被注入到一个圆柱体中，并被活塞绝热压缩；接着，一个火花塞点燃了这个气体，使得它的温度和压强升高，但体积保持不变；马上，这个高压气体绝热膨胀，推动着活塞向外移动并做机械功；最后，这个较热的废气被排出，替换为新的低温低压的混合气体。整个循环见图 4.5，在图中，我把排出/替换气体的步骤当成简单的因为热被排出引起的压强降低；但事实上，活塞会推动着旧的气体通过一个阀门排出，同时拉着新的混合物从另一个阀门进入，这个过程排出了热并且没有做功。这个循环以德国发明家 Nikolaus August Otto 的名字命名为**奥图循环**（Otto cycle）。

值得注意的是，没有所谓的"高温热库"连接到这个热机上，相反，热能是通过内部的燃料燃烧产生的；这个燃烧的结果就是气体到达了高温高压状态，就如同它从外部吸收了热一样。

---

[1]有关吸收式制冷机实际工作原理的解释，请参见工程热力学教科书，如 Moran and Shapiro (1995) [21]。

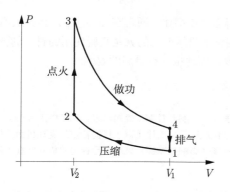

**图 4.5** 汽油机的近似——理想的奥图循环。真实的奥图热机的压缩比 $V_1/V_2$ 比图中显示的大得多，通常是 8 或 10。

汽油机的效率就是它在循环中所做的净功和点火的步骤中吸收的"热"的比。若假设气体是理想的，将这些量用温度和体积表示出来并不困难（见习题 4.18）。效率的结果十分简单：

$$e = 1 - \left(\frac{V_2}{V_1}\right)^{\gamma-1} \tag{4.10}$$

式中，$V_1/V_2$ 称作**压缩比**（compression ratio）；$\gamma$ 是在第 1.5 节中提到的绝热指数。空气的 $\gamma = 7/5$，常见的压缩比是 8，因此理论的效率应该是 $1 - (1/8)^{2/5} = 0.56$。这还挺不错，但是不如在同样极限温度下工作的卡诺热机有效。为了比较这两者，我们回忆绝热过程，其中 $TV^{\gamma-1}$ 保持不变，就可以消去式(4.10)中的体积项，用每个绝热过程结束后的温度来表示：

$$e = 1 - \frac{T_1}{T_2} = 1 - \frac{T_4}{T_3} \tag{4.11}$$

这两个温度的比例都比出现在卡诺热机效率公式中的极限温度比 $T_1/T_3$ 大，因此奥图热机比卡诺热机低效。（在实际中，真实的汽油机由于摩擦、向外部传热和燃料的不完全燃烧，只会比这更低效。现代的汽车发动机效率通常只有20％～30％。）

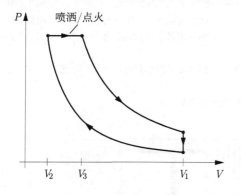

**图 4.6** 柴油机循环的 $P\text{-}V$ 图。

显然，我们可以通过增加压缩比来提高汽油机的效率。但是很遗憾，如果燃料的混合物变得太热，它会在压缩过程结束前"自燃"，使得压强在到达图 4.5 中的点 2 之前暴增。在**柴油发动机**（diesel engine）中，我们只压缩空气到达燃料燃点，然后向圆柱体中喷洒燃料，从而解决这个提前点火的问题。这个喷洒/点火过程是在活塞刚刚开始向外移动时完成的，此时，活塞的移动速度大致使气体保持恒压。理想的柴油机循环见图 4.6。我们可以推导出一个较为复杂的利用压缩比 $V_1/V_2$ 和**停气比**（cutoff ratio）$V_3/V_2$ 表示的柴油机的效率。对于给定的压缩比，柴油机的效率是比奥图循环要低的，但是它通常具有高得多的压缩比（通常在 20 左右），因此具有更高的效率（实际中高达 40%）。据我所知，唯一限制柴油机压缩比的就是它所使用的材料的强度和熔点。在现实中，陶瓷柴油机可以承受更高的温度，因此也具有更高的效率。

**习题 4.18** 推导奥图循环的效率公式(4.10)。

**习题 4.19** 汽车发动机每个冲程所做的功由喷射到气缸中的燃料量控制：燃料越多，循环中点 3 和点 4 的温度和压强就越高。但是根据式(4.10)，循环的效率仅取决于压缩比（对于任何特定的发动机而言始终相同），而不取决于消耗的燃料量。如果考虑到各种其他影响如摩擦，该结论是否仍然成立？真正的引擎在高功率还是低功率下运行时效率最高？为什么？

**习题 4.20** 推导柴油机循环的效率，用压缩比 $V_1/V_2$ 和停气比 $V_3/V_2$ 表示。证明在给定的压缩比下，柴油机循环比奥图循环更低效。计算压缩比为 18、停气比为 2 的柴油机的理论效率。

**习题 4.21** 精巧的**斯特林发动机**（Stirling engine）是真正吸收外部热源热量的热机。其工作介质可以是空气或任何其他气体。发动机由两个带活塞的气缸组成，二者都与对应的热库热接触（见图 4.7）。活塞连接到曲轴的方式非常复杂，因此我们忽略这些工程师考虑的机械部分。在两个气缸之间是气体流经**回热器**（regenerator）的通道。回热器通常是由金属丝网制成的临时热库，其温度从热侧到冷侧逐渐变化。回热器的热容非常大，因此流过的气体对其温度的影响很小。（理想的）斯特林循环的四个步骤如下：

i.  动力冲程。在温度为 $T_h$ 的热缸中时，气体吸收热量并等温膨胀，将热活塞向外推。如图所示，冷缸中的活塞一直保持静止，处于最内部。
ii. 转移至冷缸。热活塞内移，而冷活塞外移，以恒定的体积将气体传输到冷缸。途中，气体流过回热器，将热量释放而冷却至 $T_c$。
iii. 压缩冲程。当气体将热量释放到低温热库时，冷活塞向内移动，将气体等温压缩使其回到原始体积。热活塞始终保持静止。
iv. 转移至热缸。冷活塞向内移动到底，同时热活塞外移，将气体以恒定的体积传输回热缸。途中，气体流过回热器，吸收热量而加热至 $T_h$。

(1) 画出该理想斯特林循环的 $P\text{-}V$ 图。
(2) 暂时不要使用回热器。然后，在第二步中，气体将热量释放到低温热库而非回热器；在第四步中，气体将从高温热库吸收热量。假设气体是理想的，在这种情况下，计算该热机的效率，用温度比 $T_c/T_h$ 和压缩比（最大和最小体积之比）表示。证明该效率低于在相同温度下工作的卡诺热机的效率。给出一个数值例子。
(3) 现在把回热器放回去，证明假如回热器是理想的，斯特林发动机的效率与在相同温度下工作的卡诺热机的效率一样。
(4) 仔细地讨论斯特林发动机与其他热机相比有哪些优势和劣势。

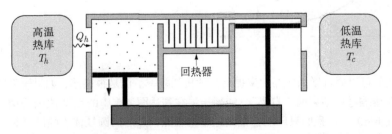

**图 4.7** 在动力冲程的斯特林发动机的示意图，此时，热活塞向外移动而冷活塞处于静止。（简单起见，未显示两个活塞之间的连接。）

### 4.3.2 蒸汽机

**蒸汽机**（steam engine）是和内燃机相差甚大的一种热机，在 19 世纪，蒸汽机的身影无处不在，时至今日，它还在大型电厂中为我们发电。蒸气通过推动活塞或者涡轮来做功，热由化石燃料的燃烧或铀的裂变产生。图 4.8 显示了这个循环——**朗肯循环**（Rankine cycle）——的示意图以及对应的理想情况下的 $P$-$V$ 图。从点 1 开始，水被泵入高压点 2 然后流入锅炉，之后在恒定压强下加热；在点 3 处，蒸气撞击涡轮同时绝热膨胀、冷却并回到最一开始的低压（点 4）；最后，部分冷凝的流体（水 + 蒸气）流入"冷凝器"（一系列管道组成的网络，通过与低温热库良好的热接触给流体散热）进一步放热液化。

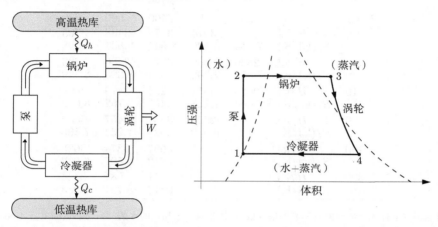

**图 4.8** 蒸汽机的示意图和对应的**朗肯循环**的 $P$-$V$ 图（未按比例绘制）。虚线标识出了流体什么时候是液态水，什么时候是蒸气，什么时候是二者的混合。

蒸汽机的工作介质毫无疑问并非理想气体——它会在循环中冷凝到液态。由于这种过程较为复杂，我们不可能从 $P$-$V$ 图中直接算出它的效率。但是，若你知道每个点的压强和在点 3 处的温度，你可以参考"蒸气表"来获取计算效率所需的数据。

回忆第 1.6 节中我们讲到，一个物质的**焓**（enthalpy）定义为 $H = U + PV$，即能量加上在等压环境中给这个物质留出空间所需的功。因此，焓的变化就是等压条件（假设没有"其他"的功）下的吸热。在朗肯循环中，水是在锅炉中的等压条件下吸热、在冷凝器的等压条件下放热的，因此，我们可以将效率写为

$$e = 1 - \frac{Q_c}{Q_h} = 1 - \frac{H_4 - H_1}{H_3 - H_2} \approx 1 - \frac{H_4 - H_1}{H_3 - H_1} \qquad (4.12)$$

最后的近似 $H_2 \approx H_1$ 其实非常好——因为泵只给水增加了很少的能量，同时液体的 $PV$ 项比气体小得多。

我们通常使用两个表格来查询需要的 $H$ 值。其一（见表 4.1）是"饱和"水蒸气的数据，适用于图 4.8 中两个虚线之间的任意点，这段线上温度与压强一一对应。这个表列出了沸点上纯水和纯蒸气的焓和熵；至于水和蒸气的混合物，则需根据各自的质量加权求和。[1]

---

[1] 饱和水蒸气是指当液态水在有限的密闭空间中蒸发及其逆过程（蒸气在其中凝结）处于动态平衡时的蒸气部分（它所占的分压称为平衡蒸气压）。由于水的比热不同，饱和时水和蒸气的比例也不同（但是饱和蒸气压保持不变），所以需要根据各自的质量占比乘以焓/熵相加来得到混合物的焓/熵。蒸发吸热 $H_{蒸气} - H_水$ 在表 4.1 的数据范围内均大于 0，但越接近 374 °C，蒸发吸热会逐渐减小，最后为 0，也就是不需要付出能量就可以由气体转化为液体，这就是水的**临界点**（critical point），见图 5.11。事实上，本节接下来的数据来自超临界机组，此时水会立刻变成蒸气，不形成气泡；而示意图 4.8 中点 2 到点 3 经过了水 + 蒸气的状态。——译者注

| $T/{}^\circ\text{C}$ | $P/\text{bar}$ | $H_\text{水}/\text{kJ}$ | $H_\text{蒸气}/\text{kJ}$ | $S_\text{水}/(\text{kJ/K})$ | $S_\text{蒸气}/(\text{kJ/K})$ |
|---|---|---|---|---|---|
| 0 | 0.006 | 0 | 2501 | 0 | 9.156 |
| 10 | 0.012 | 42 | 2520 | 0.151 | 8.901 |
| 20 | 0.023 | 84 | 2538 | 0.297 | 8.667 |
| 30 | 0.042 | 126 | 2556 | 0.437 | 8.453 |
| 50 | 0.123 | 209 | 2592 | 0.704 | 8.076 |
| 100 | 1.013 | 419 | 2676 | 1.307 | 7.355 |

**表 4.1** 饱和水蒸气的性质。压强的单位为 bar，$1\,\text{bar} = 10^5\,\text{Pa} \approx 1\,\text{atm}$。所有的焓和熵都是 $1\,\text{kg}$ 流体相对于三相点（$0.01\,{}^\circ\text{C}$、$0.006\,\text{bar}$）的水的测量值。数据来自 Keenan et al. (1978) [57]。

| $P/\text{bar}$ | | $T/{}^\circ\text{C}$ 200 | 300 | 400 | 500 | 600 |
|---|---|---|---|---|---|---|
| 1.0 | $H/\text{kJ}$ | 2875 | 3074 | 3278 | 3488 | 3705 |
|  | $S/(\text{kJ/K})$ | 7.834 | 8.126 | 8.544 | 8.834 | 9.098 |
| 3.0 | $H/\text{kJ}$ | 2866 | 3069 | 3275 | 3486 | 3703 |
|  | $S/(\text{kJ/K})$ | 7.312 | 7.702 | 8.033 | 8.325 | 8.589 |
| 10 | $H/\text{kJ}$ | 2828 | 3051 | 3264 | 3479 | 3698 |
|  | $S/(\text{kJ/K})$ | 6.694 | 7.123 | 7.465 | 7.762 | 8.029 |
| 30 | $H/\text{kJ}$ |  | 2994 | 3231 | 3457 | 3682 |
|  | $S/(\text{kJ/K})$ |  | 6.539 | 6.921 | 7.234 | 7.509 |
| 100 | $H/\text{kJ}$ |  |  | 3097 | 3374 | 3625 |
|  | $S/(\text{kJ/K})$ |  |  | 6.212 | 6.597 | 6.903 |
| 300 | $H/\text{kJ}$ |  |  | 2151 | 3081 | 3444 |
|  | $S/(\text{kJ/K})$ |  |  | 4.473 | 5.791 | 6.233 |

**表 4.2** 过热蒸气的性质。所有的焓和熵都是 $1\,\text{kg}$ 流体相对于三相点的水的测量值。数据来自 Keenan et al. (1978) [57]。

我们还需要另外一个有关"过热"蒸气的表格（见表 4.2），它对应着图 4.8 中 $P\text{-}V$ 图最右边温度和压强需要同时指定的情况。同样地，这个表格列出了每一点的焓和熵。[1]

为了计算朗肯循环的效率，我们需要点 1、3 和 4 处的焓。点 1 的焓可以通过查表 4.1 得到，点 3 的焓可以在表 4.2 中找到。至于点 4 的焓，我们可以利用在涡轮中蒸气是绝热膨胀（$Q = 0$）的近似，得出理想情况下其熵并未变化的结论；我们可以在表 4.2 中查到点 3 的熵，然后从表 4.1 中计算出什么比例的水和蒸气混合物的熵同低压下的一样。

例如，我们假设这个循环最低的压强是 $0.023\,\text{bar}$（此时水的沸点是 $20\,{}^\circ\text{C}$），最大压强是 $300\,\text{bar}$，此时过热蒸气最高的温度为 $600\,{}^\circ\text{C}$。因此，每千克的饱和水蒸气在点 1 处 $H_1 = 84\,\text{kJ}$，每千克的过热蒸气在点 3 处 $H_3 = 3444\,\text{kJ}$、$S_3 = 6.233\,\text{kJ/K}$；因此在点 4 处，为了保持熵不变，混合物应该有 29% 的水和 71% 的蒸气，它的焓是 $H_4 = 1824\,\text{kJ}$。故，这个循环的效率大约是

$$e \approx 1 - \frac{1824 - 84}{3444 - 84} = 48\% \tag{4.13}$$

我们来对比一下，理想卡诺热机在相同的温度范围下工作的效率是 66%。我们使用的数据是现代化石燃料电厂的典型数据，由于我忽略的各种复杂问题，这些电厂的效率实际上有 40% 左右；核电厂由于安全问题，工作温度更低，因此效率只有 34% 左右。

**习题 4.22** 某小型蒸汽机的运行温度范围是 $20\sim300\,{}^\circ\text{C}$，最大蒸气压强为 $10\,\text{bar}$。使用这些参数计算朗肯循环的效率。

---

[1] 过热蒸汽是超过当前压强下水的沸点的蒸气。——译者注

**习题 4.23** 根据正文中使用的参数，利用焓的定义计算朗肯循环的点 1 和点 2 之间的焓变。使用校正后的 $H_2$ 值重新计算效率，并讨论近似 $H_2 \approx H_1$ 的精度。

**习题 4.24** 对下列三种情形分别计算朗肯循环的效率，并对结果进行简短讨论。将最高温度降低至 500 ℃、将最大压强降至 100 bar、将最低温度降低到 10 ℃。

**习题 4.25** 在真实的涡轮中，蒸气的熵会在一定程度上增加。这个效应会如何影响循环中点 4 处的液气比例？它会影响效率吗？

**习题 4.26** 考虑一个使用和正文中相似参数的燃煤发电厂，发电功率为 1 GW（ $10^9$ W），估计每秒通过涡轮的蒸气质量（用千克表示）。

**习题 4.27** 表 4.1 中的水的熵为何随着温度增加而增加？但蒸气的熵为何却随之减少？

**习题 4.28** 假如你的狗把印有表 4.1 中熵数据的纸吃掉了，只剩下了焓的部分。解释你该如何重建这个表格。用你的方法检查一下表中几行数据的一致性。如果表 4.2 也缺失了一部分，你能重建多少？为什么？

## 4.4　真实的制冷机

传统的冰箱和空调的工作方式和刚刚讨论过的朗肯循环几乎完全相反。工作介质依然在气体和液体之间往复转换，但是此时液体必须有一个低得多的沸点。

许多种液体已经被用作制冷剂，包括二氧化碳（需要更高的压强）和氨（尽管它有毒性，但依然在工业中广泛应用）。大约在 1930 年，通用汽车（General Motors）和杜邦（DuPont）发明制造了第一种无毒的制冷剂——氯氟烃（chlorofluorocarbon，CFC），并且给予它氟利昂（Freon）的商品名。在这些氯氟烃中，大家最熟悉的是氟利昂-12（$CCl_2F_2$），它被广泛用在家用冰箱和汽车空调中。但是我们现在意识到，逃离到大气中的氯氟烃会造成臭氧层的分解。破坏力最大的氯氟烃因此被替代为了没有氯的化合物。通常使用氢氟烃（hydrofluorocarbon，$F_3C_2FH_2$）来替代氟利昂-12，它也有一个较为好记的名字 $R134a$（英文别名 HFC-134a，全名 1,1,1,2-四氟乙烷）。

图 4.9 展示了标准制冷循环的示意图和 $P$-$V$ 图。流体从点 1 开始（此时是气体）被绝热压缩，压强和温度同时升高；之后在冷凝器（由许多管道组成，与高温热库热接触）中放热并且逐渐液化；之后液体通过"节流阀"（狭窄的开口或多孔塞）到达另一侧，压强和温度都大幅下降；最终它吸收低温热库的热量，在蒸发器（由许多管道组成，与低温热库热接触）中重新变为气体。

使用制冷剂在循环中不同点的焓可以很轻松地表达出标准制冷机的 COP。因为在蒸发器中的压强是恒定的，在这个过程中吸收的热量就是焓的改变，即 $Q_c = H_1 - H_4$。类似地，在冷凝器中，释放的热为 $Q_h = H_2 - H_3$。因此 COP 为

$$\mathrm{COP} = \frac{Q_c}{Q_h - Q_c} = \frac{H_1 - H_4}{H_2 - H_3 - H_1 + H_4} \tag{4.14}$$

点 1 和 3 处的焓可以查表得到，对于点 2 我们可以假设在压缩过程中焓是常数，因此也可以查表得到。至于点 4，我们必须对节流阀有更深的了解。

### 4.4.1　节流过程

**节流**（throttling）过程也称作**焦耳-汤姆孙过程**（Joule-Thomson process），见图 4.10。我假设流体在流经塞子时有一个活塞施加 $P_i$ 的压强，同时第二个活塞向前移动施加 $P_f$ 的压强。对

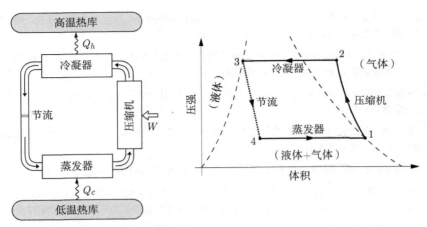

**图 4.9** 标准制冷循环的示意图和 $P$-$V$ 图（未按比例绘制）。虚线表示了制冷剂什么时候是液体、气体或者两者的混合。

于特定的一部分流体，若初始的体积（流入活塞之前）是 $V_i$，最终的体积（在另一侧时）是 $V_f$。由于在这个过程中没有热量流动，流体的能量改变为

$$U_f - U_i = Q + W = 0 + W_左 + W_右 \tag{4.15}$$

式中，$W_左$ 是左侧活塞做的功（正数）；$W_右$ 是右侧活塞做的功（负数）。（实际上是循环另一侧的压缩机在做功，但是这里我们只关心局部发生了什么。）左侧的活塞压缩体积为 $V_i$ 的流体穿过塞子所做的功为 $P_iV_i$；由于右侧的活塞向前运动，因此做的功是负数，为 $-P_fV_f$。因此总的能量改变为

$$U_f - U_i = P_iV_i - P_fV_f \tag{4.16}$$

把所有下标为 $f$ 的项放在左边，所有下标为 $i$ 的项放在右边，我们有

$$U_f + P_fV_f = U_i + P_iV_i \quad 或 \quad H_f = H_i \tag{4.17}$$

也即节流过程是等焓的。

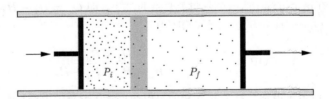

**图 4.10** 流体通过一个多孔的塞子膨胀到一个具有更低压强的区域，称作节流过程。

节流阀的目的是把液体冷却到低于低温热库的温度，进而可以吸收低温热库中的热量。如果制冷剂是理想气体，节流过程是不能工作的，此时

$$H = U + PV = \frac{f}{2}NkT + NkT = \frac{f+2}{2}NkT \quad （理想气体） \tag{4.18}$$

| $P$/bar | $T$/°C | $H_{液体}$/kJ | $H_{气体}$/kJ | $S_{液体}$/(kJ/K) | $S_{气体}$/(kJ/K) |
|---|---|---|---|---|---|
| 1.0 | −26.4 | 16 | 231 | 0.068 | 0.940 |
| 1.4 | −18.8 | 26 | 236 | 0.106 | 0.932 |
| 2.0 | −10.1 | 37 | 241 | 0.148 | 0.925 |
| 4.0 | 8.9 | 62 | 252 | 0.240 | 0.915 |
| 6.0 | 21.6 | 79 | 259 | 0.300 | 0.910 |
| 8.0 | 31.3 | 93 | 264 | 0.346 | 0.907 |
| 10.0 | 39.4 | 105 | 268 | 0.384 | 0.904 |
| 12.0 | 46.3 | 116 | 271 | 0.416 | 0.902 |

**表 4.3** 制冷剂 HFC-134a 饱和时（每个压强下都处于沸点）的性质。所有的焓和熵都是 1kg 流体相对于 −40 °C 饱和流体的测量值。数据来自 Moran and Shapiro (1995) [21]。

也即等焓过程意味着温度不变。但是对于一个稠密的气体或液体，由于分子间存在势能，会导致在总能量 $U$ 中增加了一个势能项

$$H = U_{势能} + U_{动能} + PV \tag{4.19}$$

任意两个分子之间的力在长程时都是吸引的，在短程时是强烈排斥的。对于大多数情况（尽管不是所有），主要作用的是吸引力；此时 $U_{势能}$ 是负数，但是在压强降低，分子距离变大时，会变得不那么负。为了弥补势能的增加，动能会降低，液体就被冷却了。

如果我们在制冷循环中使用 $H_4 = H_3$，COP（式(4.14)）简化为

$$COP = \frac{H_1 - H_3}{H_2 - H_1} \tag{4.20}$$

此时我们只需要查到三个焓的值就可以了。表 4.3 和表 4.4 给出了制冷剂 HFC-134a 的焓和熵的值。

| | | | $T$/°C | |
|---|---|---|---|---|
| $P$/bar | | 40 | 50 | 60 |
| 8.0 | $H$/kJ | 274 | 284 | 295 |
| | $S$/(kJ/K) | 0.937 | 0.971 | 1.003 |
| 10.0 | $H$/kJ | 269 | 280 | 291 |
| | $S$/(kJ/K) | 0.907 | 0.943 | 0.977 |
| 12.0 | $H$/kJ | | 276 | 287 |
| | $S$/(kJ/K) | | 0.916 | 0.953 |

**表 4.4** 制冷剂 HFC-134a 过热时（气态）的性质。所有的焓和熵都是 1kg 流体相对于表 4.3 中相同的参考点测得的。数据来自 Moran and Shapiro (1995) [21]。

**习题 4.29** 液态 HFC-134a 处于其沸点和 12 bar 的压强下，节流到 1 bar 的压强下后其温度为多少？多少比例的液体汽化了？

**习题 4.30** 考虑一个用 HFC-134a 作为制冷剂的家用冰箱，其工作压强在 1 bar 和 10 bar 之间。

(1) 循环的压缩阶段开始于 1 bar 的饱和蒸气，结束时压强为 10 bar。假设该压缩过程熵不变，求出压缩完成后的蒸气的大致温度。（你需要使用表 4.4 的数据加权计算。）

(2) 确定点 1、2、3 和 4 处的焓并算出 COP。将其与工作在同样热库温度下的卡诺制冷机的 COP 比较。该温度范围对于家用冰箱来说合理吗？简要解释。

(3) 节流过程中多少比例的气体蒸发了？

**习题 4.31** 假如把上一道习题中的节流阀换成一个小型涡轮发电机，其中流体绝热膨胀做功来供给压缩机。这会改变冰箱的 COP 吗？如果会的话，改变了多少？为什么真实的冰箱使用节流阀而非涡轮机？

**习题 4.32** 假如你需要设计一个以 HFC-134a 为工作介质的家用空调。你会让它在什么压强范围内工作？为什么？计算你的 COP 并与工作在同样热库温度下的卡诺制冷机的 COP 比较。

### 4.4.2 气体的液化

如果你想把某个物体变得非常冷，通常你需要做的不是把它放在冰箱中，相反，你最好把它放在干冰（在大气压下是 195 K）中，或者把它浸入液氮（77 K）甚至液氦（4.2 K）中。但是首要的问题是，我们该如何将气态的氮气和氦气液化（或对于 $CO_2$ 来说是固化）呢？最常用的方法均包含节流过程。

只需要把二氧化碳恒温压缩到 60 atm，你就可以在室温下液化它。之后，类似上面叙述的制冷循环，将它节流到一个低压环境，它将会冷却并且部分地蒸发。但在压强低于 5.1 atm 时，液态 $CO_2$ 不能存在，相反地，它会凝聚为固体，也就是干冰。所以为了制造干冰，你需要做的是准备一箱液态 $CO_2$，让它通过节流阀，当气体流出时收集在管道附近形成的霜。

液化氮气（或者空气）没那么简单。在室温下压缩，你永远也不会得到气体到液体的突然相变，它只是连续地变得越来越稠密。（这个过程在第 5.3 节中有更详细的描述。）如果开始时的氮气温度是 300 K，压强是 100 atm，将它节流到 1 atm 的环境，气体的确会变冷，但是只是降温到了 280 K。为了得到液体，在这个压强下，开始时的温度必须低于 160 K。如果初始压强更高，初始温度就可以高一点，但是仍必须远低于室温。世界上首次液化氧气和氮气的是 Louis Cailletet，他于 1877 年实现了这个目标，他初始的压强是 300 atm，并且使用了其他较冷的液体对气体进行了提前冷却。一种更方便的方法是直接使用节流过的气体作为输入气体。图 4.11 显示了一个由 William Hampson 和 Carl von Linde 于 1895 年分别独立发明的实现这种功能的装置。节流过的气体被送到一个换热器（heat exchanger）中来将输入（节流装置的）气体冷却，而不是直接将节流过的气体扔掉。当这部分气体再次经过节流装置时，进一步被冷却，最后这个系统逐渐变冷，直到气体开始液化。

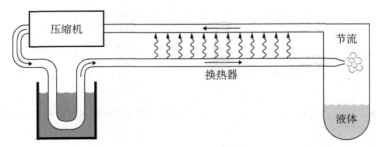

**图 4.11** 用于液化气体的 Hampson-Linde 循环的示意图。压缩过的气体首先冷却（对于氮气和氧气，室温是足够的），然后在流向节流阀的过程中通过换热器。气体经过节流阀后将被冷却，然后返回换热器进一步冷却进入的气体。最终进入的气体变得足够冷以至于再次经过节流阀时会部分液化，此时，新的气体必须在压缩机中进行补充来弥补液化气体的损失。

若我们从室温开始，Hampson-Linde 循环可以用于液化氢气和氦气以外的气体——因为这两个气体在初始温度是室温时，无论初始压强是多少，经过该过程后都会变得更热。这是因为这些分子之间的相互作用非常的弱；在高温时，这些分子移动得太快，吸引力非常小，但是当它们碰撞时，会产生一个巨大的正势能。当膨胀之后，碰撞的频率减少，平均势能减小，所以平均动能反而增加。

为了液化氢气或氦气，首先需要把气体冷却到远低于室温的温度，进而减缓气体分子的速度使得吸引力比排斥力更显著。图 4.12 显示了可以通过节流过程将气体冷却的温度和压强的范围。降温过程刚好可以发生的温度叫作**反转温度**（inversion temperature）；对于氢气，最高的反转温度是 204 K，但是氦气只有 43 K。氢气最早由 James Dewar 于 1898 年使用液化的空气提前冷却后将其液化。1908 年，Heike Kamerlingh Onnes 使用液化的氢气提前冷却氦气，得到了液氦。现在提前冷却氦气的过程不需要使用液氢（甚至有时不必使用液氮），只需要让它绝热膨胀地推动活塞。这个过程在安全性上是巨大的进步，但在机械实现上很困难。这个活塞必须在 8 K 时也可以正常工作，此时传统的润滑油都会结冰；所以，氦气本身被用作润滑剂，但是间隙必须非常小，以防止其大量流失。

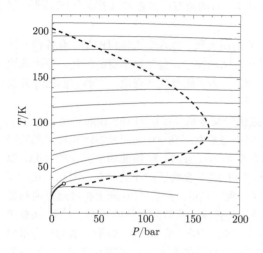

**图 4.12** 氢气的等焓线（水平方向的线近似间隔为 400 J/mol）。虚线表示降温和升温过程的反转界线。节流过程是等焓过程，所以降温过程只会发生在界线的左边，此时焓的曲线具有正的斜率。图像左下角的粗实线是液态和气态的边界。数据来自 Vargaftik (1997) [60] 以及 Woolley et al. (1948) [61]。

**习题 4.33** 表 4.5 给出了氮气在 1 bar 和 100 bar 下摩尔焓的实验值。考虑氮气在两个压强下的节流过程，利用该数据回答下列问题。

(1) 若初始温度为 300 K，最终温度为多少？（提示：你需要对表中数据做加权求和。）

(2) 若初始温度为 200 K，最终温度为多少？

(3) 若初始温度为 100 K，最终温度为多少？最后会有多少比例的氮气液化？

(4) 能够发生液化的最高初始温度是多少？

(5) 若初始温度为 600 K，会发生什么？为什么？

| | | | | | $T/K$ | | | |
| | 77（液体） | 77（气体） | 100 | 200 | 300 | 400 | 500 | 600 |
|---|---|---|---|---|---|---|---|---|
| 1 bar | −3407 | 2161 | 2856 | 5800 | 8717 | 11 635 | 14 573 | 17 554 |
| 100 bar | | | −1946 | 4442 | 8174 | 11 392 | 14 492 | 17 575 |

**表 4.5** 氮气在 1 bar 和 100 bar 时的摩尔焓（单位为焦耳）。数据来自 Lide (1994) [58]。

**习题 4.34** 考虑一个理想的 Hampson-Linde 循环，此时没有热流失到环境中去。

(1) 说明节流阀和换热器的组合是一个等焓装置，所以流体从二者流出后焓不变。

(2) 令 $x$ 代表每次经过循环以后流体液化的比例，证明

$$x = \frac{H_{出} - H_{入}}{H_{出} - H_{液体}}$$

式中，$H_入$ 是每摩尔压缩流体进入换热器时的焓；$H_出$ 是每摩尔低压流体流出换热器时的焓；$H_{液体}$ 是每摩尔液体的焓。

(3) 利用表 4.5 中的数据计算氮气每次经过 Hampson-Linde 循环后液化的比例，其工作压强在 1 bar 和 100 bar 之间，流体的输入温度为 300 K。假设换热器理想，即低压气体流出的温度等于高压气体流入的温度。若流体输入温度为 200 K，这个结果是什么？

### 4.4.3 迈向绝对零度

在大气压下，液氦会在 4.2 K 下沸腾。随着压强的降低，沸点逐渐降低。所以只需要通过泵吸走蒸气降低压强就可以进一步降低液氦的温度，也即液氦可以通过蒸发降温。但是当温度低于 1 K 时，这个过程变得不切实际：即使是很小的热量泄漏，也会显著提高氦气的温度，此时即使使用最好的真空泵，也不能足够快地去除蒸气进行补偿。氦的稀有同位素氦-3 在大气压下沸点仅为 3.2 K，可以通过泵降低压强冷却至约 0.3 K。

但是 1 K 还不够冷吗？为什么还要努力达到更低的温度呢？也许令人惊讶的是，有各种各样的迷人现象仅在毫开尔文、微开尔文，甚至纳开尔文范围内发生，包括氦本身的转化、原子和原子核的磁行为、以及稀薄气体的 "玻色-爱因斯坦凝聚"。为了研究这些现象，实验者们已经开发了一系列令人叹为观止的技术，以达到极低的温度。[1]

要从 1 K 到几 mK，选择的方法通常是使用**氦稀释制冷机**（helium dilution refrigerator），见图 4.13。冷却是通过 "蒸发" 液态 $^3$He 完成的，但不是蒸发到真空中，而是溶解在更常见的同位素 $^4$He 的液体中。小于 1 K 时，这两种同位素几乎是不混溶的，就像油和水。在约 0.1 K 以下时，基本上没有 $^4$He 溶于纯 $^3$He，而少量的 $^3$He（约 6%）会溶于纯净的 $^4$He。因此，在 "混合室" 中，$^3$He 连续溶解（"蒸发"）进入 $^4$He，同时吸收热量。然后 $^3$He 向上扩散通过换热器到 0.7 K 的 "蒸馏室" 中，此处，外界的热量使其蒸发（传统的液体到气体的蒸发）。$^4$He 在整个过程中基本上是惰性的：它在这个温度范围内是一个 "超流体"，它对 $^3$He 原子扩散的阻力可以忽略不计；它的挥发性低于 $^3$He，因此不会在蒸馏室中有显著的蒸发。在蒸馏室蒸发后，气态的 $^3$He 被压缩，再冷却成液体（通过液体 $^4$He 的不接触冷却），最后通过换热器送回到混合室。

达到 mK 温度的另一种方法是使用基于顺磁材料特性的**磁致冷**（magnetic cooling）。回忆第 3.3 节中理想双状态顺磁体的总磁化强度是磁感应强度 $B$ 与温度的比值的函数：

$$M = \mu \left( N_\uparrow - N_\downarrow \right) = N\mu \tanh \left( \frac{\mu B}{kT} \right) \tag{4.21}$$

（对于有两个以上状态的理想顺磁体，这个公式更加复杂但具有相同的定性行为。）对于电子顺磁体，其基本偶极子是电子，在磁场 1 T、温度 1 K 时，$M/(N\mu) = 0.59$，也即大部分偶极子都向上。假设我们系统开始于这个态，之后降低磁感应强度，并且不允许任何热量进入。在这期间，朝上和朝下的状态数不会改变，所以总磁化强度是固定的，因此温度必须与磁感应强度同比例减少。如果 $B$ 减少 1000 倍，那么 $T$ 也如此。

图 4.14 展示了此过程，我在图中画出了两个磁感应强度下系统的熵与温度的关系。对于任何非零场强，$T \to 0$ 时（所有的偶极子都朝上），熵都会变为 0；并且在足够高的温度（偶极子的排列变得随机）时，熵趋向一个非零有限值。场强越高，熵随着温度的增加越缓慢（由于偶极子更倾向于保持与外场对齐）。在磁致冷过程中，首先将样品与恒温 "热库"（如液氦）进行良好

---

[1] 达到 1 K 以下温度方法的总结可以参考 Olli V. Lounasmaa, "Towards the Absolute Zero", *Physics Today* **32**, 32–41 (December, 1979)。对于更多的氦稀释制冷机的描述可以参考 John C. Wheatley, *American Journal of Physics* **36**, 181–210 (1968)。

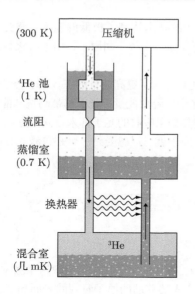

**图 4.13** 氦稀释制冷机示意图。工作介质是 $^3$He（浅灰色），以逆时针方向循环。$^4$He（深灰色）不循环。

热接触。之后增加磁场，由于样品温度不变，熵同时下降。然后，将样品与热库隔绝并降低磁场，这将导致熵恒定而温度下降。这个过程类似于等温压缩理想气体后，它绝热膨胀所造成的冷却。

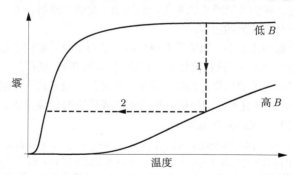

**图 4.14** 两个不同磁感应强度下理想双状态顺磁体的熵与温度的关系（这些曲线使用习题 3.23 中的公式得到）。磁致冷由一个等温的场强增加（虚线 1）和一个绝热的场强减小（虚线 2）的过程组成。

但是为什么我们仅仅降低磁感应强度，而不直接关掉磁场呢？根据式(4.21)，为了保持 $M$ 不变，顺磁体必须要达到绝对零度。你可能会猜到，达到绝对零度并不容易。此时，存在的问题是，在极低的温度下，没有顺磁体是真正理想的：即使外加磁场是 0，基本偶极子之间的相互作用也会等效地产生磁场。根据相互作用的细节，偶极子可以与它们的最近邻平行或反平行。无论哪种方式，它们的熵都几乎降到了零，好像有一个外部磁场一样。为了达到尽可能低的最终温度，制冷用的顺磁材料的相邻偶极子间的相互作用应该非常弱。电子顺磁体可达到的最低温度约为 $1\,\mathrm{mK}$（见习题 4.35）。

在核顺磁体中，偶极子间相互作用要弱得多，因此可以获得更低的温度。唯一的问题是你也需要从一个更低的温度开始，以便有某种自旋数目明显超过另一种。第一次核磁致冷实验产生的温度约为 $1\,\mathrm{\mu K}$，似乎每隔几年就会有人因改善技术进而实现更低的温度。1993 年，Helsinki 大学的研究人员使用铑进行核磁致冷，产生的温度低至 $280\,\mathrm{pK}$，即 $2.8 \times 10^{-10}\,\mathrm{K}$。[1]

[1]Pertti Hakonen and Olli V. Lounasmaa, *Science* **265**, 1821–1825 (23, September, 1994).

与此同时，其他实验者已经使用一种完全不同的技术达到了极低的温度：**激光致冷**（laser cooling）。这里的系统不是液体或固体，而是稀薄气体————一小团原子，由于其极低的密度，它不会凝聚成固体。

想象你用合适频率的激光照射了一个原子，使它进入了更高能量的态。原子会吸收光子获得能量，之后一瞬间，它会自发地发射相同频率的光子以释放能量。光子携带动量和能量，所以每次吸收或发射光子时，原子都会受到反作用力。但是如果吸收的光子都来自同一方向（激光），而发射的光子沿所有方向（见图 4.15），平均而言，原子就可以感受到一个来自激光方向的力。

**图 4.15** 一个不断吸收来自激光光子的原子感受到一个来自激光方向的力，因为吸收的光子只来自一个方向，但是出射的光子沿着各种方向。

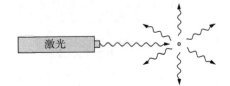

假设我们将激光调到稍低的频率（波长更长）。静止的原子很少会吸收这个频率的光子，所以几乎感受不到力。但是由于多普勒频移，朝向激光器移动的原子看到的光回到了较高的频率，因此它将吸收大量的光子并感受到向后的力阻止其运动。远离激光运动的原子感受到比静止时更小的力，但是如果我们将相同的激光束对准它运动的相反方向，它也会感受到向后的力。如果我们拥有六个方向的激光，我们可以阻止任意方向的运动。将数千或数百万个原子放入该区域，它们将全部减速，因而冷却到很低的温度。

然而，即使在非常低的速度下，如果没有额外的陷俘力使原子朝向中心，原子会很快撞到容器较热的墙壁（或者落到底部）。这种陷俘力可以使用不均匀的磁场产生——磁场可以改变原子的能级，从而令原子吸收光子的趋势与其位置有关。通过组合激光致冷与陷俘力可以很容易地将原子云冷却到大约 1 mK，并且不使用任何麻烦的液氦或传统的低温设备。这种技术最近已经可以达到微开尔文甚至纳开尔文的温度范围。[1]

**习题 4.35** 一个偶极子产生的磁感应强度大约是 $(\mu_0/4\pi)(\mu/r^3)$，式中，$r$ 是与偶极子的距离，$\mu_0$ 是"真空磁化率"，在国际单位制中严格等于 $4\pi \times 10^{-7}$。（在这个公式中，我省略了磁感应强度与角度的关系，因为这个角度的因子最大不过是 2。）考虑一种顺磁体盐，如铁铵明矾，其磁矩 $\mu$ 大致是玻尔磁子（$9 \times 10^{-24}$ J/T），偶极子间距为 1 nm。假设偶极子只通过普通的磁力相互作用。

(1) 估计一个偶极子感受到的来自于相邻偶极子的磁感应强度，这其实就是没有外磁场时的等效场强。

(2) 如果用这种材料做激光致冷实验，初始外场强度为 1 T，当外场被关掉之后其温度会降低多少倍？

(3) 估计在没有外场的情况下，这个材料的熵-温度函数最陡峭时对应的温度。

(4) 如果磁致冷实验的终态温度比你在 (3) 中得到的低很多，此时 $\partial S/\partial T$ 就很小，从而其热容也非常小。解释为什么这个材料达到如此低的温度是不现实的。

**习题 4.36** 激光致冷存在一个较明显的极限温度，即原子放出或吸收单个光子的反作用能量与其总动能可比时的温度。大致估计用 780 nm 激光致冷铷原子时的这个极限温度。

**习题 4.37** 一个更常见（但是不精确）的热力学第三定律的描述是"无法达到绝对零度"。讨论第 3.2 节中描述的热力学第三定律是如何限制各种制冷技术所能达到的最低温度的。

---

[1]激光致冷及其应用的基础介绍可以参考 Steven Chu, "Laser Trapping of Neutral Particles", *Scientific American* **266**, 71–76 (February, 1992)。陷俘中性原子的综述可以参考 N. R. Newbury and C. Wieman, *American Journal of Physics* **64**, 18–20 (1996)。

根据这一原则，单靠产生热不足以孕育强大的力量：还必须有冷的物质；没有它，热量将毫无用处。

—— Sadi Carnot, *Reflections on the Motive Power of Fire*, trans. by R. H. Thurston (Macmillan, New York, 1890)

# 第 5 章　自由能与化学中的热力学

在上一章中，我们将热力学定律应用于循环过程——长期看来能量和熵保持不变的热机和制冷机。然而，许多重要的热力学过程是不循环的，就比如化学反应：它由热力学定律所约束但是结束状态和初始状态并不相同。

这一章，我们要将热力学定律应用到化学反应和物质的变化上。新的问题就随之而来：这些变化大多是在系统并非孤立的情况下发生的，通常存与外界的热交换和机械作用。系统自身的能量通常并不固定，但由于与恒定温度的外界环境有相互作用，其温度是不变的。同理，大多数的情况下系统的体积不固定，但是由于环境恒压，系统的压强不变。我们的首要目标就是得到理解等温和等压过程所需的概念和工具。

## 5.1　自由能与可用功

在第 1.6 节中，我定义一个系统的**焓**（enthalpy）等于它的能量加上在恒压 $P$ 的环境中给它腾出空间所需的功：

$$H \equiv U + PV \tag{5.1}$$

这就是你无中生有地创造出一个系统，并将其放置在该环境中，所需的总能量。（因为系统的初始体积为零，$\Delta V = V$。）或者说，完全湮灭一个系统我们就可以得到 $H$ 的能量——它本身的能量和大气填补空间所做的功。

但是，我们并不关心（创造系统）所需要的总能量或（湮灭系统）能得到的总能量。如果环境是常温的，系统就可以免费地从环境中汲取热量，因此我们所需提供的能量就是剩下的额外的功；若我们湮灭一个系统，也不能将它所有的能量变为功——我们还必须要向环境中放出一些废热来转移走它所拥有的熵。

因此，我现在引入两个与能量有关，类似于焓，但是更加有用的量。其一是**亥姆霍兹自由能**（Helmholtz free energy）：

$$F \equiv U - TS \tag{5.2}$$

这就是创造系统所需的总能量减去可以免费地从温度为 $T$ 的环境中获取的热 $T\Delta S = TS$，$S$ 是系统的（终态）熵；一个系统的熵愈多，它能从外界吸收作为自己能量的热就愈多。因此，$F$ 就是从无到有创造一个系统时我们必须以功的形式来提供的能量；[1] 若你湮灭这个系统，因为你必须抛弃 $TS$ 的废热，可以变成功的能量最大只有 $F$——可用的，或者说"自由的"能量就是 $F$。

---

[1] 在描述创造系统的时候，自由能其实是一个误称，因为免费的能量只有 $TS$——我们从 $F$ 中减去的项，此时，$F$ 应该称作花费能。而前人命名 $F$ 的时候考虑的是湮灭系统所获得的功。

上面我们所说的"功"就是全部的功,包括了环境自动对系统做的功。若系统所在的环境具有恒压 $P$ 和恒温 $T$,你创造/湮灭系统所付出/收获的功就是**吉布斯自由能**(Gibbs free energy):

$$G \equiv U - TS + PV \tag{5.3}$$

这其实就是系统的能量减去 $F$ 中的热量项,加上 $H$ 中的大气做功项(见图 5.1)。

**图 5.1** 为了从无到有创造一个兔子并把它放到桌子上,魔术师不需要"召唤"整个焓($H = U + PV$)这么多的能量:一部分能量 $TS$ 可以自发地以热的方式流入。因此,魔术师只需要以功的形式提供它们的差 $G = H - TS$ 就好了。

这四个函数 $U$、$H$、$F$ 和 $G$ 都叫作**热力学势**(thermodynamic potential)。我用图 5.2 记忆它们的关系。

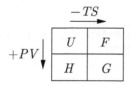

**图 5.2** $H$ 与 $U$、$G$ 与 $F$ 相比都是多了一个 $PV$,而 $F$ 与 $U$、$G$ 与 $H$ 相比都是多了一个 $TS$。

当然,我们通常处理的过程比创造和湮灭系统温和得多,因此,我们希望使用 $F$ 和 $G$ 的变化而非它们本身。

在恒温 $T$ 下系统发生的任何变化都会导致 $F$ 变化

$$\Delta F = \Delta U - T\Delta S = Q + W - T\Delta S \tag{5.4}$$

式中,$Q$ 是向系统中增加的热;$W$ 是对系统做的功。若没有新的熵被创造出来,则 $Q = T\Delta S$,故 $F$ 的变化严格等于对系统做的功;若新的熵被创造出来了,$Q < T\Delta S$,故 $\Delta F < W$。综上,

$$\Delta F \leqslant W \quad (\text{在固定的 } T \text{ 下}) \tag{5.5}$$

同样地,$W$ 是对系统做的全部功,包括了因系统收缩膨胀,环境自动对其做的功。

如果环境的压强也恒定,并且我们不关心环境如何自动对系统做功,我们就应该使用 $G$ 而非 $F$。对于任何在固定的 $T$ 和 $P$ 下发生的变化,$G$ 的改变是

$$\Delta G = \Delta U - T\Delta S + P\Delta V = Q + W - T\Delta S + P\Delta V \tag{5.6}$$

式中，$Q - T\Delta S$ 和上面一样，总是非正的。同时，$W$ 可以写成环境做的功 $-P\Delta V$ 和"其他"功（如电功）的和：

$$W = -P\Delta V + W_{其他} \tag{5.7}$$

所以式(5.6)中的 $P\Delta V$ 就抵消了，剩下

$$\Delta G \leqslant W_{其他} \quad （在固定的 T、P 下） \tag{5.8}$$

由于自由能是一个非常有用的量，大量的化学反应和其他过程的 $\Delta G$ 都被测量了出来，并制成了参考表格。测量 $\Delta G$ 的方法多种多样，概念上最简单的方法如下：首先，测量等压且无"其他"功情况下的反应吸热，得到其 $\Delta H$；然后，根据系统的热容，得出它在初态和终态时的熵（见第 3.2 节、第 3.4 节），从而计算出 $\Delta S$；最后，使用

$$\Delta G = \Delta H - T\Delta S \tag{5.9}$$

计算 $\Delta G$。书后参考表格中有一些化合物和溶液（在 $T = 298\,\mathrm{K}$、$P = 1\,\mathrm{bar}$ 下）的生成吉布斯自由能（$\Delta G$）。你可以利用这些 $\Delta G$ 来计算其他反应的 $\Delta G$——只需要把反应当成反应物分解为基本单质，然后这些单质组成产物的过程就可以了。

就像 $U$ 和 $H$ 一样，$F$ 和 $G$ 的真实值只有在我们把系统所有的能量都算进去的时候才是准确的——这包括了每个粒子的静能（$mc^2$）。现实生活中，我们从不这样做，而是选取一个 $U$ 的参考值作为零点，而该参考值也将确定 $H$、$F$ 和 $G$ 的零点。当然，这些量的变化并不会受到我们选取的参考值的影响；由于绝大部分情况下我们都只关心变化，因而在实际中，我们也不必亲自选取参考值。

**习题 5.1** 考虑在室温和大气压下 $1\,\mathrm{mol}$ 的氩气。计算其总能量（仅考虑动能部分，忽略原子的静能）、熵、焓、亥姆霍兹自由能和吉布斯自由能。用国际单位制表示所有结果。

**习题 5.2** 氮气和氢气产生氨气的反应为

$$N_2 + 3\,H_2 \longrightarrow 2\,NH_3$$

根据书后参考表格给出的 $\Delta H$ 和 $S$ 值，计算在 $298\,\mathrm{K}$ 和 $1\,\mathrm{bar}$ 下该反应的 $\Delta G$，并检查你的答案与表中给出的数值是否一致。

### 5.1.1 电解、燃料电池和电池

为了展示如何使用 $\Delta G$，让我们来考虑水电解生成氢气和氧气的化学反应（见图 5.3）

$$H_2O \longrightarrow H_2 + \frac{1}{2}O_2 \tag{5.10}$$

假设我们从 $1\,\mathrm{mol}$ 水开始，我们会得到 $1\,\mathrm{mol}$ 氢气和 $0.5\,\mathrm{mol}$ 氧气。

根据参考表格，这个反应的 $\Delta H$（室温、一个大气压下）是 $286\,\mathrm{kJ}$。这就是你燃烧 $1\,\mathrm{mol}$ 的氢气（这个反应的逆过程）所得的热。若把水分解为氢气和氧气，我们需要向这个系统以某些方式输入 $286\,\mathrm{kJ}$ 的能量。这 $286\,\mathrm{kJ}$ 中，一小部分用来推开大气来给气体腾出空间，这一部分为 $P\Delta V = 4\,\mathrm{kJ}$；另一部分 $282\,\mathrm{kJ}$ 就留在了系统中，见图 5.4。但是，是否我们必须以功的形式提供这全部的 $286\,\mathrm{kJ}$，或者说，外界的热能否提供一部分？

**图 5.3** 只需要给水通电，就可以把它分解成氢气和氧气。在这个家庭实验中，电极是铅笔芯（石墨）。负电极（左）上产生氢气气泡（太小而难以看见），而正电极（右）上产生氧气气泡。

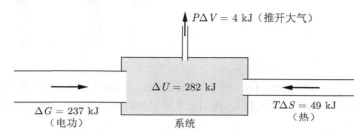

**图 5.4** 电解 1 mol 水的能量流动示意图。在理想情况下，49 kJ 的能量以热能的方式进入（$T\Delta S$），因此所需的电功仅为 237 kJ：$\Delta G = \Delta H - T\Delta S$。$\Delta H$ 和 $\Delta U$ 的差是 $P\Delta V = 4$ kJ——推开大气来给气体腾出空间所需的功。

　　为了回答这个问题，我们需要确定这个过程中熵的变化。参考表格中，前人测量的这三种物质（均为 1 mol）的熵分别是

$$S_{H_2O} = 70 \, \text{J/K}, \quad S_{H_2} = 131 \, \text{J/K}, \quad S_{O_2} = 205 \, \text{J/K} \tag{5.11}$$

从 $(131 + \frac{1}{2} \times 205)$ J/K 中减去 70 J/K，你可以得到 +163 J/K ——这个系统熵的增量。因此进入这个系统的热最多是 $T\Delta S = (298 \, \text{K})(163 \, \text{J/K}) = 49$ kJ。故，我们需要通电做的功就是 286 kJ 和 49 kJ 的差，即 237 kJ。

　　237 kJ 就是系统的吉布斯自由能的变化——可以让反应发生所需的最小的"其他"功。综上所述，

$$\Delta G = \Delta H - T\Delta S$$
$$237 \, \text{kJ} = 286 \, \text{kJ} - (298 \, \text{K})(163 \, \text{J/K}) \tag{5.12}$$

方便起见，标准的参考表格（例如书后参考表格）中通常都有 $\Delta G$ 的值，让你免去了这些计算。

　　我们也可以把 $\Delta G$ 应用到它的逆反应上。若你能够可控地结合氧气和氢气产生水，在理论上，你就可以从每摩尔的氢气中获取 237 kJ 的电功。这便是**燃料电池**（fuel cell）的原理，见图 5.5。或许在未来，燃料电池可以取代汽车中的内燃机。[1] 在产生电功的过程中，燃料电池同样排出了 49 kJ 的废热来摆脱气体中过量的熵。然而，这个废热只占燃烧氢气所放出的热 286 kJ 中的

---

[1] 见 Sivan Kartha and Patrick Grimes, "Fuel cells: Energy Conversion for the Next Century", *Physics Today* **47**, 45–61 (November, 1994)。

17%。因此，理想的氢燃料电池"效率"为 83%，比任何实际的热机都好得多。（现实中，废热肯定会更多、效率更低，但是典型的燃料电池还是可以打败绝大多数热机。）

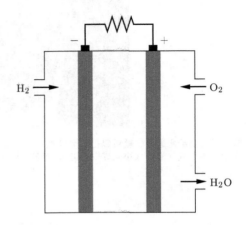

**图 5.5** 氢燃料电池中，氢气和氧气通过多孔电极并反应形成水，从一个电极上吸收电子并在另一个电极上放出电子。

类似的分析可以告诉你**电池**（battery）的电能输出。电池的工作原理和燃料电池类似，但是燃料是固定在内部的（通常不是气态）。我们就拿常见的汽车电瓶——铅酸电池——举例。它的反应是

$$\mathrm{Pb + PbO_2 + 4\,H^+ + 2\,SO_4{}^{2-} \longrightarrow 2\,PbSO_4 + 2\,H_2O} \tag{5.13}$$

根据热力学参考表格，这个反应的 $\Delta G$ 是 $-394\,\mathrm{kJ/mol}$（在标准压强、温度和溶液浓度下），因此，每摩尔的金属铅在这些条件下产生的电功是 $394\,\mathrm{kJ}$。同时，这个反应的 $\Delta H$ 是 $-316\,\mathrm{kJ/mol}$，也就是说化合物输出的能量比做的功少了 $78\,\mathrm{kJ}$。这些能量来自于从环境吸收的热。这些热还带来了额外的熵，但是没有关系，因为生成物的熵比反应物的大了 $(78\,\mathrm{kJ})/(298\,\mathrm{K}) = 260\,\mathrm{J/K}$（每摩尔）。这个反应的能量流动见图 5.6。当你给这个电池充电的时候，反应会反过来进行，将这个系统变回原始状态。因此，你就需要向外界释放 $78\,\mathrm{kJ}$ 的热来排出多余的熵。

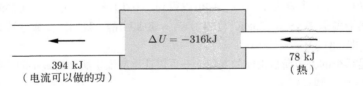

$$\Delta U = -316\mathrm{kJ}$$

394 kJ
（电流可以做的功）

78 kJ
（热）

**图 5.6** 理想的铅酸电池工作时的能量流动示意图。每反应 1 mol 的铅，这个系统的能量降低了 316 kJ，它的熵增加了 260 J/K。因为熵增，这个系统可以从环境吸收 78 kJ 的热；所以系统输出的最大的功就是 394 kJ。（由于反应中没有气体，体积变化可以忽略，因此 $\Delta U \approx \Delta H$ 且 $\Delta F \approx \Delta G$。）

只要知道每摩尔的反应物会将多少电子推向电路中，你就可以计算一个电池或燃料电池的电压。为了确定这个值，我们需要更详细地了解这个化学反应。对于铅酸电池来说，反应（式(5.13)）分为三步：

$$\begin{aligned}
\text{溶液中：} & \ \mathrm{2\,SO_4{}^{2-} + 2\,H^+ \longrightarrow 2\,HSO_4{}^-} \\
\text{负极上：} & \ \mathrm{Pb + HSO_4{}^- \longrightarrow PbSO_4 + H^+ + 2\,e^-} \\
\text{正极上：} & \ \mathrm{PbO_2 + HSO_4{}^- + 3\,H^+ + 2\,e^- \longrightarrow PbSO_4 + 2\,H_2O}
\end{aligned} \tag{5.14}$$

因此，反应每发生一次有两个电子进入电路中去；故每个电子可以做的功为

$$\frac{394\,\text{kJ}}{2 \times 6.02 \times 10^{23}} = 3.27 \times 10^{-19}\,\text{J} = 2.04\,\text{eV} \tag{5.15}$$

$1\,\text{V}$ 的电压刚好可以给每个电子 $1\,\text{eV}$ 的能量，所以，这个电池电压为 $2.04\,\text{V}$。实际中，由于浓度与参考表格中的标准浓度（每千克水 $1\,\text{mol}$）不同，电压可能有些许变化。（顺带一提，汽车电瓶有六个铅酸电池，总共提供大约 $12\,\text{V}$ 的电压。）

**习题 5.3** 使用书后参考表格的数据验算式(5.13)中铅酸反应的 $\Delta H$ 和 $\Delta G$。

**习题 5.4** 已知氢燃料电池正负极上的化学反应为

$$\text{负极上：} H_2 + 2\,OH^- \longrightarrow 2\,H_2O + 2\,e^-$$
$$\text{正极上：} \frac{1}{2}O_2 + H_2O + 2\,e^- \longrightarrow 2\,OH^-$$

计算这个电池的电压。并简要说明电解水所需的最低电压是多少？

**习题 5.5** 使用甲烷（"天然气"）作为燃料的燃料电池的化学反应为

$$CH_4 + 2\,O_2 \longrightarrow 2\,H_2O + CO_2$$

(1) 假定反应在室温和大气压下进行以及产物中的水是液态，使用书后参考数据确定 $1\,\text{mol}$ 甲烷完全燃烧时的 $\Delta H$ 和 $\Delta G$。
(2) 假设电池的性能理想，每摩尔甲烷燃料可以做多少功？
(3) 每摩尔甲烷燃料要产生多少废热？
(4) 已知正负极上发生的反应为

$$\text{负极上：} CH_4 + 2\,H_2O \longrightarrow CO_2 + 8\,H^+ + 8\,e^-$$
$$\text{正极上：} 2\,O_2 + 8\,H^+ + 8\,e^- \longrightarrow 4\,H_2O$$

求这个电池的电压。

**习题 5.6** 肌肉可以认为是通过葡萄糖代谢产生能量的燃料电池，化学反应方程式为

$$C_6H_{12}O_6 + 6\,O_2 \longrightarrow 6\,CO_2 + 6\,H_2O$$

(1) 假定反应在室温和大气压下进行，使用书后参考数据确定 $1\,\text{mol}$ 葡萄糖反应时的 $\Delta H$ 和 $\Delta G$。
(2) 假设电池性能理想，每消耗 $1\,\text{mol}$ 葡萄糖，肌肉可输出的功最大是多少？
(3) 仍假设性能理想，在 $1\,\text{mol}$ 葡萄糖的代谢过程中，化学物质吸收或放出了多少热量？（指出热量流动的方向。）
(4) 用熵的概念来解释为什么热量沿这个方向流动。
(5) 如果肌肉性能不够理想，(2) 和 (3) 的答案将如何变化？

**习题 5.7** 葡萄糖分子的代谢（请参照上一习题）分多个步骤进行，最终每分子葡萄糖可以从 ADP（二磷酸腺苷）和磷酸根离子中合成出 38 分子的 ATP（三磷酸腺苷）。当 ATP 分解成 ADP 和磷酸盐时，它释放能量。这些能量在许多重要过程中发挥作用，包括蛋白质的合成、分子跨细胞膜的主动转运和肌肉收缩。肌肉中 "ATP → ADP + 磷酸盐" 的反应是通过附着在肌肉细丝上的一种酶来催化的，它称作肌球蛋白。随着反应的发生，肌球蛋白分子会拉动相邻的细丝，导致肌肉收缩。每个 ATP 分子分解时，会让肌球蛋白分子在约 $11\,\text{nm}$ 的距离内施加平均约为 $4\,\text{pN}$（皮牛）的力。根据这些数据和上一习题的结果，计算出肌肉的 "效率"，即实际功与热力学定律所允许的最大功的比值。

### 5.1.2　热力学恒等式

如果你知道一物质在某些条件下的焓或者自由能, 但是需要它在其他一些条件下的值, 你可以使用一些非常方便的公式来计算。这些公式非常类似热力学恒等式

$$dU = T\,dS - P\,dV + \mu\,dN \tag{5.16}$$

只不过是把 $U$ 替换为 $H$、$F$ 或 $G$。

我先从把 $U$ 替换为 $H$ 开始。根据定义 $H = U + PV$, $H$、$U$、$P$ 和 $V$ 的无穷小变化之间的关系可以写为

$$dH = dU + P\,dV + V\,dP \tag{5.17}$$

式中, 最后两项是积 $PV$ 的全微分。现在, 利用热力学恒等式(5.16)消去 $dU$ 和 $P\,dV$, 我们得到

$$dH = T\,dS + V\,dP + \mu\,dN \tag{5.18}$$

这个"$H$ 的热力学恒等式"告诉我们, 当熵、压强或粒子数改变时 $H$ 是如何变化的。[1]

根据同样的步骤, 我们可以得到关于 $F$ 或 $G$ 的表达式。根据亥姆霍兹自由能的定义 ( $F = U - TS$ ), 我们有

$$dF = dU - T\,dS - S\,dT \tag{5.19}$$

利用式(5.16)消去 $dU$ 和 $T\,dS$, 我们得到

$$dF = -S\,dT - P\,dV + \mu\,dN \tag{5.20}$$

我把这个公式称作"$F$ 的热力学恒等式"。我们可以从它得出很多偏导公式。例如, 保持 $V$ 和 $N$ 不变, 我们有

$$S = -\left(\frac{\partial F}{\partial T}\right)_{V,N} \tag{5.21}$$

同理, 保持 $T$ 和 $N$ 或 $T$ 和 $V$ 不变, 有

$$P = -\left(\frac{\partial F}{\partial V}\right)_{T,N}, \quad \mu = \left(\frac{\partial F}{\partial N}\right)_{T,V} \tag{5.22}$$

最后, 你也可以得到 $G$ 的热力学恒等式

$$dG = -S\,dT + V\,dP + \mu\,dN \tag{5.23}$$

它可以告诉我们下列偏导公式:

$$S = -\left(\frac{\partial G}{\partial T}\right)_{P,N}, \quad V = \left(\frac{\partial G}{\partial P}\right)_{T,N}, \quad \mu = \left(\frac{\partial G}{\partial N}\right)_{T,P} \tag{5.24}$$

这些公式对于计算非标准温度和压强下的吉布斯自由能非常有用。例如, 1 mol 石墨的体积是 $5.3 \times 10^{-6}$ m$^3$, 每增加 1 Pa 的压强, 它的吉布斯自由能就增加 $5.3 \times 10^{-6}$ J。

---

[1]在 $U$ 的热力学恒等式中, 我们很自然地将 $U$ 视为 $S$、$V$ 和 $N$ 的函数。同样地, 我们很自然地将 $H$ 视为 $S$、$P$ 和 $N$ 的函数。向 $U$ 中加入 $PV$ 项, 将变量 $V$ 变为了 $P$; 同理, 减去 $TS$ 项将变量 $S$ 变为了 $T$。这个变换称作**勒让德变换**（Legendre transformation）。

这些公式中，我都隐含地假设了系统只有一种粒子。若它是多种粒子的混合，你就需要把所有的热力学恒等式中的 $\mu \, dN$ 替换为 $\sum_i \mu_i \, dN_i$；把所有的 $N$ 保持不变的偏导替换为所有种类的 $N_i$ 的集合，并且把所有的 $\partial/\partial N$ 变为关于每一个 $N_i$ 的公式。比如，对于两种粒子的混合

$$\mu_1 = \left(\frac{\partial G}{\partial N_1}\right)_{T,P,N_2} \quad \text{和} \quad \mu_2 = \left(\frac{\partial G}{\partial N_2}\right)_{T,P,N_1} \tag{5.25}$$

**习题 5.8** 推导出 $G$ 的热力学恒等式（式(5.23)）以及它的 3 个偏导数（式(5.24)）。

**习题 5.9** 定性准确地绘制出纯净物在固定压强下从固体变成液体再变成气体的 $G$ 关于 $T$ 的图像。注意曲线的斜率，并标记相变发生的点，同时简要讨论其特征。

**习题 5.10** 考虑 25 °C 和大气压下的 1 mol 水，如果将温度提高到 30 °C，水的吉布斯自由能将如何变化？我们可以通过增加水的压强的方式来抵消这种变化，这需要多少压强？计算时使用书后参考表格的数据。

**习题 5.11** 考虑一个如上所述的在 75 °C 和大气压下运行的氢燃料电池，我们希望仅使用书后参考表格的室温数据来估算电池可以输出的最大功。为了计算方便，我们把 25 °C 下的 $H_2$、$O_2$ 和 $H_2O$ 设为参考点，此时 $H_2$ 和 $O_2$ 的 $G$ 为 0，因此 1 mol $H_2O$ 的 $G$ 为 $-237$ kJ。

(1) 使用上面的约定，估算 75 °C 下 1 mol $H_2$、$O_2$ 和 $H_2O$ 的吉布斯自由能。

(2) 使用 (1) 的结果，计算 1 mol 氢气在 75 °C 下的燃料电池中可以输出的最大电功。将这个结果与 25 °C 时理想燃料电池的性能作比较。

**习题 5.12** 一般而言，物理学中遇到的函数都足够好，它们的混合偏导数不依赖于求导的次序。例如，

$$\frac{\partial}{\partial V}\left(\frac{\partial U}{\partial S}\right) = \frac{\partial}{\partial S}\left(\frac{\partial U}{\partial V}\right)$$

上面式子中，对 $V$ 求导时 $S$ 固定，对 $S$ 求导时 $V$ 固定，同时 $N$ 总是固定的。根据（$U$ 的）热力学恒等式，你可以替换括号中的偏导数从而得到

$$\left(\frac{\partial T}{\partial V}\right)_S = -\left(\frac{\partial P}{\partial S}\right)_V$$

这个等式叫作**麦克斯韦关系**（Maxwell relation）。尝试一步一步地推导出这个等式，并对前文中提到的其他热力学势（$H$、$F$ 和 $G$）推导出类似的麦克斯韦关系。在推导这些关系的过程中，需要保持 $N$ 不变。其实也可以对 $N$ 求导来得到其他麦克斯韦关系，只不过你可能已经失去兴趣了。在接下来的四道习题中，我们会讨论麦克斯韦关系的应用。

**习题 5.13** 使用上一习题中的麦克斯韦关系和热力学第三定律，证明热膨胀系数 $\beta$（在习题 1.7 中定义）在 $T = 0$ 时一定为零。

**习题 5.14** 利用习题 1.46、习题 3.33 和习题 5.12 中的偏导关系，以及一点求偏导的数学技巧，可以得出 $C_P$ 和 $C_V$ 之间的一般关系。

(1) 利用习题 3.33 中的热容表达式，将 $S$ 当作 $T$ 和 $V$ 的函数。用偏导数 $(\partial S/\partial T)_V$ 和 $(\partial S/\partial V)_T$ 来展开 $dS$。请注意，这些导数之一与 $C_V$ 有关。

(2) 为了得到 $C_P$，我们将 $V$ 视为 $T$ 和 $P$ 的函数，用类似的偏导数方法写出 $dV$。将 $dV$ 代入 (1) 的结果，并令 $dP = 0$，此时可以得到一个关于 $(\partial S/\partial T)_P$ 的表达式。由于这个导数与 $C_P$ 有关，所以你得到了一个关于 $C_P - C_V$ 的表达式。

(3) 利用麦克斯韦关系和习题 1.46 的结果，你可以把上一问的结果用可测量量表示：

$$C_P = C_V + \frac{TV\beta^2}{\kappa_T}$$

(4) 验证理想气体的 $C_P - C_V$ 符合该公式。

(5) 使用该公式来证明 $C_P$ 不能小于 $C_V$。

(6) 使用习题 1.46 中的数据来计算室温下水和汞的 $C_P - C_V$，这两种热容相差多少？用百分比表示。

(7) 图 1.14 对比了三种固体单质 $C_P$ 的测量值和 $C_V$ 的预测值。事实证明，固体的 $\beta$ 与 $T$ 的关系具有与热容相同的趋势。用这个事实来解释为什么 $C_P$ 和 $C_V$ 在低温下会一致，但在高温下却会不一致？

**习题 5.15** 尝试用 $U$ 和 $H$ 表示出上一道习题中的 $C_P - C_V$。大多数推导都非常相似，但在某一步，你需要使用 $P = -(\partial F / \partial V)_T$。

**习题 5.16** 一个类似于 $C_P - C_V$ 的公式连接了材料的等温和等熵压缩率：

$$\kappa_T = \kappa_S + \frac{TV\beta^2}{C_P}$$

（这里的 $\kappa_S = -(1/V)(\partial V / \partial P)_S$ 是习题 1.39 中提到过的绝热体积模量的倒数。）推导这个公式，并且验证它适用于理想气体。

**习题 5.17** 如本节所陈述，熵和吉布斯自由能对机械（压缩膨胀）功 $-P\,dV$ 进行了特殊处理。其他类型的功也可以被类似地定义，例如磁功。[1] 考虑一个足够长的螺线管（匝数为 $N$，长度为 $L$），管内充满磁介质（可能是顺磁固体），见图 5.7。如果介质内部的磁场为 $\vec{B}$，总磁矩为 $\vec{M}$，那么我们可以通过以下关系式定义一个辅助场 $\mathcal{H}$（通常简称为磁场）：

$$\mathcal{H} \equiv \frac{1}{\mu_0}\vec{B} - \frac{\vec{M}}{V}$$

式中，$\mu_0$ 是真空磁导率，大小为 $4\pi \times 10^{-7}\,\text{N/A}^2$。假设系统旋转对称，所有的矢量必须指向左侧或右侧，因此我们可以略掉箭头符号 $\vec{\phantom{x}}$，将向右定义为正，向左定义为负。根据安培定律可以得出，当导线中的电流为 $I$ 时，螺线管内部的 $\mathcal{H}$ 场为 $NI/L$，并且与是否存在介质无关。

(1) 假设导线中的电流发生了无穷小的变化，导致 $B$、$M$ 和 $\mathcal{H}$ 也发生了无穷小的变化。使用法拉第电磁感应定律证明，产生这种变化电源所做的功为 $W_{总} = V\mathcal{H}\,dB$。（忽略导线的电阻。）

(2) 用 $\mathcal{H}$ 和 $M$ 重新表示出 (1) 的结果，然后从中减去即使不存在介质也需要做的功，从而得到剩余的功。我们将作用到系统上的功 $W$ 定义为这个剩余的功，[2] 证明它的表达式为 $W = \mu_0 \mathcal{H}\,dM$。

(3) 这个系统的热力学恒等式是什么？（包括磁功，但不包括机械功或粒子流。）

(4) 如何定义磁系统的熵和吉布斯自由能？（亥姆霍兹自由能的定义方法与机械系统相同。）推导这些量的热力学恒等式，并讨论它们的含义。

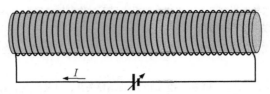

**图 5.7** 一个连接到可变电流源的长螺线管，中间充满磁介质，用来做磁功。

---

[1] 本习题需要读者对物质中的磁性有一定理解。例如可以参考 David J. Griffiths 所著的《Introduction to Electrodynamics》第 3 版 (Prentice-Hall, Englewood Cliffs, NJ, 1999)，第 6 章。（机械工业出版社出版有此书翻译版和英文注释版。——译者注）

[2] 这不是定义"系统"的唯一可能。不同的定义适用于不同的物理情况，但是也导致了名称的混乱。有关磁场热力学更完整的讨论，请参考 Mandl (1988) [4]、Carrington (1994) [2] 和/或 Pippard (1957) [11]。

## 5.2　自由能与到达平衡的驱动力

一个孤立系统的熵总是倾向于增加——熵决定了系统自发变化的方向。但是如果一个系统不是孤立的呢？譬如，一个系统和它所处的环境保持良好的热接触（见图 5.8）时，系统与环境可以交换能量，因而二者熵的和而非系统自己倾向于增加。在本节中，我将重新表述这个规律，使其更易于使用。

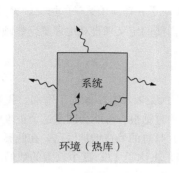

**图 5.8** 一个和它所处的环境可以交换能量的系统，二者熵的和倾向于增加。

我假设环境就是一个能量"热库"，它足够大，可以吸收/放出任意的能量而不改变自身的温度。总的熵就是 $S + S_R$，角标 $R$ 代表热库，没有角标的代表系统。热力学的基本规律要求宇宙的总熵倾向于增加，所以我们先来考虑总熵的微小变化：

$$dS_总 = dS + dS_R \tag{5.26}$$

我希望把这个量写成系统其他变量的形式，为此，我需要把热力学恒等式变形为

$$dS = \frac{1}{T}dU + \frac{P}{T}dV - \frac{\mu}{T}dN \tag{5.27}$$

并应用到热库上。首先，我需要假设热库的 $V$ 和 $N$ 是固定的——只有能量可以进出。因此，$dS_R = dU_R/T_R$；这样，式(5.26)就可以写成

$$dS_总 = dS + \frac{1}{T_R}dU_R \tag{5.28}$$

但是，热库的温度和系统一致，同时 $dU_R = -dU$，故

$$dS_总 = dS - \frac{1}{T}dU = -\frac{1}{T}(dU - T\,dS) = -\frac{1}{T}dF \tag{5.29}$$

现在我们就知道了，在该条件下（$T$、$V$ 和 $N$ 固定），二者熵的和倾向于增加同系统的亥姆霍兹自由能倾向于减少等价。这样我们就可以不考虑环境了，记住系统自己会最小化它的亥姆霍兹自由能就可以了。我们也可以回忆式(5.5)——$\Delta F \leqslant W$，从而知道，如果没有功作用到系统上，$F$ 只能减小。

若我们也让系统的体积可变但是压强同热库一样，同理可得

$$dS_总 = dS - \frac{1}{T}dU - \frac{P}{T}dV = -\frac{1}{T}(dU - T\,dS + P\,dV) = -\frac{1}{T}dG \tag{5.30}$$

即系统的吉布斯自由能总是倾向于减小。同样地，我们可以从式(5.8)——$\Delta G \leqslant W_{其他}$——猜出来。

我将这些观点总结为

- 固定的能量和体积下，$S$ 倾向于增加。
- 固定的温度和体积下，$F$ 倾向于减少。
- 固定的温度和压强下，$G$ 倾向于减少。

这三个结论都是在没有粒子交换的前提下得到的。（对于存在粒子交换的情况，见习题 5.23。）

我们可以通过观察亥姆霍兹自由能和吉布斯自由能的定义来直观地理解这些倾向。回忆

$$F \equiv U - TS \tag{5.31}$$

因此在等温环境下 $F$ 倾向于减少，等于说 $U$ 倾向于减少同时 $S$ 倾向于增加。我们早就知道 $S$ 倾向于增加，但是系统的能量会自发地减少吗？你的直觉很有可能会同意这个正确的观点，但是这只是因为在系统损失能量的同时环境吸收能量，并且总的熵在增加而已。在低温下，这个效应更加重要，因为一定的能量转移到环境中增加的熵是正比于 $1/T$ 这个较大的数的。但是在高温时，环境所得的熵就不太大，此时系统的熵增在 $F$ 中变得更加重要。

我们再来看吉布斯自由能的定义

$$G \equiv U + PV - TS \tag{5.32}$$

现在，环境的熵可以通过两种方式增加：获取系统的能量或系统的体积。因此，系统的 $U$ 和 $V$ "想要"降低，同时 $S$ "想要"升高，均是为了最大化宇宙的总熵。

**习题 5.18** 想象一下，你将一块砖头砰地一声摔到了地上。解释为什么该系统的能量倾向于自发降低。

**习题 5.19** 在上一节中，我推导出了公式 $(\partial F/\partial V)_T = -P$。讨论具有不同斜率的 $F$ 与 $V$ 的关系图，以说明此公式的直观意义。

**习题 5.20** 如果我们将基态能量设为零，那么氢原子的第一激发态的能量就是 10.2 eV。但是，第一激发态实际上具有四个独立的态，能量均相同。因为该能量值对应的重数为 4，所以，它的熵可以写为 $S = k \ln 4$。问题：在第一激发态上，氢原子的亥姆霍兹自由能在什么温度下为正，在什么温度下为负？（评论：对于基态总有 $F = 0$，并且 $F$ 总是趋于减小，因此当某个能级的 $F$ 为负时，原子将自发地由基态进入该能级。但是，对于如此小的系统，该结论只是一个概率性描述，随机涨落将非常明显。）

### 5.2.1　广延量与强度量

从这本书的开头到现在，我们所关心的热力学变量增加了许多，现在有 $U$、$V$、$N$、$S$、$T$、$P$、$\mu$、$H$、$F$ 和 $G$ 等。一种区分它们的方式是把物质增加一倍时也倍增的量和保持不变的量分开，见图 5.9。若你将物质加倍，它的能量、体积都会加倍，但是温度不会。那些会随之加倍的量叫作**广延量**（extensive quantity），不会加倍的量叫作**强度量**（intensive quantity）。我们现在就根据这个把它们分别列出来：

广延量：$V$、$N$、$S$、$U$、$H$、$F$、$G$、质量

强度量：$T$、$P$、$\mu$、密度

将一个广延量与强度量相乘，你会得到一个广延量（例如，体积 × 密度 = 质量）；将两个广延量相除，你会得到一个强度量；若将两个广延量相乘，你得到的既不是广延量也不是强度量——所以如果你的计算中出现了这种乘法，你很有可能就出错了。两个同样类型的量相加得到的量的类型一样，如 $H = U + PV$；两个不同类型的量的相加是不被允许的，因此你不可能碰到类似于 $G + \mu$ 这样的式子，尽管二者的单位一样。对广延量进行指数运算没有任何问题，但是得到的量就有了重数性质，比如 $\Omega = e^{S/k}$。

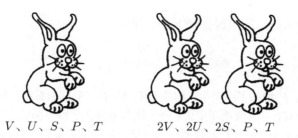

$$V、U、S、P、T \qquad 2V、2U、2S、P、T$$

**图 5.9** 两个兔子具有两倍的体积、能量、粒子数和熵，但是压强和温度不变。

我们可以回去看一下原先的关于 $F$ 和 $G$ 的等式，你会发现它们很好地说明了广延量与强度量的性质。例如，$G$ 的热力学恒等式

$$\mathrm{d}G = -S\,\mathrm{d}T + V\,\mathrm{d}P + \sum_i \mu_i\,\mathrm{d}N_i \tag{5.33}$$

里面每一项都是广延量，因为每一个乘积都包括一个广延量和一个强度量。

**习题 5.21** 热容（$C$）是广延量还是强度量？比热（$c$）呢？简要说明。

### 5.2.2 吉布斯自由能与化学势

利用广延量和强度量的定义，我们可以得出另一个关于吉布斯自由能的重要等式。首先，我们回忆偏导关系

$$\mu = \left(\frac{\partial G}{\partial N}\right)_{T,P} \tag{5.34}$$

这个等式告诉我们，当保持温度和压强不变，向系统中增加一个粒子时，系统的吉布斯自由能增加了 $\mu$（见图 5.10）。若你持续往系统内增加粒子，每一个都会带来 $\mu$ 的吉布斯自由能。你现在可能会想，在这个过程中，$\mu$ 的值会逐渐改变，当粒子数加倍的时候，$\mu$ 相较于开始时的变化会很大。但是实际上，若 $T$ 和 $P$ 保持恒定，这不可能发生：因为 $G$ 是一个广延量，它只能正比于粒子数的增长，所以每一个粒子增加的量必须完全相同。根据式(5.34)，这个比例系数就是 $\mu$：

$$G = N\mu \tag{5.35}$$

这个简洁的等式给了我们（至少是仅有一种粒子的纯系统的）化学势的一个新的诠释：化学势 $\mu$ 就是每个粒子的吉布斯自由能。

这个诠释比较微妙，因此你最好把它想明白再往下走。不过我们可以通过类比亥姆霍兹自由

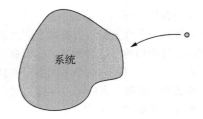

图 **5.10** 当保持温度和压强不变时，向系统中增加一个粒子，系统的吉布斯自由能增加了 $\mu$。

能来更好地理解这个说法；我们先从正确的等式开始：

$$\mu = \left(\frac{\partial F}{\partial N}\right)_{T,V} \tag{5.36}$$

问题就在于如果你将 $F$ 增加了一个 $\mu$，你就需要增加粒子的同时保持温度和体积不变。当你增加越来越多粒子的时候，$\mu$ 就会逐渐变化了——因为系统在变得更稠密。$F$ 是一个广延量，但这不意味着当你保持体积不变并加倍系统密度的时候，$F$ 会随之加倍。在式(5.34)中，关键是我们保持了两个强度量 $T$ 和 $P$ 不变，所以剩下所有广延量都会随着 $N$ 正比例地增加。

对于一个包含多种粒子的系统，式(5.35)很自然地推广为

$$G = N_1\mu_1 + N_2\mu_2 + \cdots = \sum_i N_i\mu_i \tag{5.37}$$

证明和之前一样，只不过是我们需要想象以无限小的增量建立系统，同时保持各种成分的比例在整个过程中固定。这个结果并不意味着混合物的 $G$ 就是纯净物的 $G$ 的和。式(5.37)中的 $\mu$ 和它们对应的纯净物的 $\mu$ 一般不相同。

式(5.35)可以有很多的应用，我举一个关于理想气体的化学势的例子。考虑恒温下固定量的气体，当我们变化压强时，根据式(5.35)和式(5.24)有

$$\frac{\partial \mu}{\partial P} = \frac{1}{N}\frac{\partial G}{\partial P} = \frac{V}{N} \tag{5.38}$$

根据理想气体定律，这就是 $kT/P$。两边同时从 $P°$ 积分到 $P$，我们有

$$\mu(T,P) - \mu(T,P°) = kT\ln(P/P°) \tag{5.39}$$

式中，$P°$ 可以是任何方便的参考压强，通常取大气压（其实通常取 $1\,\text{bar}$）。气体的 $\mu$ 在大气压下的标准符号是 $\mu°$，因此，我们有

$$\mu(T,P) = \mu°(T) + kT\ln(P/P°) \tag{5.40}$$

$\mu°$ 的值（至少在室温下）可以从吉布斯自由能的表格中得出（$\mu = G/N$）。式(5.40)就可以告诉我们 $\mu$ 是如何随着压强（或等效的密度）变化的。在多种理想气体的混合物中，式(5.40)可以分应用于每种成分，但是 $P$ 应该是每种物质的分压。我们可以这样做是因为理想气体的绝大部分空间没有被粒子占据：理想气体与它所处的环境如何作用并不会受到其他理想气体的影响。

**习题 5.22** 证明式(5.40)与第 3.5 节中推导的单原子分子理想气体的化学势公式一致。同时计算单原子分子理想气体的 $\mu°$。

**习题 5.23** 通过从 $U$、$H$、$F$ 和 $G$ 中减去 $\mu N$，可以获得四个新的热力学势。其中最有用的是**巨自由能**（grand free energy），也称作**巨势**（grand potential）

$$\Phi \equiv U - TS - \mu N$$

(1) 推导出 $\Phi$ 的热力学恒等式，以及其对于 $T$、$V$ 和 $\mu$ 的偏导数。

(2) 证明处于热和扩散平衡的系统（具有可以同时提供能量和粒子的热库）的 $\Phi$ 倾向于降低。

(3) 证明 $\Phi = -PV$。

(4) 考虑一个简单的应用。系统为单个质子，它可以被一个电子（形成一个氢原子，能量为 $-13.6\,\mathrm{eV}$）"占据"或者不被任何电子"占据"（能量为零）。忽略原子的激发态和电子的两个自旋态，因此质子占据和未占据的态都具有零熵。假设该质子在太阳大气组成的热库中，其温度为 $5800\,\mathrm{K}$，电子密度大约为 $2 \times 10^{-19}$ 个 $/\mathrm{m}^3$。对占据态和未占据态都计算 $\Phi$，以确定在这些条件下哪一个态更加稳定；为了计算电子的化学势，把它视为理想气体。在这个电子密度下，当被占据和未被占据的态同样稳定时，温度为多少？（如习题5.20 中那样，对如此小系统的预测只是概率性描述。）

## 5.3　纯净物的相变

**相变**（phase transformation）是环境变化无穷小时，物质的物理性质发生的不连续的改变。熟悉的例子包括冰的融化和水的沸腾，这两者都是在温度变化无穷小时发生的。在这两种情况中，冰、水和蒸气对应物质的不同形态，或者说，不同的**相**（phase）。

通常有不止一个变量可以影响物质的相。例如可以通过降低温度或者增加压强来使得蒸气凝结。我们使用**相图**（phase diagram）来显示平衡相与温度和压强的关系。

图 5.11 显示了 $H_2O$ 的定性相图，以及相变发生时的一些定量数据。这个相图分成了三个区域，表明了什么情况下冰、水和蒸气是最稳定的相。要注意到，"亚稳"相也是可以持续存在的；例如，液态水可以"过冷"，即在冰点下依然保持液态并维持一段时间。在高压下，冰事实上会展示出好几种不同的相，它们拥有不同的晶体结构和物理性质。

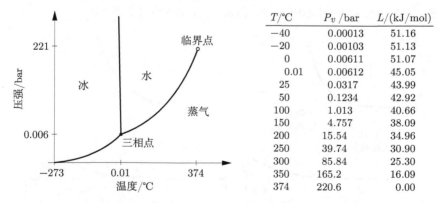

| $T/^\circ\mathrm{C}$ | $P_v/\mathrm{bar}$ | $L/(\mathrm{kJ/mol})$ |
|---|---|---|
| $-40$ | 0.00013 | 51.16 |
| $-20$ | 0.00103 | 51.13 |
| 0 | 0.00611 | 51.07 |
| 0.01 | 0.00612 | 45.05 |
| 25 | 0.0317 | 43.99 |
| 50 | 0.1234 | 42.92 |
| 100 | 1.013 | 40.66 |
| 150 | 4.757 | 38.09 |
| 200 | 15.54 | 34.96 |
| 250 | 39.74 | 30.90 |
| 300 | 85.84 | 25.30 |
| 350 | 165.2 | 16.09 |
| 374 | 220.6 | 0.00 |

**图 5.11** $H_2O$ 的相图（未按比例绘制）。表格给出了蒸气压和摩尔潜热，前三行描述固气相变，余下几行描述液气相变。数据来自 Keenan et al. (1978) [57] 和 Lide (1994) [58]。

相图上的曲线表明了两种不同相可以平衡共存的条件，例如，冰和水可以在 $0\,^\circ\mathrm{C}$、$1\,\mathrm{atm}$（$\approx 1\,\mathrm{bar}$）下稳定地存在。气体可以与其固态相或者液态相共存时的压强叫作**蒸气压**（vapor pressure），水在室温下的蒸气压大约是 $0.03\,\mathrm{bar}$。在 $T = 0.01\,^\circ\mathrm{C}$、$P = 0.006\,\mathrm{bar}$ 时，这三种相都可以共存，这一点叫作**三相点**（triple point）。在更低的压强下，（在平衡时）液态水不能存在：

此时冰会直接升华成蒸气。

　　你可能已经见过"干冰"（固态的二氧化碳）的升华。很明显，二氧化碳的三相点高于大气压；事实上，它是 5.2 bar。图 5.12 显示了 $CO_2$ 的定性相图。$CO_2$ 和 $H_2O$ 的相图的另一个差别是固液相分界线的斜率，大多数物质的行为更接近二氧化碳：加压会提高熔点。但是冰是不同寻常的：加压会降低熔点。我们将会很快看到这种现象是由于冰的密度比水小而产生的。

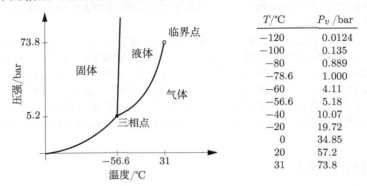

| $T/°C$ | $P_v$ /bar |
|---|---|
| −120 | 0.0124 |
| −100 | 0.135 |
| −80 | 0.889 |
| −78.6 | 1.000 |
| −60 | 4.11 |
| −56.6 | 5.18 |
| −40 | 10.07 |
| −20 | 19.72 |
| 0 | 34.85 |
| 20 | 57.2 |
| 31 | 73.8 |

**图 5.12** $CO_2$ 的相图（未按比例绘制）。表格给出了沿着固气平衡线和液气平衡线的蒸气压。数据来自 Lide (1994) [58] 和 Reynolds (1979) [59]。

　　液气相的分界线总是拥有正的斜率：对于处于平衡态的液体和气体，如果要提高温度，你必须施加更多压强，以防止液体蒸发。然而，随着压强的增加，气体变得更稠密，因此液体和气体之间的差异会逐渐变小。最终存在一个点，在那里不再有任何不连续的从液体到气体的变化。这个点称为**临界点**（critical point），对于 $H_2O$，它在 374 °C、221 bar，对于二氧化碳则在更易达到的 31 °C 和 74 bar，而氮气仅为 126 K 和 34 bar。接近于临界点时，我们最好简单地将物质称作"流体"。固液相界没有临界点，因为固体和液体存在定性的差别（固态具有晶体结构，而液体则是随机排列的分子），而不仅仅是程度问题。一些由长分子组成的材料可以形成**液晶**（liquid crystal）相，此时分子随着液体随机移动，但彼此间仍倾向于平行排列。

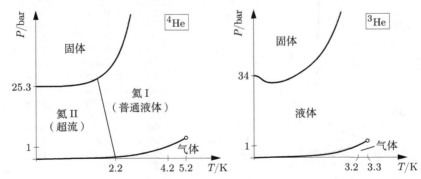

**图 5.13** $^4$He（左）和 $^3$He（右）的相图。这两张图都没有按照比例绘制，但是显示了定性的关系。每种同位素的三种固相（晶格结构）和 $^3$He 低于 3 mK 时出现的超流相没有画出来。

　　氦拥有所有元素中最异乎寻常的相行为。图 5.13 显示了氦的两种同位素的相图——常见的同位素 $^4$He 和稀有同位素 $^3$He。大气压下 $^4$He 的沸点仅为 4.2 K，临界点只是稍高一点，为 5.2 K 和 2.3 bar；对于 $^3$He，这些参数甚至更低。氦是唯一的在绝对零度时依然是液体的元素；它即使在绝对零度下，仍旧需要相当高的压强才会形成固体，$^4$He 的这个压强约为 25 bar，$^3$He 的约为 30 bar。$^4$He 的固液边界在低于 1 K 时几乎是水平的，但是 $^3$He 在低于 0.3 K 时该斜率是负的。更有趣的是，$^4$He 拥有两个不同的液相："正常"相称为氦 I 相，在低于 2 K 时形成的**超流**（superfluid）相称为氦 II 相。超流相具有许多奇特的性质，包括零黏度和非常高的导热性。$^3$He 实际上有两个不同的超流相，但仅在温度低于 3 mK 时出现。

除了温度和压强，改变其他变量，如组分和磁场强度也会引起相变。图 5.14 显示了两个不同磁性系统的相图。左边是**第一类超导体**（type-I superconductor）（如锡、汞或铅）的相图。超导相的电阻为零，仅在温度和外界磁场足够低时候出现。右图是诸如铁之类的**铁磁体**（ferromagnet）的相图，分为朝上和朝下的两个磁化相，这两个相取决于外场的方向。（简单起见，这个相图假设外界磁场始终沿着给定的轴，即要么向上要么向下。）当施加的磁场为零时，两个方向的磁化相可以共存。然而，随着温度的升高，两个相的磁化强度都会减小；最终，在**居里温度**（Curie temperature）（铁是 1043 K）时，磁化完全消失，因此相边界终止于一个临界点。[1]

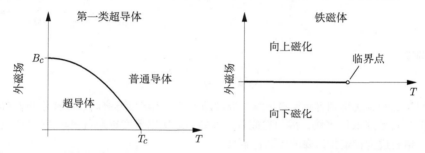

**图 5.14** 左侧为第一类超导体的相图。对于铅，$T_c = 7.2$ K、$B_c = 0.08$ T。右侧为铁磁体的相图，假设施加的磁场和产生的磁化方向总是沿着某个给定的轴。

### 5.3.1 钻石与石墨

碳单质有两个熟悉的相：钻石和石墨（这两者都是固体，但拥有不同的晶体结构）。在压强不太大时，更稳定的相是石墨，因此钻石将会自发地转变为石墨，尽管在室温下这一过程极其缓慢。（在高温下，转变过程将会加快，所以如果你拥有一些钻石的话，一定不要将它们放到有火的地方。[2]）

吉布斯自由能反映了在标准条件下石墨比钻石更稳定：1 mol 钻石的吉布斯自由能比石墨的大 2900 J。根据第 5.2 节中的分析，在给定的温度和压强下，稳定的相永远是拥有更低吉布斯自由能的相。

但是 2900 J 是在标准条件下，即 298 K 和 1 bar 下。在更高的压强下会发生什么呢？吉布斯自由能与压强的关系由物体的体积决定：

$$\left(\frac{\partial G}{\partial P}\right)_{T,N} = V \tag{5.41}$$

因为 1 mol 石墨的体积比 1 mol 钻石的体积更大，所以石墨的吉布斯自由能随着压强变大将会增长得更快。图 5.15 显示了两种相的 $G$ 和 $P$ 的关系。如果我们把体积当成常数（忽略两种相

---

[1]几十年来，人们一直试图根据变化的突然性对相变进行分类。固液相变和液气相变被分类为"一阶"，因为 $S$ 和 $V$，也即 $G$ 的一阶导数在相界处不连续。不太突然的变化（例如临界点和氦 I 到氦 II 的转变）过去被归类为"二阶"等等。这取决于在得到不连续量之前你必须求导的阶数。因为这种分类方案带来了各种问题，目前的流行方式是简单地把所有高阶相变都叫作"连续"相变。

[2]钻石能够迅速转变为石墨的温度非常高——1500 °C，但是此时若存在氧气，不论是钻石还是石墨都会很轻易地燃烧，转变为二氧化碳。

的可压缩性），每一条曲线都是一条直线。石墨的斜率为 $V = 5.31 \times 10^{-6}\,\mathrm{m}^3$，钻石的斜率为 $V = 3.42 \times 10^{-6}\,\mathrm{m}^3$。你可以看到，这两条线在约 15 kbar 处相交。在这个压强之上，钻石应当比石墨更稳定。因此，自然界的钻石一定是在很深的地方形成的。假设石头的密度是水的三倍，不难估计出深度每增加 10 m，压强会增加 3 bar；也即 15 kbar 的压强需要大约 50 km 的深度。

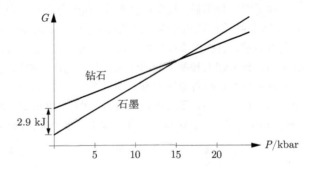

**图 5.15** 室温下钻石和石墨的摩尔吉布斯自由能与压强的关系。直线是低压数据的外推，这样做忽略了压强增加引起的体积变化。

根据偏导公式

$$\left(\frac{\partial G}{\partial T}\right)_{P,N} = -S \tag{5.42}$$

我们可以用相似的方法得到吉布斯自由能与温度的关系。当温度升高时，两种相的吉布斯自由能都降低，但是石墨降低得更快，因为它拥有更大的熵。所以温度越高石墨相比于钻石就越稳定；温度越高，钻石成为稳定相需要的压强也越高。

这种类型的分析对地质化学家来说极其有用，他们的工作就是观察石头并且确定它们形成的条件。更一般来讲，吉布斯自由能是定量理解相变的关键。

**习题 5.24** 计算验证在大约 15 kbar 时金刚石比石墨更加稳定。

**习题 5.25** 在处理高压地球化学问题时，以 kJ/kbar 为单位表示体积通常更方便。求出这个单位和 $\mathrm{m}^3$ 之间的转换系数。

**习题 5.26** 如果钻石的熵更小的话，它怎么能比石墨更稳定呢？试说明为什么在高压下，石墨向金刚石的转化会增加碳及其环境的总熵。

**习题 5.27** 石墨比金刚石更易压缩。

(1) 如果考虑可压缩性的话，石墨到金刚石的转变压强与上文的预计相比更高还是更低？

(2) 石墨的等温压缩率约为 $3 \times 10^{-6}\,\mathrm{bar}^{-1}$，而金刚石的等温压缩率则低 10 倍以上，因此可忽略不计。（习题 1.46 定义了等温压缩率，它代表了每单位压强增加时体积减小的比例。）使用此信息修正对金刚石（在室温下）变得比石墨更稳定的压强的估算。

**习题 5.28** 碳酸钙 $CaCO_3$ 具有两种常见的晶体形式，方解石和文石。书后参考表格包含了这些相的热力学数据。

(1) 在地球表面上，哪一种晶体更加稳定？方解石还是文石？

(2)（仍在室温下）计算另一相变得更稳定时的压强。

**习题 5.29** 硅酸铝 $Al_2SiO_5$ 具有三种不同的晶体形式：蓝晶石、红柱石和硅线石。因为每种矿物在不同的温度-压强条件下都是稳定的，并且都在变质岩中很常见，所以这些矿物是岩体地质历史的重要指标。

(1) 根据书后参考表格中的数据，论证在 298 K 时，无论压强如何变化，稳定相都应为蓝晶石。

(2) 现在，我们固定压强而改变温度。令 $\Delta G$ 表示任意两相之间的吉布斯自由能之差，$\Delta S$ 也类似地定义。证明 $\Delta G$ 与 $T$ 之间的关系为

$$\Delta G(T_2) = \Delta G(T_1) - \int_{T_1}^{T_2} \Delta S(T)\,\mathrm{d}T$$

尽管任何给定相的熵都将随着温度的升高而显著增加，但在室温之上，认为 $\Delta S$（两相之间熵的差）与 $T$ 无关通常是一个很好的近似。因为 $S$ 与温度的关系是热容的函数（参见第 3 章），并且在高温下，固体的热容很大程度上只取决于它所包含的原子数。

(3) 假设 $\Delta S$ 与 $T$ 无关，确定蓝晶石、红柱石和硅线石各自稳定的温度范围（在 1 bar 下）。

(4) 根据三种形式的 $Al_2SiO_5$ 的室温热容，讨论将 $\Delta S$ 当作常数的准确性。

**习题 5.30** 绘制大气压下 $H_2O$ 的三个相（冰、水和蒸气）的 $G$ 与 $T$ 的曲线，要求定性上准确。将所有三条曲线放在同一组坐标轴上，并标记出温度 $0\,°C$ 和 $100\,°C$。在 $0.001\,bar$ 的压强下，曲线将有何不同？

**习题 5.31** 绘制 $0\,°C$ 下 $H_2O$ 的三个相（冰、水和蒸气）的 $G$ 与 $P$ 的曲线，要求定性上准确。将所有三条曲线放在同一组坐标轴上，并标记大气压对应的点。这些曲线在稍高的温度下会有什么不同？

## 5.3.2　克劳修斯-克拉珀龙关系

因为熵决定了吉布斯自由能与温度的依赖关系，而体积则决定了吉布斯自由能与压强的关系，所以 $P$-$T$ 图上任意相边界曲线都与两种相的熵和体积有简单的关系。我现在来推导这个关系。

简便起见，我只讨论液体和气体的相边界曲线，这个讨论对其他任意的相边界曲线都适用。让我们考虑一定量的物质，比如 $1\,mol$。在相边界上，液体和气体的稳定性是相同的，所以它们的吉布斯自由能一定相等：

$$G_l = G_g \quad （在相边界上） \tag{5.43}$$

（你也可以用化学势的观点看这个等式：如果液体和气体相互处于扩散平衡，它们的化学势——也即每个分子的吉布斯自由能——一定相等。）

想象我们在保持两相同等稳定的条件下把温度升高 $dT$，压强升高 $dP$（见图 5.16）。在这样的改变下，吉布斯自由能一定仍然相等，所以有

$$dG_l = dG_g \quad （在相边界曲线上） \tag{5.44}$$

因此，根据 $G$ 的热力学恒等式(5.23)，我们有

$$-S_l\,dT + V_l\,dP = -S_g\,dT + V_g\,dP \tag{5.45}$$

（我省略了 $\mu\,dN$ 项，因为假设了系统的粒子数不会改变。）相边界曲线的斜率就可以简单的计算出来：

$$\frac{dP}{dT} = \frac{S_g - S_l}{V_g - V_l} \tag{5.46}$$

正如之前所期望的，这个斜率被两种相的熵和体积所决定。熵的差异巨大意味着，平衡状态从一个相转移到另一个相时，温度的微小变化影响显著；相边界曲线也就陡峭，因为需要巨大的压强变化才能补偿微小的温度变化。反过来讲，体积的差异较大意味着压强的微小变化是显著的，这会使得相边界曲线变平。

我们通常会把熵的差 $S_g - S_l$ 写为 $L/T$，其中 $L$ 是把物质从液态转化为气态对应的（总）潜

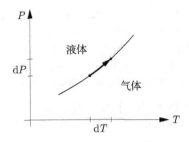

图 **5.16** 相边界曲线上温度和压强无穷小的改变。

热（不论我们考虑的物质量有多少）。此时式(5.46)可以写为

$$\frac{\mathrm{d}P}{\mathrm{d}T} = \frac{L}{T\Delta V} \tag{5.47}$$

式中，$\Delta V = V_g - V_l$。（注意到，$L$ 和 $\Delta V$ 都是广延量，它们的比值是强度量——与物质的数量无关。）这个结果称作**克劳修斯-克拉珀龙关系**（Clausius-Clapeyron Relation）。它不仅仅适用于液体到气体的相变，也适用于 $P\text{-}T$ 图上的任意的相边界曲线。

让我们再一次考虑钻石和石墨的例子。当 1 mol 钻石转化为石墨时，它的熵增为 3.4 J/K，体积增加为 $1.9 \times 10^{-6}\,\mathrm{m}^3$。（这两个数字都是室温下的，在更高的温度，熵的区别将会更大。）因此钻石-石墨相边界的斜率是

$$\frac{\mathrm{d}P}{\mathrm{d}T} = \frac{\Delta S}{\Delta V} = \frac{3.4\,\mathrm{J/K}}{1.9 \times 10^{-6}\,\mathrm{m}^3} = 1.8 \times 10^6\,\mathrm{Pa/K} = 18\,\mathrm{bar/K} \tag{5.48}$$

在上一小节中，我提到，在室温下压强高于 15 kbar 时，钻石将会更稳定。现在我们看到，如果温度再增加 100 K，就需要额外再增加 1.8 kbar 才使得钻石更稳定。石墨到钻石的快速转化仍然需要更高的温度和更大的压强，如图 5.17 的相图所示。第一次人工从石墨合成钻石时，温度大约为 1800 K，压强大约为 60 kbar。自然界中的钻石是在相似的压强下合成的，只不过温度更低，深度约为地球表面以下 100 ~ 200 km。[1]

图 **5.17** 碳的实验相图。气态的稳定区域在这样的比例下不可见；石墨-液体-气体三相点在石墨-液体相界的底端，对应 110 bar 的压强。数据来自 David A. Young, *Phase Diagrams of the Elements* (University of California Press, Berkeley, 1991)。

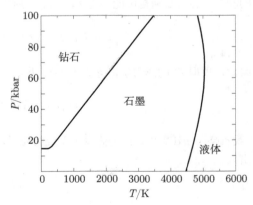

**习题 5.32** 冰的密度为 917 kg/m³。

(1) 使用克劳修斯-克拉珀龙关系解释为什么水和冰之间的相边界斜率为负。

(2) 需要在冰块上施加多大压强可以使其在 −1°C 融化？

---

[1]对于更多的天然钻石的形成过程和它们上升到地表附近的过程，见 Keith G. Cox, "Kimberlite Pipes", *Scientific American* **238**, 120–132 (April, 1978)。

(3) 需要多深的冰川，可以使上面的冰块重量达到 (2) 中的压强？（因为冰川在突出的岩石上流动，所以在某些位置下，压强可能会更大。）

(4) 粗略估计溜冰鞋刀片下方的压强，并计算在该压强下冰的融化温度。一些作者认为，冰刀的存在导致冰受到的压强增加，从而形成了一层薄薄的水膜，导致滑冰者滑行时摩擦很小。你如何看待这种解释？

**习题 5.33** 有一位发明家利用水在结冰时会膨胀的事实，提出使用水/冰作为工作介质来制造热机。将需要举起的重物放在 $1℃$ 水柱的活塞上方。然后将系统与 $-1℃$ 的低温热库相接触，直到水结成冰，从而升高重物。然后去掉重物，将冰与 $1℃$ 的高温热库接触使冰融化。由于该设备看起来可以做无限的功，同时仅吸收有限的热量，发明人对该发明感到非常满意。解释发明人推理中的缺陷，并使用克劳修斯-克拉珀龙关系来证明该热机的最大效率仍由卡诺公式 $1 - T_c/T_h$ 确定。

**习题 5.34** 低于 $0.3\,K$ 时，$^3He$ 固液相边界的斜率是负的（见图5.13）。

(1) 固态或液态哪个相的密度更大？哪个相（每摩尔物质）的熵更大？详细地解释你的推理。

(2) 用热力学第三定律证明，相边界的斜率必须在 $T = 0$ 时为零。（注意到 $^4He$ 固液边界在 $1\,K$ 以下基本上是水平的。）

(3) 假设你绝热压缩液态 $^3He$ 直到其变成固体。如果相变之前的温度为 $0.1\,K$，相变后的温度会更高还是更低？详细解释你的推理。

**习题 5.35** 式(5.47)描述的克劳修斯-克拉珀龙关系是一个微分方程，原则上可以求解出整个相边界曲线的形状。但是，要解决该问题，你必须知道 $L$ 和 $\Delta V$ 如何随温度和压强变化。通常，在曲线的一个很小的区域内，你可以将 $L$ 设为常数。此外，如果其中一个相是气体，通常可以忽略凝聚相的体积，将 $\Delta V$ 视为气体体积，令它等于在该温度和压强下理想气体的体积。根据这些假设尝试求解微分方程，得到下列描述相边界曲线的公式：

$$P = (\text{常数}) \times e^{-L/RT}$$

这个结果称为**蒸气压方程**（vapor pressure equation）。请注意：只有在所列出的假设均有效时，才可以使用此公式。

**习题 5.36** 海拔高度对水的沸点的影响。

(1) 使用上一习题的结果和图 5.11 中的数据绘制 $50 \sim 100℃$ 之间水的蒸气压曲线。曲线两个端点上的数据与真实值有多少差异？

(2) 反过来解读这张图。在习题 1.16 中你曾计算过各个位置的大气压，根据这些结果，估计这些位置水的沸点。解释为什么在山上露营时煮面条需要的时间更长。

(3) 证明沸点与海拔高度的关系几乎（尽管不完全）是一个线性函数，并以摄氏度每千英尺（或摄氏度每公里）为单位计算其斜率。

**习题 5.37** （在 $298\,K$ 下）使用书后参考表格的数据计算方解石-文石相边界的斜率。在习题 5.28 中，你已经在相边界上确定了一个点，使用此信息来绘制碳酸钙的相图。

**习题 5.38** 在习题 3.30 和习题 3.31 中，你计算了 $500\,K$ 下金刚石和石墨的熵。使用这些数值计算 $500\,K$ 下石墨-金刚石相边界的斜率，并与图 5.17 进行比较。为什么在更高的温度下斜率几乎恒定？为什么在 $T = 0$ 时斜率为零？

**习题 5.39** 再次考虑习题 5.29 中处理过的硅铝酸盐体系。计算该系统的所有三个相的相边界斜率：蓝晶石-红柱石、蓝晶石-硅线石以及红柱石-硅线石。绘制相图，并计算三相点的温度和压强。

**习题 5.40** 本节的方法也可以应用于一组固体转化为另一组固体的反应。地质上一个重要的例子是钠长石转变为翡翠和石英：

$$\text{NaAlSi}_3\text{O}_8 \longleftrightarrow \text{NaAlSi}_2\text{O}_6 + \text{SiO}_2$$

使用书后参考表格的数据确定翡翠和石英的组合比钠长石更稳定的温度和压强区间。绘制该系统的相图。简单起见，忽略 $\Delta S$ 和 $\Delta V$ 随温度和压强的变化。

**习题 5.41** 假设你有一个密闭容器，容器内有与其气相平衡的液体（例如水）。然后，你充入惰性气体

（例如空气），以提高施加在液体上的压强（假设温度保持不变）。回答下列问题。

(1) 为了使液体与其气相保持扩散平衡，每种相的化学势必须变化相同的量：$d\mu_l = d\mu_g$。使用这一事实和式(5.40)求出平衡蒸气压的微分方程，也即 $P_v$ 与总压强 $P$ 之间的函数。（把气体当作理想气体，并假定惰性气体均不溶于液体。）

(2) 求解该微分方程，你可以得到

$$P_v(P) = P_v(P_v) \cdot e^{(P-P_v)V/NkT}$$

幂中的 $V/N$ 是液体所占的比例。（$P_v(P_v)$ 是不存在惰性气体时的蒸气压。）因此，惰性气体的存在会导致蒸气压略有增加，也即更多的液体会被蒸发。

(3) 若将大气压下的空气添加到 25 °C 下处于平衡状态的水和水蒸气系统，计算这个过程中蒸气压增加的百分比。并说明，除非在极端条件下，由于惰性气体导致的蒸气压的升高可以忽略不计。

**习题 5.42** 通常来讲，空气中水蒸气的分压小于环境温度下的平衡蒸气压。这就解释了为什么一杯水会自发地蒸发。水蒸气的分压与平衡蒸气压之比称为**相对湿度**（relative humidity）。当相对湿度为 100% 时，大气中的水蒸气会与液态水达到扩散平衡，此时我们说空气是**饱和**（saturated）的。[1] 在给定的水蒸气分压下，**露点**（dew point）是相对湿度为 100% 时的温度。

(1) 使用蒸气压方程（见习题 5.35）和图 5.11 中的数据绘制 0 ~ 40 °C 水的蒸气压曲线。可以发现，温度每升高 10 °C，蒸气压大约增加一倍。

(2) 假设某个夏日的温度为 30 °C。相对湿度为 90%，那么露点是多少？相对湿度为 40% 呢？

**习题 5.43** 假设你呼出的空气温度为 35 °C，相对湿度为 90%。呼出的空气立即与 10 °C 的未知相对湿度的环境空气相混合。在混合过程中，会暂时出现各种中间的温度和相对湿度。如果在混合过程中由于水滴的形成，你能够"看到呼吸"，那么环境的相对湿度的范围是多少？（请参考习题 5.42 中绘制过的蒸气压图像。）

**习题 5.44** 一团不饱和空气以习题 1.40 中确定的干绝热直减率上升并冷却，这团空气会在什么高度下饱和，开始凝结并形成云（见图 5.18）？假设地面温度为 25 °C，相对湿度为 50%。（参见习题 5.42 中绘制的蒸气压图像。）

**图 5.18** 当上升的空气绝热膨胀并冷却至露点时形成积云（见习题 5.44）；冷凝使得冷却变慢，进一步增加了空气的上升趋势（见习题 5.45）。这些云层在上午稍晚的时候开始形成，从晴朗到照片拍摄时的景象只用了一个小时。到午后，它们已经发展成雷暴。

**习题 5.45** 在习题 1.40 中，你计算了不饱和空气发生自发对流所需的大气温度梯度。然而，当上升的空气团达到饱和冷凝时，水滴将释放能量，因而绝热冷却过程将会减慢。

---

[1]尽管这个术语被广泛使用，但是很不幸其具有误导性。空气并不是只能容纳一定量液体的海绵。即便是"饱和"的空气，大部分也都是空的空间。如上一道习题所研究的那样，平衡时水蒸气的密度几乎与空气的存在与否无关。

(1) 使用热力学第一定律证明：随着绝热膨胀过程中形成冷凝水，描述空气团温度变化的方程为

$$\mathrm{d}T = \frac{2}{7} \frac{T}{P} \mathrm{d}P - \frac{2}{7} \frac{L}{nR} \mathrm{d}n_w$$

式中，$n_w$ 是空气中水蒸气的物质的量；$L$ 是每摩尔水蒸气的汽化潜热。空气的 $\gamma$ 取 7/5。你可以假设 $H_2O$ 只占空气团很小的一部分。

(2) 假设此过程中空气始终饱和，比例 $n_w/n$ 是温度和压强的已知函数。用 $\mathrm{d}T/\mathrm{d}z$、$\mathrm{d}P/\mathrm{d}z$ 以及蒸气压 $P_v(T)$ 表示出 $\mathrm{d}n_w/\mathrm{d}z$。使用克劳修斯-克拉珀龙关系消掉 $\mathrm{d}Pv/\mathrm{d}T$。

(3) 结合上面两问的结果，求出联系温度梯度 $\mathrm{d}T/\mathrm{d}z$ 和压强梯度 $\mathrm{d}P/\mathrm{d}z$ 的公式。使用习题 1.16 中的"气压方程"消去压强梯度后，最终的答案应该是

$$\frac{\mathrm{d}T}{\mathrm{d}z} = -\left( \frac{2}{7} \frac{Mg}{R} \right) \frac{1 + \dfrac{P_v}{P} \dfrac{L}{RT}}{1 + \dfrac{2}{7} \dfrac{P_v}{P} \left( \dfrac{L}{RT} \right)^2}$$

式中，$M$ 是 1 mol 空气的质量。前面的系数是习题 1.40 中计算过的干绝热直减率，其余表达式则来源于水蒸气冷凝产生热量的校正。整个公式称为**湿绝热直减率**（wet adiabatic lapse rate），代表了饱和空气发生对流的临界温度梯度。

(4) 计算大气压（1 bar）、25 °C 下以及大气压、0 °C 下的湿绝热直减率。解释结果为何不同，并讨论其含义。同时回答在压强较低的高海拔地区会发生什么？

**习题 5.46** 到目前为止，本节中的所有内容都忽略了两个相之间的边界，好像每个分子都毫无疑问地属于一个相或另一个相。实际上，两相之间有一个过渡区域，其中分子的环境与两相均不同。由于边界区仅有几个分子厚，因此它对系统总自由能的贡献通常可忽略不计。然而，材料最初开始相变时形成的微小液滴、气泡或晶粒是一类重要的例外。这种孕育最初新相的过程称为**成核**（nucleation）。在本习题中，我们将考虑云中水滴的成核。

任意两个给定相之间的边界面无论其面积如何，通常都具有固定的厚度。因此，与边界面有关的额外吉布斯自由能与面积成正比。比例系数 $\sigma$ 称为**表面张力**（surface tension）：

$$\sigma \equiv \frac{G_{\text{边界}}}{A}$$

考虑一团与蒸气处于平衡的液体，如果要把它拉伸为具有相同体积但表面积更大的形状，那么 $\sigma$ 就是每增加单位面积所需要做的最少功。对于 20 °C 的水，$\sigma = 0.073 \, \mathrm{J/m^2}$。

(1) 考虑一团包含 $N_l$ 个分子的球形水滴，周围被 $N - N_l$ 个水蒸气分子包围。暂时忽略表面张力，用 $N$、$N_l$ 以及液体和蒸气的化学势写出该系统总的吉布斯自由能。用 $v_l$（液体中每个分子的体积）和 $r$（液滴的半径）重新表示 $N_l$。

(2) 在 $G$ 的表达式中添上一项，以描述表面张力的效果，用 $r$ 和 $\sigma$ 表示出你的结果。

(3) 当 $\mu_g - \mu_l$ 分别取正或负时，绘制出 $G$ 与 $r$ 的定性图像，并讨论它们的含义。非零的平衡半径对应于哪种 $\mu_g - \mu_l$ 符号？它是一个稳定平衡吗？

(4) 用 $r_c$ 代表上一问中讨论过的临界平衡半径。使用 $\mu_g - \mu_l$ 写出 $r_c$ 的表达式。把蒸气视为理想气体，用相对湿度重写出气体和液体之间化学势的差异（见习题 5.42）。（相对湿度是用平坦表面或无限大液滴与蒸气的平衡来定义的。）定量地绘制出临界半径随相对湿度变化的图像，并讨论它的含义。解释为什么大气层中的云不太可能是由水分子自发聚集成的液滴组成。（实际上，当相对湿度接近 100% 时，水蒸气会在尘埃和其他异物的核周围形成云滴。）

**习题 5.47** 对于保持在恒定 $T$ 和 $\mathcal{H}$ 下的磁系统（见习题 5.17），需要最小化的量是磁系统的吉布斯自由能，它满足热力学恒等式：

$$\mathrm{d}G_m = -S \, \mathrm{d}T - \mu_0 M \, \mathrm{d}\mathcal{H}$$

图 5.14 描述了两种磁系统的相图，纵轴都是 $\mu_0 \mathcal{H}$。

(1) 模拟克劳修斯-克拉珀龙关系，推导出描述 $\mathcal{H}$-$T$ 图上相边界斜率的类似方程，用两相之间熵的差

表示该方程。

(2) 把上一问的方程应用到图 5.14中的铁磁体相图，讨论你的结果。

(3) 在第一类超导体中，表面电流可以完全抵消内部磁场（$B$，而不是 $\mathcal{H}$）。假设材料处于正常（非超导）态时的 $M$ 可忽略不计，讨论如何将第一问的方程应用到图 5.14中的超导体相图。哪个相的熵更大？相边界两端两相之间熵的差分别是多少？

### 5.3.3 范德瓦耳斯模型

为了更深刻地理解相变，一个不错的方法是引入特定的数学模型。对于气液系统，最著名的要属**范德瓦耳斯方程**（van der Waals equation）：

$$\left(P + \frac{aN^2}{V^2}\right)(V - Nb) = NkT \tag{5.49}$$

它由范德瓦耳斯（Johannes van der Waals）于 1873 年提出。这是近似考虑了分子相互作用之后对理想气体定律做出的一个修正。（任何 $P$、$V$ 和 $T$ 之间的关系都叫作**物态方程**（equation of state），比如理想气体定律和范德瓦耳斯方程。）

范德瓦耳斯方程对理想气体定律进行了两处修改：将 $aN^2/V^2$ 添加到 $P$ 中，以及从 $V$ 中减去了 $Nb$。第二处修改更容易理解：流体不能一直压缩到零体积，所以我们将体积最小值限制为 $Nb$，这个体积时，压强是无穷大；其中常数 $b$ 表示当一个分子"接触"周围所有分子时占据的最小体积。第一处修改在 $P$ 中添加 $aN^2/V^2$，则来自于当分子之间未接触时它们的短程吸引力（见图 5.19）。想象一下在某个瞬间，冻结所有的分子，所存在的唯一能量只有分子间吸引力引起的负的势能。如果我们将系统的密度加倍，每个分子将拥有两倍于之前的周围分子数，因此和周围分子的相互作用势能也会变为之前的两倍。换句话说，和单个分子相关的相互作用势能正比于粒子的密度 $N/V$。因为一共有 $N$ 个分子，所以总的分子之间相互作用势能一定正比于 $N^2/V$：

$$\text{总势能} = -\frac{aN^2}{V} \tag{5.50}$$

式中，$a$ 是一个取决于分子类型的正的比例常数。想象一下在保持熵固定的情况下，稍微改变体积（如果我们冻结了所有的热运动，这是可以做到的）来计算压强：根据热力学恒等式 $\mathrm{d}U = -P\,\mathrm{d}V$ 或者 $P = -(\partial U/\partial V)_S$，这项势能引起的压强为

$$P_{\text{势能引起的}} = -\frac{\mathrm{d}}{\mathrm{d}V}\left(-\frac{aN^2}{V}\right) = -\frac{aN^2}{V^2} \tag{5.51}$$

将这项负压项添加到没有吸引力的流体的压强中（$NkT/(V - Nb)$），我们就得到了范德瓦耳斯方程：

$$P = \frac{NkT}{V - Nb} - \frac{aN^2}{V^2} \tag{5.52}$$

**图 5.19** 当两个分子足够接近时，它们之间将会产生斥力。当它们相距不太远时，会产生吸引力。

虽然范德瓦耳斯方程的性质足够描述实际流体的定性行为，但我需要强调的是，它远称不上精确。在"推导"它的过程中，我忽略了许多事实——最明显的是当气体变得更稠密时，在微观尺度上它会变得不均匀：分子簇可以开始形成。这将违反之前我对周围分子数与 $N/V$ 成正比的论断。所以请注意，在整个过程中，我们不会做出任何准确的定量预测。我们所追求的只是定性理解，它只不过可以提供一个深入研究液气相变的出发点。

常数 $a$ 和 $b$ 对于不同物质具有不同的值，甚至（因为模型不准确）对于同样的物质，当改变外界条件时，也有不同的值。对于像 $N_2$ 和 $H_2O$ 这样的小分子，$b$ 的值大约为 $6 \times 10^{-29}\,\mathrm{m^3} \approx (4\,\text{Å})^3$，大致是分子平均宽度的立方。常数 $a$ 的变化更大，因为某些类型的分子会强烈地彼此吸引。对于 $N_2$，$a$ 的值约为 $4 \times 10^{-49}\,\mathrm{J \cdot m^3}$ 或 $2.5\,\mathrm{eV \cdot Å^3}$。如果我们认为 $a$ 大致是平均相互作用能量乘以相互作用存在的体积，这个数值是合理的：几分之一 eV 乘以几十 $\text{Å}^3$。因为水分子存在永久电极化，$H_2O$ 的 $a$ 值大约是 $N_2$ 的 4 倍。He 处于另一个极端，相互作用很弱，$a$ 的值为 $N_2$ 值的 $1/40$。

现在让我们研究范德瓦耳斯模型的推论。一个非常好的开始方法是绘制在不同温度下压强与体积的关系（见图 5.20）。在体积远大于 $Nb$ 时，等温线是上凹的，与理想气体一致。在足够高的温度下，减小体积会导致压强平稳地上升到无穷，同时体积逼近 $Nb$。然而，在较低的温度下，行为要复杂得多：随着 $V$ 减小，等温线上升，下降，然后再次上升，似乎暗示对某些态来说，压缩液体会导致压强下降。真正的液体不会有这样的行为。但接下来更详细地分析表明，范德瓦耳斯模型其实并没有预测这一点。

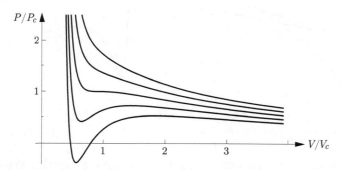

**图 5.20** 范德瓦耳斯流体的等温线。从下到上对应的温度分别是 0.8、0.9、1.0、1.1 以及 1.2 乘以 $T_c$，也即临界点的温度。坐标轴以临界点的压强和体积为单位；在这样的坐标下，最小的体积（$Nb$）是 1/3。

在给定的温度和压强下，系统的平衡态由吉布斯自由能决定。为了计算范德瓦耳斯流体的 $G$，我们从 $G$ 的热力学恒等式开始：

$$\mathrm{d}G = -S\,\mathrm{d}T + V\,\mathrm{d}P + \mu\,\mathrm{d}N \tag{5.53}$$

保持物质的数量不变，固定温度，这个等式化简为 $\mathrm{d}G = V\,\mathrm{d}P$。在两端同时除以 $\mathrm{d}V$ 可以得到

$$\left(\frac{\partial G}{\partial V}\right)_{N,T} = V\left(\frac{\partial P}{\partial V}\right)_{N,T} \tag{5.54}$$

等式的右端可以直接从范德瓦耳斯方程计算出，结果为

$$\left(\frac{\partial G}{\partial V}\right)_{N,T} = -\frac{NkTV}{(V-Nb)^2} + \frac{2aN^2}{V^2} \tag{5.55}$$

将等式右端第一项中的 $V$ 写为 $(V - Nb) + (Nb)$，然后对每一部分分别积分，我们有

$$G = -NkT \ln (V - Nb) + \frac{(NkT)(Nb)}{V - Nb} - \frac{2aN^2}{V} + c(T) \tag{5.56}$$

式中，$c(T)$ 是积分常数，在不同的温度下有不同的值，但是对于我们当前的目的来说，它无关紧要。这个公式可以允许我们画出固定 $T$ 下的吉布斯自由能曲线。

相较于将 $G$ 绘制为 $V$ 的函数，将其当作参数，把参数方程 $G(V)$ 绘制到纵轴、$P(V)$ 绘制到横轴反而更有用。图 5.21 给出了一个示例，其中等温线与 $G$-$P$ 图并排显示。虽然范德瓦耳斯方程在某些压强下存在一个以上的体积，但是 $G$-$P$ 图中的这一部分三角形环对应的态是不稳定的（点 2-3-4-5-6），因为热力学稳定态一定具有最低的吉布斯自由能。当压强逐渐增加时，系统将直接从点 2 跳到点 6，同时伴随体积突然减小，也就是相变。在点 2 处，我们应该将流体称为气体，因为其体积随压强增加迅速减小。在点 6 处，我们应该将流体称为液体，因为它的体积在压强大幅增加的情况下，仅略微下降。在这些点之间的 $V$，热力学稳定态实际上是部分气体和部分液体的组合，仍处于转变压强，如 $P$-$V$ 图上的水平直线所示。等温线被这条直线所截的弯曲部分描述的是，如果流体是均匀的，真正允许的态会是什么。然而，这些均匀态是不稳定的，因为在相同压强下总有另一种态（气体或液体）具有更低的吉布斯自由能。

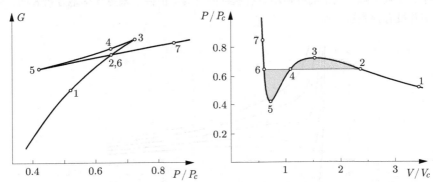

**图 5.21** 在 $T = 0.9T_c$ 时，范德瓦耳斯流体的吉布斯自由能与压强的关系。此时对应的等温线如右图所示。在 2-3-4-5-6 之间的态是不稳定的。

从 $G$-$P$ 图中，我们可以很容易地读出相变对应的压强。但是有一种巧妙的方法可以直接从 $P$-$V$ 图中读取到它，从而不需要画出 $G$ 的曲线。注意到，当我们围绕三角形循环（2-3-4-5-6）一圈时，$G$ 的变化为零：

$$0 = \int_{-\text{圈}} \mathrm{d}G = \int_{\text{圈}} \left( \frac{\partial G}{\partial P} \right)_T \mathrm{d}P = \int_{-\text{圈}} V \, \mathrm{d}P \tag{5.57}$$

最后一个等号之后的形式告诉我们，这个积分可以从 $P$-$V$ 图中计算出。我们可以把 $P$-$V$ 图旋转一下，见图 5.22。从点 2 到点 3 的积分给了我们曲线下这一部分的面积，但是点 3 到点 4 的抵消了一部分，最后只剩下了阴影区域 $A$。点 4 到点 5 给了我们负的曲线下的面积，之后点 5 到点 6 的积分又把一部分区域加了回来，最后剩下了阴影部分的区域 $B$。所以整个积分等于区域 $A$ 的面积减去区域 $B$ 的面积。如果这个积分等于 0，这两个区域面积一定相等。画一条直线得到两个面积相等区域的方法叫作**麦克斯韦构造法**（Maxwell construction），以麦克斯韦（James Clerk Maxwell）的名字命名。

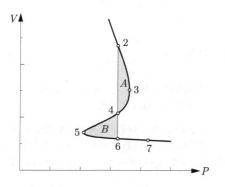

**图 5.22** 与图 5.21 一样的等温线图，只不过旋转了一下。区域 $A$ 和区域 $B$ 面积相同。

图 5.23 给出了在不同温度下重复麦克斯韦构造法得到的结果。对于每个温度，都有一个确定的压强——称为**蒸气压**（vapor pressure）——在该温度和压强下会发生液气转变；绘制这个压强与温度的关系可以预测整个液体与气体的相边界。同时，$P$-$V$ 等温线图中直线组成的区域中，气体和液体的混合态是稳定态，在图中由阴影表示。

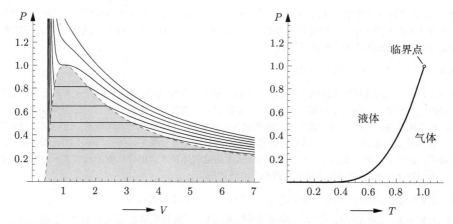

**图 5.23** 范德瓦耳斯模型预测的相图。左侧是温度范围 $T/T_c$ 在 $0.75 \sim 1.1$ 之间的等温线图，间距是 0.05。阴影部分稳定的态是气体和液体的混合。完整的蒸气压曲线如右图所示。所有轴上的数与其临界点的比值。

但是，为什么高温下的等温线图随着 $V$ 的减小单调上升呢？对于这些温度，没有从低密度态到高密度态的突然转变，也即没有相变。因此在一定温度以上，相边界消失，这个温度称为**临界温度**（critical temperature）$T_c$。恰好在 $T_c$ 处的蒸气压称为**临界压强**（critical pressure）$P_c$，其对应的体积称为**临界体积**（critical volume）$V_c$。这些值定义了**临界点**（critical point），此时液体和气体的性质变得相同。

范德瓦耳斯方程这样简单的模型就可以预测真实流体的所有重要定性特性：液气相变、相边界曲线的大致形状、甚至是临界点。这真是令人拍案称奇。不幸的是，该模型的定量预测并不准确。例如，对于 $H_2O$，实验得到的相边界比图 5.23 显示的下降得更陡：在 $T/T_c = 0.8$ 时，测量到的蒸气压仅约为 $0.2P_c$ 而不是预测的 $0.4P_c$。更精确描述稠密流体行为的模型超出了本书的范围，[1] 但至少我们迈出了理解液气相变的第一步。

**习题 5.48**（在麦克斯韦构造以前）图 5.20 中的范德瓦耳斯等温线存在唯一临界点，其 $P$ 相对于 $V$ 的

---

[1]第 8 章介绍了弱相互作用气体的精确近似方法，以及更一般的蒙特卡罗模拟技术，这些内容可以应用到稠密流体中。

一阶和二阶导数（固定 $T$ 时）均为零。用这个事实证明

$$V_c = 3Nb, \quad P_c = \frac{1}{27}\frac{a}{b^2} \quad \text{以及} \quad kT_c = \frac{8}{27}\frac{a}{b}$$

**习题 5.49** 使用上一道习题的结果以及书中给出的 $a$ 和 $b$ 的近似值来估算 $N_2$、$H_2O$ 以及 He 的 $T_c$、$P_c$ 和 $V_c/N$。（参考表格中 $a$ 和 $b$ 的数值通常是从测得的临界温度和压强反向确定的。）

**习题 5.50** 流体的**压缩系数**（compression factor）的定义为比值 $PV/NkT$；该量与 1 的差值衡量了流体与理想气体的偏差。计算临界点处的范德瓦耳斯流体的压缩系数，注意到该值与 $a$ 和 $b$ 无关。（临界点处压缩系数的实验值通常低于范德瓦耳斯模型的预测，例如 $H_2O$ 为 0.227，$CO_2$ 为 0.274，He 为 0.305。）

**习题 5.51** 在画图和数值计算中，使用**对比参数**（reduced variable）通常比较方便：

$$t \equiv T/T_c, \quad p \equiv P/P_c, \quad v \equiv V/V_c$$

使用上述对比参数重新写出范德瓦耳斯方程，注意到此时公式中将不再出现 $a$ 和 $b$。

**习题 5.52** 以对比参数绘制出 $T/T_c = 0.95$ 时的范德瓦耳斯等温线。尝试使用麦克斯韦构造法（以图形或数值方式）获得蒸气压，然后在相同温度下绘制出吉布斯自由能（以 $NkT_c$ 为单位）与压强的关系，并检查该图是否能预测出相同的蒸气压值。

**习题 5.53** 对 $T/T_c = 0.8$ 重复上一道习题。

**习题 5.54** 计算范德瓦耳斯流体的亥姆霍兹自由能，最终结果像式(5.56)那样留有一个未定的依赖于温度的函数。在 $T/T_c = 0.8$ 下，使用对比参数，仔细绘制出亥姆霍兹自由能（以 $NkT_c$ 为单位）与体积的关系。确定图上在蒸气压下的与液体和气体相对应的两个点。（如果你还未完成上一道习题，只需从图 5.23 中读出适当的数值即可。）然后证明这两种状态的组合（部分液体，部分气体）的亥姆霍兹自由能可以被连接这两个点的一条直线表示。说明为什么在给定的体积下该组合比原始曲线表示的均匀态更稳定，并说明如何直接从 $F$ 的图中确定出这两个点的体积。

**习题 5.55** 本习题使用对比参数来研究范德瓦耳斯流体临界点附近的行为。

(1) 在 $V = V_c$ 处将范德瓦耳斯方程泰勒展开到第三阶。尝试说明在 $T$ 足够接近于 $T_c$ 时，$(V - V_c)$ 的二次方与其他项相比足够小，因此可以忽略。

(2) $P(V)$ 的曲线关于点 $V = V_c$ 是中心对称的。利用这一事实求出蒸气压随温度变化的近似公式，并估算临界点相边界的斜率 $dP/dT$。（你可以尝试绘制等温线帮助求解。）

(3) 在相同的极限下求出蒸气压下气相和液相之间的体积差。结果可以写为 $(V_g - V_l) \propto (T_c - T)^\beta$，式中，$\beta$ 是**临界指数**（critical exponent）。实验表明 $\beta$ 的值约为 1/3，并且具有普适性，但范德瓦耳斯模型预测的值更大。

(4) 使用上一问的结果计算出潜热与温度的函数，并绘制该函数。

(5) $T = T_c$ 时等温线的形状定义了另一个临界指数，称为 $\delta$：$(P - P_c) \propto (V - V_c)^\delta$。计算范德瓦耳斯模型的 $\delta$。（$\delta$ 的实验值通常在 4 或 5 附近。）

(6) 第三个关键指数描述了等温压缩率与温度的关系：

$$\kappa \equiv -\frac{1}{V}\left(\frac{\partial V}{\partial P}\right)_T$$

等温压缩率在临界点处发散，与 $(T - T_c)$ 的幂成正比。原则上该幂会根据从上方还是下方接近临界点而有所不同。因此，临界指数 $\gamma$ 和 $\gamma'$ 由以下关系定义：

$$\kappa \propto \begin{cases} (T - T_c)^{-\gamma} & \text{当 } T \to T_c \text{ 从上方趋近} \\ (T_c - T)^{-\gamma'} & \text{当 } T \to T_c \text{ 从下方趋近} \end{cases}$$

计算范德瓦耳斯模型临界点两边的 $\kappa$，并说明对该模型有 $\gamma = \gamma'$。

## 5.4　混合物的相变

当系统不止含有一种粒子的时候，它的相变行为会复杂得多。就比如说含有 79% 氮气和 21% 氧气的空气（简单起见，忽略其他多种量很少的成分），在大气压下降低这个混合物的温度时，你觉得会发生什么现象？你可能猜测所有的氧气都会在 90.2 K（纯氧气的沸点）时液化，留下纯的氮气，直到 77.4 K（纯氮气的沸点）它也会液化。然而，事实上直到 81.6 K 才会有包含 48% 的氧气的液体开始出现。固液相变也有类似的行为，如合金的结晶和火成岩的形成。我们该如何去理解这种现象呢？

### 5.4.1　混合物的吉布斯自由能

一如既往地，关键在于（吉布斯）自由能

$$G = U + PV - TS \tag{5.58}$$

我们来考虑一个具有两种分子 $A$ 和 $B$ 的系统，并假设它们在一开始是分开的：一边一种并且具有同样的温度和压强（见图 5.24）。假设我们可以改变 $A$ 和 $B$ 的比例但是保持总的分子数固定，如 1 mol。令 $G_A^\circ$ 为 1 mol 的纯 $A$ 的自由能，$G_B^\circ$ 为 1 mol 的纯 $B$ 的自由能。未混合的一部分 $A$ 和一部分 $B$ 的系统，其自由能就是简单的和：

$$G = (1-x)\,G_A^\circ + x G_B^\circ \quad （未混合） \tag{5.59}$$

式中，$x$ 是 $B$ 的分子数目占比，因此 $x = 0$ 代表纯 $A$，$x = 1$ 代表纯 $B$。未混合 $A$ 和 $B$ 的系统的 $G$ 关于 $x$ 的曲线其实是条直线，见图 5.25。

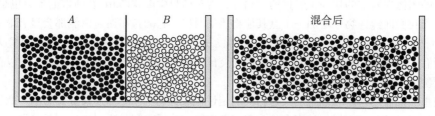

**图 5.24** 两种分子组成的系统在混合前和混合后的状态。

现在我们把 $A$ 和 $B$ 之间的挡板去掉并搅拌，直到系统变成了一个均匀的混合物。（只有各种成分都在分子层面上混合了，我才会称其为**混合物**（mixture）；盐和胡椒的"混合"并不符合这个标准。）这个时候自由能是如何变化的呢？从它的定义 $G = U + PV - TS$，我们知道 $G$ 可以因为 $U$、$V$ 和/或 $S$ 的变化而改变。能量 $U$ 可能会由于不同分子之间的作用力与相同分子间的不同，从而增加或减少；体积或许同样会随着这些力和分子的形状而增减。然而，熵几乎毫无疑问地会增加——因为排列分子的方式数目总会增加。

我们首先假设 $U$ 和 $V$ 的任何变化都可以被忽略，因此 $G$ 的变化全部来自于混合熵。进一

步地，我们假设混合熵可以用习题 2.38 中的公式计算；因此，1 mol 的总物质，混合熵就是

$$\Delta S_{混合} = -R\left[x\ln x + (1-x)\ln(1-x)\right] \tag{5.60}$$

这个式子被绘制在了图 5.25 中。它不仅对于理想气体成立，对于任何两种分子组成的液体或固体，它也成立，只要这两种分子大小相同且没有任何对近邻的"偏好"。式(5.60)成立且 $U$ 和 $V$ 在混合后不变时，该混合物的自由能就是

$$G = (1-x)\,G_A^\circ + xG_B^\circ + RT\left[x\ln x + (1-x)\ln(1-x)\right] \quad （理想混合物） \tag{5.61}$$

这个公式也被绘制在了图 5.25 中。具有这样简单的自由能公式的混合物称作**理想混合物**（ideal mixture）。液体和固体的混合物基本都不理想，但是这种理想情况仍旧可以作为定性理解某些现象的开始。

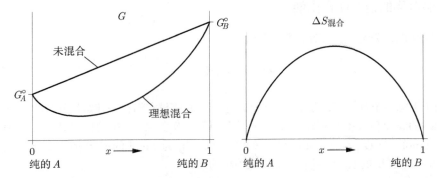

**图 5.25** 在混合之前，$A$ 和 $B$ 组成的系统的自由能是一个关于 $x = N_B/(N_A + N_B)$ 的线性函数；混合之后的情况有些复杂，这里展示了"理想"情况，它所对应的混合熵如右图所示。$\Delta S$ 和（混合后的）$G$ 都在 $x$ 的边界处具有竖直的切线，尽管在该图的尺度下可能不太明显。

　　式(5.60)的一个重要的性质就是在 $x = 0$ 和 $x = 1$ 处混合熵对 $x$ 的导数分别为正无穷和负无穷，即它的图像在两端的切线是竖直的。同理，吉布斯自由能式(5.61)在两端的导数也是无穷大；这导致了当我们向纯净物中增加一丁点其他物质的时候，它的吉布斯自由能都会显著地下降，除非 $T = 0$。[1] 尽管上面的公式是理想混合的情况，这个吉布斯自由能在两端的导数是负无穷的性质却是所有的混合物都具备的。因为一个系统会自发地走向最低的吉布斯自由能，所以在平衡的时候想要物质仍保持纯粹确实难如登天。

　　非理想的混合物通常和理想的具有相同的定性性质，但也不尽然。最重要的例外就是当我们混合物质的时候总能量会增加的混合物。若两种液体的分子之间的吸引力比同种分子小，例如水和油，它们混合的能量就会是下凹的函数，见图 5.26。在 $T = 0$ 时，自由能（$G = U + PV - TS$）是下凹的（如果我们忽略混合时 $V$ 的变化）；但是，在 $T \neq 0$ 的时候，这就是下凹的混合能与 $-T$ 乘以混合熵之间的竞争。在 $T$ 足够高的时候，熵的贡献总会更大，此时 $G$ 处处上凹。但是即使在比较低的非零 $T$ 时，熵仍旧决定了 $G$ 在两端附近的形状——因为混合熵在端点处具有无穷的导数，而当有微小的不纯时，混合能正比于不纯分子的数目，它只有有限的导数。所以在比较低的非零 $T$ 时，自由能的函数在两端附近是上凹的，在中心附近是下凹的，见图 5.26。

　　但是下凹的自由能函数意味着混合物变得不稳定：我们可以在其上取任意两点连成一条在这

---

[1]把一根针藏在一个干草堆里面所增加的熵远远比向一个已经有了几千根针的干草堆里面再加一根针所增加的熵多。

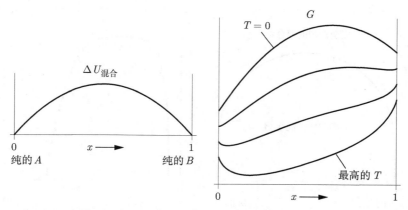

**图 5.26** 混合 $A$ 和 $B$ 通常会导致系统的能量增加。左图是一个简单的例子——混合能是二次函数（见习题 5.58）；右图是此时四个温度下的自由能。

个函数之下的直线，这个直线代表着未混合的两种"新的"物质 $a$ 和 $b$ 的自由能（见图 5.25 中直线的自由能所示的未混合的两个相），而它比均匀混合的自由能更低。如图 5.27，可能的最低的自由能就是与曲线的下凹区间上两边都相切的直线，切点为 $x_a$ 和 $x_b$。因此，若系统中 $B$ 占的总的比例（$x$）在 $x_a$ 与 $x_b$ 之间，它就会自发地分开，变成两种"新的"物质 $a$（$A$ 含量高）和 $b$（$B$ 含量高）的未混合系统；这个"新的"物质 $a$ 就是 $x_a$ 的物质 $B$ 和 $(1-x_a)$ 的物质 $A$ 的均匀混合物，而"新的"物质 $b$ 则是 $x_b$ 的物质 $B$ 和 $(1-x_b)$ 的物质 $A$ 的均匀混合物。这个时候我们就说该系统具有**溶解度间隙**（solubility gap），即物质 $A$ 和 $B$ 是**不混溶**（immiscible）的。降低系统的温度会拓宽它的溶解度间隙（见图 5.26）；增加温度会减少溶解度间隙直至为 0，此时 $G$ 处处上凹。

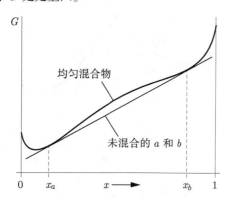

**图 5.27** 为了画出平衡时的自由能曲线，我们需要画一条直线，与曲线的下凹区间相切；在两种物质的比例位于两个切点之间时，二者将会自发地分开，变成两种"新的"物质 $a$ 和 $b$，来最小化它们的自由能。

如果我们把在每个温度下的 $x_a$ 和 $x_b$ 画出来，就得到了一个 $T$ 关于 $x$ 的相图，它告诉了我们该系统是由分离的两种混合物组成还是就是一种均匀的混合物，见图 5.28。在该曲线之上就是一种均匀的混合物，之下是分离的两种混合物。对于常见的水和油，在大气压下发生完全混合的临界温度远比水的沸点高得多。图 5.28 展示了一种不太常见的混合物——水和苯酚（$C_6H_5OH$），其临界混合温度是 67 ℃。

同液体混合物一样，固体混合也会出现溶解度间隙。然而，对于固体，由于 $A$ 和 $B$ 具有不同的晶体结构，情况会更加复杂。在这里，我们把纯 $A$ 和 $B$ 的晶体结构分别叫作 $\alpha$ 和 $\beta$。向 $\alpha$ 中加入几个 $B$ 分子，或者向 $\beta$ 中加入几个 $A$ 分子，由于混合熵的无穷的斜率，这总是可行的。

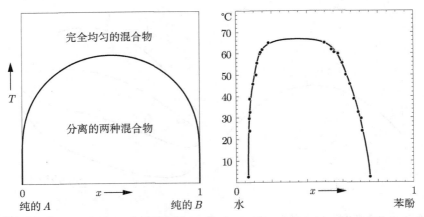

**图 5.28** 左图：混合能是图 5.26 中曲线的简单模型系统的相图。右图：水和苯酚的实验数据，与左图具有类似的定性行为。图片来自 Alan N. Campbell and A. Jean R. Campbell, *Journal of the American Chemical Society* **59**, 2481 (1937)。版权归 Journal of the American Chemical Society (1937) 所有，作者稍作修改（已获得许可）。

但是掺杂的分子太多，晶格的压强通常会很大，以至于显著地增加了它的能量。这种系统的自由能因此看起来就像图 5.29。再一次地，我们可以画出一条与两个上凹区间都相切的直线，因此也存在溶解度间隙：在切点的区间内稳定存在的是分离的两种混合物 $a$ 和 $b$——其组分由切点确定——而非单个的均一混合物。某些混合物还可能更复杂，因为在中间组分上，它们存在其他的稳定晶体结构，例如黄铜——铜和锌的合金——有五种可能的晶体结构，每种都在一个特定的组分范围内稳定。

**图 5.29** 具有两种不同晶体结构 $\alpha$ 和 $\beta$ 的两种固体混合物的自由能曲线。同样地，存在自由能最低的直线，表明 $A$ 或 $B$ 的比例在一定范围内时，稳定存在的是分离的两种混合物 $a$ 和 $b$ 而非整体都是均一的混合物。

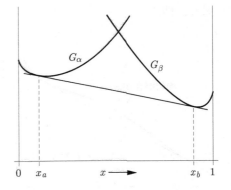

**习题 5.56** 证明理想混合物的混合熵在 $x=0$ 和 $x=1$ 时具有无穷的斜率。

**习题 5.57** 考虑仅由 100 个分子组成的理想混合物，其组分可以从纯 $A$ 到纯 $B$ 变化。使用计算机来计算混合熵与 $N_A$ 的关系，并绘制函数图像（以 $k$ 为单位）。假设一开始所有的分子都是 $A$，然后将 1 个分子替换为 $B$；这个过程熵会增加多少？若将第 2 个分子以及第 3 个分子替换为 $B$，熵会增加多少？

**习题 5.58** 在本习题中，你将以相对简单的方式对混合物的混合能进行建模，将溶解度间隙的存在与分子行为联系起来。考虑由 $A$ 和 $B$ 分子组成的混合物，该混合物只有一种特征不理想：相邻分子之间相互作用的势能依赖于分子的种类。令 $n$ 为任何给定分子平均的最近邻分子个数（可能为 6 或 8 或 10）。令 $u_0$ 是与相同的相邻分子（*A-A* 或 *B-B*）相互作用的平均势能，而 $u_{AB}$ 是与不同的相邻分子（*A-B*）相互作用的势能。忽略最近邻以外的相互作用，同时 $u_0$ 和 $u_{AB}$ 的值与 $A$ 和 $B$ 的数量无关。假设混合熵与理想情况相同。

(1) 说明当系统不混合时，所有近邻相互作用的总势能为 $\frac{1}{2}Nnu_0$。（提示：每个最近邻只需计算一次。）

(2) 系统混合时，求出以 $x$ 作为自变量的总势能的表达式，$x$ 是 $B$ 分子所占的比例。（假设混合完全随机。）

(3) 将 (2) 的结果减去 (1) 的结果以获得混合时的能量变化。尽可能地简化结果，你将得到与 $x(1-x)$ 成比例的表达式。对于 $u_{AB}$ 大于或小于 $u_0$ 的情况，分别绘制此函数与 $x$ 的关系图。

(4) 证明混合能量函数的斜率与混合熵函数的斜率不同，前者在两个端点处都是有限的。

(5) 当 $u_{AB} > u_0$ 时，绘制该系统在几个温度下吉布斯自由能与 $x$ 的关系图，并讨论你的结果。

(6) 温度升高时，溶解度间隙会减小。求出溶解度间隙消失时的温度。

(7) 若某液体混合物在低于 $100\,^\circ\mathrm{C}$ 时具有溶解度间隙，估计其 $u_{AB} - u_0$。

(8) 绘制出该系统（$T$ 关于 $x$）的相图。

## 5.4.2　互溶混合物的相变

现在让我们回到本节开头描述的过程，即氮气和氧气的混合物的液化。液氮和液氧完全互溶，因此液体混合物的自由能函数处处上凹；气态混合物的自由能也是处处上凹的。通过考虑这两个函数在不同温度下的关系，我们便可以理解该系统的行为并绘制其相图。

图 5.30 显示了理想系统的自由能函数，该系统在气相和液相中都表现为理想混合物。将 $A$ 和 $B$ 替换为氮和氧，其行为应该在定性上相似。我们将纯 $A$ 和纯 $B$ 的沸点分别记为 $T_A$ 和 $T_B$。在大于 $T_B$ 的温度下，无论比例如何，稳定相一定是气体，因此气体的自由能曲线完全低于液体。随着温度下降，两个自由能函数都增加（$\partial G/\partial T = -S$），但是气体的自由能增加得更多，因为它的熵更大。在 $T = T_B$ 时，曲线在 $x = 1$ 处相交，此时纯 $B$ 的液相和气相共存且处于平衡。随着 $T$ 进一步减小，交点向左移动，直到 $T = T_A$ 时，曲线在 $x = 0$ 处相交。在更低的温度下，无论比例是多少，液体的自由能都小于气体的自由能。

在中间温度即 $T_A$ 和 $T_B$ 之间下，随着 $x$ 的大小变化，液相或者气相会变得更稳定。但是我们注意到，总可以绘制一条与两曲线均相切且位于曲线下方的直线。因此，在两个切点之间，稳定构型是未混合的气体与液体，气体比例由左切点指定，液体比例由右切点指定，直线即该未混合情况的自由能。通过为 $T_A$ 和 $T_B$ 之间的每个温度绘制这样的直线，我们可以画出该系统的 $T$-$x$ 相图。混合物在图的上部区域中完全是气体，在下部区域中完全是液体，在两条曲线之间的区域中是未混合的气体与液体的组合。

图 5.31 显示了氮氧混合物的实验相图。虽然该图与理想的 $A$-$B$ 模型不完全相同，但其定性特征一致。从图中可以看出，如果你从类似空气的 79% 氮气和 21% 氧气的混合物开始并降低温度，在温度达到 81.6 K 之前它都将保持气体，之后液体才开始冷凝。此温度下的水平线与 $x = 0.48$ 处的靠下的曲线相交，因此液体最初为 48% 的氧。由于氧气比氮气更容易冷凝，因此与气态相比，液体中氧气更多；但它不是纯氧——因为混合熵给不纯相提供了很多的热力学优势。随着温度进一步降低，气体中的氧气逐渐耗尽，其成分比例沿着靠上的曲线向左下方移动。同时，液体的组成比例遵循靠下的曲线，也在增加其氮/氧比。在 79.0 K 时，最后一点冷凝的气体中只含有约 7% 的氧，液态的混合物中的氧含量达到整体的 21%，此时就没有气体了。

许多其他混合物的液气转变的表现与此类似。此外，对于某些混合物，固液转变也同样如此，例如铜-镍、硅-锗、常见的矿物橄榄石（从 $Fe_2SiO_4$ 到 $Mg_2SiO_4$）以及斜长石（见习题 5.64）。在所有这些系统中，固体所有的成分比例对应的晶体结构基本相同，因此两种纯固体可以以所有比例形成近似理想的混合物。这种混合物称为**固溶体**（solid solution）。

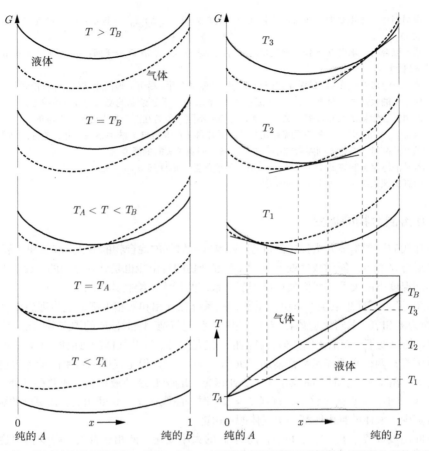

**图 5.30** 左边的五个图显示了在沸点 $T_A$ 和 $T_B$ 之上、之下和之间的温度下理想混合的液体和气体的自由能。右边显示了三个位于 $T_A$ 和 $T_B$ 中间温度的自由能图，以及如何从它们绘制相图。

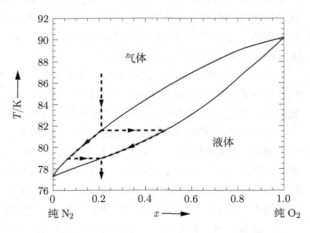

**图 5.31** 实验测得的氮氧混合物在大气压下的相图。数据来自 *International Critical Tables*（第 3 卷），端点调整为 Lide (1994) [58] 中的值。

**习题 5.59** 液化一个由 50% 的氮气和 50% 的氧气组成的混合物。详细描述该冷却过程，包括开始和结束液化时的温度和组分。

**习题 5.60** 气化一个由 60% 的氮和 40% 的氧组成的液体混合物。详细描述该升温过程，要给出沸腾开始和结束时的温度和组分。

**习题 5.61** 描述一种可能的从空气中获得 95% 纯度氧气的方法。

**习题 5.62** 在液相和气相共存的温度下，考虑一个由 $A$ 和 $B$ 两种分子组成的完全可混溶系统，其中 $B$ 的总粒子数比例为 $x$。若该温度下气相中 $B$ 的粒子数比例为 $x_a$，液相中 $B$ 的粒子数比例为 $x_b$。证明系统中液体与气体的比例为 $(x - x_a)/(x_b - x)$。这个公式也叫作**杠杆定则**（level rule）。并尝试在相图上以图形方式解释这个结果。

**习题 5.63** 本节中的所有讨论均假设系统的总压强恒定。如果增加或减小压强，氮氧相图会有哪些变化？为什么？

**习题 5.64** 图 5.32 显示了斜长石的相图，它可视为由钠长石（NaAlSi$_3$O$_8$）和钙长石（CaAl$_2$Si$_2$O$_8$）组成的混合物。

(1) 假设一块岩石中斜长石晶体从中心到边缘都有不同的组分，最大晶体的中心由 70% 的钙长石组成，而所有晶体的最外层基本上由纯钠长石组成。详细解释这种变化是如何产生的。形成岩石的液体岩浆的成分是什么？

(2) 假设另一块岩石顶部附近的晶体富含钠长石，而底部附近的晶体富含钙长石。解释这种变化是如何产生的。

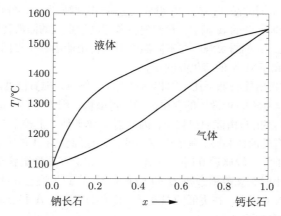

**图 5.32**（大气压下）斜长石的相图。摘自 N. L. Bowen, "The Melting Phenomena of the Plagioclase Feldspars", *American Journal of Science* **35**, 577–599 (1913)。

**习题 5.65** 图 5.30 中从自由能图构造相图时，我假设了液体和气体都是理想混合物。对于非理想情况，若液体具有相当大的正混合能，此时它的自由能曲线尽管依然上凹，但却更加平坦。在这种情况下，在温度为 $T_A$ 时，液体自由能曲线的一部分仍可能位于气体自由能曲线的上方。定性准确地绘制此系统的相图，并说明你是如何从自由能图中得到它的。论证存在一种特定的组分，若气体混合物凝结，成分不会发生变化。这种具有特殊组分的混合物为**共沸物**（azeotrope）。

**习题 5.66** 若液体具有相当大的负的混合能，重复上一道习题。此时在高于 $T_B$ 的温度下，液体的自由能曲线会低于气体的自由能曲线。构造相图，并证明该系统也有共沸物。

**习题 5.67** 在本习题中，你将尝试推导图 5.31 和图 5.32 中相边界曲线形状的近似公式。假设两相都是理想混合物，分别是液相和气相。

(1) 证明在理想的 $A$ 与 $B$ 的混合物中，成分 $A$ 的化学势可以写成

$$\mu_A = \mu_A^{\circ} + kT \ln(1 - x)$$

式中，$\mu_A^{\circ}$ 是（在相同温度和压强下）纯 $A$ 的化学势；$x = N_B/(N_A + N_B)$。对 $B$ 种物质推导类似的公式。请注意，两个公式不管是对于液相还是气相都成立。

(2) 在任意给定的温度 $T$ 下，令 $x_l$ 和 $x_g$ 分别表示彼此平衡时液相和气相中 $B$ 的组分。若可以设置

适当的化学势让它们彼此相等，证明此时的 $x_l$ 和 $x_g$ 满足

$$\frac{1 - x_l}{1 - x_g} = \mathrm{e}^{\Delta G_A^\circ / RT} \quad \text{以及} \quad \frac{x_l}{x_g} = \mathrm{e}^{\Delta G_B^\circ / RT}$$

式中，$\Delta G^\circ$ 表示在 $T$ 下发生相变时纯物质的 $G$ 的变化。

(3) 在有限的温度范围内，我们通常可以假设 $\Delta G^\circ = \Delta H^\circ - T\Delta S^\circ$ 与温度的关系主要来自公式中的 $T$；同时假设 $\Delta H^\circ$ 以及 $\Delta S^\circ$ 是常数。此时尝试用 $\Delta H_A^\circ$、$\Delta H_B^\circ$、$T_A$ 和 $T_B$（约去 $\Delta G$ 和 $\Delta S$）重写出 (2) 的结果。求出 $x_l$ 和 $x_g$ 与 $T$ 的关系。

(4) 利用上述结论，绘制出氮氧系统的相图。已知纯物质的潜热为 $\Delta H_{\mathrm{N}_2}^\circ = 5570\,\mathrm{J/mol}$ 和 $\Delta H_{\mathrm{O}_2}^\circ = 6820\,\mathrm{J/mol}$。并将你的结果与实验图 5.31 进行对比。

(5) 求出可以表示出图 5.32 形状的 $\Delta H^\circ$ 值。

### 5.4.3 共晶系统的相变

大多数双组分固体混合物在整个比例范围内具有不相同的晶体结构。图 5.29 所示的情况更为常见：它们具有两种不同的晶体结构，在组分接近纯 $A$ 和纯 $B$ 时，分别为结构 $\alpha$ 和 $\beta$；在中间组分时，稳定状态是未混合的 $\alpha$ 和 $\beta$。我们现在考虑这种系统的固液转变，假设 $A$ 和 $B$ 在液相中完全混溶。同样地，我们需要观察在不同温度下的自由能函数（见图 5.33）。简单起见，设纯 $B$ 的熔化温度 $T_B$ 高于纯 $A$ 的熔化温度 $T_A$。

在高温下，液体的自由能将低于任一固相的自由能。然后，随着温度降低，所有三个自由能函数将增加（$\partial G / \partial T = -S$），但液体的自由能增加得最快，因为它具有最大的熵。在 $T_B$ 以下，液体的自由能曲线与 $\beta$ 相的自由能曲线相交，因此当 $x$ 属于某一个较靠近 1 的范围时（即 $B$ 更多），稳定构型是未混合的液体和 $\beta$。随着温度降低，该范围会朝 $A$ 的方向变宽，最终液体曲线也与 $\alpha$ 曲线相交，并且当 $x$ 较靠近 0 时（即 $A$ 更多），也会存在稳定状态是分离的液体和 $\alpha$ 的情况。当 $T$ 进一步减小时，该范围会朝 $B$ 的方向变宽，直到最终它在**共晶点**（eutectic point）处与液体 $+ \beta$ 的稳定构型相交。在更低的温度下，稳定的状态是 $\alpha$ 和 $\beta$ 固体的未混合组合，此时液体的自由能高于这种组合。

共晶点定义了一个特殊的成分比例——该比例下的熔化温度是所有的比例中最低的，低于任意纯物质的熔点。因为共晶点附近的液体具有比未混合的固体组合更多的混合熵，所以它在低温下仍可以保持稳定。（固体混合物其实应该与液体具有差不多相同的混合熵，但是由于高度混合的固体对晶格施加的应力所导致的混合能太大，这阻止了固体的高度混合。）

共晶混合物的一个很好的例子是电路中使用的锡铅焊料。图 5.34 显示了锡铅混合物的相图。常见的电焊料的组分比例非常接近共晶点的 38% 质量的铅（原子数的 26%）。使用这种组合物有几个优点：熔化温度最低（183 °C）、焊料突然而非逐渐冻结、冷却的金属强度相对较高——两种不同结构的微小晶体在微观尺度上均匀交替。

许多其他混合物行为类似。大多数纯液晶的熔点非常高，因此通常使用共晶混合物来获取能在室温下使用的液晶。常见的混合物水 $+$ 食盐（NaCl）可以在 23% 的 NaCl 质量分数（共晶点）下拥有低至 $-21$ °C 的熔点。[1] 另一个熟悉的例子是汽车发动机的冷却剂——水和乙二醇（$\mathrm{HOCH_2CH_2OH}$）的混合物。纯水在 0 °C 时冻结，纯乙二醇在 $-13$ °C 时冻结，因此在寒冷的冬季夜晚它们都不会保持液态。幸运的是，这两种液体的 50%-50% 混合物（按体积计）在温度达到 $-31$ °C 之前都不会开始冻结；它的共晶点还要更低——56% 体积分数的乙二醇熔点为 $-49$ °C。[2]

---

[1] 水和氯化钠的相图见 Zemansky and Dittman (1997) [7]。

[2] 水和乙二醇的完整相图见 J. Bevan Ott, J. Rex Goates, and John D. Lamb, *Journal of Chemical Thermodynamics* **4**, 123–126

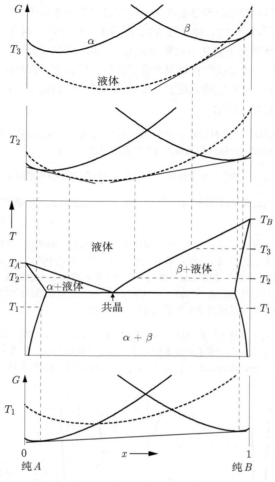

**图 5.33** 从自由能图构建共晶系统的相图。

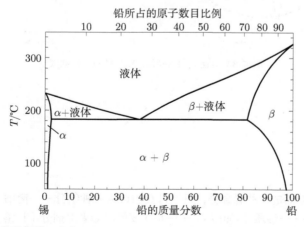

**图 5.34** 锡和铅的混合物的相图。来自 Thaddeus B. Massalski, ed., *Binary Alloy Phase Diagrams*, second edition (ASM International, Materials Park, OH, 1990)。

(1972)。

尽管共晶体系的相图看起来已经够复杂了，但许多双组分体系因中间组合物的其他晶体结构的存在，相图更为复杂；习题 5.71 和习题 5.72 进行了一些探讨。对于 3 组分系统，相图的组分比例的轴实际上是一个平面（通常用三角形表示）。你可以在冶金学、陶瓷学和岩石学的书籍中找到数百个复杂的相图。正如我们在这里所做的那样，所有这些都可以用自由能图来定性地理解。但本书只是抛砖引玉，这些更贴近现实的复杂情况就不再讨论了，让我们继续前进并进一步探索一些简单混合物的定量性质吧。

**习题 5.68** 水管工所用的焊料由质量分数为 67% 的铅和 33% 的锡组成。描述这种混合物冷却时会发生什么？并解释为什么这样的组合物比共晶组合物更适合用于连接管道？

**习题 5.69** 在冰冷的人行道上撒盐会发生什么？为什么在极冷气候下很少这样做？

**习题 5.70** 如果你向冰激凌机里面的冰水混合物加一些盐，会发生什么？详细解释它的温度是如何自发地降至 0°C 以下的。

**习题 5.71** 图 5.35（左）显示了一个具有三种可能固相（晶体结构）的两组分系统在特定温度下的自由能曲线，其中一种是基本上纯的 $A$，一种是基本上纯的 $B$，另一种是中间组分。可以通过绘制切线来确定不同的 $x$ 存在的是什么相。也可以简单地向上或向下移动液体自由能曲线（因为液体的熵大于任何固体的熵）来定性地确定其他温度下的情况。利用这种方法，绘制该系统的定性相图。最终应该存在两个共晶点。具有这种行为的系统包括水和乙二醇以及锡和镁。

**习题 5.72** 对图 5.35（右）重复上一道习题。你会发现结论上有重要的定性区别。在这张相图中，$\beta$ 和液体只有在温度低于某个点对应的温度时才能稳定存在，该点就是无限小量的 $\alpha$ 和 $\beta$ 可以与液体稳定共存的点，称为**包晶点**（peritectic point）。水和氯化钠以及白云石和石英都具有相同的定性行为。

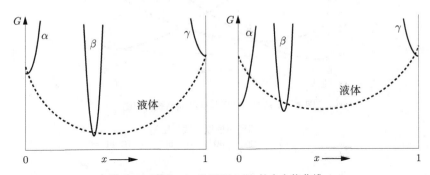

**图 5.35** 习题 5.71 和习题 5.72 的自由能曲线。

## 5.5 稀溶液

**溶液**（solution）就是一种混合物，只不过我们认为一种组分——**溶剂**（solvent）——是主要成分，而其他成分——**溶质**（solutes）——是次要的。如果溶剂分子比溶质分子多得多，则称其为**稀溶液**（dilute solution），见图 5.36。此时，每个溶质分子"始终"被溶剂分子包围，"永远不会"直接与其他溶质分子相互作用。在很多方面，稀溶液中溶质的行为与理想气体类似，因此，我们可以定量地预测稀溶液的许多性质（包括其沸点和熔点）。

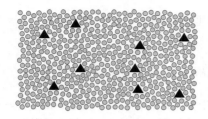

**图 5.36** 稀溶液中溶质比溶剂少得多。

### 5.5.1　溶剂与溶质的化学势

为了预测与环境存在相互作用的稀溶液的性质，我们需要先了解其溶质和溶剂的化学势。物质 $A$ 的化学势 $\mu_A$ 是通过公式 $\mu_A = \partial G / \partial N_A$ 与吉布斯自由能相关联的，因此，我们需要将稀溶液的吉布斯自由能写为溶剂和溶质的分子数的函数。正确得到这样一个 $G$ 的公式有些困难，但是非常值得尝试：一旦我们知道了这个公式，各种应用都变得可能。

我们先从纯溶剂 $A$ 开始。它的吉布斯自由能就是 $N_A$ 乘以化学势：

$$G = N_A \mu_0(T, P) \quad （纯溶剂） \tag{5.62}$$

式中，$\mu_0$ 是纯溶剂的化学势，它是温度和压强的函数。

现在我们向其中加入一个 $B$ 分子，同时保持温度和压强不变。在这个操作后（吉布斯）自由能变化了

$$dG = dU + P\,dV - T\,dS \tag{5.63}$$

这个式子很重要的一点是 $dU$ 和 $P\,dV$ 与 $N_A$ 无关：它们都只和 $B$ 分子如何与它周围的分子作用有关，而与总共有多少 $A$ 分子无关。至于 $T\,dS$ 项就比较复杂了，一部分 $dS$ 与 $N_A$ 无关，但是另一部分来源于如何放置 $B$ 分子的可行方案数目，而这个数目正比于 $N_A$。这样一来此操作（加入一个 $B$）就使得总的重数乘以了正比于 $N_A$ 的一个数，因此，熵增 $dS$ 中含有一项 $k \ln N_A$：

$$dS = k \ln N_A + （与 N_A 无关的项） \tag{5.64}$$

所以吉布斯自由能的变化可以写为

$$dG = f(T, P) - kT \ln N_A \quad （加入一个 B 分子） \tag{5.65}$$

式中，$f(T, P)$ 是一个与温度和压强有关、与 $N_A$ 无关的函数。

下面，我们向纯溶液中加入两个 $B$ 分子，对于该操作，我们基本上可以重复上述过程两次，并写出

$$dG = 2f(T, P) - 2kT \ln N_A \quad （错误的） \tag{5.66}$$

问题在于熵的变化不是之前的两倍——由于两个 $B$ 分子相同，交换这两个分子不会产生一个新的态，因此我们需要将重数除以 2，也即从熵中减去 $k \ln 2$。此时，

$$dG = 2f(T, P) - 2kT \ln N_A + kT \ln 2 \quad （加入两个 B 分子） \tag{5.67}$$

接下来扩展到 $N_B$ 个 $B$ 分子的情况就很简单了：$f(T, P)$ 和 $-kT \ln N_A$ 的系数自然是 $N_B$；

考虑了 $B$ 分子的可交换性之后，$kT \ln 2$ 项所对应的就是 $kT \ln N_B! \approx kT N_B (\ln N_B - 1)$。最后再将纯溶剂的自由能加入进来，我们就得到了

$$G = N_A \mu_0 (T, P) + N_B f (T, P) - N_B kT \ln N_A + N_B kT \ln N_B - N_B kT \tag{5.68}$$

这个公式在 $N_B \ll N_A$ 即稀溶液假设时成立。对于不那么稀的溶液，情况复杂得多——因为 $B$ 分子之间也可以相互作用了。若溶质不止一种，上式中除第一项以外的项都会分别把 $N_B$ 替换成 $N_C$、$N_D$ 等并求和。

这样一来，我们马上就可以利用式(5.68)得到溶质和溶剂的化学势：

$$\mu_A = \left( \frac{\partial G}{\partial N_A} \right)_{T, P, N_B} = \mu_0 (T, P) - \frac{N_B kT}{N_A} \tag{5.69}$$

$$\mu_B = \left( \frac{\partial G}{\partial N_B} \right)_{T, P, N_A} = f (T, P) + kT \ln \left( \frac{N_B}{N_A} \right) \tag{5.70}$$

和我们所预期的一样，加入更多的溶质将会降低 $A$ 的化学势并提高 $B$ 的化学势。顺带一提，$\mu_A$ 和 $\mu_B$ 这两个量都是强度量，只取决于两个广延量的比例 $N_B/N_A$，与溶质或溶剂的分子的绝对数目没有关系。

一般我们将式(5.70)写为溶液的**质量摩尔浓度**（molality）[1] 的表达式。质量摩尔浓度定义为每千克溶剂溶质的物质的量：

$$\text{质量摩尔浓度} = m = \frac{\text{溶质的物质的量}}{\text{溶剂千克数}} \tag{5.71}$$

质量摩尔浓度是一个常数乘以 $N_B/N_A$，而常数做对数以后可以被写到 $f(T, P)$ 里面去，变成一个新的函数 $\mu^\circ (T, P)$。这样一来，溶质的化学势就可以写成

$$\mu_B = \mu^\circ (T, P) + kT \ln m_B \tag{5.72}$$

式中，$m_B$ 是溶质的质量摩尔浓度（物质的量每千克）；$\mu^\circ$ 是"标准"条件 $m_B = 1$ 时的化学势。$\mu^\circ$ 的值可以从吉布斯自由能的表格中查到，因此式(5.72)就将表格中的标准值和任何其他质量摩尔浓度时的值联系了起来（只要仍旧是稀溶液）。

**习题 5.73** 如果式(5.68)是正确的，它一定具有广延量的性质：若将 $N_A$ 和 $N_B$ 都增加一个公因子，同时保持所有强度量不变，$G$ 也应该增加相同的因子。说明式(5.68)的确具有此性质。同时证明如果不增加与 $\ln N_B!$ 成比例的项，将不再具有此性质。

**习题 5.74** 证明式(5.69)和式(5.70)满足恒等式(5.37) $G = N_A \mu_A + N_B \mu_B$。

**习题 5.75** 将稀溶液的吉布斯自由能式(5.68)与理想混合物的吉布斯自由能式(5.61)进行比较。在何种情况下这两个公式一致？证明他们确实满足这种情况，并在这种情况下确定函数 $f(T, P)$。

---

[1]这里的质量摩尔浓度与**体积摩尔浓度**（molarity）并不相同。后者定义为每升溶剂中溶质的物质的量。虽然对于水的稀溶液来说，二者几乎一致。

### 5.5.2　渗透压

作为式(5.69)的第一个应用，我们来考虑下述情形：溶液与纯溶剂被只允许溶剂分子通过的半透膜隔开（见图 5.37）。植物或动物的细胞膜就是一种半透膜，它允许水和其他小分子通过，但较大分子或带电离子并不能通过。其他的半透膜在工业中使用，例如用于海水淡化。

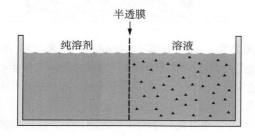

**图 5.37** 在同一温度和压强下，当溶液与纯溶剂被半透膜隔开的时候，溶剂会自发地流向溶液。

根据式(5.69)，在同一温度和压强下，溶液中溶剂的化学势比纯溶剂的低，而分子倾向于流向化学势更低的部分，因此这种情况下溶剂分子会自发地从纯溶剂流向溶液。这种分子的流动称作**渗透**（osmosis）。渗透的发生并不令人惊讶：溶剂分子不断地撞击两侧的膜，但在溶剂浓度更高的一侧更加频繁，因此宏观上看它们就从溶剂跑到了溶液中去。

若想要阻止渗透的发生，你必须向溶液增加额外的压强（见图 5.38）。我们需要多大的压强呢？显然，这两个压强必须刚好使两边的化学势相等，根据式(5.69)，这个条件就是

$$\mu_0\left(T, P_1\right) = \mu_0\left(T, P_2\right) - \frac{N_B kT}{N_A} \tag{5.73}$$

式中，$P_1$ 是纯溶剂端的压强，$P_2$ 是溶液端的压强。若假设这两个压强相差不大，我们可以使用近似：

$$\mu_0\left(T, P_2\right) \approx \mu_0\left(T, P_1\right) + \left(P_2 - P_1\right)\frac{\partial \mu_0}{\partial P} \tag{5.74}$$

代入式(5.73)，有

$$\left(P_2 - P_1\right)\frac{\partial \mu_0}{\partial P} = \frac{N_B kT}{N_A} \tag{5.75}$$

为了估计 $\partial \mu_0 / \partial P$，我们回忆，纯净物的化学势就是每个粒子的吉布斯自由能，即 $G/N$。我们又知道 $\partial G / \partial P = V$（固定 $T$ 和 $N$），因此这个导数就是

$$\frac{\partial \mu_0}{\partial P} = \frac{V}{N} \tag{5.76}$$

即每个溶剂分子的体积。但是由于稀溶液每个溶剂分子的体积和纯溶剂基本一样，所以我们仍旧使用式(5.76)中的 $V$ 表示溶液体积，将 $N$ 替换为溶液中的溶剂分子数 $N_A$。此时，式(5.75)变为

$$\left(P_2 - P_1\right)\frac{V}{N_A} = \frac{N_B kT}{N_A} \tag{5.77}$$

或者更简单的

$$\left(P_2 - P_1\right) = \frac{N_B kT}{V} = \frac{n_B RT}{V} \tag{5.78}$$

（式中，$n_B/V$ 是每单位体积中的溶质物质的量。）这个压强差就叫作**渗透压**（osmotic pressure），

它就是溶液一侧防止渗透所需的额外压强。

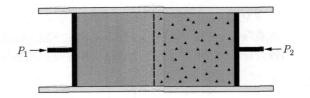

**图 5.38** 为了阻止渗透的发生，$P_2$ 必须比 $P_1$ 大一个**渗透压**。

这个关于稀溶液的渗透压公式称作**范托夫公式**（van't Hoff's formula），用来纪念 Jacobus Hendricus van't Hoff。这个公式表明渗透压就是与溶质同浓度的理想气体的压强。实际上，一旦我们平衡了两侧溶剂的压强，就很容易将渗透压想象成完全是由溶质带来的。这种解释并不是好的物理解释，但我仍可以用它来辅助记住公式。

举个例子，考虑生物细胞中的离子、糖、氨基酸和其他分子组成的溶液。一个普通的细胞中，大约每 200 个水分子会有一个其他的分子，因此这个溶液是足够稀的。由于 1 mol 水的质量为 18 g，体积为 18 cm³，因此每单位体积的溶质物质的量为

$$\frac{n_B}{V} = \left(\frac{1}{200}\right)\left(\frac{1\,\text{mol}}{18\,\text{cm}^3}\right)\left(\frac{100\,\text{cm}}{1\,\text{m}}\right)^3 = 278\,\text{mol/m}^3 \tag{5.79}$$

若你把一个细胞放入纯水中，它将会通过渗透吸收水，直到其压与外界的差为渗透压，即，在室温下压强差为

$$(278\,\text{mol/m}^3)\,(8.3\,\text{J/(mol·K)})\,(300\,\text{K}) = 6.9 \times 10^5\,\text{N/m}^2 \tag{5.80}$$

这是大约 7 atm。动物的细胞膜在此压强下毫无疑问会破裂，但是植物细胞得益于其细胞壁，可以承受此压强。

**习题 5.76** 海水的盐度为 3.5%，这意味着蒸发完 1 kg 海水后最终锅中将剩下 35 g 的固体（主要是氯化钠）。溶解时，氯化钠分解为单独的 $Na^+$ 和 $Cl^-$ 离子。

(1) 计算海水和淡水之间的渗透压差。简单起见，假设海水中所有溶解的盐均为氯化钠。

(2) 如果对通过半透膜与纯溶剂分离的溶液施加大于渗透压的压差，则会发生**反渗透**（reverse osmosis）：溶剂从溶液中流出。此过程可用于淡化海水。计算淡化 1 kg 海水所需的最少功。并讨论为什么实际所需的功要大于刚才计算的最小值。

**习题 5.77** 通过测量渗透压可确定大分子的分子量，如蛋白质。为了使大分子溶液符合"稀溶液"的条件，其质量摩尔浓度必须非常低，此时渗透压可能太小而无法精确测量。因此，通常的测量步骤是在各种浓度下测量渗透压，然后将结果外推到零浓度的极限。下面的表格显示了 3 °C 时溶解在水中的血红蛋白的一些数据：[1]

| 浓度/(g/L) | $\Delta h$/cm |
|---|---|
| 5.6 | 2.0 |
| 16.6 | 6.5 |
| 32.5 | 12.8 |
| 43.4 | 17.6 |
| 54.0 | 22.6 |

表中的 $\Delta h$ 是平衡时溶液与纯溶剂之间的液面差，见图 5.39。通过这些测量，尝试确定血红蛋白的近似分子量（以 g/mol 计）。

---

[1] 数据来自 H. B. Bull, *An Introduction to Physical Biochemistry*, second edition (F. A. Davis, Philadelphia, 1971)。测量由 H. Gutfreund 完成。

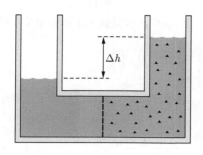

**图 5.39** 用于测量渗透压的实验装置。溶剂从左到右流过半透膜，直到液位差 $\Delta h$ 足以提供渗透压。

**习题 5.78** 因为渗透压可以很大，你或许会好奇式(5.74)中的近似在实践中还是否有效：在我们要求的精度下，$\mu_0$ 是否还是 $P$ 的线性函数？为了回答此问题，尝试用实例讨论该函数的导数在相关压强范围内是否会发生显著变化。

### 5.5.3　熔点与沸点

在第 5.4 节中，我们见识到了物质不纯是如何改变其熔点和沸点的。我们现在就准备好定量计算稀溶液的这些改变了。

我们先来考虑一个处在它沸点的稀溶液，其液相和气相处于动态平衡（见图 5.40）。假设溶质完全不蒸发——比如盐溶于水的稀溶液，这个近似没有任何问题。气体没有溶质，因此我们只需要考虑溶剂的平衡条件：

$$\mu_{A,\text{液}}(T,P) = \mu_{A,\text{气}}(T,P) \tag{5.81}$$

利用式(5.69)，将左边改写为

$$\mu_0(T,P) - \frac{N_B kT}{N_A} = \mu_{\text{气}}(T,P) \tag{5.82}$$

式中，$\mu_0$ 是纯溶剂的化学势。

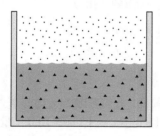

**图 5.40** 溶质的存在降低了溶剂蒸发的趋势。

现在，就像之前推导渗透压所做的一样，我们把每一个 $\mu$ 在纯溶剂的平衡点附近展开。因为 $\mu$ 取决于温度和压强，我们可以保持一个不变而让另一个变化。我们先保持温度不变。令 $P_0$ 为纯溶剂在温度 $T$ 下的蒸气压，因此

$$\mu_0(T,P_0) = \mu_{\text{气}}(T,P_0) \tag{5.83}$$

在 $P_0$ 处展开式(5.82)，有

$$\mu_0(T,P_0) + (P-P_0)\frac{\partial \mu_0}{\partial P} - \frac{N_B kT}{N_A} = \mu_{\text{气}}(T,P_0) + (P-P_0)\frac{\partial \mu_{\text{气}}}{\partial P} \tag{5.84}$$

等式两边的第一项根据式(5.83)可以消掉, 并且每一个 $\partial\mu/\partial P$ 都是该相下的每个分子的体积, 即

$$(P - P_0)\left(\frac{V}{N}\right)_{液} - \frac{N_B kT}{N_A} = (P - P_0)\left(\frac{V}{N}\right)_{气} \tag{5.85}$$

气相中的每个分子的体积就是 $kT/P_0$, 相比较之下, 液相的 $V/N$ 就可以忽略了。上式就可以简化为

$$P - P_0 = -\frac{N_B}{N_A}P_0 \quad 或 \quad \frac{P}{P_0} = 1 - \frac{N_B}{N_A} \tag{5.86}$$

也就是说, 蒸气压下降了溶质和溶剂分子数的比这么多。这个结论称作**拉乌尔定律**（Raoult's law）。在分子层面上, 蒸气压的降低是由额外的溶质降低了液体表面的溶剂分子数所引起的——溶剂逃逸成蒸气的频率降低了。

当然, 我们也可以让压强固定改变温度来使得存在溶质时仍可以达到液气相的平衡。令 $T_0$ 为纯溶剂在压强 $P$ 下的沸点, 我们有

$$\mu_0(T_0, P) = \mu_{气}(T_0, P) \tag{5.87}$$

在 $T_0$ 处展开式(5.82), 有

$$\mu_0(T_0, P) + (T - T_0)\frac{\partial\mu_0}{\partial T} - \frac{N_B kT}{N_A} = \mu_{气}(T_0, P) + (T - T_0)\frac{\partial\mu_g}{\partial T} \tag{5.88}$$

同样地, 等式两边的第一项消掉了。每一个 $\partial\mu/\partial T$ 就是该相的负的每个分子的熵（因为 $\partial G/\partial T = -S$）, 因此

$$-(T - T_0)\left(\frac{S}{N}\right)_{液} - \frac{N_B kT}{N_A} = -(T - T_0)\left(\frac{S}{N}\right)_{气} \tag{5.89}$$

和前面一样, $S$ 下面的 $N \approx N_A$, 这样一来 $S$ 就代表 $N_A$ 个溶剂分子的熵。我们知道, 气相和液相熵的差就是 $L/T_0$, 这里 $L$ 是汽化潜热。因此, 沸点的变化为

$$T - T_0 = \frac{N_B kT_0^2}{L} = \frac{n_B RT_0^2}{L} \tag{5.90}$$

式中, 我在等号右边做了 $T \approx T_0$ 的近似。

举个例子, 我们来计算一下海水的沸点。为了简便, 我们考虑 $1\,\mathrm{kg}$ 的海水。它的蒸发潜热 $L$ 是 $2260\,\mathrm{kJ}$, 含有 $35\,\mathrm{g}$ 溶解了的盐, 绝大部分是氯化钠。Na 和 Cl 的平均分子量大约是 29, 因此 $35\,\mathrm{g}$ 盐可以溶解出 $35/29 = 1.2\,\mathrm{mol}$ 的离子。因此相对于纯水, 海水的沸点偏移了

$$T - T_0 = \frac{(1.2\,\mathrm{mol})(8.3\,\mathrm{J/(mol\cdot K)})(373\,\mathrm{K})^2}{2260\,\mathrm{kJ}} = 0.6\,\mathrm{K} \tag{5.91}$$

为了计算给定温度下蒸气压的变化, 我们需要知道 $1\,\mathrm{kg}$ 水包含了 $1000/18 = 56\,\mathrm{mol}$ 的水分子。所以, 根据拉乌尔定律,

$$\frac{\Delta P}{P_0} = -\frac{1.2\,\mathrm{mol}}{56\,\mathrm{mol}} = -0.022 \tag{5.92}$$

这两个偏移都非常小: 海水几乎和纯水一样容易蒸发。遗憾的是, 沸点的偏移只会在溶液不再是稀溶液时才会明显, 然而此时, 这些公式就变得不准确了（尽管它们仍然可以给出粗略的估计）。

与式(5.90)基本相同的公式给出了稀溶液的冰点的变化。因为证明实在是太相似了，我把它放在了习题 5.81 中；我还会让你想一想为什么冰点会降低而非增加。对于水和大多数其他溶剂，由于融化的 $L$ 较蒸发小，因此冰点的变化略大于沸点的变化。

蒸气压、沸点和冰点的变化以及渗透压都称为稀溶液的**依数性**（colligative property）。它们仅取决于溶质的量，而不取决于溶质的类型。

**习题 5.79** 大多数意式面食食谱都指示我们要将一茶匙盐加入一锅开水中。这样做对沸点有很大影响吗？粗略给出数字估计。

**习题 5.80** 使用克劳修斯-克拉珀龙方程直接从拉乌尔定律推导出式(5.90)。仔细解释推导逻辑。

**习题 5.81** 假设固相是没有溶质的纯溶剂，推导一个类似于式(5.90)的公式以计算稀溶液冰点的偏移。你会发现变化是负的：溶液的冰点低于纯溶剂的熔点。从第 5.4 节的角度解释为什么这种变化是负的。

**习题 5.82** 使用上一习题的结果来计算海水的冰点。

## 5.6 化学平衡

化学反应有一个非常有意思的现象——它们很少能够彻底完成。例如，我们考虑水解离为 $H^+$ 和 $OH^-$ 的反应：

$$H_2O \longleftrightarrow H^+ + OH^- \tag{5.93}$$

在通常情况下，这个反应向左发生的倾向很强。普通的一杯水中每 5 亿个水分子才会有一对 $H^+$ 和 $OH^-$。我们容易很天真地认为这是因为水分子比离子"更稳定"，但这显然是以偏概全了——如果只是这样的话，水中就不会有这两种离子了，而事实上，一杯水中有几千万亿个离子。

一种理解为什么在平衡时总是存在"不稳定"离子的方法是从分子层面上去考虑碰撞。在室温下，水分子总是互相以很高的速度碰撞，每过一会儿，一次足够猛烈的碰撞就可以把水分子分成两个离子；接下来，离子互相分开，直到它们在非常稀的溶液中偶然碰到新的离子然后结合。最终，水分子的分离与结合达到了一个动态平衡，尽管二者都极少发生。

更抽象地说，我们可以使用吉布斯自由能来讨论这个平衡。在室温和大气压下，每种物质的浓度达到平衡时，吉布斯自由能

$$G = U - TS + PV \tag{5.94}$$

最小。我们可能会觉得这个最小值在只有水分子而没有离子时出现。确实，一杯纯水的能量比一杯纯离子低得多，因此前者的吉布斯自由能低得多；但是，只破坏一小部分分子使之成为离子的吉布斯自由能更低，因为熵增加了很多。越高的温度，熵对 $G$ 的贡献就更大，离子也就更多。

将吉布斯自由能表示为**反应进度**（extent of reaction）的函数是很有用的，在这个例子中，这个进度就是水被分成离子的比例 $x$。若全部的水分子都没有分离，$x = 0$；若全部的水分子都分开了，$x = 1$。如果水分子与离子没有混合，其总的吉布斯自由能是一条斜率很大的直线（见图 5.41）；如果我们让二者可以混合，混合熵会给 $G$ 增加额外的上凹项。就如同我们在第 5.4 节中讨论过的那样，这个项在 $x = 0$ 和 $x = 1$ 时具有无穷的斜率。因此，无论反应物与生成物有多大的能量差，在靠近两个端点的区间上总会存在一个平衡点——$G$ 的最小值点。（实际中这个位置可能比阿伏伽德罗常量的倒数还小，这时候这个反应就可以算作能够彻底进行的了。）

我们可以用吉布斯自由能的斜率为零得出这个平衡点。换句话说，若额外又有一个水分子被

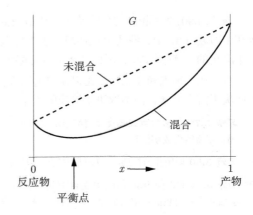

**图 5.41** 如果反应物与产物保持未混合的状态，其自由能是一条直线；当二者混合时，$G$ 就会在 $x=0$ 与 $x=1$ 之间存在一个最小值。

解离了，$G$ 和原先是一样的：

$$0 = \mathrm{d}G = \sum_i \mu_i \, \mathrm{d}N_i \tag{5.95}$$

最后一个等号就是在温度和压强恒定时的 $G$ 的热力学恒等式。这个求和的对象是三种物质：$H_2O$、$H^+$ 和 $OH^-$。但是这三种物质对应的 $N$ 的变化不是相互独立的—— $H^+$ 一定和 $OH^-$ 一起增加、和 $H_2O$ 一起减少一样的数字。一个水分子解离对应的变化就是

$$\mathrm{d}N_{H_2O} = -1, \quad \mathrm{d}N_{H^+} = 1, \quad \mathrm{d}N_{OH^-} = 1 \tag{5.96}$$

代入式(5.95)得

$$\mu_{H_2O} = \mu_{H^+} + \mu_{OH^-} \tag{5.97}$$

在平衡时，这个化学势之间的关系必然成立。由于每一个化学势都是该物质的浓度的函数（更高浓度对应着更高的化学势），这个关系就决定了平衡时各种物质的浓度。

在推广到任意化学反应之前，我们再来看个例子——氮气和氢气合成氨：

$$N_2 + 3\,H_2 \longleftrightarrow 2\,NH_3 \tag{5.98}$$

同样地，平衡时 $\sum_i \mu_i \, \mathrm{d}N_i = 0$ 对应的各个 $\mathrm{d}N$ 就是

$$\mathrm{d}N_{N_2} = -1, \quad \mathrm{d}N_{H_2} = -3, \quad \mathrm{d}N_{NH_3} = +2 \tag{5.99}$$

这也就是平衡条件

$$\mu_{N_2} + 3\mu_{H_2} = 2\mu_{NH_3} \tag{5.100}$$

现在这个规律就很明显了：平衡条件总是和反应方程一样，只不过是把物质换成它们对应的化学势，把 $\leftrightarrow$ 换成 $=$。若把这个规则写成公式，我们需要先规定一下记号。令 $X_i$ 代表反应中第 $i$ 个物质的化学名称；令 $\nu_i$ 代表该物质对应的化学计量系数，即在每次反应发生时有多少个 $i$ 物质分子参与了反应（比如，前面的例子中 $\nu_{H_2} = 3$）。任意的反应方程式形式如下：

$$\nu_1 X_1 + \nu_2 X_2 + \cdots \longleftrightarrow \nu_3 X_3 + \nu_4 X_4 + \cdots \tag{5.101}$$

它所对应的平衡条件就是

$$\nu_1\mu_1 + \nu_2\mu_2 + \cdots = \nu_3\mu_3 + \nu_4\mu_4 + \cdots \tag{5.102}$$

接下来就需要把每一种反应物的化学势 $\mu_i$ 用它的浓度表达出来，这样一来我们就可以从中解出平衡时的浓度了。我可以更一般地解释如何完成这件事，但由于气体、溶质、溶剂和纯物质都必须以不同的方式处理，因此通过四个实例来演示这个过程会更加容易（也更有趣）。

**习题 5.83** 对于下列的化学反应写出平衡条件：

(1) $2\,H \longleftrightarrow H_2$

(2) $2\,CO + O_2 \longleftrightarrow 2\,CO_2$

(3) $CH_4 + 2\,O_2 \longleftrightarrow 2\,H_2O + CO_2$

(4) $H_2SO_4 \longleftrightarrow 2\,H^+ + SO_4{}^{2-}$

(5) $2\,p + 2\,n \longleftrightarrow {}^4He$

### 5.6.1　固氮

首先，我们来考虑气体反应式(5.98)——氮气和氢气反应生成氨（$NH_3$）。这个反应称作"固氮"过程——它将氮气变成了植物可以吸收并用来生成氨基酸和其他重要化合物的形式。

这个反应的平衡条件就是式(5.100)。若假设每一种物质都是理想气体，我们就可以用式(5.40)改写每一个化学势：

$$\mu_{N_2}^\circ + kT\ln\left(\frac{P_{N_2}}{P^\circ}\right) + 3\mu_{H_2}^\circ + 3kT\ln\left(\frac{P_{H_2}}{P^\circ}\right) = 2\mu_{NH_3}^\circ + 2kT\ln\left(\frac{P_{NH_3}}{P^\circ}\right) \tag{5.103}$$

式中，所有的 $\mu^\circ$ 都代表该物质在它的"标准状态"——分压为 $P^\circ$——下的化学势。通常，我们取 $P^\circ$ 为 $1\,\mathrm{bar}$。将上式变形，把 $\mu^\circ$ 写到右边而对数项写到左边去，有

$$kT\ln\left(\frac{P_{N_2}}{P^\circ}\right) + 3kT\ln\left(\frac{P_{H_2}}{P^\circ}\right) - 2kT\ln\left(\frac{P_{NH_3}}{P^\circ}\right) = 2\mu_{NH_3}^\circ - \mu_{N_2}^\circ - 3\mu_{H_2}^\circ \tag{5.104}$$

现在，我们把两边同时乘以阿伏伽德罗常量，右边就变成了该反应的"标准"吉布斯自由能 $\Delta G^\circ$：在 $1\,\mathrm{bar}$ 下，$1\,\mathrm{mol}$ 的纯氮气与 $3\,\mathrm{mol}$ 的纯氢气反应生成 $2\,\mathrm{mol}$ 的纯氨气的假想反应的 $G$ 的变化。而 $\Delta G^\circ$ 通常是可以在参考表格中查到的。同时，我们可以将左边的对数写到一起：

$$RT\ln\left[\frac{P_{N_2}P_{H_2}^3}{P_{NH_3}^2\left(P^\circ\right)^2}\right] = \Delta G^\circ \tag{5.105}$$

经过变形，有

$$\frac{P_{NH_3}^2\left(P^\circ\right)^2}{P_{N_2}P_{H_2}^3} = e^{-\Delta G^\circ/RT} \tag{5.106}$$

式(5.106)就是我们最后的结果。左边就是平衡时三种气体的分压，各自的指数是其化学计量系数；反应物在分母上、产物在分子上；再加上参考压强 $P^\circ$ 来将整个分数无量纲化。右边的量叫作**平衡常数**（equilibrium constant）$K$：

$$K \equiv e^{-\Delta G^\circ/RT} \tag{5.107}$$

它是温度的函数（不光是显式的 $T$，$\Delta G°$ 也与温度有关），但并不是当前气体的量的函数。通常，我们一劳永逸地计算出 $K$（在给定温度下），并把公式写成

$$\frac{P_{NH_3}^2 (P°)^2}{P_{N_2} P_{H_2}^3} = K \tag{5.108}$$

这个方程称作**质量作用定律**（law of mass action）。（名字确实很奇怪，不必深究。）

即便我们不知道 $K$ 的值，式(5.108)也可以告诉我们很多关于这个反应的信息。假设这些气体一开始处在平衡状态，若之后你加入了更多的氮气或氢气，你所加入的气体的一部分会反应形成氨气来保持平衡。若你加入了一些氨气，一部分就需要转化为氮气和氢气。若你把氮气和氢气的分压都加倍，氨气的分压就需要变成原先的 *4* 倍才能保持平衡，因此增加总压强会产生更多氨气。**勒夏特列原理**（Le Chatelier's principle）定性描述了处在平衡状态的系统是如何回应改变的：

> 当你扰动一个处于平衡的系统时，系统会部分地减轻这个扰动。

举个例子，当你增加总的压强的时候，更多的氮气和氢气会反应成为氨气，降低整体的分子数来减少整体的压强。

为了更加定量地了解这个反应，我们需要知道平衡常数 $K$ 的值。有些时候你可以找到某些包含了这个量的参考表格，但是更多的时候你需要利用式(5.107)从 $\Delta G°$ 算出来。标准表格告诉我们，在 298 K 下生成 2 mol 的氨气的反应的 $\Delta G° = -32.9\,kJ$，因此，平衡常数就是

$$K = \exp\left[\frac{+32\,900\,J}{(8.31\,J/K)(298\,K)}\right] = 5.9 \times 10^5 \tag{5.109}$$

因此这个反应极其倾向于向右进行，即从氮气和氢气生成氨。

在更高的温度下，$K$ 变小了很多（见习题 5.86），所以你可能会觉得工业上制造氨气是在较低的温度下进行的。然而，平衡条件与反应速率没有任何关系。事实上，若没有使用好的催化剂，这个反应速率在低于 700 ℃ 时实在是太慢，甚至完全看不出来。有些细菌确实含有可以在室温下固氮的催化剂（酶），但是对于工业生产，最著名的催化剂需要约 500 ℃ 的温度才能达到可接受的生产速率。在该温度下，平衡常数仅为 $6.9 \times 10^{-5}$，因此需要非常高的压强来产生足够的氨。现代使用的工业固氮工艺采用铁-钼催化剂，温度约为 500 ℃，总压强约为 400 atm，由德国化学家 Fritz Haber 在 20 世纪初开发。这一过程彻底改变了化肥的生产，但是很不幸，它也促进了爆炸物的制造。

**习题 5.84** 把 1 份氮和 3 份氢的混合物在合适的催化剂下加热到 500 ℃。如果最终总压强为 400 atm，那么有多少（原子数的）比例的氮转化为氨？尽管压强很高，为简单起见，我们仍把气体当作理想气体。已知 500 ℃ 下的平衡常数为 $6.9 \times 10^{-5}$。（提示：此习题需求解二次方程。）

**习题 5.85** 推导**范托夫方程**（van't Hoff equation）

$$\frac{d\ln K}{dT} = \frac{\Delta H°}{RT^2}$$

该方程给出了平衡常数与温度的关系。[1] 这里的 $\Delta H°$ 是反应的焓变，每一种物质都是处于标准状态的纯

---

[1]注意，请不要混淆范托夫方程（van't Hoff equation）与计算渗透压的范托夫公式（van't Hoff's formula）。同一个物理学家，不同的物理原理。

物质（气体的压强是 1 bar）。你可能已经预料到了，如果 $\Delta H^\circ$ 为正（不严谨地说，如果反应需要吸收热量），较高的温度将使反应趋于右侧。通常，我们可以忽略 $\Delta H^\circ$ 随温度的变化。在这种情况下求解方程，你可以得到

$$\ln K\left(T_2\right) - \ln K\left(T_1\right) = \frac{\Delta H^\circ}{R}\left(\frac{1}{T_1} - \frac{1}{T_2}\right)$$

**习题 5.86** 利用上一习题的结论，仅使用书后参考表格室温下的数据，估算 500 ℃ 下反应 $N_2 + 3H_2 \longleftrightarrow 2NH_3$ 的平衡常数。并将你的结果与书中引用的 500 ℃ 下 $K$ 的实际值进行比较。

### 5.6.2　水的解离

对于第二个化学平衡的例子，我们再来考虑本节开头简要介绍过的水解离为 $H^+$ 和 $OH^-$ 的反应：

$$H_2O \longleftrightarrow H^+ + OH^- \tag{5.110}$$

在平衡时，三者的化学势满足

$$\mu_{H_2O} = \mu_{H^+} + \mu_{OH^-} \tag{5.111}$$

假设这个溶液是稀溶液（在一般的条件下这个近似很好），它们的化学势就可以由式(5.69)（对于 $H_2O$）和式(5.72)（对于 $H^+$ 和 $OH^-$）确定。同时，溶液的 $\mu_{H_2O}$ 偏离纯水的值可以忽略。平衡条件就可以写为

$$\mu_{H_2O}^\circ = \mu_{H^+}^\circ + kT\ln m_{H^+} + \mu_{OH^-}^\circ + kT\ln m_{OH^-} \tag{5.112}$$

式中，每一个 $\mu^\circ$ 都是该物质在"标准条件"下的化学势——水是纯水、离子的浓度都是 1 mol/kg 溶剂。再提一下，$m$ 是质量摩尔浓度，即每千克溶剂中溶质的物质的量。

和前面的例子所做的一样，我们要把包括 $\mu^\circ$ 的项放到右边去，并两边同乘以阿伏伽德罗常量：

$$RT\ln\left(m_{H^+} m_{OH^-}\right) = -N_A\left(\mu_{H^+}^\circ + \mu_{OH^-}^\circ - \mu_{H_2O}^\circ\right) = -\Delta G^\circ \tag{5.113}$$

同样地，$\Delta G^\circ$ 是在标准条件下反应时 $G$ 的变化，它也可以在标准表格中查到。将上式变形，有

$$m_{H^+} m_{OH^-} = e^{-\Delta G^\circ / RT} \tag{5.114}$$

我们就得到了用离子质量摩尔浓度表示的平衡条件。

在代入数值之前，我们停下来比较一下这个结果与上个例子的结果——式(5.106)。这两个例子中，右边都叫作平衡常数

$$K = e^{-\Delta G^\circ / RT} \tag{5.115}$$

并且都是标准反应的吉布斯自由能变化的同一个指数函数。但是现在的"标准条件"和原先的完全不一样了：溶剂是纯水并且溶质质量摩尔浓度是 1，而非前面的每种气体的分压都是 1 bar。相对应地，式(5.114)左边也是质量摩尔浓度而非分压（但是幂仍然是化学计量系数，只不过在这里都是 1）。最重要的变化是，式(5.114)左边根本没有出现水的量或者浓度，这是由于在稀溶液中无论有多少溶剂已经反应了，总是会有足够多的溶剂用于接下来的反应。（这对于只发生在纯液体或纯固体的表面的反应也成立。）

理想气体的反应与溶液中的反应的最后的差异在于，后者的平衡常数原则上可取决于总压强。然而，在实践中，除非在非常高的（例如地质）压强下，这种依赖性通常可以忽略不计（见习

题 5.88 )。

在室温和大气压下，解离 1 mol 水的 $\Delta G°$ 是 79.9 kJ，因此这个反应的平衡常数是

$$K = \exp\left[-\frac{79\,900\,J}{(8.31\,J/K)(298\,K)}\right] = 1.0 \times 10^{-14} \tag{5.116}$$

若所有的 $H^+$ 和 $OH^-$ 都来自于水分子的解离，那么它们的量一定一样，此时

$$m_{H^+} = m_{OH^-} = 1.0 \times 10^{-7} \tag{5.117}$$

这个结果中的 7 就是纯水的 **pH**。更一般地说，pH 定义为 $H^+$ 的质量摩尔浓度以 10 为底的对数的负数：

$$pH \equiv -\log_{10} m_{H^+} \tag{5.118}$$

若其他的物质溶解在水中，pH 值可能会有显著的变化。当 pH 值小于 7（更高浓度的氢离子）时，我们就说溶液是**酸性**（acidic）的；当它大于 7 时，溶液就是**碱性**（basic）的。

**习题 5.87** 硫酸 $H_2SO_4$ 可以很容易解离为 $H^+$ 和 $HSO_4^-$：

$$H_2SO_4 \longleftrightarrow H^+ + HSO_4^-$$

硫酸氢根离子可以再次解离：

$$HSO_4^- \longleftrightarrow H^+ + SO_4^{2-}$$

在 298 K 的水溶液中，这两个反应的平衡常数约为 $10^2$ 和 $10^{-1.9}$。（对于酸的解离，通常查找 $K$ 的值比查找 $\Delta G°$ 的值更加容易。顺便一提，$K$ 的以 10 为底的对数的负数类似于 pH，叫作 **pK**。因此第一个反应的 pK = -2，而第二个反应的 pK = 1.9。）

(1) 说明第一个反应的趋势非常强烈，以至于在任何可能的稀溶液中，我们都可以认为其完全反应。在什么（不现实的）pH 值下，大部分硫酸都不会解离？

(2) 在大量燃烧煤炭的工业地区，雨水中硫酸盐的浓度通常为 $5 \times 10^{-5}$ mol/kg。硫酸盐可以以上述任何化学形式存在。证明在此浓度下，第二个反应也基本完成，因此所有的硫酸盐均以 $SO_4^{2-}$ 的形式存在。雨水的 pH 值是多少？

(3) 解释为什么在回答上一问时可以忽略水解离为 $H^+$ 和 $OH^-$ 的过程。

(4) 在什么 pH 值下，溶液中的 $HSO_4^-$ 和 $SO_4^{2-}$ 的浓度一样？

**习题 5.88** 在稀溶液的化学反应中，用反应物和产物的溶液体积表示 $\partial(\Delta G°)/\partial P$。代入一些合理的数字，证明压强增加 1 atm 对平衡常数的影响可忽略不计。

### 5.6.3  氧气在水中的溶解

氧气（$O_2$）可以溶解在水中（见图 5.42），这本身并没有什么化学反应发生，但是我们仍旧可以将前面用过的方法应用在这个过程上，来确定到底有多少氧气会溶解。这个"反应"的方程和 $\Delta G°$ 如下：

$$O_2(g) \longleftrightarrow O_2(aq), \quad \Delta G° = 16.4\,kJ \tag{5.119}$$

式中，g 代表气体，aq 代表水溶液（溶解在水中，英文是 aqueous）。$\Delta G°$ 对应的"标准条件"指的是 1 mol 的氧气在 298 K、1 bar 下溶解于 1 kg 的水中（溶液中氧的质量摩尔浓度就是 1）。

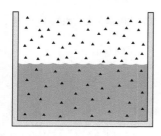

**图 5.42** 气体在液体中的溶解过程，例如氧气在水中的溶解，可以被视为拥有自己的平衡常数的化学反应。

当溶解的氧与相邻气体中的氧气平衡时，它们的化学势必须相等：

$$\mu_{气} = \mu_{溶质} \tag{5.120}$$

对于 $\mu_{气}$ 和 $\mu_{溶质}$，分别利用式(5.40)和式(5.72)，我们可以将两个化学势写成标准状态和浓度的形式：

$$\mu_{气}^{\circ} + kT \ln(P/P^{\circ}) = \mu_{溶质}^{\circ} + kT \ln m \tag{5.121}$$

式中，$P$ 是氧气在气体中的分压，$P^{\circ}$ 是标准压强 $1\,\mathrm{bar}$，$m$ 是溶解在水中的氧的质量摩尔浓度。同样地，将包括 $\mu^{\circ}$ 的项放到右边去，两边同乘以阿伏伽德罗常量，可得

$$RT \ln\left(\frac{P/P^{\circ}}{m}\right) = N_{\mathrm{A}}\left(\mu_{溶质}^{\circ} - \mu_{气}^{\circ}\right) = \Delta G^{\circ} \tag{5.122}$$

即

$$\frac{m}{P/P^{\circ}} = \mathrm{e}^{-\Delta G^{\circ}/RT} \tag{5.123}$$

式(5.123)表明，在任何给定的温度和总压强下，溶解的氧气量与相邻气体中氧气分压之比是恒定的。这个结果称为**亨利定律**（Henry's law）。与前面的例子一样，除非压强非常大，否则 $\Delta G^{\circ}$ 随总压强的变化通常可以忽略不计。等式右边的常数有时称为"亨利定律常数"，但在参考表格中这些常数的表现方式通常不同——一般给出的是这个常数的倒数和/或是以摩尔分数而非质量摩尔浓度表示。

在室温下，氧气溶解于水的式(5.123)的右边是

$$\exp\left[-\frac{16\,400\,\mathrm{J}}{(8.31\,\mathrm{J/K})(298\,\mathrm{K})}\right] = 0.001\,33 = \frac{1}{750} \tag{5.124}$$

这意味着若氧气的分压是 $1\,\mathrm{bar}$，$1\,\mathrm{kg}$ 水中只会溶解大约 $1/750\,\mathrm{mol}$ 的氧。在大气层中海平面附近，氧气的分压大概只有 $1/5\,\mathrm{bar}$，溶解在水中的氧气也会按照此比例减少。不过大气压下每升水中仍含有大约 $7\,\mathrm{cm}^3$（如果这些氧气是在大气压下）的纯氧，足够鱼类呼吸了。

**习题 5.89** 在 $25\,^{\circ}\mathrm{C}$ 下溶解 $1\,\mathrm{mol}$ 氧气的标准焓变是 $-11.7\,\mathrm{kJ}$。使用该数字和范托夫方程（见习题 5.85）计算出 $0\,^{\circ}\mathrm{C}$ 和 $100\,^{\circ}\mathrm{C}$ 下水中氧气的平衡常数（亨利定律中的平衡常数）。简要讨论你的结果。

**习题 5.90** 当固体石英"溶解"在水中时，它与水分子结合的反应方程式为

$$\mathrm{SiO_2(s) + 2\,H_2O(l) \longleftrightarrow H_4SiO_4(aq)}$$

(1) 使用书后参考表格中的数据，计算 $25\,^{\circ}\mathrm{C}$ 下平衡时水中溶解的石英的量。

(2) 使用范托夫方程（见习题 5.85）计算 $100\,^{\circ}\mathrm{C}$ 下平衡时水中溶解的石英的量。

**习题 5.91** 当二氧化碳"溶解"于水时，基本上所有的二氧化碳都会变为碳酸 $H_2CO_3$：

$$CO_2(g) + H_2O(l) \longleftrightarrow H_2CO_3(aq)$$

碳酸进一步解离为氢离子和碳酸氢根离子：

$$H_2CO_3(aq) \longleftrightarrow H^+(aq) + HCO_3^-(aq)$$

（书后参考表格提供了这两个反应的热力学数据。）考虑一堆原本纯净的水（或雨滴）与海平面附近的大气处于平衡状态，已知二氧化碳的分压是 $3.4 \times 10^{-4}$ bar（或每一百万份中 340 份），计算水中碳酸和碳酸氢根离子的质量摩尔浓度，并确定溶液的 pH 值。我们可以看到，即使是"自然"降水也有会些酸性。

### 5.6.4 氢的电离

我们选择氢原子电离为一个质子和一个电子的过程作为化学平衡这一节的最后一个例子：

$$H \longleftrightarrow p + e \tag{5.125}$$

在例如我们的太阳的恒星中，这是一个重要的反应。它非常简单，我们可以从第一性原理计算出它的平衡常数而不需要查阅任何的表格。

和前面一样，我们可以把平衡条件写为分压的形式：

$$kT \ln\left(\frac{P_H P^\circ}{P_p P_e}\right) = \mu_p^\circ + \mu_e^\circ - \mu_H^\circ \tag{5.126}$$

式中，每一个 $\mu^\circ$ 都是该物质在 1 bar 下的化学势。在大多数情况下，我们可以将三种物质都视为无结构的单原子分子气体，因此可以使用在第 3.5 节中得到的 $\mu$ 的公式：

$$\mu = -kT \ln\left[\frac{V}{N}\left(\frac{2\pi mkT}{h^2}\right)^{3/2}\right] = -kT \ln\left[\frac{kT}{P}\left(\frac{2\pi mkT}{h^2}\right)^{3/2}\right] \tag{5.127}$$

（式中，$m$ 是粒子的质量而非质量摩尔浓度。）现在唯一的问题就是这个公式只包含了动能，计算动能时，我们将所有粒子静止时的能量视为零。在计算这三个 $\mu^\circ$ 的差的时候，我们还需要考虑电离能 $I = 13.6$ eV——在没有动能的时候将 H 转化为 $p + e$ 所需的能量。我从 $\mu_H$ 中减去这个 $I$，有

$$\mu_H^\circ = -kT \ln\left[\frac{kT}{P^\circ}\left(\frac{2\pi m_H kT}{h^2}\right)^{3/2}\right] - I \tag{5.128}$$

$p$、$e$ 的公式和它一样，只不过是质量不同并且没有最后的 $-I$。

将这三个 $\mu^\circ$ 代入式(5.126)所得的结果很混乱，但是由于 $m_p \approx m_H$，这两种物质 $-I$ 之外项就相互抵消了。两边再同除以 $-kT$，有

$$-\ln\left(\frac{P_H P^\circ}{P_p P_e}\right) = \ln\left[\frac{kT}{P^\circ}\left(\frac{2\pi m_e kT}{h^2}\right)^{3/2}\right] - \frac{I}{kT} \tag{5.129}$$

经过化简，我们就得到了最终的结果：

$$\frac{P_p}{P_H} = \frac{kT}{P_e} \left( \frac{2\pi m_e kT}{h^2} \right)^{3/2} e^{-I/kT} \tag{5.130}$$

这个公式称作**萨哈方程**（Saha equation）。它告诉了我们被电离的氢（质子）和未电离的氢的比例与温度和电子浓度之间的关系。（注意到 $P_e/kT = N_e/V$，即单位体积的电子数。）太阳表面的温度大约是 5800 K，因此指数项的大小只有 $e^{-I/kT} = 1.5 \times 10^{-12}$。同时，电子密度大约是 $2 \times 10^{19}\,\mathrm{m}^{-3}$，因此萨哈方程所预测的比例就是

$$\frac{P_p}{P_H} = \frac{\left(1.07 \times 10^{27}\,\mathrm{m}^{-3}\right)\left(1.5 \times 10^{-12}\right)}{2 \times 10^{19}\,\mathrm{m}^{-3}} = 8 \times 10^{-5} \tag{5.131}$$

这个数字告诉我们，即使在太阳的表面，每一万个氢原子也只有不到一个被电离了。

**习题 5.92** 考虑最初处在室温和大气压下的一盒氢原子，之后保持体积固定升高温度。

(1) 求出被电离的氢原子的比例随温度变化的表达式。（在此过程中，求解二次方程是必要的。）验证你的结果在非常低和非常高的温度下均具有预期的行为。

(2) 在什么温度下一半的氢电离了？

(3) 如果升高初始压强，(2) 的结论会如何变化？仔细说明。

(4) 绘制 (1) 的结果与无量纲变量 $t = kT/I$ 的关系图。选择合适的 $t$ 值范围以清楚地显示图中有意义的部分。

> 热力学对世间万物都有一定的诠释，但却无法告诉我们任一事物的方方面面。
>
> —— Martin Goldstein and Inge F. Goldstein, *The Refrigerator and the Universe* (Harvard University Press, 1993)。版权为 President and Fellows Harvard College (1993) 所有，已获得哈佛大学出版社授权重印。

# 第三部分

# 统计力学

# 第 6 章　玻尔兹曼统计

到目前为止，本书的大部分内容都在处理热力学第二定律：它起源于大量粒子的统计行为，其应用遍及物理、化学、地球科学和工程学。但是，热力学第二定律本身通常不会告诉我们所有想知道的事情。尤其是在过去两章中，我们经常不得不依靠实验测量（例如焓、熵），才能利用热力学第二定律做出预测。只要测量可以达到所需的精度，这种热力学方法可以非常强大。

但是，我们总是希望能从感兴趣的各种系统的微观模型开始，用第一性原理计算出所有的热力学量。在这本书中，我们已经学习了三个重要的微观模型：双状态顺磁体、爱因斯坦固体和单原子分子理想气体。每一个模型，我们都能够明确地写下用二项式公式表示的重数 $\Omega$，并用它计算熵、温度和其他热力学性质。在本章和接下来两章中，我们将研究一些更复杂的模型，它们代表了更加多样的物理系统。对于这些更复杂的模型，直接使用第 2 章和第 3 章中的组合学方法在数学上太难了。因此，我们需要发展一些新的理论工具。

## 6.1　玻尔兹曼因子

在这一节中，我将会介绍统计力学中最重要的工具：可以用于求出在某温度下，系统和"热库"处于热平衡时，系统的某一个特定微观态的简单概率公式（见图 6.1）。

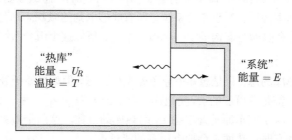

**图 6.1** 在某温度下，一个系统和一个比系统大得多的"热库"处于热平衡状态。

基本上，系统可以是任意的，但是为了明确，我们假设它只有一个原子。系统的微观态对应于原子的各种能级，尽管对于给定的能级，通常有不止一个独立的态。例如，氢原子只有一个基态（忽略自旋），其能量为 $-13.6\,\mathrm{eV}$。但它有 *4* 个能量为 $-3.4\,\mathrm{eV}$ 的独立的态，*9* 个能量为 $-1.5\,\mathrm{eV}$ 的独立的态，等等（见图 6.2）。每个这样的独立的态都被视为一个单独的微观态。当某个能级对应多于一个独立的态时，我们说这个能级是**简并**（degenerate）的。（对于更准确的简并的定义，以及对氢原子更全面的讨论，可参考附录 A。）

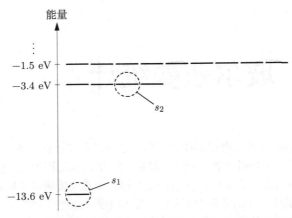

**图 6.2** 氢原子最低的三个能级的示意图。当能量为 −3.4 eV 时，有 4 个独立的态；当能量为 −1.5 eV 时，有 9 个独立的态。

如果我们的原子与周围环境完全隔离，那么它的能量将是固定的，此时具有该能量的所有微观态是等可能的。但是，我们现在感兴趣的情况不是孤立原子，而是它可以与温度恒定的"热库"自由交换能量的情形（"热库"由大量其他原子组成）。在这种情况下，原子可以处于它任意的微观态，但有些态比其他态可能性更大，这取决于态的能量。（具有相同能量的微观态仍然具有相同的概率。）

由于原子处于任何特定微观态的概率取决于有多少其他微观态，我可以据此简化问题。首先，可以只关注两个特定微观态的概率比（如图 6.2 中圈出的那些）。我把这些态记作 $s_1$ 和 $s_2$，它们的能量分别为 $E(s_1)$ 和 $E(s_2)$，概率分别是 $\mathcal{P}(s_1)$ 和 $\mathcal{P}(s_2)$。怎么才能找到概率比的公式呢？我们回到统计力学的基本假设：对于孤立系统，所有能够取到的微观态都是等可能的。我们的原子不是孤立系统，但它和热库一起构成了一个孤立系统，所以这个组合系统的任何可及微观态都是等可能的。

我们现在不关心热库的态，只是想知道原子处在什么态。但如果原子处于态 $s_1$，那么热库将有很大数目的可及态（都是等可能的），我把这个数字记为 $\Omega_R(s_1)$：原子处于态 $s_1$ 时热库的重数。同样地，我用 $\Omega_R(s_2)$ 表示原子处于态 $s_2$ 时热库的重数。这两个重数通常是不同的，因为当原子处于能量较低的态时，热库将会拥有更多的能量。

如果态 $s_1$ 具有较低的能量，那么 $\Omega_R(s_1) > \Omega_R(s_2)$，比如说 $\Omega_R(s_1) = 100$、$\Omega_R(s_2) = 50$（尽管在真正的热库中，重数会大得多）。从根本上说，组合系统的所有微观态都是等可能的，当原子处于态 $s_1$ 时，组合系统的状态数是原子处于态 $s_2$ 时组合系统状态数的两倍，所以前者的概率一定是后者概率的两倍。更一般地讲，原子处于任何特定态的概率正比于热库的可及微观态的数目。所以任意两个态的概率之比为

$$\frac{\mathcal{P}(s_2)}{\mathcal{P}(s_1)} = \frac{\Omega_R(s_2)}{\Omega_R(s_1)} \tag{6.1}$$

现在让我们使用数学和热力学，把这个公式写成更加方便的形式。

首先，我用熵代替 $\Omega$，使用定义 $S = k \ln \Omega$，我们有

$$\frac{\mathcal{P}(s_2)}{\mathcal{P}(s_1)} = \frac{e^{S_R(s_2)/k}}{e^{S_R(s_1)/k}} = e^{[S_R(s_2) - S_R(s_1)]/k} \tag{6.2}$$

幂部分现在包含当原子从态 1 转变到态 2 时，热库熵的改变。这个变化很小，因为和热库相比，原子非常小；因此，我们可以使用热力学恒等式

$$dS_R = \frac{1}{T}(dU_R + P\, dV_R - \mu\, dN_R) \tag{6.3}$$

等式的右边包含热库能量、体积和粒子数的改变。由于热库获得的任何东西都来自于原子的损失，所以可以在这些量前面加上负号来描述原子的改变。

我将略去 $P\, dV$ 项和 $\mu\, dN$ 项，但是省略原因不同。$P\, dV_R$ 项通常来说不为 0，但是远远比 $dU_R$ 小，因此可以忽略；例如，当一个原子进入激发态时，它的体积大约增加了 $1\,\text{Å}^3$，因此在大气压下，$P\, dV$ 项的数量级为 $10^{-25}\,\text{J}$；而原子能级改变时的 $dU_R$ 为 eV 量级，所以这一项是 $dU_R$ 项的百万分之一。同时，$dN$ 真的为 0：不仅对于一个原子这样小的系统为 0，对于本章接下来要考虑的其他情况也为 0。（在下一章中，为了处理其他类型的系统，我会把 $dN$ 项加回来。）

所以式(6.2)中，熵的变化可以写为

$$S_R(s_2) - S_R(s_1) = \frac{1}{T}[U_R(s_2) - U_R(s_1)] = -\frac{1}{T}[E(s_2) - E(s_1)] \tag{6.4}$$

式中，$E$ 是原子的能量。把这个表达式代回式(6.2)，可得

$$\frac{\mathcal{P}(s_2)}{\mathcal{P}(s_1)} = e^{-[E(s_2) - E(s_1)]/kT} = \frac{e^{-E(s_2)/kT}}{e^{-E(s_1)/kT}} \tag{6.5}$$

因此概率的比值等于两个简单的指数因子之比，而每一个因子都是微观态能量以及热库温度的函数。这种因子称作**玻尔兹曼因子**（Boltzmann factor）：

$$玻尔兹曼因子 = e^{-E(s)/kT} \tag{6.6}$$

如果我们可以认为每一个态的概率等于对应的玻尔兹曼因子的话，这就太好了；然而，事实没有这么简单。为了得到正确的表达式，我们把式(6.5)中含 $s_1$ 的项和含 $s_2$ 的项分别写到等式两端：

$$\frac{\mathcal{P}(s_2)}{e^{-E(s_2)/kT}} = \frac{\mathcal{P}(s_1)}{e^{-E(s_1)/kT}} \tag{6.7}$$

注意到等式左边与 $s_1$ 无关，因此右边也必然如此。类似地，右边与 $s_2$ 无关，左边也必然如此。如果等式两端都既不与 $s_1$ 有关，也不与 $s_2$ 有关，那么它一定等于一个常数，并且这个常数对于所有态都相同。这个常数称作 $1/Z$——一个把玻尔兹曼因子转化为概率的常数。总之，对任意的态 $s$，

$$\mathcal{P}(s) = \frac{1}{Z} e^{-E(s)/kT} \tag{6.8}$$

这是统计力学中最有用的公式，你一定要记住它。[1]

为了理解式(6.8)，我们暂且假设原子基态能量 $E_0 = 0$，并且所有的激发态的能量是正数。此

---

[1] 式(6.8)有时称作**玻尔兹曼分布**（Boltzmann distribution）或**正则分布**（canonical distribution）。

时基态的概率为 $1/Z$，其他所有态的概率都比 $1/Z$ 小。能量远小于 $kT$ 的态的概率只比 $1/Z$ 小一点，然而由于玻尔兹曼因子中指数项的存在，能量远大于 $kT$ 的态的概率小得可以忽略不计。图 6.3 显示了这样一个假想系统不同态对应的概率的柱状图。

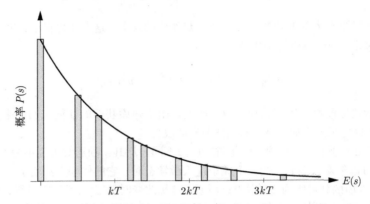

**图 6.3** 假想系统不同态概率的柱状图，横轴是能量。平滑的曲线代表某个特定温度的玻尔兹曼分布，即式(6.8)。温度更低的时候，曲线下降得更陡峭，温度更高则曲线更平缓。

但是如果基态能量不为 0 会怎样呢？从物理的角度，我们期望将所有的能量移动一个常数对概率没有影响，的确，概率没有变化。所有的玻尔兹曼因子都乘了一个额外的因子 $e^{-E_0/kT}$，但我们将在稍后看到 $Z$ 也要乘以这个因子，故二者在式(6.8)中相互抵消，概率不变。基态仍具有最高概率，其余态的概率由它们的相较于基态的能量（与 $kT$ 相比）决定，都比基态的小，有的还会小很多。

**习题 6.1** 考虑由两个爱因斯坦固体组成的系统，其中第一个"固体"只包含一个谐振子，第二个"固体"包含 100 个谐振子。固定组合系统的总能量为 500 单位。当第一个固体可能的能量值从 0 取到 20 时，使用计算机算出组合系统的重数表格。画出总重数与第一个固体能量的关系，并详细讨论图形的形状是否符合你的预期。同时绘制出使用对数坐标的总重数的变化，并讨论图形的形状。

**习题 6.2** 证明原子处于任何特定能级的概率为 $\mathcal{P}(E) = (1/Z)e^{-F/kT}$，式中，$F = E - TS$，并且能级的"熵"是其简并度对数的 $k$ 倍。

### 6.1.1　配分函数

现在你一定想知道到底如何计算出 $Z$。诀窍是利用原子处在所有态的概率之和一定为 1：

$$1 = \sum_s \mathcal{P}(s) = \sum_s \frac{1}{Z} e^{-E(s)/kT} = \frac{1}{Z} \sum_s e^{-E(s)/kT} \tag{6.9}$$

解 $Z$ 有

$$Z = \sum_s e^{-E(s)/kT} = \text{所有玻尔兹曼因子之和} \tag{6.10}$$

有时因为有无穷多个态 $s$，这个求和并不容易，并且你也没有一个关于它们能量的明确公式。但是求和中的项在能量 $E(s)$ 变大时会变得越来越小，所以通常你可以数值计算出前几项，忽略掉能量远大于 $kT$ 的项。

$Z$ 称为**配分函数**（partition function），它比我所预料到的要有用得多。它是一个不依赖于特定态 $s$ 的"常数"，但却依赖于温度。为进一步解释其含义，我们再次假设基态能量为零，因此基态的玻尔兹曼因子为 1；其余的玻尔兹曼因子都小于 1，小一点点或者小很多，与这个态的概率成正比。因此，配分函数实际上数出了原子有多少可及态，并且按其概率进行加权。在非常低的温度下，$Z \approx 1$，因为所有激发态的玻尔兹曼因子都非常小。在高温下，$Z$ 会大得多。如果我们把所有的能量都平移一个常数 $E_0$，整个配分函数只不过是乘以一个无趣的因子 $e^{-E_0/kT}$ 罢了，并且这个因子在我们计算概率时会抵消。

**习题 6.3** 考虑一个只具有两个态的假想原子：一个能量为零的基态和一个能量为 2 eV 的激发态。绘制出该系统的配分函数随温度的变化，并在 $T = 300\,\mathrm{K}$、$3000\,\mathrm{K}$、$30\,000\,\mathrm{K}$ 和 $300\,000\,\mathrm{K}$ 时分别数值计算配分函数。

**习题 6.4** 对图 6.3 中所示假想系统，计算系统的配分函数。然后估计该系统处于基态的概率。

**习题 6.5** 假想一个只能处于三种态的粒子，其能量分别为 $-0.05\,\mathrm{eV}$、0 和 $0.05\,\mathrm{eV}$。该粒子与 300 K 的热库相平衡。

(1) 计算该粒子的配分函数。

(2) 分别计算该粒子处于三种态的概率。

(3) 因为能量的测量零点是任意的，所以我们也可以把三种态的能量分别写为 0、$+0.05\,\mathrm{eV}$ 和 $+0.10\,\mathrm{eV}$。使用这些数字重新计算 (1) 问和 (2) 问。解释什么变化了，什么保持不变。

### 6.1.2 原子的热激发

作为玻尔兹曼因子的一个简单应用，考虑一个在太阳大气中的氢原子，它的环境温度约为 5800 K（我们将会在下一章中看到如何在地球上测量这个温度）。我想比较原子处于第一激发态（$s_2$）和基态（$s_1$）的概率。概率的比值是玻尔兹曼因子的比，所以有

$$\frac{\mathcal{P}(s_2)}{\mathcal{P}(s_1)} = \frac{e^{-E(s_2)/kT}}{e^{-E(s_1)/kT}} = e^{-[E(s_2)-E(s_1)]/kT} \tag{6.11}$$

能量的差为 10.2 eV，而 $kT$ 为 $(8.62 \times 10^{-5}\,\mathrm{eV/K})(5800\,\mathrm{K}) = 0.50\,\mathrm{eV}$。因此，概率的比值约为 $e^{-20.4} = 1.4 \times 10^{-9}$。也即平均每十亿个原子处于基态，才（平均而言）大约有 1.4 个处在任意一个第一激发态。由于有 4 个第一激发态，并且它们的能量相同，所以处在第一激发态的原子总数将是 4 倍处于任一激发态的值，也即大约 5.6（每十亿个处在基态的原子）。

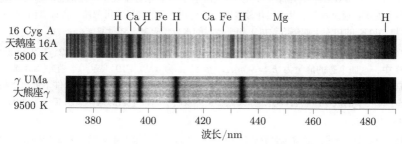

**图 6.4** 两个恒星的光谱照片。上面的光谱来自于一个类似太阳的恒星（位于天鹅座），它的表面温度大约是 5800 K；注意到氢的吸收线比其他元素的清晰得多。下面的光谱是一个更热的恒星（位于大熊座的北斗七星中），它的表面温度是 9500 K。在这个温度下，更多比例的氢原子处于第一激发态，因此氢的吸收线与其他的相比更显著。来自 Helmut A. Abt, A. B. Meinel, W. W. Morgan, and I. W. Tapscott, *An Atlas of Low-Dispersion Grating Stellar Spectra* (1968)，已经过授权。

太阳大气中的原子可以吸收射向地球的光，但仅限于可以使原子走向更高激发态的波长。处于第一激发态的氢原子可以吸收波长在巴尔末系中的光：656 nm、486 nm、434 nm，等等。因

此这些波长的光在地面上缺失了一部分。如果你令一束太阳光通过一个良好的衍射光栅，可以看到在缺失波长处的暗线（见图 6.4）。还有其他突出的暗线，由太阳大气中其他类型的原子引起，包括：铁、镁、钠、钙。奇怪的是，所有其他的波长都被原子（或离子）的基态或极低能量的激发态吸收（与基态相比不超过 3 eV）；而巴尔末线只来自非常罕见的、与基态相比氢原子激发超过 10 eV 以上的态。（处于基态的氢原子不吸收任何可见光段的波长。）由于巴尔末线与其他线相比非常突出，我们只能得出结论，氢原子在太阳大气中比任何其他类型的原子都丰富得多。[1]

**习题 6.6** 估计室温下氢原子处于其某个第一激发态的概率（相对处于基态的概率）。记得要考虑简并度。然后对表面温度约为 9500 K 的大熊座 $\gamma$ 星中的氢原子再做一次计算。

**习题 6.7** 图 6.2 中所示的每个氢原子态实际上都是双重简并态，这是因为电子可以处于两个独立的自旋态上，并且两者的能量相同。考虑自旋简并度，重复书中给出的处于第一激发态的相对概率的计算。证明结果不会发生变化。

**习题 6.8** 氢原子电离所需的能量为 13.6 eV，因此你可能会猜测，太阳大气中被电离的氢原子的数目少于处于第一激发态下的氢原子数目。但是在第 5 章的结尾，我说明了很大一部分氢原子都可以电离——大约每 10 000 个原子中就会有一个。尝试说明为什么这两个结果是不矛盾的，以及为什么使用本节的方法来计算电离氢的比例会不正确。

**习题 6.9** 在书中给出数值的示例中，我只计算了氢原子处于两种不同态的概率之比。在这样的低温下，与基态相比，处于第一激发态的绝对概率与相对概率基本相同。然而，严格地证明这一结论会有些麻烦，因为氢原子具有无穷多个态。

(1) 通过对图 6.2 中明确列出的所有态的玻尔兹曼因子求和，估算 5800 K 时氢原子的配分函数。（简单起见，你可以将基态能量设为零，并相应地平移其他态的能量。）

(2) 证明如果在求和中考虑所有的束缚态，那么氢原子的配分函数在任何非零温度下都是无限大的。（附录 A 讨论了氢原子完整的能级结构。）

(3) 当氢原子处于能级 $n$ 时，电子波函数的半径大约为 $a_0 n^2$，$a_0$ 为玻尔半径，约为 $5 \times 10^{-11}$ m。利用式(6.3)，说明对于 $n$ 比较大的态，$P \, dV$ 项不能忽略，因此，相比于 (2) 问，(1) 问给出的配分函数物理上更加正确。

**习题 6.10** 水分子能以各种方式振动，但是最容易激发的振动是"弯曲"模式，其中氢原子彼此相对移动，而 HO 键不伸缩。该模式的振荡与谐振子类似，频率为 $4.8 \times 10^{13}$ Hz。对于任何量子谐振子，其能级为 $\frac{1}{2}hf$、$\frac{3}{2}hf$、$\frac{5}{2}hf$ 等，并且这些能级都不是简并的。

(1) 假设水分子与 300 K 的热库（如大气）相平衡，计算水分子处于弯曲基态和前两个激发态的概率。（提示：通过求和前几个玻尔兹曼因子，直到其余的因子都可忽略，来计算出 $Z$。）

(2) 对与 700 K 的热库（如蒸汽轮机）相平衡时的水分子重复上述计算。

**习题 6.11** 锂原子核具有 4 个独立的自旋取向，通常用量子数 $m = -3/2$、$-1/2$、$1/2$ 和 $3/2$ 来标记。在磁场 $B$ 中，这四个态的能量为 $E = -m\mu B$，常数 $\mu$ 为 $1.03 \times 10^{-7}$ eV/T。在第 3.3 节中描述过的 Purcell-Pound 实验中，最大磁场强度为 0.63 T，温度为 300 K。计算在这些条件下锂原子核处于其 4 个自旋态中每一个的概率。然后说明，如果磁场突然反转，这四个态的概率服从 $T = -300$ K 下的玻尔兹曼分布。

**习题 6.12** 冷的星际分子云通常包含分子氰（CN），其第一转动激发态的能量为 $4.7 \times 10^{-4}$ eV（相对于基态）；这样的激发态共有 3 个，它们的能量相同。1941 年，对穿过这些分子云的星光的吸收光谱的研究表明，每 10 个处于基态的 CN 分子中，大约有 3 个处于这 3 个第一激发态（即平均每个第一激发态 1 个）。为了解释这些数据，天文学家认为这些分子可能与某温度下的"热库"热平衡。求出此温度。[2]

**习题 6.13** 在非常高的温度下（如在早期宇宙中），质子和中子可被视为同一粒子"核子"的两个不同

---

[1] 星星的组成元素最早由 1924 年由 Cecilia Payne 发现。Philip Morrison and Phylis Morrison, *The Ring of Truth* (Random House, New York, 1987) 娓娓道来了这个发现过程。

[2] 这些测量和计算的综述请参考 Patrick Thaddeus, *Annual Review of Astronomy and Astrophysics* **10**, 305–334 (1972)。

态。（将质子转化为中子或相反的反应需要吸收电子或正电子或中微子，但所有这些粒子在足够高的温度下往往都非常充足。）由于中子的质量比质子的质量高 $2.3 \times 10^{-30}$ kg，因此其能量要高出这个数乘以 $c^2$ 这么多倍。假设在很早的时候，核子与温度为 $10^{11}$ K 的宇宙其他部分热平衡。当时的核子中，质子和中子分别占多少比例？

**习题 6.14** 使用玻尔兹曼因子推导出描述等温大气密度的指数公式，此公式已在习题 1.16 和习题 3.37 中分别计算过。（提示：把单个空气分子当作系统，令 $s_1$ 为处于海平面的分子态，令 $s_2$ 为处于高度 $z$ 的分子态。）

## 6.2　平均值

我们在上一节中学习了当系统与一个温度为 $T$ 的热库平衡时，对于任意的微观态 $s$，如何求出它的概率：

$$\mathcal{P}(s) = \frac{1}{Z} \mathrm{e}^{-\beta E(s)} \tag{6.12}$$

式中，$\beta$ 是 $1/kT$ 的缩写。指数因子叫作**玻尔兹曼因子**（Boltzmann factor），$Z$ 是**配分函数**（partition function）：

$$Z = \sum_s \mathrm{e}^{-\beta E(s)} \tag{6.13}$$

也即对所有可能态的玻尔兹曼因子的求和。

如果我们不关心系统在每个微观态上概率的取值——假设我们只想知道系统某个性质的平均值，比如它的能量。是否存在某种简单的计算方式呢？如果存在，应该如何算呢？

我们先来看一个简单的例子。假设我们的系统是由原子组成的，并且一个原子只有三个可能的态：能量为 0 eV 的基态、能量为 4 eV 的态和能量为 7 eV 的态。事实上，我们有 5 个这样的原子，此时此刻，其中的两个处于基态，两个处于 4 eV 的态，一个处于 7 eV 的态（见图 6.5）。原子的平均能量是多少呢？只需要把它们都加起来除以 5：

$$\overline{E} = \frac{(0\,\mathrm{eV}) \cdot 2 + (4\,\mathrm{eV}) \cdot 2 + (7\,\mathrm{eV}) \cdot 1}{5} = 3\,\mathrm{eV} \tag{6.14}$$

但是我们也可以用另一种观点看待这个问题。我们可以把 1/5 的系数放到每一项前面，此时分子代表每个态上原子的数目

$$\overline{E} = (0\,\mathrm{eV}) \cdot \frac{2}{5} + (4\,\mathrm{eV}) \cdot \frac{2}{5} + (7\,\mathrm{eV}) \cdot \frac{1}{5} = 3\,\mathrm{eV} \tag{6.15}$$

在这个表达式中，每个态的能量乘以了这个态的概率（从我们的 5 个原子中选择特定的态）；这些概率分别是简单的 2/5、2/5 以及 1/5。

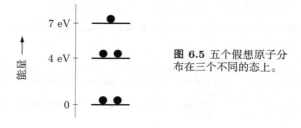

**图 6.5** 五个假想原子分布在三个不同的态上。

我们可以轻松地把这个例子转化为公式。如果我们有很多的 $N$ 个原子，$N(s)$ 表示处于特定态 $s$ 的原子数目，此时系统能量的平均值是

$$\overline{E} = \frac{\sum_s E(s)N(s)}{N} = \sum_s E(s)\frac{N(s)}{N} = \sum_s E(s)\mathcal{P}(s) \tag{6.16}$$

式中，$\mathcal{P}(s)$ 是原子处于特定态 $s$ 的概率。所以能量的平均值只不过是在概率权重下的能量求和。

在我们现在考虑的统计力学系统中，每一个概率由式(6.12)给定，所以

$$\overline{E} = \frac{1}{Z}\sum_s E(s)\,\mathrm{e}^{-\beta E(s)} \tag{6.17}$$

注意到这个求和与配分函数的表达式(6.13)很像，只不过每一项前面多了一个 $E(s)$ 的因子。[1]

其他我们想精确计算的物理量可以使用相同的方法。如果这个物理量叫 $X$，每一个态 $s$ 对应的值为 $X(s)$，那么

$$\overline{X} = \sum_s X(s)\mathcal{P}(s) = \frac{1}{Z}\sum_s X(s)\,\mathrm{e}^{-\beta E(s)} \tag{6.18}$$

平均值有一个非常好的特性：它们是可加的。例如，两个物体的平均总能量是各自平均能量的和。这意味着如果你有一系列相同的独立粒子，你可以从一个粒子的平均能量计算出它们的总（平均）能量，只需要乘以粒子数：

$$U = N\overline{E} \tag{6.19}$$

（现在你看到了为什么我使用 $E$ 表示单个原子的能量——因为我保留了 $U$ 用以标记包含原子的更大系统。）所以上一节中分成"原子"和"热库"的做法，从某种角度来说只是一个技巧。即使要计算整个系统的总能量，你可以专心于系统的一个粒子，把剩余部分当作热库。一旦你知道这个粒子的某个平均值，只需要乘以 $N$ 就可以得到整个系统的该平均值。

严格来讲，式(6.19)中的 $U$ 只是整个系统的平均能量。即便这个大的系统和其他的物体处于热接触，对于某一个时刻来说，$U$ 的瞬时值也会偏离平均值。但是，如果 $N$ 是很大的，这些涨落几乎总是可以忽略。习题 6.17 展示了如何计算典型涨落的大小。

**习题 6.15** 假设我们有 10 个铧 [2] 原子：能量是 $0\,\mathrm{eV}$ 的有 4 个，能量是 $1\,\mathrm{eV}$ 的有 3 个，能量是 $4\,\mathrm{eV}$ 的有 2 个，剩下的 1 个能量是 $6\,\mathrm{eV}$。

(1) 加和所有原子的能量并除以 10，计算出所有原子的平均能量。

(2) 针对四个出现的 $E$ 值，随机选择一个原子具有能量 $E$ 的概率是多少？

(3) 使用公式 $\overline{E} = \sum_s E(s)\mathcal{P}(s)$ 再次计算其平均能量。

**习题 6.16** 证明对任何与温度 $T$ 的热库相平衡的系统，能量的平均值可以写为

$$\overline{E} = -\frac{1}{Z}\frac{\partial Z}{\partial \beta} = -\frac{\partial}{\partial \beta}\ln Z$$

式中，$\beta = 1/kT$。当我们拥有配分函数的明确公式时，该公式将非常有用。

**习题 6.17** 一组数据远离平均值扰动的最常见度量是**标准差**（standard deviation），其定义如下。

---

[1] 在这一章中，我们求平均的系统是假想的概率服从玻尔兹曼概率分布的系统。这种假想系统的集合通常称作**正则系综**（canonical ensemble）。在第 2 章和第 3 章中，我们处理的都是孤立系统，所有允许的态概率都相同；这种拥有（非常简单）概率分布的假想系统组成的集合称作**微正则系综**（microcanonical ensemble）。

[2] 这是我们拿来用的生僻字，是金字旁和"韦伯州立大学"的"韦"的合成，"韦伯州立大学"是本书作者工作的地方。原文是"weberium"，是一个生造词，"ium"的后缀用来表示元素。——译者注

(1) 对图 6.5 所示的 5 原子玩具模型中的每个原子，计算能量与平均能量的偏差，也即对 $i$ 从 1 到 5，计算 $E_i - \overline{E}$。我们把偏差记作 $\Delta E_i$。

(2) 计算 5 个偏差平方的平均值，即 $\overline{(\Delta E_i)^2}$，然后计算这个量的平方根，即均方根（rms）偏差或标准差，记作 $\sigma_E$。$\sigma_E$ 是否可以合理衡量个体值与平均值之间的偏离程度？

(3) 证明对任意情况有

$$\sigma_E^2 = \overline{E^2} - (\overline{E})^2$$

也即，标准差的平方等于平方的平均值减去平均值的平方。这个公式通常可以简化标准差的计算。

(4) 对图 6.5 所示的 5 原子玩具模型验证上述公式。

**习题 6.18** 证明对任何与温度 $T$ 的热库相平衡的系统，$E^2$ 的平均值为

$$\overline{E^2} = \frac{1}{Z}\frac{\partial^2 Z}{\partial \beta^2}$$

然后使用此结果和前面两道习题的结果尝试使用热容 $C = \partial \overline{E}/\partial T$ 表达出 $\sigma_E$，结果为

$$\sigma_E = kT\sqrt{C/k}$$

**习题 6.19** 应用习题 6.18 的结果，得出在高温极限下，由 $N$ 个相同谐振子（例如在爱因斯坦固体中）组成的系统的能量标准差的公式。将结果除以平均能量以得到能量扰动的比例。分别对 $N = 1$、$10^4$ 和 $10^{20}$，数值计算出这个比例，并简要地讨论你的结果。

### 6.2.1 顺磁

我将重新推导之前对于双状态顺磁体的一部分结果（见第 3.3 节），作为这些工具的第一个应用。

回忆理想双状态顺磁体中每一个基本偶极子只有两个可能的态：能量为 $-\mu B$ 的"向上"态和能量为 $+\mu B$ 的"向下"态。（这里的 $B$ 是外界施加磁场的磁感应强度，$\pm\mu$ 是偶极子的磁偶极矩沿磁场方向的分量。）每一个单独偶极子的配分函数为

$$Z = \sum_s \mathrm{e}^{-\beta E(s)} = \mathrm{e}^{+\beta\mu B} + \mathrm{e}^{-\beta\mu B} = 2\cosh\left(\beta\mu B\right) \tag{6.20}$$

偶极子处于"向上"态的概率为

$$\mathcal{P}_\uparrow = \frac{\mathrm{e}^{+\beta\mu B}}{Z} = \frac{\mathrm{e}^{+\beta\mu B}}{2\cosh\left(\beta\mu B\right)} \tag{6.21}$$

处于"向下"态的概率为

$$\mathcal{P}_\downarrow = \frac{\mathrm{e}^{-\beta\mu B}}{Z} = \frac{\mathrm{e}^{-\beta\mu B}}{2\cosh\left(\beta\mu B\right)} \tag{6.22}$$

你可以很容易地发现这两个概率之和为 1。

这个偶极子的平均能量是

$$\overline{E} = \sum_s E\left(s\right)\mathcal{P}\left(s\right) = \left(-\mu B\right)\mathcal{P}_\uparrow + \left(+\mu B\right)\mathcal{P}_\downarrow = -\mu B\left(\mathcal{P}_\uparrow - \mathcal{P}_\downarrow\right)$$

$$= -\mu B\frac{\mathrm{e}^{\beta\mu B} - \mathrm{e}^{-\beta\mu B}}{2\cosh\left(\beta\mu B\right)} = -\mu B\tanh\left(\beta\mu B\right) \tag{6.23}$$

如果我们拥有 $N$ 个这样的偶极子，总能量是

$$U = -N\mu B \tanh(\beta\mu B) \tag{6.24}$$

与式(3.31)相符。在第 3.3 节中，推导这个公式的过程比现在复杂得多：我们从准确的组合公式出发，之后应用斯特林近似来简化熵的表达式，再求导并做了很多代数运算才得到 $U$ 关于 $T$ 的表达式。在这里我们需要的只是玻尔兹曼因子。

根据习题 6.16 的结果，我们也可以通过把 $Z$ 对 $\beta$ 先求导，之后乘以 $-1/Z$ 以得到平均能量：

$$\overline{E} = -\frac{1}{Z}\frac{\partial Z}{\partial\beta} \tag{6.25}$$

让我们用双状态顺磁体验证这个公式：

$$\overline{E} = -\frac{1}{Z}\frac{\partial}{\partial\beta}2\cosh(\beta\mu B) = -\frac{1}{Z}(2\mu B)\sinh(\beta\mu B) = -\mu B\tanh(\beta\mu B) \tag{6.26}$$

是的，它确实成立。

最后，我们可以计算偶极子沿着磁场方向的磁偶极矩：

$$\overline{\mu_z} = \sum_s \mu_z(s)\mathcal{P}(s) = (+\mu)\mathcal{P}_\uparrow + (-\mu)\mathcal{P}_\downarrow = \mu\tanh(\beta\mu B) \tag{6.27}$$

所以系统总的磁化强度是

$$M = N\overline{\mu_z} = N\mu\tanh(\beta\mu B) \tag{6.28}$$

和式(3.32)完全一致。

**习题 6.20** 考虑温度 $T$ 下相同的 $N$ 个谐振子（可以是爱因斯坦固体或者是气体分子的内部振动）的集合。如第 2.2 节所述，每个谐振子的允许能量为 0、$hf$、$2hf$ 等。

(1) 通过多项式长除法证明：
$$\frac{1}{1-x} = 1 + x + x^2 + x^3 + \cdots$$
$x$ 取何值时，该级数的和是有限的？

(2) 计算单个谐振子的配分函数。使用上一问的结论尽可能地化简你的答案。

(3) 使用式(6.25)求出温度 $T$ 下单个谐振子平均能量的表达式。尽可能地简化你的结果。

(4) 温度 $T$ 下 $N$ 个谐振子的总能量是多少？注意验证你的结果，确保与习题 3.25 一致。

(5) 如果你未在习题 3.25 中计算过该系统的热容，请此时完成它，并在极限 $T \to 0$ 和 $T \to +\infty$ 下检查你的结果是否符合预期。

**习题 6.21** 在现实世界中，大多数谐振子并不完美。对于量子谐振子，这意味着能级之间的间隔不是完全均匀的。例如，$H_2$ 分子的振动能级可以被下面的近似公式更加精确地描述：

$$E_n \approx \epsilon(1.03n - 0.03n^2), \quad n = 0, 1, 2, \cdots$$

式中，$\epsilon$ 是两个最低能级之间的间隔。因此，随着能量增加，能级之间离得越来越近。（此公式最大在 $n = 15$ 时具有合理的精度；对于稍高的 $n$，公式预测 $E_n$ 随着 $n$ 的增加而降低。事实上，分子会解离，在 $n \approx 15$ 以上几乎没有其他的离散能级。）使用计算机来计算具有这组能级的系统的配分函数、平均能量和热容，$n$ 取值到 15。若你取的能级更少，这些结果会如何变化？画出热容与 $kT/\epsilon$ 之间的函数图像。将你的结果与具有均匀能级间隔的完美谐振子以及图 1.13 中的振动部分进行比较。

**习题 6.22** 在大多数顺磁材料中，单个磁性粒子具有两个以上的独立态（朝向）。独立态的数量取决于粒子的角动量 "量子数" $j$，它一定是 1/2 的倍数。对于 $j = 1/2$，只有两个独立的态，如上文和第 3.3 节所述。更一般而言，粒子磁矩 $z$ 分量的允许值为

$$\mu_z = -j\delta_\mu,\ (-j+1)\delta_\mu,\ \cdots,\ (j-1)\delta_\mu,\ j\delta_\mu$$

式中，$\delta_\mu$ 是一个常数，等于相邻两个态之间的 $\mu_z$ 差。（当粒子的角动量完全来自电子自旋时，$\delta_\mu$ 等于玻尔磁子的两倍。当轨道角动量也起作用时，$\delta_\mu$ 有所不同，但大小可比。对于原子核来说，$\delta_\mu$ 大约小 1000 倍。）因此状态数为 $2j+1$。当存在 $z$ 方向磁场 $B$ 时，粒子的磁能（忽略偶极子之间的相互作用）是 $-\mu_z B$。

(1) 证明有限项等比数列之和满足

$$1 + x + x^2 + \cdots + x^n = \frac{1 - x^{n+1}}{1 - x}$$

（提示：可以对 $n$ 使用数学归纳法来证明该公式，或将该级数写为两个无限级数之差，并使用习题 6.20 (1) 问的结果。）

(2) 证明单个磁性粒子的配分函数为

$$Z = \frac{\sinh\left[b\left(j + \frac{1}{2}\right)\right]}{\sinh\frac{b}{2}}$$

式中，$b = \beta\delta_\mu B$。

(3) 证明具有 $N$ 个此类粒子的系统的总磁化强度为

$$M = N\delta_\mu \left[\left(j + \frac{1}{2}\right)\coth\left[b\left(j + \frac{1}{2}\right)\right] - \frac{1}{2}\coth\frac{b}{2}\right]$$

式中，$\coth x$ 是双曲余切函数，等于 $\cosh x / \sinh x$。对于几个不同的 $j$ 值，绘制出 $M/N\delta_\mu$ 关于 $b$ 的函数图像。

(4) 证明 $T \to 0$ 时，磁化强度具有预期的行为。

(5) 证明在极限 $T \to \infty$ 下，磁化强度与 $1/T$ 成正比（居里定律）。（提示：首先证明当 $x \ll 1$ 时，$\coth x \approx \frac{1}{x} + \frac{x}{3}$。）

(6) 证明当 $j = 1/2$ 时，(3) 部分的结果可以简化为本书曾经计算过的双状态顺磁体公式。

## 6.2.2　双原子分子的转动

我们现在考虑一个玻尔兹曼因子和平均值的更复杂应用：双原子分子的转动（假设该分子是孤立的，就像是低密度气体一样）。

转动能级是量子化的（详见附录 A）。对于一个类似 CO 或 HCl 的双原子分子，允许的转动能量是

$$E(j) = j(j+1)\epsilon \tag{6.29}$$

式中，$j$ 可以是 0、1、2 等；$\epsilon$ 是一个与分子转动惯量成反比的常数。能级 $j$ 对应的简并态的个数是 $2j+1$，见图 6.6。（现在假设组成分子的两种原子是不同的。对于由相同原子组成的分子，如 $H_2$ 或 $N_2$，这需要些技巧，我将在稍后处理它们。）

对于这样的能级结构，我们可以对 $j$ 求和写出配分函数：

$$Z_{转动} = \sum_{j=0}^{\infty} (2j+1)\, e^{-E(j)/kT} = \sum_{j=0}^{\infty} (2j+1)\, e^{-j(j+1)\epsilon/kT} \tag{6.30}$$

能量

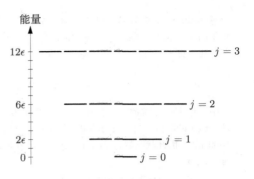

**图 6.6** 双原子分子转动态的能级图。

图 6.7 展示了由柱状图面积表示的求和。不幸的是，并没有办法精确地求出这个和。但是对于任意给定温度，我们都可以进行数值的求和。甚至在大多数情况下，我们都可以把求和近似为积分得到一个非常简单的结果。

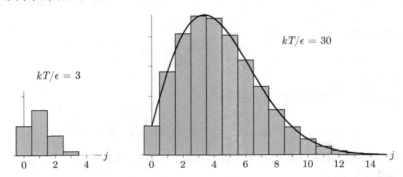

**图 6.7** 两个温度下配分函数式(6.30)求和的柱状图表示。在高温下，求和可以近似为一条连续曲线下的面积。

让我们看一些具体数字，常数 $\epsilon$ 定义了转动激发的能量尺度，它绝不超过 1 eV 的一小部分。对于 CO 分子，$\epsilon = 0.000\,24$ eV，因此 $\epsilon/k = 2.8$ K。通常情况下，我们只感兴趣温度远高于 $\epsilon/k$ 的情况，此时 $kT/\epsilon$ 远远大于 1。在这种情况下，贡献配分函数的项数很多，我们可以把图 6.7 中的矩形近似为图中连续的曲线。所以配分函数近似为这个曲线下的面积，即

$$Z_{\text{转动}} \approx \int_0^\infty (2j+1)\,e^{-j(j+1)\epsilon/kT}\,\mathrm{d}j = \frac{kT}{\epsilon} \quad (\text{当 } kT \gg \epsilon \text{ 时}) \tag{6.31}$$

（求积分时，可以使用 $x = j(j+1)\,\epsilon/kT$ 进行变量代换。）这个积分在高温极限下是精确的，此时 $Z_{\text{转动}} \gg 1$。正如所期待的，配分函数随着温度升高逐渐变大。对于室温下的 CO 分子，$Z_{\text{转动}}$ 稍微比 100 大一点（见习题 6.23）。

在高温近似下，我们可以使用极其有用的式(6.25)计算平均转动能量：

$$\overline{E}_{\text{转动}} = -\frac{1}{Z}\frac{\partial Z}{\partial \beta} = -(\beta\epsilon)\frac{\partial}{\partial\beta}\frac{1}{\beta\epsilon} = \frac{1}{\beta} = kT \quad (\text{当 } kT \gg \epsilon \text{ 时}) \tag{6.32}$$

这与能量均分定理的预测一致，因为双原子分子有两个转动自由度。将 $\overline{E}$ 对 $T$ 求导可得这种能量对热容的贡献，（对于每个分子）就是简单的 $k$，再次与能量均分定理一致。然而，在低温下，热力学第三定律告诉我们热容必须为零；事实它的确如此，你可以从式(6.30)中确认（见习题 6.26）。

我们已经看到了由可区分原子组成的双原子分子的处理方法。对于相同原子的情况要怎么办呢？例如重要的分子 $N_2$ 和 $O_2$？这里的微妙之处在于将分子旋转 180° 不会改变其空间构型，所以分子态的数目实际上只有之前不同原子构成的分子的一半。在高温极限下，即 $Z \gg 1$ 时，考虑到这个对称性，我们可以在配分函数中加入 1/2 的因子：

$$Z_{转动} \approx \frac{kT}{2\epsilon} \quad （相同原子且\ kT \gg \epsilon\ 时） \tag{6.33}$$

因子 1/2 在平均能量（见式(6.32)）中抵消，所以对热容没有影响。然而，在较低的温度下，事情会变得更加复杂：必须弄明白配分函数（见式(6.30)）中的哪些项是可以忽略的。在常压下，除了氢气之外的所有的双原子气体在达到这样的低温很久之前，都会液化。低温下的氢的行为将在习题 6.30 中讨论。

**习题 6.23** 已知 CO 分子的 $\epsilon$ 约为 0.000 24 eV。（此数字是使用微波光谱法测量的，即测量激发分子进入更高转动态所需的微波频率。）首先使用精确的式(6.30)计算室温（ 300 K ）下 CO 分子的转动配分函数，之后使用近似的式(6.31)重复此计算。

**习题 6.24** 对于 $O_2$ 分子，常数 $\epsilon$ 约为 0.000 18 eV。估算室温下 $O_2$ 分子的转动配分函数。

**习题 6.25** 本节的分析也适用于线性多原子分子，因为它们不可能绕对称轴转动。$CO_2$ 是一个例子，其 $\epsilon = 0.000 049$ eV。估计室温下 $CO_2$ 分子的转动配分函数。（请注意，原子的排列顺序为 OCO，并且两个氧原子是相同的。）

**习题 6.26** 在低温极限（$kT \ll \epsilon$）下，转动配分函数（见式(6.30)）中的每一项都比之前的项小得多。由于第一个项与 $T$ 无关，因此可以将第二个项之后的项在求和中拿掉。在此近似下计算平均能量和热容。在计算的每一步仅保留最大的和 $T$ 相关的项。你的结果是否与热力学第三定律一致？根据高温和低温极限的表达式，粗略画出所有温度下的热容曲线。

**习题 6.27** 使用计算机对精确的转动配分函数（见式(6.30)）进行数值求和，并将结果绘制为 $kT/\epsilon$ 的函数。在求和中保留足够多的项以确保该数列收敛。证明式(6.31)中的近似值比精确值低，并估算出区别。参照图 6.7 解释为什么会有这种差异。

**习题 6.28** 使用计算机以代数方式对转动配分函数（见式(6.30)）进行求和，直到 $j = 6$ 的项。然后计算平均能量和热容。绘制出热容随 $kT/\epsilon$ 值从 0 到 3 的变化。你是否在 $Z$ 中保留了足够的项，使得此温度范围内的结果是准确的？

**习题 6.29** 尽管普通的 $H_2$ 分子由两个相同的原子组成，但对于 HD 分子却不是这样，它有一个氘原子（即重氢 $^2H$）。由于其转动惯量较小，HD 分子的 $\epsilon$ 值相对较大：0.0057 eV。估计 HD 分子气体的转动热容在大约什么温度下会"冻结"？即显著地下降到能量均分定理预测的恒定值以下。

**习题 6.30** 在本习题中，你将研究普通氢气 $H_2$ 在低温下的行为。常数 $\epsilon$ 为 0.0076 eV。如正文所述，对于任何给定的分子，转动配分函数中只有一半的项（见式(6.30)）会在最终结果中有贡献。更准确地说，这组允许的 $j$ 值由两个原子核的自旋构型所确定。一共有 4 种独立的自旋构型，分别为 1 个"单重态"和 3 个"三重态"。分子在单重态和三重态之间转换所需的时间通常很长，因此可以独立研究两种类型分子的特性。处于单重态的分子为**仲氢**（parahydrogen），而处于三重态的分子称为**正氢**（orthohydrogen）。

(1) 对于仲氢，只允许 $j$ 为偶数的转动态。[1] 使用计算机（见习题 6.28）计算仲氢分子的转动配分函数、平均能量和热容。并将热容绘制为 $kT/\epsilon$ 的函数。[2]

(2) 对于正氢，仅允许 $j$ 为奇数的转动态。基于此，重复上一问。

---

[1] 如果你学过量子力学，就可以理解为什么会这样。当交换 $\vec{r}$ 和 $-\vec{r}$ 时，$j$ 为偶数的态的波函数是对称的（交换不变），这等价于交换两个原子核；$j$ 为奇数的态在上述变换下是反对称的。两个氢原子核（质子）是费米子，因此它们的总波函数一定是交换反对称的。单重态（$\uparrow\downarrow - \downarrow\uparrow$）的自旋波函数已经是交换反对称的，因此其空间部分波函数一定是对称的。与此相反，三重态（$\uparrow\uparrow$、$\downarrow\downarrow$ 和 $\uparrow\downarrow + \downarrow\uparrow$）的自旋部分是对称的，因此空间部分一定是反对称的。）

[2] 对于由自旋为 0 的原子核构成的分子，如 $O_2$，这种情况是唯一的情况；唯一的原子核自旋构型是单重态，只有 $j$ 为偶数的态是允许的。

(3) 在高温下，可及的偶数 $j$ 态的数量与奇数 $j$ 态的数量基本相同，此时氢气通常由 1/4 的仲氢和 3/4 的正氢混合而成。具有这样比例的混合物称为**普通氢**（normal hydrogen）。假设将普通氢冷却至低温同时不允许分子的自旋构型发生改变。绘制该混合物的转动热容随温度的变化曲线。转动热容在什么温度下会降低到其高温值的一半（即每分子 $k/2$）？

(4) 现在假设普通氢在有催化剂下进行冷却，该催化剂可使核自旋频繁地改变取向。在这种情况下，原始配分函数中的所有项均是可能的，但由于核自旋的简并性，$j$ 为奇数的项应计算三次。计算该系统的转动配分函数、平均能量和热容，并将热容绘制为 $kT/\epsilon$ 的函数。

(5) 氘分子 $D_2$ 具有 9 个独立的核自旋构型，其中 6 个是"对称的"，3 个是"反对称的"。命名规则是具有更多独立态的种类以"正"（ortho-）开头，而另一类以"仲"（para-）开头。对于正氘，仅允许 $j$ 为偶数的转动态，而对于仲氘，仅允许 $j$ 为奇数的转动态。[1] 考虑正常情况下，由 2/3 的正氘和 1/3 的仲氘组成的混合 $D_2$ 气体，在核自旋构型不允许发生变化的情况下冷却。计算并绘制该系统的转动热容随温度的变化。[2]

## 6.3  能量均分定理

在本书中，我已经多次使用能量均分定理，并且我们已经看到对许多情况它都是正确的。但是我还没有向你展示证明过程。如果使用玻尔兹曼因子的话，这个证明是非常简单的。

能量均分定理并不适用于所有的系统，它只适用能量与"自由度"成二次方关系的系统，也即有

$$E(q) = cq^2 \tag{6.34}$$

形式的系统。式中，$c$ 是常数；$q$ 是任意的坐标或动量变量，如 $x$、$p_x$ 或 $L_x$（角动量）。我将把一个这样的自由度当作我要研究的"系统"，并假设它与温度为 $T$ 的热库保持平衡，来计算其平均能量 $\overline{E}$。

我将把这个系统当作一个经典的系统。每一个 $q$ 的值对应一个单独的、独立的状态。为了计算态的个数，我将假设它是离散分布的，间隔为 $\Delta q$，见图 6.8。只要 $\Delta q$ 的值非常小，我们期望它会在 $\overline{E}$ 的最终表达式中相抵消。

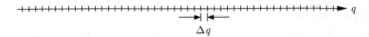

$$\Delta q$$

**图 6.8** 为了计算连续变量 $q$ 的状态数，我假设它是离散分布的，并且间隔是 $\Delta q$。

这个系统的配分函数是

$$Z = \sum_q e^{-\beta E(q)} = \sum_q e^{-\beta cq^2} \tag{6.35}$$

为了计算这个求和，我在求和的里面乘以 $\Delta q$ 并在外面除掉 $\Delta q$：

$$Z = \frac{1}{\Delta q} \sum_q e^{-\beta cq^2} \Delta q \tag{6.36}$$

此时，这个求和可以被看作高度为玻尔兹曼因子的柱状图的面积（见图 6.9）。因为 $\Delta q$ 非常小，

---

[1] 氘核是玻色子，因此整体波函数必须交换对称。

[2] Gopal (1966) [44] 讨论了低温下的氢气，并且含有实验的参考文献。

我们可以把柱状图近似为连续的曲线，把求和变为积分：

$$Z = \frac{1}{\Delta q} \int_{-\infty}^{\infty} e^{-\beta c q^2} \, dq \tag{6.37}$$

在尝试求出这个积分之前，我们应用 $x = \sqrt{\beta c} q$ 来换元，因此 $dq = dx/\sqrt{\beta c}$。故

$$Z = \frac{1}{\Delta q} \frac{1}{\sqrt{\beta c}} \int_{-\infty}^{\infty} e^{-x^2} \, dx \tag{6.38}$$

对 $x$ 的积分是一个数，这个数的具体值对于当前要研究的物理来说并不重要，但这个积分在数学上是很有趣的。函数 $e^{-x^2}$ 称作**高斯函数**（Gaussian），但是很不幸，它的不定积分并不能用基本函数表示。然而，存在一种技巧可以计算出从 $-\infty$ 到 $+\infty$ 的定积分（见附录 B），这个值是 $\sqrt{\pi}$。因此我们配分函数的最终结果为

$$Z = \frac{1}{\Delta q} \sqrt{\frac{\pi}{\beta c}} = C \beta^{-1/2} \tag{6.39}$$

式中，$C$ 只是 $\sqrt{\pi/c}/\Delta q$ 的缩写。

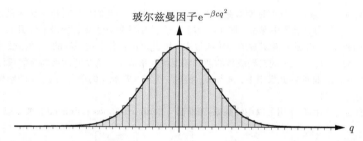

图 6.9 高度是玻尔兹曼因子 $e^{-\beta c q^2}$ 的柱状图的面积表示了配分函数。为了计算这个面积，我们把柱状图近似为连续的曲线。

一旦你得到了配分函数的显式函数，可以很简单地使用极其有用的式(6.25)计算出平均能量：

$$\begin{aligned}
\overline{E} &= -\frac{1}{Z} \frac{\partial Z}{\partial \beta} = -\frac{1}{C\beta^{-1/2}} \frac{\partial}{\partial \beta} C\beta^{-1/2} \\
&= -\frac{1}{C\beta^{-1/2}} \left(-\frac{1}{2}\right) C\beta^{-3/2} = \frac{1}{2}\beta^{-1} = \frac{1}{2}kT
\end{aligned} \tag{6.40}$$

这正是能量均分定理。注意到常数 $C$、$\Delta q$ 和 $\sqrt{\pi}$ 都抵消了。

这个定理最重要的事实是它不会延续到量子力学系统。你可以从图 6.9 中看出这一点：如果具有显著概率的不同态的数目太小，那么平滑的高斯曲线不能很好地近似柱状图。事实上，正如我们在爱因斯坦固体中看到的那样，能量均分定理仅在高温极限下才有效：此时有许多不同的态对配分函数有贡献，态之间的间距因此不再重要。一般来说，能量均分定理仅适用于能级之间的间距比 $kT$ 小得多的情况。

**习题 6.31** 考虑线性而非二次的经典"自由度"，也即对某个常数 $c$ 有 $E = c|q|$。（一个例子是用动量表示的一维相对论性粒子的动能。）对该系统重复能量均分定理的推导，证明平均能量 $\overline{E} = kT$。

**习题 6.32** 考虑在一维势阱 $u(x)$ 中移动的经典粒子，见图 6.10。粒子与温度为 $T$ 的热库相平衡，因此

态的概率由玻尔兹曼统计确定。

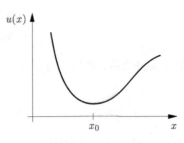

**图 6.10** 一维势阱。温度越高，粒子离平衡点的距离就越远。

(1) 证明这个粒子位置的平均值为

$$\overline{x} = \frac{\int x e^{-\beta u(x)} \, dx}{\int e^{-\beta u(x)} \, dx}$$

式中，每一个积分都对整个 $x$ 轴求和。

(2) 在低温下（但不是太低，此时经典力学仍然成立），粒子大部分时候都将位于势阱底部附近。在这种情况下，我们可以在平衡点 $x_0$ 处用泰勒级数展开 $u(x)$：

$$u(x) = u(x_0) + (x - x_0) \frac{du}{dx}\bigg|_{x_0} + \frac{1}{2} (x - x_0)^2 \frac{d^2 u}{dx^2}\bigg|_{x_0} + \frac{1}{3!} (x - x_0)^3 \frac{d^3 u}{dx^3}\bigg|_{x_0} + \cdots$$

证明一阶项一定为零；同时证明若截断次数高于二阶的项，我们会得到与 $x$ 无关的值 $\overline{x} = x_0$。

(3) 如果在 $u(x)$ 的泰勒级数中保留三阶项，那么 $\overline{x}$ 公式中的积分运算会变得十分困难。为了简化计算，我们假设 $u(x)$ 的泰勒级数的三阶项很小，因此可以将包含这一项的 e 的指数展开为一个新的泰勒级数，而将 $u(x)$ 的泰勒级数的前两项保留在指数中；这个新的泰勒级数只保留到最大的含有温度的项。证明在此极限下，$\overline{x}$ 与 $x_0$ 相差一个与 $kT$ 成比的项，用 $u(x)$ 的泰勒级数的系数表示出这个比例。

(4) 稀有气体原子的相互作用可以用**伦纳德-琼斯势**（Lennard-Jones potential）来模拟：

$$u(x) = u_0 \left[ \left( \frac{x_0}{x} \right)^{12} - 2 \left( \frac{x_0}{x} \right)^6 \right]$$

画出此函数，并表明势阱在 $x = x_0$ 处取得最小值，深度为 $u_0$。对于氩气，$x_0 = 3.9\,\text{Å}$、$u_0 = 0.010\,\text{eV}$。用泰勒级数在平衡点附近展开伦纳德-琼斯势，并利用 (3) 的结果使用 $u_0$ 表示出稀有气体晶体的线性热膨胀系数（见习题 1.8）。数值计算氩气的结果，并与（80 K 下的）测量值 $\alpha = 0.0007\,\text{K}^{-1}$ 进行比较。

## 6.4　麦克斯韦速率分布

作为下一个应用玻尔兹曼因子的实例，我要详细地研究理想气体中分子的运动。我们已经（从能量均分定理中）知道理想气体分子的均方根速率是

$$v_{\text{均方根}} = \sqrt{\frac{3kT}{m}} \tag{6.41}$$

但这只是某种意义上的平均值。一些分子将比这个速率运动得更快，其他一些更慢。实际中，我们可能希望知道多少分子在某一个给定速率下运动。等效地讲，我们其实想知道特定的分子处于一个给定速率的概率。

严格来讲，分子速率是定值 $v$ 的概率是零。由于速率可以连续变化，因此可以有无限多种

可能的速率，所以，每个速率都有无穷小的概率（基本上是零）。但是，有些速率比其他速率概率小，我们仍然可以用相对概率表示速率分布，见图 6.11。最概然速率是图中最高位置对应的速率，其他速率与之相比可能性没有这么高，且概率正比于曲线的高度。此外，如果我们归一化图形（即调整垂直尺度），会有一个更精确的解释：图上任何两个速率 $v_1$ 和 $v_2$ 之间的面积等于分子速率介于两者之间的概率：

$$\text{概率}\,(v_1 < \text{速率} < v_2) = \int_{v_1}^{v_2} \mathcal{D}(v)\,\mathrm{d}v \tag{6.42}$$

式中，$\mathcal{D}(v)$ 是图像的高度。如果 $v_1$ 和 $v_2$ 之间的间隔是无穷小，则 $\mathcal{D}(v)$ 在这个区间的变化可以忽略，我们可以把式(6.42)写为

$$\text{概率}\,(v < \text{速率} < v + \mathrm{d}v) = \mathcal{D}(v)\,\mathrm{d}v \tag{6.43}$$

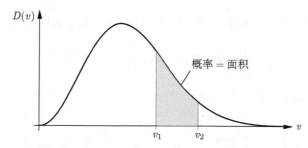

**图 6.11** 气体分子在不同速率下的相对概率图。更准确来讲，垂直的尺度调整为对任意一个区间积分得到的面积都等于分子速率位于这个区间内的概率。

函数 $\mathcal{D}(v)$ 称作**分布函数**（distribution function）。它在每个点的值本身不是很有意义。相反，$\mathcal{D}(v)$ 生来就是为了被积分的。想要把 $\mathcal{D}(v)$ 转化为概率，就必须对某个 $v$ 的区间进行积分（或者，当区间很小的时候，只需要乘以区间的宽度）。函数 $\mathcal{D}(v)$ 的单位并不是概率的单位（即没有单位），相反，它的单位是 $1/v$ 或 $(\mathrm{m/s})^{-1}$。

在知道了如何解读结果之后，我想推导出函数 $\mathcal{D}(v)$ 的表达式。推导中需要的最重要部分是玻尔兹曼因子；另外一个不可或缺的部分是空间是三维的这个事实，也就是说对于任意一个给定速率，都有很多可能的速度矢量。事实上，可以把函数 $\mathcal{D}(v)$ 概念地写为

$$\mathcal{D}(v) \propto (\text{一个分子拥有速度 } \vec{v} \text{ 的概率}) \times (\text{对应速率 } v \text{ 的速度矢量 } \vec{v} \text{ 的数目}) \tag{6.44}$$

这里面当然存在比例常数，我们稍后再来研究。

式(6.44)中的第一个因子刚好就是玻尔兹曼因子。每一个速度矢量对应一个独特的分子态，而分子处在任何一个特定态 $s$ 的概率正比于玻尔兹曼因子 $\mathrm{e}^{-E(s)/kT}$。在这种情况下，能量只是平动动能 $\frac{1}{2}mv^2$（此处，$v = |\vec{v}|$），因此，

$$(\text{一个分子拥有速度 } \vec{v} \text{ 的概率}) \propto \mathrm{e}^{-mv^2/2kT} \tag{6.45}$$

在这里我省略了任何其他可能的影响态的变量，比如空间中的位置或者分子的内部运动。这种简化对于理想气体是合理的，此时平动和其他变量无关。

　　式(6.45)告诉我们理想气体分子最可能的速度矢量为零。基于我们对玻尔兹曼因子的了解，这个结果应该很难令人惊讶：对于任何有限（正）温度的系统，低能态总是比高能态更可能。但是，最有可能的速度矢量不对应于最概然速率，因为有一些速率对应的速度矢量更多。

　　现在，让我们考虑式(6.44)中的第二个因子。要计算这个因子，想象一个三维的"速度空间"，其中每个点代表一个速度矢量（见图 6.12）。对应于任何速率 $v$ 的速度矢量集合存在于半径为 $v$ 的球面上。较大的 $v$ 对应较大的球体，此时可能的速度矢量就越多。所以我们可以认为式(6.44)中的第二个因子是速度空间中球体的表面积：

$$（对应速率\ v\ 的速度矢量\ \vec{v}\ 的数目）\propto 4\pi v^2 \tag{6.46}$$

把这个"简并度"因子与玻尔兹曼因子（见式(6.45)）放在一起，我们得到

$$\mathcal{D}(v) = C \cdot 4\pi v^2 \mathrm{e}^{-mv^2/2kT} \tag{6.47}$$

式中，$C$ 是比例系数。为了计算出 $C$，我们注意到分子速率位于所有速率区间的概率一定为 1：

$$1 = \int_0^\infty \mathcal{D}(v)\,\mathrm{d}v = 4\pi C \int_0^\infty v^2 \mathrm{e}^{-mv^2/2kT}\,\mathrm{d}v \tag{6.48}$$

利用 $x = v\sqrt{m/2kT}$ 换元，得

$$1 = 4\pi C \left(\frac{2kT}{m}\right)^{3/2} \int_0^\infty x^2 \mathrm{e}^{-x^2}\,\mathrm{d}x \tag{6.49}$$

与高斯函数 $\mathrm{e}^{-x^2}$ 类似，$x^2 \mathrm{e}^{-x^2}$ 的积分也不能用基本函数表示。但是，我们还是有技巧可以得到从 0 到 $\infty$ 的定积分（见附录 B），这一次结果是 $\sqrt{\pi}/4$。所以式(6.46)中的 4 被抵消，得到 $C = (m/2\pi kT)^{3/2}$。

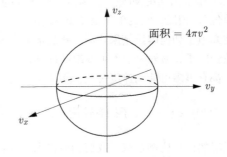

**图 6.12** 在"速度空间"中，每个点表示一个可能的速度矢量。给定速率 $v$ 对应的速度矢量存在于半径为 $v$ 的球面上。

分布函数 $\mathcal{D}(v)$ 的最终结果为

$$\mathcal{D}(v) = \left(\frac{m}{2\pi kT}\right)^{3/2} 4\pi v^2 \mathrm{e}^{-mv^2/2kT} \tag{6.50}$$

这个结果叫作理想气体分子速率的**麦克斯韦分布**（Maxwell distribution）（为了纪念 James Clerk Maxwell）。这是一个复杂的公式，但是我希望你记重要部分的时候不要觉得困难：玻尔兹曼因子与平动动能有关，几何因子是在速度空间的球面面积。

　　图 6.13 显示了另一个麦克斯韦分布的图像。当 $v$ 非常小的时候，玻尔兹曼因子约为 1，所以曲线近似是抛物线；尤其要注意的是，在 $v = 0$ 时分布变为零。这个结果与零是最可能的速度矢量并不矛盾，因为我们在讨论速率——对应于非常小速率的速度矢量太少。

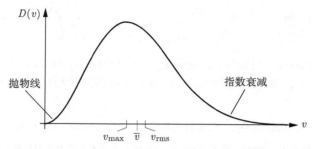

**图 6.13** 麦克斯韦速率分布在 $v \to 0$ 和 $v \to \infty$ 时均趋于 0。平均速率比最可然速率大，均方根速率比平均速率更大。

　　同时，麦克斯韦分布在非常高的速率（远大于 $\sqrt{kT/m}$ 时）下也变为零，因为玻尔兹曼因子指数衰减。

　　在 $v = 0$ 和 $v = \infty$ 之间，麦克斯韦分布有上升也有下降。通过令式(6.50)的导数等于零，可以得到 $\mathcal{D}(v)$ 的最大值出现在 $v_{\max} = \sqrt{2kT/m}$。你可能已经预料到，随着温度的升高，峰值逐渐向右移动。最可然速率与均方根速率不一样；参考式(6.41)，我们看到均方根速率大了大约 22%。平均速率仍然不同，我们可以加和所有可能的速率，并按其概率加权来计算：

$$\overline{v} = \sum_{\text{所有的}\, v} v \mathcal{D}(v)\, \mathrm{d}v \tag{6.51}$$

在这个公式中，我假设不同的速率是离散分布的，间隔为 $\mathrm{d}v$。如果你把求和转变为积分，并求解它，你将会得到

$$\overline{v} = \sqrt{\frac{8kT}{\pi m}} \tag{6.52}$$

这个值介于 $v_{\max}$ 和 $v_{均方根}$ 之间。

　　让我们来看一个例子：室温下空气中的氮分子。你可以轻松地计算出最可然速率，300 K 下的结果为 422 m/s。但是有些分子比这快得多，而有的则慢得多。分子移动快于 1000 m/s 的概率是多少呢？

　　首先让我们做一个图形估计。速率 1000 m/s 与 $v_{\max}$ 的比值为

$$\frac{1000\,\mathrm{m/s}}{422\,\mathrm{m/s}} = 2.37 \tag{6.53}$$

观察图 6.13，你可以看到麦克斯韦分布在这一点上迅速衰减但并不为 0。图表下方超出 $2.37 v_{\max}$ 的面积看起来只占图表下总面积的 1% 或 2%。

　　定量地，这个概率由麦克斯韦分布从 1000 m/s 积分到无穷给出：

$$\text{概率}\,(v > 1000\,\mathrm{m/s}) = 4\pi \left(\frac{m}{2\pi kT}\right)^{3/2} \int_{1000\,\mathrm{m/s}}^{\infty} v^2 \mathrm{e}^{-mv^2/2kT}\, \mathrm{d}v \tag{6.54}$$

这个积分的下限不为 0，因此不能解析求解；最好的选择是通过计算器或计算机数值求解。你可以现在就代入数字，这样计算机就以 m/s 为单位进行工作。但是更简洁的方式是首先将变量更改为 $x = v\sqrt{m/2kT} = v/v_{\max}$，就像在式(6.49)中所做的那样，积分变为

$$4\pi \left(\frac{m}{2\pi kT}\right)^{3/2} \left(\frac{2kT}{m}\right)^{3/2} \int_{x_{\min}}^{\infty} x^2 e^{-x^2}\, dx = \frac{4}{\sqrt{\pi}} \int_{x_{\min}}^{\infty} x^2 e^{-x^2}\, dx \tag{6.55}$$

此时，下限为 $v = 1000\,\mathrm{m/s}$ 对应的 $x$，也即 $x_{\min} = (1000\,\mathrm{m/s})/(422\,\mathrm{m/s}) = 2.37$。把这个形式输入计算机就很简单了，我得到的概率结果为 0.0105，也即只有大约 1% 的氮气分子运动速率大于 $1000\,\mathrm{m/s}$。

**习题 6.33** 计算出室温下氧气（$O_2$）分子的最概然速率、平均速率和均方根速率。

**习题 6.34** 仔细绘制出 $T = 300\,\mathrm{K}$ 和 $T = 600\,\mathrm{K}$ 时氮气分子的麦克斯韦速率分布。在同一坐标轴上绘制出两个曲线，并在坐标轴上标记数字。

**习题 6.35** 从麦克斯韦速率分布出发，验证分子的最概然速率为 $\sqrt{2kT/m}$。

**习题 6.36** 补充式(6.51)和式(6.52)之间略去的步骤，以确定理想气体分子的平均速率。

**习题 6.37** 使用麦克斯韦分布来计算理想气体分子 $v^2$ 的平均值，并验证你的答案是否与式(6.41)相符。

**习题 6.38** 在室温下，空气中有多少比例的氮分子以低于 $300\,\mathrm{m/s}$ 的速率运动？

**习题 6.39** 尽管地球存在引力，但靠近地球表面的、速率超过 $11\,\mathrm{km/s}$ 的粒子仍具有足够的动能，可以完全逃离地球。因此，外大气层中超过该速率的分子在向外运动时，若不遭受任何碰撞，将会逸出。

(1) 地球上层大气的温度实际上非常高，大约为 $1000\,\mathrm{K}$。计算该温度下氮分子运动速率超过 $11\,\mathrm{km/s}$ 的概率，并对结果进行讨论。

(2) 对氢分子（$H_2$）和氦原子再次进行计算，并讨论你的结果。

(3) 已知从月球表面逃逸的速率仅为约 $2.4\,\mathrm{km/s}$。基于此解释为什么月亮没有大气层？

**习题 6.40** 你可能好奇为什么气体中处于热平衡的所有分子不具有完全相同的速率。毕竟，难道不是当两个分子碰撞时，更快的一个总是失去能量，而较慢的一个总是获得能量吗？如果是这样，重复的碰撞是否最终会使所有分子达到相同的速率？考虑台球碰撞的例子，你会发现事实并非如此：速率更快的球会获得能量，而速率较慢的球则失去能量。讨论的时候要包括数字，并确保碰撞过程中能量和动量守恒成立。

**习题 6.41** 想象一个世界，其中空间是二维的，但是物理规律在其他方面都是相同的。推导出该虚拟世界中非相对论性粒子构成的理想气体的速率分布公式，并绘制出该分布。解释二维情况和三维情况之间的异同。最可能的速度矢量是什么？最概然速率是多少？

## 6.5 配分函数与自由能

对于能量为 $U$ 的孤立系统，最基本的统计量是重数 $\Omega(U)$——可及微观状态的个数。对重数做对数可以得到熵，而熵总是趋向于增加。

对于一个与温度为 $T$ 的热库相平衡的系统（见图 6.14），与 $\Omega$ 最相似的量是配分函数 $Z(T)$。与 $\Omega(U)$ 类似，配分函数也或多或少与可及微观状态数有关（但是是在固定温度而非固定能量下）。我们因此期待它的对数在这种情况下也是一个倾向于增加的量。但是我们已经知道了一个在这种情况下倾向于减少的量：亥姆霍兹自由能 $F$。所以一个倾向增加的量将会是 $-F$；或者说

如果我们需要一个无量纲量的话，是 $-F/kT$。跨越一大步，我们可以猜测存在这样的公式：

$$F = -kT \ln Z \quad \text{或} \quad Z = e^{-F/kT} \tag{6.56}$$

确实，这个公式是正确的，我现在来证明它。

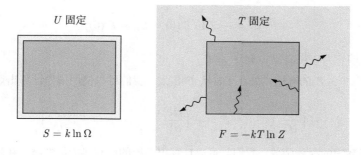

**图 6.14** 对于一个孤立系统（左图）来说，$S$ 倾向于增加；对于一个温度固定的系统（右图）来说，$F$ 倾向于减少。就像 $S$ 一样，$F$ 也可以写成统计量 $Z$ 的对数形式。

首先回忆 $F$ 的定义：

$$F \equiv U - TS \tag{6.57}$$

并且回忆偏导关系：

$$\left( \frac{\partial F}{\partial T} \right)_{V,N} = -S \tag{6.58}$$

用式(6.57)表示出 $S$ 并代入式(6.58)得：

$$\left( \frac{\partial F}{\partial T} \right)_{V,N} = \frac{F - U}{T} \tag{6.59}$$

这是在固定 $V$ 和 $N$ 的情况下 $F(T)$ 的微分方程。为了证明式(6.56)，我将会证明 $-kT \ln Z$ 满足同样的微分方程，并且在 $T = 0$ 时的"初始"条件相同。

让我用 $\widetilde{F}$ 表示 $-kT \ln Z$。保持 $V$ 和 $N$ 不变，我想求出这个量对 $T$ 的导数：

$$\frac{\partial \widetilde{F}}{\partial T} = \frac{\partial}{\partial T} (-kT \ln Z) = -k \ln Z - kT \frac{\partial}{\partial T} \ln Z \tag{6.60}$$

使用链式法则把第二项中的导数用 $\beta = 1/kT$ 重写为

$$\frac{\partial}{\partial T} \ln Z = \frac{\partial \beta}{\partial T} \frac{\partial}{\partial \beta} \ln Z = -\frac{1}{kT^2} \frac{1}{Z} \frac{\partial Z}{\partial \beta} = \frac{U}{kT^2} \tag{6.61}$$

（这里我使用 $U$ 而非 $\overline{E}$ 来表示系统的平均能量，因为这个想法对于大系统来说是很有用的）。把这个公式代回式(6.60)，我们得到

$$\frac{\partial \widetilde{F}}{\partial T} = -k \ln Z - kT \frac{U}{kT^2} = \frac{\widetilde{F}}{T} - \frac{U}{T} \tag{6.62}$$

也即 $\widetilde{F}$ 遵循和 $F$ 完全一样的微分方程。

一个一阶微分方程有无穷多个解，对应不同的"初始"条件。为了完整地证明 $\widetilde{F} = F$，我需要证明它们对于某个特定的 $T$ 是完全一致的，比如 $T = 0$。$T = 0$ 时，$F$ 等于 $U$，也即等于系统在零温下的能量。这个能量一定是最低的可能能量——$U_0$，因为这个温度下的所有激发态的玻尔兹曼因子 $e^{-U(s)/kT}$ 都是无穷小。同时，在 $T = 0$ 时，配分函数是 $e^{-U_0/kT}$，再一次地，因为其他的玻尔兹曼因子与之相比都是无穷小，有

$$\widetilde{F}(0) = -kT \ln Z(0) = U_0 = F(0) \tag{6.63}$$

所以我完成了证明：对于所有 $T$，有 $\widetilde{F} = F$。

公式 $F = -kT \ln Z$ 的有用之处在于，从 $F$ 出发，我们可以使用偏导计算出熵、压强和化学势：

$$S = -\left(\frac{\partial F}{\partial T}\right)_{V,N}, \quad P = -\left(\frac{\partial F}{\partial V}\right)_{T,N}, \quad \mu = +\left(\frac{\partial F}{\partial N}\right)_{T,V} \tag{6.64}$$

所以一旦知道了系统的配分函数，我们就可以计算出系统的所有热力学性质。在第 6.7 节中，我将用这个方式来研究理想气体。

**习题 6.42** 在习题 6.20 中你计算过量子谐振子的配分函数：$Z_{谐振子} = 1/(1 - e^{-\beta\epsilon})$，式中，$\epsilon = hf$ 是能级之间的间隔。
(1) 计算出 $N$ 个谐振子组成的系统的亥姆霍兹自由能。
(2) 计算出这个系统熵与温度的关系。（不要害怕，结果也没有太复杂。）

**习题 6.43** 一些进阶教材用下面的公式定义熵：

$$S = -k \sum_s \mathcal{P}(s) \ln \mathcal{P}(s)$$

此公式对所有可及态求和，式中，$\mathcal{P}(s)$ 是微观态 $s$ 出现的概率。
(1) 考虑一个孤立系统，对其所有可及态 $s$ 有 $\mathcal{P}(s) = 1/\Omega$。证明在这种情况下上面的公式等价于我们熟悉的熵的定义。
(2) 对于一个与温度为 $T$ 的热库相平衡的系统，$\mathcal{P}(s) = e^{-E(s)/kT}/Z$。证明此时上面的公式依然与我们熟悉的熵的定义相符。

## 6.6 组合系统的配分函数

在尝试写下理想气体的配分函数之前，我们想站在一般的角度，考虑一下由几个粒子组成的组合系统的配分函数与每个粒子的配分函数有什么关系。例如，考虑一个只有两个粒子的组合系统，把粒子标记为 1 和 2。如果这两个粒子没有相互作用，那么它们的总能量就是 $E_1 + E_2$，所以有

$$Z_{总} = \sum_s e^{-\beta[E_1(s)+E_2(s)]} = \sum_s e^{-\beta E_1(s)}e^{-\beta E_2(s)} \tag{6.65}$$

该求和遍历组合系统所有态 $s$。如果这两个粒子是可区分的（通过它们固定的位置或通过某些内在因素），那么组合系统的状态集合等于所有有序对 $(s_1, s_2)$ 的集合，其中 $s_1$ 表示粒子 1 的态，$s_2$ 表示粒子 2 的态。此时，

$$Z_{总} = \sum_{s_1} \sum_{s_2} e^{-\beta E_1(s_1)}e^{-\beta E_2(s_2)} \tag{6.66}$$

第一个玻尔兹曼因子可以移动到对 $s_2$ 求和的前面。此时，第二个玻尔兹曼因子刚好对应粒子 2 的配分函数 $Z_2$；这个配分函数独立于 $s_1$，所以可以从求和中拿出。最后对 $s_1$ 的求和就是 $Z_1$，我们就得到了

$$Z_总 = Z_1 Z_2 \quad （无相互作用，可区分的粒子）\tag{6.67}$$

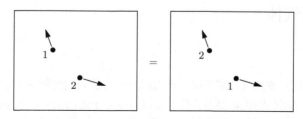

**图 6.15** 交换两个不可区分粒子的态不改变系统的态。

然而，如果粒子是不可区分的，从式(6.65)得到式(6.66)的过程就是错误的。这个问题与第 2.5 节中计算理想气体重数遇到的问题完全一样：将粒子 1 置于态 $A$、将粒子 2 置于态 $B$ 与将粒子 2 置于态 $A$、粒子 1 置于态 $B$ 完全一致（见图 6.15）。因此式(6.66)几乎把每个态都计算了两次，一个更准确的公式是

$$Z_总 = \frac{1}{2} Z_1 Z_2 \quad （无相互作用，不可区分的粒子）\tag{6.68}$$

这个公式仍然不够准确，因为式(6.66)中双求和的一些项代表了两个粒子处于相同的态，即 $s_1 = s_2$。这些项并没有被重复计算，所以我们不应该将它们也除以 2。但对于一般的气体和其他许多熟悉的系统来说，它们的密度足够低，以至于两个粒子处于相同态的可能性可以忽略不计。满足 $s_1 = s_2$ 的项只是式(6.66)中非常小的一部分。此时，它们是否被正确计算不再重要。[1]

式(6.67)和式(6.68)对两个以上粒子系统的推广很直接。如果粒子是可区分的，则总配分函数是所有单独配分函数的乘积：

$$Z_总 = Z_1 Z_2 Z_2 \cdots Z_N \quad （无相互作用，可区分的粒子）\tag{6.69}$$

这个等式也适用于能以多种方式储存能量的单个粒子的总配分函数；例如，$Z_1$ 可以是在 $x$ 方向上的运动的配分函数，$Z_2$ 可以是在 $y$ 方向上的运动，等等。

对于一个密度不是很大的、由 $N$ 个不可区分的粒子组成的系统，总配分函数的表达式为

$$Z_总 = \frac{1}{N!} Z_1^N \quad （无相互作用，不可区分的粒子）\tag{6.70}$$

式中，$Z_1$ 是任何一个粒子单独的配分函数。前面的因子是 $N$ 个粒子相互交换的方式数 $N!$。

当处理多粒子系统时，"态"这个词可能会引起混乱。我们必须区分整个系统的"态"和单个粒子的"态"。不幸的是，我没有找到一种简明扼要地区分这两个概念的方法。当上下文含糊不清时，我会写成**单粒子态**（single-particles state）或**系统态**（system state）。在前面的讨论中，$s$ 是系统态，而 $s_1$、$s_2$ 是单粒子态。一般来说，如果要指定系统的态，你必须指定系统中所有的单粒子态。

---

[1] 下面一章将会处理很密的系统，此时这个问题是相当重要的。在那之前，我们不必担心这个问题。

**习题 6.44** 考虑一个由 $N$ 个不可区分的无相互作用分子组成的大型系统（可能处于理想气体或稀溶液中）。用单个分子的配分函数 $Z_1$，表示出该系统的亥姆霍兹自由能（使用斯特林近似消除 $N!$）。然后基于这个结果用 $Z_1$ 表示出化学势。

## 6.7 再看理想气体

### 6.7.1 配分函数

我们已经学习了计算理想气体配分函数所需的所有方法和相关的热力学量。理想气体，与之前一样，意味着分子之间的距离足够远，我们可以忽略分子之间的力所带来的能量。如果气体包含 $N$ 个分子（所有都是一样的），则配分函数可以写为

$$Z = \frac{1}{N!} Z_1^N \tag{6.71}$$

式中，$Z_1$ 是单个分子的配分函数。

为了计算 $Z_1$，我们必须对单个分子所有可能的微观态的玻尔兹曼因子求和。每一个玻尔兹曼因子的形式是

$$e^{-E(s)/kT} = e^{-E_{平动}(s)/kT} e^{-E_{内}(s)/kT} \tag{6.72}$$

式中，$E_{平动}$ 是分子位于态 $s$ 的平动动能；$E_{内}$ 是分子位于态 $s$ 的**内能**（internal energy）（可以是转动、振动等）。对所有单粒子态的求和可以写为对平动态和内部态的双求和；与上一节一样，我们可以把配分函数写成两部分：

$$Z_1 = Z_{平动} Z_{内} \tag{6.73}$$

式中，

$$Z_{平动} = \sum_{平动态} e^{-E_{平动}/kT}, \quad Z_{内} = \sum_{内部态} e^{-E_{内}/kT} \tag{6.74}$$

内部态对应的配分函数中的转动和振动已经在第 6.2 节中处理过了。对于一个给定的转动和振动态，分子的电子也可以对应不同的独立波函数，也即可以有各种电子态。对于处在常温的大多数分子来说，由于能量太高，电子激发态的玻尔兹曼因子可以忽略不计。有时电子的基态可以是简并的。例如，氧气分子有三重简并的基态，所以会在内部态对应的配分函数中贡献一个因子 3。

现在抛开内部态的配分函数，并专注于平动部分 $Z_{平动}$。要计算 $Z_{平动}$，我们需要对分子所有可能的平动态的玻尔兹曼因子求和。如第 2.5 节，通过引入 $1/h^3$ 的量子力学因子，我们可以计算出分子所有可能的位置和动量矢量，从而列出这些态。但现在，我将使用一种更严格的方法数出所有独立的定能波函数，就像我们对原子分子内部态所做的那样。我将从一个分子被限制在一维盒子的例子开始，之后推广到三维。

图 6.16 显示了一个分子处于一维盒子中的一些定能波函数。由于分子被限制在盒子中，所以它的波函数在每一端都必须为零，因此允许的驻波的波长为

$$\lambda_n = \frac{2L}{n}, \quad n = 1, 2, \cdots \tag{6.75}$$

式中，$L$ 是盒子的长度；$n$ 是"鼓包"的数量。每一个驻波可以被认为是拥有大小相等方向相反

动量的向左和向右行波的叠加。动量的大小由德布罗意关系 $p = h/\lambda$ 确定，即

$$p_n = \frac{h}{\lambda_n} = \frac{hn}{2L} \tag{6.76}$$

最后，非相对论性粒子的能量和动量的关系是 $E = p^2/2m$，式中，$m$ 是粒子的质量。所以在一维盒子中分子允许的能量是

$$E_n = \frac{p_n^2}{2m} = \frac{h^2 n^2}{8mL^2} \tag{6.77}$$

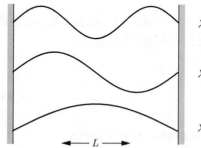

$$\lambda_3 = \frac{2L}{3}$$

$$\lambda_2 = \frac{2L}{2}$$

$$\lambda_1 = 2L$$

**图 6.16** 限制在一维盒子中的一个粒子对应的最低的三个能量的波函数。

知道能量以后，我们马上就可以写出（一维下）该分子平动部分的配分函数：

$$Z_{-维} = \sum_n \mathrm{e}^{-E_n/kT} = \sum_n \mathrm{e}^{-h^2 n^2/8mL^2 kT} \tag{6.78}$$

除非 $L$ 和/或 $T$ 极其小，否则能级之间都将非常接近。所以我们可以把求和近似为积分：

$$Z_{-维} = \int_0^\infty \mathrm{e}^{-h^2 n^2/8mL^2 kT}\,\mathrm{d}n = \frac{\sqrt{\pi}}{2}\sqrt{\frac{8mL^2 kT}{h^2}} = \sqrt{\frac{2\pi mkT}{h^2}}L \equiv \frac{L}{\ell_Q} \tag{6.79}$$

式中，$\ell_Q$ 定义为上式中最后一个根号的倒数

$$\ell_Q \equiv \frac{h}{\sqrt{2\pi mkT}} \tag{6.80}$$

我喜欢把 $\ell_Q$ 称作**量子长度**（quantum length）：除了因子 $\pi$ 之外，它是质量为 $m$、动能为 $kT$ 的粒子的德布罗意波长。对于室温下的氮气分子，其量子长度为 $1.9 \times 10^{-11}\,\mathrm{m}$，因此比值 $L/\ell_Q$ 对于真实的盒子来说是相当大的，意味着分子在这种情况下有很多可能的平动态——大约是可以填充盒子的德布罗意波长的数目。

对于一维情况我就讲到这里。现在回到三维，此时总动能为

$$E_{平动} = \frac{p_x^2}{2m} + \frac{p_y^2}{2m} + \frac{p_z^2}{2m} \tag{6.81}$$

式中，每一个动量可以依据式(6.76)取无穷多不同的值。因为 $n$ 可以在三个方向上独立取值，我

们可以再一次地把配分函数分解为不同的因子, 每一个因子代表一个维度:

$$Z_{平动} = \sum_s e^{-E_{平动}/kT} = \sum_{n_x} \sum_{n_y} \sum_{n_z} e^{-h^2 n_x^2/8mL_x^2 kT} e^{-h^2 n_y^2/8mL_y^2 kT} e^{-h^2 n_z^2/8mL_z^2 kT}$$

$$= \frac{L_x}{\ell_Q} \frac{L_y}{\ell_Q} \frac{L_z}{\ell_Q} = \frac{V}{v_Q} \tag{6.82}$$

式中, $V$ 是盒子的体积; $v_Q$ 是**量子体积**（quantum volume）:

$$v_Q = \ell_Q^3 = \left( \frac{h}{\sqrt{2\pi mkT}} \right)^3 \tag{6.83}$$

量子体积就是量子长度的立方, 所以对于室温下的分子来说是非常小的。平动配分函数本质来讲就是可以填充盒子的德布罗意波长数目的立方, 同样地, 它在通常情况下都很大。

把这个结果与式(6.73)结合, 我们可以得到单粒子的配分函数:

$$Z_1 = \frac{V}{v_Q} Z_{内} \tag{6.84}$$

式中, $Z_{内}$ 是对所有相关内部态的求和。所以由 $N$ 个粒子组成的气体的配分函数为

$$Z = \frac{1}{N!} \left( \frac{V Z_{内}}{v_Q} \right)^N \tag{6.85}$$

将来我们会使用这个配分函数的对数:

$$\ln Z = N \left( \ln V + \ln Z_{内} - \ln N - \ln v_Q + 1 \right) \tag{6.86}$$

### 6.7.2 预测

此时我们就可以计算出理想气体所有的热力学性质。让我们从总（平均）能量开始, 使用习题 6.16 推导的公式:

$$U = -\frac{1}{Z} \frac{\partial Z}{\partial \beta} = -\frac{\partial}{\partial \beta} \ln Z \tag{6.87}$$

式(6.86)中的 $Z_{内}$ 和 $v_Q$ 依赖于 $\beta$, 因此有

$$U = -N \frac{\partial}{\partial \beta} \ln Z_{内} + N \frac{1}{v_Q} \frac{\partial v_Q}{\partial \beta} = N \overline{E}_{内} + N \cdot \frac{3}{2} \frac{1}{\beta} = U_{内} + \frac{3}{2} NkT \tag{6.88}$$

式中, $\overline{E}_{内}$ 是一个分子的平均内能。而平均平动动能是 $\frac{3}{2}kT$, 与我们之前从能量均分定理得到的结果一致。再求一个导数可以得到热容:

$$C_V = \frac{\partial U}{\partial T} = \frac{\partial U_{内}}{\partial T} + \frac{3}{2} Nk \tag{6.89}$$

对于双原子分子气体, 内部对热容的贡献来自转动和振动。见第 6.2 节, 这些贡献中的每一种在足够高的温度下都提供了大约 $Nk$ 的热容, 但在较低温度下为零。从理论上来讲, 平动的贡献也

可能被冻结，但只有在温度足够低，以至于 $\ell_Q$ 与 $L$ 可比时成立——此时把式(6.79)的求和变为积分不再成立。我们现在已经解释了图 1.13 中氢气 $C_V$ 曲线的所有特征。

为了计算理想气体其他的热力学量，我们需要亥姆霍兹自由能

$$F = -kT\ln Z = -NkT\left(\ln V + \ln Z_{内} - \ln N - \ln v_Q + 1\right)$$
$$= -NkT\left(\ln V - \ln N - \ln v_Q + 1\right) + F_{内} \tag{6.90}$$

式中，$F_{内}$ 表示 $F$ 的内部贡献部分，也即 $-NkT\ln Z_{内}$。从这个表达式出发，我们可以计算出压强：

$$P = -\left(\frac{\partial F}{\partial V}\right)_{T,N} = \frac{NkT}{V} \tag{6.91}$$

我将熵和化学势的计算过程留给读者，结果是

$$S = -\left(\frac{\partial F}{\partial T}\right)_{V,N} = Nk\left[\ln\left(\frac{V}{Nv_Q}\right) + \frac{5}{2}\right] - \frac{\partial F_{内}}{\partial T} \tag{6.92}$$

和

$$\mu = \left(\frac{\partial F}{\partial N}\right)_{T,V} = -kT\ln\left(\frac{VZ_{内}}{Nv_Q}\right) \tag{6.93}$$

如果我们忽略内部的贡献，这些结果与之前对单原子分子理想气体的计算一致。

**习题 6.45** 推导出理想气体熵和化学势的表达式，也即式(6.92)和式(6.93)。

**习题 6.46** 熵和化学势——式(6.92)和式(6.93)——涉及 $VZ_{内}/Nv_Q$ 的对数。这个对数通常是正还是负？代入一些普通气体的数值计算并进行讨论。

**习题 6.47** 估算 $1\,\mathrm{cm}$ 宽的盒子中氮分子的平动冻结时的温度。

**习题 6.48** 对于接近室温的双原子分子气体，内部配分函数只不过是在第 6.2 节中计算过的转动配分函数与电子基态简并度 $Z_e$ 的积。

(1) 证明这种情况下的熵是

$$S = Nk\left[\ln\left(\frac{VZ_eZ_{\mathrm{rot}}}{Nv_Q}\right) + \frac{7}{2}\right]$$

计算室温和大气压下 $1\,\mathrm{mol}$ 氧气（$Z_e = 3$）的熵，并将其与书后参考表格中的测量值进行比较。[1]

(2) 计算室温下海平面附近地球大气中氧气的化学势。以 eV 为单位表示你的答案。

**习题 6.49** 对于室温和大气压下的 $1\,\mathrm{mol}$ 氮气（$N_2$），计算下列热力学量：$U$、$H$、$F$、$G$、$S$ 和 $\mu$。（$N_2$ 的转动常数 $\epsilon = 0.000\,25\,\mathrm{eV}$，其电子基态不简并。）

**习题 6.50** 利用本节的结果证明理想气体的 $G = N\mu$。

**习题 6.51** 在本节中，我们通过对所有定能波函数求和计算出了单粒子平动配分函数 $Z_{平动}$。如第 2.5 节，另一种方法是对所有可能的位置和动量矢量求和。由于位置和动量都是连续变量，所以求和实际上就是积分，我们需要引入一个 $1/h^3$ 的因子才能获得一个无量纲数，也即独立波函数的数目。因此，我们可以猜测

$$Z_{平动} = \frac{1}{h^3}\int \mathrm{d}^3r\,\mathrm{d}^3p\,e^{-E_{平动}/kT}$$

式中，单个积分符号实际上代表了六个积分，三个在位置分量上（表示为 $\mathrm{d}^3r$），三个在动量分量上（表示为 $\mathrm{d}^3p$）。积分区域包括所有的动量矢量，但仅包含位于盒子体积 $V$ 内的那些位置矢量。解析计算这个积分，证明它表示的平动配分函数与书中的结果相同。（当且仅当盒子很小时，这个公式会失效，因

---

[1]对于理论和实验熵比较的讨论，可以参考 Rock (1983) [26] 或 Gopal (1966) [44]。

为将式(6.78)中的求和化为积分是不合理的。)

**习题 6.52** 考虑由高度相对论性粒子（例如光子或快速移动的电子）组成的理想气体，其能量-动量关系为 $E = pc$ 而不是 $E = p^2/2m$。假设这些粒子生活在一维宇宙中。根据推导式(6.79)的逻辑，推导出该气体中单粒子配分函数 $Z_1$ 的表达式。

**习题 6.53** 分子氢解离成原子氢的过程

$$\mathrm{H_2} \longleftrightarrow 2\,\mathrm{H}$$

可以使用第 5.6 节中叙述的方法，将其视为理想气体的反应。该反应的平衡常数 $K$ 定义为

$$K = \frac{P_\mathrm{H}^2}{P^\circ P_{\mathrm{H_2}}}$$

式中，$P^\circ$ 是参考压强，通常为 $1\,\mathrm{bar}$；其他的 $P$ 是两种物质在平衡状态下的分压。现在，使用本章中叙述的玻尔兹曼统计方法，你已经可以用第一性原理计算出 $K$。尝试得出 $K$ 的表达式，用更基本的量——如解离一个分子所需的能量（见习题 1.53）和分子氢的内部配分函数——表示。此时内部配分函数是转动和振动贡献的乘积，你可以使用第 6.2 节中的方法和数据进行估算。（$\mathrm{H_2}$ 分子不具有任何电子自旋简并度，但是 H 原子有——电子可以处于两种不同的自旋态。忽略掉仅在非常高的温度下才重要的电子激发态。尽管核自旋排列导致的简并度会相互抵消，但是包含在计算内也没有什么不妥。）在 $T = 300\,\mathrm{K}$、$1000\,\mathrm{K}$、$3000\,\mathrm{K}$ 和 $6000\,\mathrm{K}$ 时，数值计算 $K$ 的值并讨论其含义。基于几个数值实例回答何时大部分氢会解离以及何时不会。

# 第 7 章　量子统计

## 7.1　吉布斯因子

在第 6.1 节推导玻尔兹曼因子时，我允许系统与热库交换能量，但是不允许它们交换粒子。然而，考虑一个可与它的环境交换粒子的系统通常也是很有用的（见图 7.1）。现在，我来修改前面的推导过程，以适应这种额外的因素。

就像第 6.1 节中那样，我们可以将两个不同的微观态的概率之比写为

$$\frac{\mathcal{P}\left(s_2\right)}{\mathcal{P}\left(s_1\right)} = \frac{\Omega_R\left(s_2\right)}{\Omega_R\left(s_1\right)} = \frac{\mathrm{e}^{S_R(s_2)/k}}{\mathrm{e}^{S_R(s_1)/k}} = \mathrm{e}^{[S_R(s_2)-S_R(s_1)]/k} \tag{7.1}$$

这个幂包含系统从态 1 到态 2 的热库的熵的变化。从热库的角度来说，这是一个无穷小的变化，因此我们可以应用热力学恒等式：

$$\mathrm{d}S_R = \frac{1}{T}\left(\mathrm{d}U_R + P\,\mathrm{d}V_R - \mu\,\mathrm{d}N_R\right) \tag{7.2}$$

因为任何进入热库的能量、体积或者粒子都是系统损失的，这个等式右边的变化就是负的系统的变化。

与第 6.1 节一样，我会把 $P\,\mathrm{d}V$ 扔掉：这个项通常是零，或相较于其他项非常小。但是，这里我将保留 $\mu\,\mathrm{d}N$ 项。所以，熵的变化可以写为

$$S_R\left(s_2\right) - S_R\left(s_1\right) = -\frac{1}{T}\left[E\left(s_2\right) - E\left(s_1\right) - \mu N\left(s_2\right) + \mu N\left(s_1\right)\right] \tag{7.3}$$

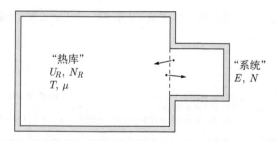

**图 7.1** 一个与大得多的热库保持热和扩散接触的系统，可以认为热库的化学势和温度保持不变。

等式右边的 $E$ 和 $N$ 都是系统的量，因此前面有一个负号。将这个等式代入式(7.1)得

$$\frac{\mathcal{P}(s_2)}{\mathcal{P}(s_1)} = \frac{e^{-[E(s_2)-\mu N(s_2)]/kT}}{e^{-[E(s_1)-\mu N(s_1)]/kT}} \tag{7.4}$$

和前面一样，概率之比就是简单的指数因子的比，每一个指数都是热库的温度和对应的微观态能量的函数；只不过现在，它还与系统微观态的粒子数有关。这个新的指数因子称作**吉布斯因子**（Gibbs factor）：

$$吉布斯因子 = e^{-[E(s)-\mu N(s)]/kT} \tag{7.5}$$

若想要得到绝对的概率而非只是概率的比，和以前一样，我们还需要在前面加入一个系数：

$$\mathcal{P}(s) = \frac{1}{\mathcal{Z}} e^{-[E(s)-\mu N(s)]/kT} \tag{7.6}$$

式中，$\mathcal{Z}$ 称作**巨配分函数**（grand partition function）[1] 或者叫**吉布斯和**（Gibbs sum）。通过令所有态的概率和为 1，可得

$$\mathcal{Z} = \sum_s e^{-[E(s)-\mu N(s)]/kT} \tag{7.7}$$

这个求和遍历了所有可能的态（包括所有可能的 $N$ 的值）。

若系统中有不止一种粒子，式(7.2)所有的 $\mu N$ 项就应该换为对所有种类粒子的 $\mu_i N_i$ 的求和，之后所有的公式都应作类似的修改。比如，存在两种粒子的吉布斯因子就是

$$吉布斯因子 = e^{-[E(s)-\mu_A N_A(s)-\mu_B N_B(s)]/kT} \quad （两种物质） \tag{7.8}$$

### 7.1.1　例子：一氧化碳中毒

为了展示吉布斯因子的应用，我们来研究血红蛋白分子（在血液中携带氧气）上的吸附位点（血红素位点）。单个血红蛋白分子具有四个吸附位点，每个吸附位点由一个 $Fe^{2+}$ 离子和其周围的其他原子组成。每个位点可携带一个 $O_2$ 分子。简单起见，我将系统视为四个位点中的一个，并假设它完全独立于其他三个位点。[2] 如果氧气是唯一可以占据位点的分子，则系统只有两种可能的态：占据或未占据（见图 7.2）。我将这两个态的能量设为 0 和 $\epsilon$，$\epsilon = -0.7\,eV$。[3]

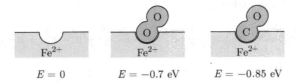

$$E = 0 \qquad\qquad E = -0.7\ \text{eV} \qquad\qquad E = -0.85\ \text{eV}$$

**图 7.2** 单个血红素位点可能未被占据、被氧气占据或被一氧化碳占据（能量值只是近似）。

---

[1] 类比于用"微正则"和"正则"分别来描述第 2 章到第 3 章和第 6 章所用的方法，这里使用的方法称作**巨正则**（grand canonical）。符合概率式(7.6)的假想系统所组成的集合称作**巨正则系综**（grand canonical ensemble）。

[2] 独立位点的假设对于肌红蛋白非常准确，肌红蛋白是一种在肌肉中结合氧的蛋白质，每个分子只有一个吸附位点。习题 7.2 提供了更准确的血红蛋白模型。

[3] 生物化学家从不使用电子伏特的能量单位。事实上，他们很少谈论单独的结合能（也许是因为这些能量在不同条件下会变化很大）。我在本节中精确选择了 $\epsilon$ 值，以期能得到与实验测量大致相符的结果。

这个单位点系统的巨配分函数只有两项:

$$\mathcal{Z} = 1 + e^{-(\epsilon - \mu)/kT} \tag{7.9}$$

化学势 $\mu$ 在肺中相对较高(其中氧气充足),但在需要氧的细胞中低得多。我们来考虑靠近肺部的情况,在那里,血液与大气近似扩散平衡,而可视为理想气体的大气中氧气的分压约为 $0.2\,\text{atm}$。因此,可以从式(6.93)计算出化学势:

$$\mu = -kT \left( \frac{V Z_{\text{内}}}{N v_Q} \right) \approx -0.6\,\text{eV} \tag{7.10}$$

式中,温度为体温 $310\,\text{K}$。将这个数代入式(7.9)可得第二个吉布斯因子

$$e^{-(\epsilon - \mu)/kT} \approx e^{(0.1\,\text{eV})/kT} \approx 40 \tag{7.11}$$

因此,任何一个给定位点被占据的概率就是

$$\mathcal{P}(\text{被 O}_2 \text{ 占据}) = \frac{40}{1 + 40} = 98\% \tag{7.12}$$

当同样存在可以与血红素位点结合的一氧化碳时,位点的态就有三种了:未占据、被 $O_2$ 占据、被 CO 占据。其巨配分函数为

$$\mathcal{Z} = 1 + e^{-(\epsilon - \mu)/kT} + e^{-(\epsilon' - \mu')/kT} \tag{7.13}$$

式中,$\epsilon'$ 是 CO 分子的结合后的负的能量;$\mu'$ 是环境中 CO 的化学势。从一方面来说,CO 永远不可能有氧气那么充足;若它比氧气少了 100 倍,它的化学势就大约减少了 $kT \ln 100 = 0.12\,\text{eV}$,因此 $\mu'$ 大约是 $-0.72\,\text{eV}$。从另一方面来说,CO 相较于氧气与位点结合得更紧密,其 $\epsilon' \approx -0.85\,\text{eV}$。将这些数代入可得第三个吉布斯因子

$$e^{-(\epsilon' - \mu')/kT} \approx e^{(0.13\,\text{eV})/kT} \approx 120 \tag{7.14}$$

此时,任何一个给定的位点被氧气占据的概率就只有

$$\mathcal{P}(\text{被 O}_2 \text{ 占据}) = \frac{40}{1 + 40 + 120} = 25\% \tag{7.15}$$

**习题 7.1** 在消耗氧气的细胞附近,氧气的化学势明显低于肺周围。即使在这些细胞附近没有气态氧气,习惯上还是使用与血液平衡的气态氧气的分压来表示氧气的丰度。使用刚刚提到的仅存在氧气的独立位点模型,计算并绘制氧气所占的血红素位点的比例随氧分压的变化。该曲线称为**朗缪尔吸附等温线**(Langmuir adsorption isotherm)(由于巨正则系综温度固定,因此它是一个"等温线")。实验表明,肌红蛋白的吸附行为可以由该曲线准确描述。

**习题 7.2** 在实际的血红蛋白分子中,氧与血红素位点结合的趋势随着其他三个血红素位点被占据而增加。为了以简单的方式对这种效应进行建模,想象一个血红蛋白分子只有两个位点,一个或两个都可被占据。该系统具有四个可能的态(仅存在氧气时)。设未占据态的能量为零,两个单占据态的能量为 $-0.55\,\text{eV}$,双重占据态的能量为 $-1.3\,\text{eV}$(因此结合第二个氧时,能量的变化为 $-0.75\,\text{eV}$)。与上一习题一样,计算并绘制位点占据比例随氧气等效分压的变化。与上一习题的图(只考虑单独位点)进行比

较，考虑为什么这种行为对血红蛋白功能更有利？

**习题 7.3** 考虑由单个氢原子/离子组成的系统，该系统具有两种可能的态：未占据（即不存在电子）和占据（即基态中存在一个电子）。计算这两种态的概率之比，以获得已经在第 5.6 节中推导出的萨哈方程。为了计算 $\mu$，将电子视为单原子分子理想气体。在计算中忽略电子具有两个独立自旋态的事实。

**习题 7.4** 把电子的两个独立的自旋态考虑在内，重复上一习题。现在，系统具有两个"占据"态，每一个对应电子的一种自旋。但是，电子气的化学势也略有不同。证明概率比与之前相同，也即自旋简并性在萨哈方程中抵消。

**习题 7.5** 考虑由半导体中的单个杂质原子/离子组成的系统。假设与相邻原子相比，杂质原子具有一个"额外"电子，如硅晶体中的磷原子。这个多余的电子可以被轻松地去除，留下带正电的离子。电离电子称作**传导电子**（conduction electron），因为它可以自由在材料内移动；杂质原子称为**施主**（donor），因为它可以"捐赠"传导电子。该系统类似于前两道习题中考虑过的氢原子，不同之处在于电离能要小得多，这主要是由于介质的介电行为对离子电荷的屏蔽。

(1) 求出单个施主原子被电离的概率公式。不要忽略电子具有两个独立的自旋态。用温度、电离能 $I$ 以及电离电子"气体"的化学势来表示你的结果。

(2) 假设传导电子的行为类似普通的理想气体（每个粒子具有两个自旋态），用每单位体积的传导电子数 $N_c/V$ 表示其化学势。

(3) 现在假设每个传导电子都来自一个电离的施主原子。在这种情况下，传导电子的数量等于被电离的施主的数量。使用该条件可根据施主原子数（$N_d$），消掉 $\mu$，得出 $N_c$ 的二次方程。使用这个二次方程求解出 $N_c$。（提示：引入一些无量纲数来简化计算是很有帮助的。尝试令 $x = N_c/N_d$、$t = kT/I$ 等。）

(4) 对于硅中的磷，电离能为 $0.044\,\text{eV}$。假设每立方厘米有 $10^{17}$ 个 P 原子。使用这些数字，计算并绘制出电离的施主的比例随温度的变化。讨论你的结果。

**习题 7.6** 证明当系统与热库处于热和扩散平衡时，系统中的平均粒子数为

$$\overline{N} = \frac{kT}{Z}\frac{\partial Z}{\partial \mu}$$

式中，的偏导数是在固定温度和体积下求得的。同时证明粒子数平方的平均值为

$$\overline{N^2} = \frac{(kT)^2}{Z}\frac{\partial^2 Z}{\partial \mu^2}$$

使用这些结果证明 $N$ 的标准差为

$$\sigma_N = \sqrt{kT(\partial \overline{N}/\partial \mu)}$$

这个结果与习题 6.18 类似。最后，将该公式应用于理想气体，用 $\overline{N}$ 表示出 $\sigma_N$ 的简单公式。简要讨论你的结果。

**习题 7.7** 在第 6.5 节中，我得出了亥姆霍兹自由能和普通配分函数之间的有用关系 $F = -kT\ln Z$。用类似的论据证明

$$\Phi = -kT\ln \mathcal{Z}$$

式中，$\mathcal{Z}$ 是巨配分函数；$\Phi$ 是习题 5.23 中引入的巨自由能。

## 7.2 玻色子和费米子

吉布斯因子最重要的应用是**量子统计**（quantum statistics），即密集系统——其中两个或多个相同的粒子占据相同单粒子态的可能性不可忽略——的研究。在这种情况下，我们在第 6.6

节中推导出的由 $N$ 个无法区分的无相互作用粒子组成的系统的配分函数

$$Z = \frac{1}{N!} Z_1^N \tag{7.16}$$

就失效了。问题在于 $N!$ 的计数因子——在各种态之间交换粒子的方式的数量——只有粒子均处于不同的态时才正确。(在这一节中,我将使用"态"代表单粒子态;至于系统的态,我会用"系统态"来表示。)

　　为了更好地理解这个问题,我们先来考虑一个非常简单的例子:2 个无相互作用粒子组成的系统,每个粒子可以占据任意 5 个态之一(见图 7.3)。假设这 5 个态都具有零能量,因此所有的玻尔兹曼因子都是 1(这样一来 $Z$ 等于 $\Omega$)。

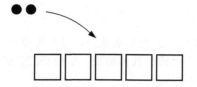

**图 7.3** 5 个单粒子态的简单模型,有 2 个可以占据这些态的粒子。

　　若这 2 个粒子可被区分,系统态的总数就是 $Z = 5 \times 5 = 25$。若它们不可区分,式(7.16)就预测了 $Z = 5^2/2 = 12.5$,然而这肯定是错的——因为这个系统的 $Z$ 一定是个整数。

　　现在,我们来更加仔细地数一数这个系统的态。由于粒子不可区分,唯一的决定因素就是每一个态上的粒子数目。这样一来,我可以用 5 个整数的序列代表任意的系统态。例如,01100 就代表第 2 个和第 3 个态均被 1 个粒子占据、余下的态没有粒子的系统态。所有的可能的系统态如下:

| | | |
|---|---|---|
| 11000 | 01010 | 20000 |
| 10100 | 01001 | 02000 |
| 10010 | 00110 | 00200 |
| 10001 | 00101 | 00020 |
| 01100 | 00011 | 00002 |

(若你把这些态视为谐振子并把粒子视为能量单位,这个系统态的数目就可以用与爱因斯坦固体一样的方法数出来。)总共有 15 个系统态,其中 10 个系统态的 2 个粒子位于不同的态上,5 个位于同一态上。若粒子可以区分,前 10 个系统态就变成了 20 个——因为两个粒子具有顺序。这 20 个系统态加上最后 5 个就是前面提到的 25。式(7.16)所用的因子 $1/N!$ 正确地将 20 减为了 10,但是错误地把 5 也减半了。这就是问题的来源。

　　在这里,我隐含地假设了两个相同的粒子可以占据相同的态。事实证明,某些类型的粒子能做到这一点而有些则不能。可以与相同物质共享态的粒子称为**玻色子**(boson),[1] 包括光子、π 介子、$^4$He 原子以及各种其他物质。给定态下相同玻色子的数量是没有限制的。然而,实验表明,许多类型的粒子不能与另一个相同类型的粒子共享一个态——不是因为它们彼此物理排斥,而是由于一个量子力学的诡异性质,我不会在这里详细讨论它(附录 A 更详尽地讨论了这一点)。这些粒子称为**费米子**(fermion),[2] 包括电子、质子、中子、中微子、氦-3 原子等。如果前面例子

---

[1] 以 Satyendra Nath Bose 命名。他在 1924 年引入了第 7.4 节中处理光子气体的方法。此后不久,爱因斯坦完成了对其他玻色子的推广。

[2] 以 Enrico Fermi 命名。他在 1926 年研究了不相容原理在统计力学中的推论。狄拉克(Paul A. M. Dirac)在同一年独立完成了同样的工作。

中的粒子是相同的费米子，则表格最后一列中的五个系统态不能出现，因此 $Z$ 只有 10 而不是 15。（在式(7.16)中，两个粒子位于同一态的系统态计为 1/2 个系统态，因此该公式位于费米子和玻色子的正确结果之间。）两个理想费米子不能占据相同态的规则称为**泡利不相容原理**（Pauli exclusion principle）。

你可以通过观察它们的自旋来判断哪些粒子是玻色子，哪些是费米子。具有整数自旋（0、1、2 等，以 $h/2\pi$ 为单位）的粒子是玻色子，而具有半整数自旋（1/2、3/2 等）的粒子是费米子。然而，这个规则不是玻色子或费米子的定义，它是一个非常重要的自然事实，是相对论和量子力学的深层结果（首先由泡利（Wolfgang Pauli）推导出来）。

然而，在很多情况下，粒子是玻色子还是费米子无关紧要。当单粒子态比粒子数多得多的时候，

$$Z_1 \gg N \tag{7.17}$$

任意两个粒子想要占据同一个态的概率就可以忽略了。更精确地说，只有极少一部分系统态中被两个粒子占据的态的数量显著。对于非相对论性理想气体来说，单粒子配分函数是 $Z_1 = V Z_内 / v_Q$，式中，$Z_内$ 是一个非常小的数，$v_Q$ 是量子体积：

$$v_Q = \ell_Q^3 = \left( \frac{h}{\sqrt{2\pi mkT}} \right)^3 \tag{7.18}$$

这个数大约是平均德布罗意波长的立方。将 $Z = Z_1^N/N!$ 代入式(7.17)可得

$$\frac{V}{N} \gg v_Q \tag{7.19}$$

也就是说粒子之间的平均距离必须远大于平均德布罗意波长。对于我们呼吸的空气，分子之间的平均距离约为 $3\,\mathrm{nm}$，而平均的德布罗意波长小于 $0.02\,\mathrm{nm}$，因此这个条件肯定是满足的。顺便提一下，从 $v_Q$ 表达式可以看出，这个条件不仅取决于系统的密度，还取决于粒子的温度和质量。

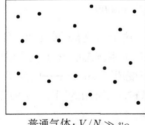
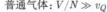
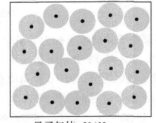

普通气体：$V/N \gg v_Q$                            量子气体：$V/N \approx v_Q$

**图 7.4** 在普通气体中，粒子之间的距离远大于粒子波函数的一般尺度。当波函数开始接并重叠时，我们将其称为**量子气体**（quantum gas）。

当条件式(7.17)失效并且多个粒子开始试图进入相同的态时，我们很难把气体中实际发生的情况可视化——图 7.4 虽然不完美，但我已竭尽所能。在图中，我将每个粒子描绘成填充 $v_Q$ 体积的量子波函数（这相当于将粒子置于空间中最局域的波函数中；若要将它们挤入更窄的波函数，我们将会引入比平均动量 $h/\ell_Q$ 大的动量的不确定性，从而增加系统的能量和温度。）在普通气体中，所有粒子占据的有效体积将远小于容器的体积（通常量子体积小于分子的物理体积），但是如果气体足够致密或 $v_Q$ 足够大，波函数则将开始尝试接触和重叠。此时，粒子是费米子还

是玻色子就开始变得重要——但无论是哪种，它们的行为都会与普通气体的行为大相径庭。

　　有许多系统违反条件式(7.17)，要么是因为它们非常致密（如中子星），要么非常冷（如液氦），或者是由非常轻的粒子（如金属中的电子或微波炉中的光子）组成的。本章的其余部分致力于研究这些迷人的系统。

　　**习题 7.8** 考虑一个"盒子"，其中每个粒子可能占据 10 个单粒子态中的任何一个。简单起见，假设这些态的能量都为零。

　　(1) 若盒子只包含一个粒子，求该系统的配分函数。

　　(2) 若盒子包含 2 个可区分的粒子，求该系统的配分函数。

　　(3) 若盒子包含 2 个相同的玻色子，求该系统的配分函数。

　　(4) 若盒子包含 2 个相同的费米子，求该系统的配分函数。

　　(5) 式(7.16)预测的配分函数是什么？

　　(6) 对于可区分粒子、相同的玻色子和相同的费米子这三种情况，求出 2 个粒子处于相同单粒子态的概率。

　　**习题 7.9** 计算室温下 $N_2$ 分子的量子体积，并说明为什么可以使用玻尔兹曼统计来处理大气压下的这种分子？在大约什么温度下，我们需要用量子统计来描述系统（保持密度恒定并假设气体不液化）？

　　**习题 7.10** 考虑容器中的 5 个粒子组成的系统，允许的能级不简并且等间隔。例如，粒子可能处在一维谐振子势中。在本习题中，你将根据粒子是相同的费米子、相同的玻色子还是可区分的粒子来描述该系统的允许的态。

　　(1) 针对这 3 种情况分别描述该系统的基态。

　　(2) 假设该系统具有 1 单位的能量（高于基态）。针对这 3 种情况，分别描述允许的系统态。在每种情况下，有几种可能的系统态？

　　(3) 当系统分别有 2 单位的能量和 3 单位的能量时，重复上一问。

　　(4) 假设该系统的温度较低，因此总能量较低（尽管不一定为零）。讨论玻色子系统的行为与可区分粒子系统的行为有何不同？

## 7.2.1　分布函数

　　当系统违反条件 $Z_1 \gg N$ 时，我们就不能使用第 6 章的方法来处理它了，但可以使用吉布斯因子代替。我们首先来考虑由一个单粒子态组成的"系统"，而不是一个粒子本身。因此，该系统由具有确定空间的波函数（对于具有自旋的粒子，也包括特定的自旋方向）组成。这个想法起初看起来很奇怪，因为我们通常使用具有固定能量的波函数，并且这些波函数中的每一个与所有其他波函数共享空间。因此，"系统"和"热库"占据相同的物理空间，见图 7.5。幸运的是，导出吉布斯因子的过程并不关心系统与热库占据的空间是否相同，因此所有这些公式仍然适用于单粒子态系统。

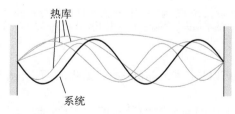

**图 7.5** 为了使用吉布斯因子处理量子气体，我们考虑由一个单粒子态（或波函数）组成的"系统"。"热库"由所有其他可能的单粒子态组成。

　　所以，我们只关注系统的一个单粒子态（比如一个盒子中的粒子）即可。当这个态被一个粒子占据时，它的能量就是 $\epsilon$；当态未占据时，它的能量为零；如果它可以被 $n$ 个粒子占据，那么能量将是 $n\epsilon$。态被 $n$ 个粒子占据的概率是

$$\mathcal{P}(n) = \frac{1}{\mathcal{Z}}\mathrm{e}^{-(n\epsilon-\mu n)/kT} = \frac{1}{\mathcal{Z}}\mathrm{e}^{-n(\epsilon-\mu)/kT} \tag{7.20}$$

式中，$\mathcal{Z}$ 是巨配分函数，即所有可能的 $n$ 的吉布斯因子的和。

若这个问题中的粒子是费米子，$n$ 就只可能是 0 或 1，因此，巨配分函数为

$$\mathcal{Z} = 1 + \mathrm{e}^{-(\epsilon-\mu)/kT} \quad （费米子） \tag{7.21}$$

我们可以从中计算出这个态被占据或未被占据的概率，它与 $\epsilon$、$\mu$ 和 $T$ 有关。我们也可以计算出态中的平均的粒子数，即，这个态的**占据数**（occupancy）：

$$\bar{n} = \sum_n n\mathcal{P}(n) = 0 \cdot \mathcal{P}(0) + 1 \cdot \mathcal{P}(1) = \frac{\mathrm{e}^{-(\epsilon-\mu)/kT}}{1 + \mathrm{e}^{-(\epsilon-\mu)/kT}}$$

$$= \frac{1}{\mathrm{e}^{(\epsilon-\mu)/kT} + 1} \quad （费米子） \tag{7.22}$$

这个重要的公式称作**费米-狄拉克分布**（Fermi-Dirac distribution）；我把它记为 $\bar{n}_{\mathrm{FD}}$：

$$\bar{n}_{\mathrm{FD}} = \frac{1}{\mathrm{e}^{(\epsilon-\mu)/kT} + 1} \tag{7.23}$$

费米-狄拉克分布在 $\epsilon \gg \mu$ 时变为 0，并在 $\epsilon \ll \mu$ 时变为 1。因此，能量比 $\mu$ 小得多的态倾向于被占据，反之，能量比 $\mu$ 大得多的态倾向于未被占据；$\mu$ 和能量一样的态就有 50% 的概率被占据；同时，从 1 到 0 的下降过程只不过是几个 $kT$ 的宽度。图 7.6 展示了费米-狄拉克分布在三个不同温度下关于 $\epsilon$ 的曲线。

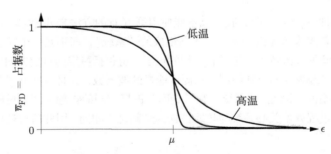

**图 7.6** 对于能量极低的态，费米-狄拉克分布为 1；对于能量极高的态，分布为 0；对于能量为 $\mu$ 的态，它等于 1/2。在低温下，这个分布随着 $\epsilon$ 的增加突然下降；在高温下则逐渐下降。（尽管在该图上 $\mu$ 固定，在下一节中我们将看到它其实通常随温度变化。）

若粒子是玻色子，$n$ 就可以是任意的非负整数，因此，巨配分函数为

$$\mathcal{Z} = 1 + \mathrm{e}^{-(\epsilon-\mu)/kT} + \mathrm{e}^{-2(\epsilon-\mu)/kT} + \cdots$$

$$= 1 + \mathrm{e}^{-(\epsilon-\mu)/kT} + \left[\mathrm{e}^{-(\epsilon-\mu)/kT}\right]^2 + \cdots$$

$$= \frac{1}{1 - \mathrm{e}^{-(\epsilon-\mu)/kT}} \quad （玻色子） \tag{7.24}$$

（由于吉布斯因子不能无限制地增长，$\mu$ 就必须小于 $\epsilon$，即该数列必须收敛。）同时，态上的平均粒子数为

$$\overline{n} = \sum_n n \mathcal{P}(n) = 0 \cdot \mathcal{P}(0) + 1 \cdot \mathcal{P}(1) + 2 \cdot \mathcal{P}(2) + \cdots \tag{7.25}$$

为了计算这个和，我们令 $x \equiv (\epsilon - \mu)/kT$，因此

$$\overline{n} = \sum_n n \frac{\mathrm{e}^{-nx}}{Z} = -\frac{1}{Z} \sum_n \frac{\partial}{\partial x} \mathrm{e}^{-nx} = -\frac{1}{Z} \frac{\partial Z}{\partial x} \tag{7.26}$$

你可以很简单地验证这个公式也适用于费米子。现在，对于玻色子，我们有

$$\overline{n} = -(1 - \mathrm{e}^{-x}) \frac{\partial}{\partial x} (1 - \mathrm{e}^{-x})^{-1} = (1 - \mathrm{e}^{-x})(1 - \mathrm{e}^{-x})^{-2}(\mathrm{e}^{-x})$$

$$= \frac{1}{\mathrm{e}^{(\epsilon - \mu)/kT} - 1} \quad （玻色子） \tag{7.27}$$

这个重要的公式称作**玻色-爱因斯坦分布**（Bose-Einstein distribution），我将其记作 $\overline{n}_{\mathrm{BE}}$：

$$\overline{n}_{\mathrm{BE}} = \frac{1}{\mathrm{e}^{(\epsilon - \mu)/kT} - 1} \tag{7.28}$$

就像费米-狄拉克分布一样，在 $\epsilon \gg \mu$ 时，它趋近于 0。但和费米-狄拉克分布不一样的是，它在 $\epsilon$ 从上方接近 $\mu$ 时趋近于无穷（见图 7.7）。它应该在 $\epsilon < \mu$ 时变为负数，但是我们已经知道这是不可能发生的。

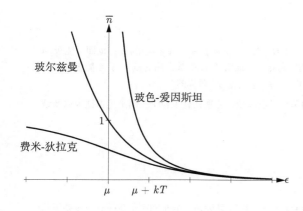

**图 7.7** 在同样的 $\mu$ 下对于费米-狄拉克、玻色-爱因斯坦以及玻尔兹曼分布的比较。在 $(\epsilon - \mu)/kT \gg 1$ 时，这三个分布变得一致。

为了更好地理解费米-狄拉克和玻色-爱因斯坦分布，让我们来比较一下当粒子遵循玻尔兹曼统计的时候 $\overline{n}$ 会是什么。此时，任何一个粒子在能量为 $\epsilon$ 的态下的概率是

$$\mathcal{P}(s) = \frac{1}{Z_1} \mathrm{e}^{-\epsilon/kT} \quad （玻尔兹曼） \tag{7.29}$$

若共有 $N$ 个相互独立的粒子，在这个态上的平均的粒子数就是

$$\overline{n}_{玻尔兹曼} = N \mathcal{P}(s) = \frac{N}{Z_1} \mathrm{e}^{-\epsilon/kT} \tag{7.30}$$

根据习题 6.44 的结论，这个系统的化学势是 $\mu = -kT \ln(Z_1/N)$，所以平均的占据数可以写为

$$\overline{n}_{\text{玻尔兹曼}} = e^{\mu/kT} e^{-\epsilon/kT} = e^{-(\epsilon-\mu)/kT} \tag{7.31}$$

当 $\epsilon \gg \mu$ 时，这个指数非常小，因此我们就可以忽略费米-狄拉克分布（见式(7.23)）和玻色-爱因斯坦分布（见式(7.28)）分母上的 1，它们就都变为玻尔兹曼分布式(7.31)。这三个分布在这种情况下的极限见图 7.7。更精确地说，这三个分布变得相同的条件是 $(\epsilon - \mu)/kT \gg 1$。如果我们令最低能量的态 $\epsilon \approx 0$，则只要 $\mu \ll -kT$——即 $Z_1 \gg N$——所有的态都将满足该条件。这与我们在本节开头通过不同推理得出的条件相同。

我们现在知道如何根据态的能量、温度和化学势来计算占据单粒子态的平均粒子数——无论粒子是费米子还是玻色子。为了将这些想法应用于任何特定系统，我们仍然需要知道所有态的能量是什么。这是量子力学中的问题，在许多情况下可能非常困难。在本书中，我们将主要处理"盒子"中的粒子，此时量子力学的波函数是简单的正弦波，并且可以直接确定相应的能量。这些粒子可以是金属中的电子、中子星中的中子、极低温度下的流体中的原子、微波炉内的光子、甚至是"声子"——固体中振动能量的量子化单位。

对于任何这些例子，在应用费米-狄拉克或玻色-爱因斯坦分布之前，我们还必须知道化学势是多少。在少数情况下这很容易，但在其他应用中却需要大量的工作。正如我们将看到的，$\mu$ 通常由系统中的粒子总数间接确定。

**习题 7.11** 考虑室温下的费米子系统，对下列的单粒子态能量，分别计算这个态被占据的概率。

(1) 比 $\mu$ 小 $1\,\text{eV}$，

(2) 比 $\mu$ 小 $0.01\,\text{eV}$，

(3) 等于 $\mu$，

(4) 比 $\mu$ 大 $0.01\,\text{eV}$，

(5) 比 $\mu$ 大 $1\,\text{eV}$。

**习题 7.12** 考虑费米子系统中的两个单粒子态 $A$ 和 $B$，其中 $\epsilon_A = \mu - x$、$\epsilon_B = \mu + x$；也即，能级 $A$ 位于 $\mu$ 以下，且与 $\mu$ 的距离与 $B$ 位于 $\mu$ 之上的距离相同。证明 $B$ 能级被占用的概率与 $A$ 能级未被占用的概率相同。换句话说，费米-狄拉克分布关于 $\epsilon = \mu$ 这一点是"对称的"。

**习题 7.13** 对于室温下的玻色子系统，对下列的单粒子态能量，分别计算单粒子态的平均占据数以及该态包含 0、1、2 或 3 个玻色子的概率。

(1) 比 $\mu$ 大 $0.001\,\text{eV}$，

(2) 比 $\mu$ 大 $0.01\,\text{eV}$，

(3) 比 $\mu$ 大 $0.1\,\text{eV}$，

(4) 比 $\mu$ 大 $1\,\text{eV}$。

**习题 7.14** 对于室温下的粒子系统，若费米-狄拉克分布、玻色-爱因斯坦分布和玻尔兹曼分布相差不超过 1%，$\epsilon - \mu$ 必须多大？我们的大气是否违反这个条件？

**习题 7.15** 对于遵循玻尔兹曼统计的系统，从第 6 章中我们知道了 $\mu$ 的值。现在假设你知道分布函数（见式(7.31)），但不知道 $\mu$。你仍可根据所有单粒子态求和之后的总粒子数等于 $N$ 来确定 $\mu$。尝试此计算，以重新得出公式 $\mu = -kT \ln(Z_1/N)$。（尽管数学通常更困难，但这通常是量子统计中确定 $\mu$ 的方式。）

**习题 7.16** 考虑容器内由 $N$ 个相同费米子组成的孤立系统，系统允许的能级非简并并且等间隔。[1] 例如，费米子可以处在一维谐振子势中。简单起见，忽略费米子多种可能的自旋取向（或假设它们都被迫具有相同的自旋取向）。之后，每个能级要么被占据要么未被占据。任何允许的系统态都可以由一列点表示：

实心点代表能级被占据，空心点代表能级未被占据。最低能量的系统态在某个特定点以下的能级都被占据，而处在该点之上的所有能级都未被占据。令 $\eta$ 表示能级之间的间隔，$q$ 代表超出基态能量的能量单位数（每个单位为 $\eta$）。假设 $q < N$。图 7.8 显示了直到 $q = 3$ 的所有系统态。

(1) 类比该图，绘制 $q = 4$、$q = 5$ 和 $q = 6$ 的所有允许系统态的点图。

(2) 根据统计力学基本假设，给定 $q$ 值下的所有可能的系统态都是等概率的。对于 $q = 6$，计算每个能级被占据的概率。绘制出概率与能级能量之间的函数图像。

(3) 在 $q$ 很大的热力学极限下，费米-狄拉克分布描述了某一能级被占据的概率。即使 6 不是很大的数字，依然尝试通过调整费米-狄拉克分布中的 $\mu$ 和 $T$，以最好地拟合上一问中的图像。

(4) 对 $q$ 从 0 到 6 的每一个值计算系统的熵，并绘制熵与能量的关系图。估计图像上 $q = 6$ 附近的斜率以粗略估算该系统此时的温度。检查结果与上一问是否一致。

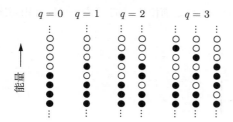

**图 7.8** 具有均匀间隔的、非简并能级的费米子系统态的表示。实心点代表占据的单粒子态，而空心点代表未占据的单粒子态。

**习题 7.17** 与上一习题类似，考虑由全同自旋 0 玻色子组成的系统，系统的能级是均匀分布的。假设 $N$ 是一个大数，再一次地，令 $q$ 为能量单位数。

(1) 绘制从 $q = 0$ 到 $q = 6$ 所有允许的系统态的图。与上一习题使用点不同，这一次使用数字来表示每个能级上玻色子的数目。

(2) 对于 $q = 6$，计算每个能级的占据数。画出占据数随能级能量变化的图像。

(3) 若使用玻色-爱因斯坦分布中来拟合上一问的图像，估算拟合最好时 $\mu$ 和 $T$ 的值。

(4) 与上一习题 (4) 问一样，绘制熵与能量的关系图，并根据该图估算 $q = 6$ 时的温度。

**习题 7.18** 若存在第三种类型的粒子，它最多可以与一个其他同类型粒子共享一个单粒子态。因此，任何态下的这类粒子的数量可以是 0、1 或 2。推导此类粒子的态的平均占据数的分布函数，并对几个不同温度绘制出占据数随态的能量的变化曲线。

## 7.3 简并费米气体

作为量子统计和费米-狄拉克分布的第一个应用，考虑非常低的温度下的费米"气体"。费米子可以是氦-3 原子、原子核中的质子和中子、白矮星中的电子、中子星中的中子等。然而，最熟悉的例子是一块金属内部的传导电子。在本节中，我均将使用"电子"，但是结果也适用于其他类型的费米子。

"非常低的温度"并非是与室温相比，而是玻尔兹曼统计应用于理想气体的条件 $V/N \gg v_Q$ 被严重违反——即 $V/N \ll v_Q$。对于室温下的电子，其量子体积是

$$v_Q = \left( \frac{h}{\sqrt{2\pi mkT}} \right)^3 = (4.3\,\text{nm})^3 \tag{7.32}$$

但在典型的金属中，每个原子大约有一个传导电子，因此每个传导电子的体积大致是原子的体积 $(0.2\,\text{nm})^3$。因此，此时电子的温度太低，玻尔兹曼统计不再适用。相反，我们处于另一个极限，在许多时候，我们甚至可以假设 $T = 0$。因此，我们首先考虑 $T = 0$ 时电子气体的性质，然后再

去考虑较小的非零温度下会发生什么。

### 7.3.1  温度为零

在 $T = 0$ 时，费米-狄拉克分布退化为一个阶跃函数（见图 7.9）。所有的能量小于 $\mu$ 的单粒子态都被占据而所有其余的态都未被占据。此时的 $\mu$ 也称作**费米能**（Fermi energy），记作 $\epsilon_\mathrm{F}$：

$$\epsilon_\mathrm{F} \equiv \mu \left( T = 0 \right) \tag{7.33}$$

当费米气体如此寒冷以至于几乎所有低于 $\epsilon_\mathrm{F}$ 的态都被占据而几乎所有高于 $\epsilon_\mathrm{F}$ 的态都未被占据时，我们就说它是**简并**（degenerate）的。（这个词的与之前使用时的意义——具有相同能量的一组量子态——完全无关。）

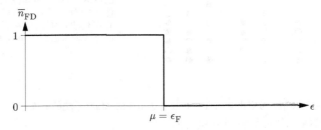

**图 7.9** 在 $T = 0$ 时，费米-狄拉克分布退化为一个阶跃函数——在 $\epsilon < \mu$ 时为 1，$\epsilon > \mu$ 时为 0。

$\epsilon_\mathrm{F}$ 的值由存在的电子总数确定。设想存在一个空盒子，你可以一次添加一个电子且不加入多余的能量；每个电子将处于可能的最低能量的态，直到最后一个电子进入能量刚好低于 $\epsilon_\mathrm{F}$ 的态；此时要增加一个电子，你必须给它一个等于 $\epsilon_\mathrm{F} = \mu$ 的能量；在这种情况下，公式 $\mu = (\partial U / \partial N)_{S,V}$ 在物理上完全讲得通——因为 $\mathrm{d}N = 1$ 时 $\mathrm{d}U = \mu$（并且当所有电子都处在最低能量的态时，$S$ 当然为零）。

为了计算 $\epsilon_\mathrm{F}$ 以及其他我们关心的量，例如电子气体的总能量和压强，我将假设电子是自由粒子，除了它们被限制在一个内部体积为 $V = L^3$ 的盒子内之外没有任何力。对于金属中的传导电子，这种近似不是特别准确：尽管忽略任何电中性材料中的长程静电力是合理的，但每个传导电子仍然感受到来自晶格中附近离子的吸引力，而我忽略了这些力。[1]

盒内自由电子的定能波函数只是正弦波，与第 6.7 节中处理的气体分子完全相同。对于一个只有一维的盒子来说，允许的波长和动量是（和之前一样）

$$\lambda_n = \frac{2L}{n}, \quad p_n = \frac{h}{\lambda_n} = \frac{hn}{2L} \tag{7.34}$$

式中，$n$ 是一个正整数。在一个三维的盒子中，这些方程分别适用于三个方向 $x$、$y$ 和 $z$，所以

$$p_x = \frac{hn_x}{2L}, \quad p_y = \frac{hn_y}{2L}, \quad p_z = \frac{hn_z}{2L} \tag{7.35}$$

---

[1] 习题 7.33 和习题 7.34 考虑了晶格对于传导电子的某些影响。对于更详细的内容，请查阅固体物理的相关教材，如 Kittel (1996) [45] 或者 Ashcroft and Mermin (1976) [41]。（机械工业出版社出版有《基泰尔固体物理学（英文影印版·全球版）》。——译者注）

式中，$(n_x, n_y, n_z)$ 是一个正整数的三元组。因而，允许的能量就是

$$\epsilon = \frac{|\vec{p}|^2}{2m} = \frac{h^2}{8mL^2}\left(n_x^2 + n_y^2 + n_z^2\right) \tag{7.36}$$

为了可视化允许的态的集合，我来画一幅"$n$ 空间"的示意图，这是一个三维空间，其轴是 $n_x$、$n_y$ 和 $n_z$（见图 7.10）。允许的 $\vec{n}$ 矢量对应于该空间中具有正整数坐标的点；所有允许的态形成了填充 $n$ 空间第一象限的巨大网格。每个格点实际上代表两个态，因为对于每个空间波函数，存在两个独立的自旋方向。

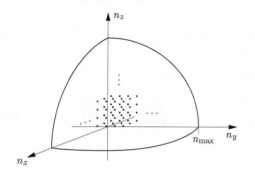

**图 7.10** 每一个正整数三元组 $(n_x, n_y, n_z)$ 都代表了一对定能电子态（每个自旋方向一个）。所有独立态的集合填充 $n$ 空间的正 $1/8$ 的球。

在 $n$ 空间中，任何态的能量与到原点距离的平方 $n_x^2 + n_y^2 + n_z^2$ 成正比。因此，当我们向盒子中添加电子时，它们会从原点开始逐渐向外累积。到我们完成时，占据态的总数是如此之大，以至于它们在 $n$ 空间中占据的区域基本上是球体的 $1/8$。（与整个球体的巨大尺寸相比，边缘的粗糙度是微不足道的。）我将这个球体的半径记为 $n_{\max}$。

现在将电子总数 $N$ 与化学势或者说费米能 $\mu = \epsilon_F$ 联系起来就很简单了。从一方面来说，$\epsilon_F$ 就是在 $n$ 空间中球体表面的能量，因此

$$\epsilon_F = \frac{h^2 n_{\max}^2}{8mL^2} \tag{7.37}$$

从另一方面来说，在 $n$ 空间中的 $1/8$ 球体的体积就是它所包围的格点数——因为在三个方向上格点之间的距离都是 1。因此占据态的总数就是两倍的这个体积（因为有两个自旋朝向）：

$$N = 2 \times \left(\frac{1}{8}\ \text{球体的体积}\right) = 2 \cdot \frac{1}{8} \cdot \frac{4}{3}\pi n_{\max}^3 = \frac{\pi n_{\max}^3}{3} \tag{7.38}$$

结合这两个公式，我们就得到了费米能与 $N$ 和盒子体积 $V = L^3$ 的关系：

$$\epsilon_F = \frac{h^2}{8m}\left(\frac{3N}{\pi V}\right)^{2/3} \tag{7.39}$$

我们注意到这个量是强度量，因为它只与电子的密度 $N/V$ 有关。增大盒子同时等比例增加电子数，$\epsilon_F$ 保持不变。虽然我是从方形盒子里面的电子导出的这个结果，它其实适用于任何形状的宏观容器（或一块金属）。

费米能是所有电子中可能的最高能量，电子平均的能量会少一些——大概只比 $\epsilon_F$ 的一半多一点。为了更加准确地知道这个能量，我们必须做一个积分，求出所有电子的总能量；平均值就只是总能量除以 $N$ 罢了。

为了计算所有电子的总能量，我们需要将电子占据的所有态的能量加起来，这就是关于 $n_x$、$n_y$ 和 $n_z$ 的一个三重求和：

$$U = 2 \sum_{n_x} \sum_{n_y} \sum_{n_z} \epsilon(\vec{n}) = 2 \iiint \epsilon(\vec{n}) \, \mathrm{d}n_x \, \mathrm{d}n_y \, \mathrm{d}n_z \tag{7.40}$$

这个因子 2 来自于每一个 $\vec{n}$ 对应的两个自旋朝向。因为 $n_x$、$n_y$ 和 $n_z$ 大到甚至可以将 $\epsilon(\vec{n})$ 视为连续的函数了，我把求和写为了积分。为了计算这个三重积分，我将使用球坐标系，见图 7.11。我们要注意体积元 $\mathrm{d}n_x \, \mathrm{d}n_y \, \mathrm{d}n_z$ 变成了 $n^2 \sin\theta \, \mathrm{d}n \, \mathrm{d}\theta \, \mathrm{d}\phi$。所有电子的总能量就是

$$U = 2 \int_0^{n_{\max}} \mathrm{d}n \int_0^{\frac{\pi}{2}} \mathrm{d}\theta \int_0^{\frac{\pi}{2}} \mathrm{d}\phi \, n^2 \sin\theta \, \epsilon(n) \tag{7.41}$$

两个角度的积分结果为 $\pi/2$，即单位球体的表面积的 $1/8$。上式变为

$$U = \pi \int_0^{n_{\max}} \epsilon(n) \, n^2 \, \mathrm{d}n = \frac{\pi h^2}{8mL^2} \int_0^{n_{\max}} n^4 \, \mathrm{d}n = \frac{\pi h^2 n_{\max}^5}{40mL^2} = \frac{3}{5} N \epsilon_{\mathrm{F}} \tag{7.42}$$

所以平均每个电子的能量就是 $3/5$ 的费米能。

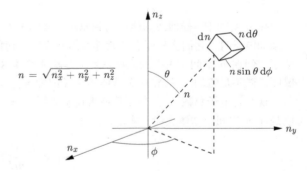

**图 7.11** 在球坐标 $(n, \theta, \phi)$ 中，无穷小的体积元就是 $(\mathrm{d}n)(n \, \mathrm{d}\theta)(n \sin\theta \, \mathrm{d}\phi)$。

如果代入一些数字，你会发现典型金属中传导电子的费米能是几个电子伏特。与室温下粒子的平均热能 $kT \approx 1/40 \, \mathrm{eV}$ 相比大得多。事实上，正如我在本节开头所做的那样，将费米能与平均热能进行比较与将量子体积与粒子的平均体积进行比较基本相同：

$$\frac{V}{N} \ll v_Q \quad \text{同于} \quad kT \ll \epsilon_{\mathrm{F}} \tag{7.43}$$

当该条件满足时，$T \approx 0$ 这个近似对于许多目的而言是相当准确的，并且气体在此时被认为是简并的。费米气体中使 $kT$ 等于 $\epsilon_{\mathrm{F}}$ 所必须的温度称为**费米温度**（Fermi temperature）：$T_{\mathrm{F}} \equiv \epsilon_{\mathrm{F}}/k$。这个温度对于金属中电子只是个理论值而已——因为金属在到达此温度之前就会液化甚至蒸发。

使用可从热力学恒等式或直接从经典力学得出的公式 $P = -(\partial U/\partial V)_{S,N}$，我们可以计算简并电子气体的压强

$$P = -\frac{\partial}{\partial V}\left[\frac{3}{5}N\frac{h^2}{8m}\left(\frac{3N}{\pi}\right)^{2/3}V^{-2/3}\right] = \frac{2N\epsilon_{\mathrm{F}}}{5V} = \frac{2}{3}\frac{U}{V} \tag{7.44}$$

这个量称作**简并压**（degeneracy pressure）。当你压缩简并电子气体时，所有的波函数的波长减

小，其能量增加，所以它是正数。巨大的静电力会试图将物质中的电子和质子吸引在一起，对抗这个力的就是简并压。请注意，简并压与电子之间的静电排斥完全无关（我们完全忽略了它）；它纯粹是由于不相容原理而产生的。

在数值上，典型金属的简并压达到几十亿 N/m²。但是这个数字不能直接测量——它将首先被保持电子在金属内部的静电力所抵消。可测量的量是**体积模量**（bulk modulus），即材料压缩时的压强变化除以体积变化的比例：

$$B = -V \left( \frac{\partial P}{\partial V} \right)_T = \frac{10}{9} \frac{U}{V} \tag{7.45}$$

这个量在国际单位制中也相当大，但它并没有被静电力完全抵消；对于大多数金属，该公式与实验基本一致，相差的因子不超过 3。

**习题 7.19** 考虑一块铜，其中每个原子都贡献一个传导电子。查找铜的密度和原子质量，以计算费米能、费米温度、简并压以及简并压对体积模量的贡献。并回答室温是否足够低，以至于可以将该系统视为简并电子气体？

**习题 7.20** 太阳中心的温度约为 $10^7$ K，电子密度约为 $10^{32}$ 个/m³。将这些电子近似为"经典的"理想气体（适用玻尔兹曼统计）或简并的费米气体（$T \approx 0$），哪个合适？还是都不合适？

**习题 7.21** 可以粗略地认为原子是数量密度为 $0.18 \, \mathrm{fm}^{-3}$ 的核子气体（$1 \, \mathrm{fm} = 10^{-15} \, \mathrm{m}$）。因为核子有两种不同的类型（质子和中子），每种的自旋都是 1/2，所以每个空间波函数可以容纳 *4* 个核子。以 MeV 为单位计算该系统的费米能、费米温度。并对结果进行讨论。

**习题 7.22** 考虑高度相对论性（$\epsilon \gg mc^2$）的简并电子气体，因此电子的能量为 $\epsilon = pc$（$p$ 为动量矢量的大小）。

(1) 修改上文中的推导，证明绝对零度下相对论性电子气的化学势（费米能）是 $\mu = hc(3N/8\pi V)^{1/3}$。

(2) 用 $N$ 和 $\mu$ 写出该系统总能量的表达式。

**习题 7.23** **白矮星**（white dwarf star）（见图 7.12）本质上是一种简并电子气，其中混入了一堆原子核来平衡电荷并提供将其保持在一起的引力。在本习题中，将白矮星视为均质球体，推导出其质量与半径之间的关系。根据日常生活的标准，白矮星的温度往往非常高；但是在处理本习题时，将 $T$ 设为 0 是一个极好的近似。

(1) 使用量纲分析论证均质球体（质量为 $M$，半径为 $R$）的重力势能必须等于

$$U_{重力} = -C \frac{GM^2}{R}$$

式中，$C$ 是一个常数，等于 3/5，可以通过从内到外计算由许多球壳组合成球体所需的（负）功来得出该常数。记得要说明负号的来源。

(2) 假设白矮星中的每个电子对应一个质子和一个中子，并且电子是非相对论性的，证明简并电子的总（动）能等于

$$U_{动能} = (0.0088) \frac{h^2 M^{5/3}}{m_e m_p^{5/3} R^2}$$

数值因子可以用 $\pi$ 和立方根等精确地表示出来，但这样做是没必要的。

(3) 白矮星的平衡半径使总能量 $U_{重力} + U_{动能}$ 最小。绘制出总能量与 $R$ 之间的关系，并用质量表达出平衡半径的公式。随着质量的增加，半径会增加还是减小？这有道理吗？

(4) 对太阳质量 $M = 2 \times 10^{30}$ kg，计算平衡半径。将此时星体的密度与水进行比较。

(5) 计算上一问条件下的费米能和费米温度。讨论近似 $T = 0$ 是否有效。

(6) 假设白矮星中的电子是高度相对论性的，利用上一道习题的结果，证明电子的总动能与 $1/R$ 而不是 $1/R^2$ 成正比。论证此时白矮星没有稳定的平衡半径。

(7) 当电子的平均动能约等于其静能量 $mc^2$ 时，我们要将讨论从非相对论性转化到相对论性。非相

对论性的近似对具有一个太阳质量的白矮星是否有效？在何种质量下，白矮星会变得相对论性并因此变得不稳定？

**图 7.12** 双星系统天狼星 A 和天狼星 B。天狼星 A（照片严重过曝）是我们夜空中最亮的恒星。它的伴星天狼星 B 较热，但非常暗淡，表明它必须非常小——它是一个白矮星。从这对恒星的轨道运动中，我们知道天狼星 B 的质量与太阳的大致相同。（图片来自 UCO/Lick 天文台。）

**习题 7.24** 太重而无法像白矮星那样稳定存在的恒星可能会进一步坍缩形成**中子星**（neutron star）：仅存在中子，依靠简并中子压强与引力相平衡的致密星。对中子星重复上一道题，求出以下内容：质量半径关系；具有一个太阳质量的中子星的半径、密度、费米能和费米温度；中子星变得相对论性的临界质量，高于此质量时中子星会变得不稳定而进一步坍缩。

### 7.3.2 较小的非零温度

使用近似 $T = 0$ 时，费米气体的性质之一热容是无法计算的，因为这是系统能量如何依赖于 $T$ 的度量。因此，我们现在来考虑当温度非常小但是非零时会发生什么。在做任何仔细的计算之前，我将定性地解释将会发生什么，并尝试给出一些合理的论据。

在温度 $T$ 下，所有粒子通常会额外获得大约 $kT$ 的热能。然而，在简并电子气体中，大多数电子不能只获得如此少量的能量，因为它们获得这些能量而可能进入的所有的态已经被占据（回忆费米-狄拉克分布的形状，图 7.6）。能够获得这些热能的是那些能量已经大约处于距费米能一个 $kT$ 之内的电子——这些电子可以获得大约 $kT$ 的热能然后跳到 $\epsilon_F$ 以上的未占据态。（它们留下的空间允许少量的低能电子也可以获得能量。）注意，可以受 $T$ 增加影响的电子数量与 $T$ 成正比，因为它是一个广延量，这个数字也必须与 $N$ 成正比。

因此，当温度从零升高到 $T$ 时，简并电子气体获得的额外能量与 $T$ 的平方成正比：

$$额外的能量 \propto 受影响的电子数 \times 每一个获得的能量$$

$$\propto (NkT) \times (kT) \tag{7.46}$$

$$\propto N (kT)^2$$

我们可以通过量纲分析来获取这个比例系数：$N (kT)^2$ 的单位是能量的平方，因此就需要除以一个单位为能量的量；现在唯一可能的常数就是 $\epsilon_F$，因此额外的能量一定是 $N (kT)^2 / \epsilon_F$，再乘以一个数量级为 1 的无量纲常数。在几页之后，我们将会看到，这个常数是 $\pi^2/4$。因此，$T \ll \epsilon_F/k$ 时，简并费米气体的总能量就是

$$U = \frac{3}{5} N \epsilon_F + \frac{\pi^2}{4} \frac{N (kT)^2}{\epsilon_F} \tag{7.47}$$

从这个结果，我们就可以计算出简并费米气体的热容了：

$$C_V = \left( \frac{\partial U}{\partial T} \right)_V = \frac{\pi^2 N k^2 T}{2 \epsilon_F} \tag{7.48}$$

我们注意到在 $T = 0$ 时热容趋近于 0，这和热力学第三定律所要求的一样。这个公式预测低温时的热容是正比于 $T$ 的，这和金属在低温下的实验结果一致。（超过几个开尔文时，金属晶格的振动对热容的影响就很大了。）其系数 $\pi^2/2$ 与实验的误差通常不超过 50%，但是也有例外。

**习题 7.25** 使用本节的结果，估计传导电子对室温下 1 mol 铜的热容的贡献。假设晶格振动没有被冻结，将你的结果与晶格振动贡献的热容进行比较。（低温下的测量结果显示，电子贡献的热容比这里使用的自由电子模型的预测值多约 40%。）

**习题 7.26** 在本习题中，你将把氦-3 建模为无相互作用的费米气体。尽管 $^3$He 在低温下会液化，然而液体的密度异常低，且由于原子之间的力太弱，它在许多方面表现得像气体。由于原子核中存在未成对的中子，氦-3 原子是自旋 1/2 的费米子。

(1) 假设液体 $^3$He 是无相互作用的费米气体，计算其费米能和费米温度。已知（低压下）其摩尔体积为 37 cm$^3$。

(2) 计算 $T \ll T_F$ 时的热容，并与（低温极限下的）实验值 $C_v = (2.8\,\mathrm{K}^{-1})NkT$ 进行对比。（不要期待完美一致。）

(3) 1 K 以下时，固体 $^3$He 的熵几乎完全来自于其核自旋排列的重数。绘制低温下液体和固体 $^3$He 的 $S$-$T$ 关系图，并估算液体和固体具有相同熵时的温度。讨论图 5.13 所示的固液相边界的形状。

**习题 7.27** 上面给出的 $C_V \propto T$ 的论述不依赖于费米子可用能级的具体细节，因此它也应适用于习题 7.16 中考虑的模型：费米子处于能级等间隔且不简并的势能中的情况。

(1) 证明在此模型中，给定 $q$ 值下可能的系统态数量等于用不同方式以正整数之和组成 $q$ 的方式数量。（例如，对 $q = 3$，存在 3 种系统态，分别对应于 3、2 + 1 与 1 + 1 + 1。注意，这里我们没有分开计算 2 + 1 和 1 + 2。）这种组合函数称为 $q$ 的**整数划分**（unrestricted partition），记为 $p(q)$。例如，$p(3) = 3$。

(2) 通过明确枚举所有可能划分，计算 $p(7)$ 和 $p(8)$。

(3) 通过在数学参考书中查找，或使用软件包，或自己编写程序，计算并制作一份 $q$ 从 0 到 100 的 $p(q)$ 的表格。利用该表的数据，使用与第 3.3 节中相同的方法，计算该系统的熵、温度和热容。绘制热容随温度变化的曲线，并确认它是近似线性的。

(4) 拉马努金（Ramanujan）和哈代（Hardy）（两位著名的数学家）发现，当 $q$ 很大时，$q$ 的整数划分的数目大约为

$$p(q) \approx \frac{e^{\pi\sqrt{2q/3}}}{4\sqrt{3}\,q}$$

检查该公式在 $q = 10$ 和 $q = 100$ 时的精确度。在这个近似下，计算该系统的熵、温度和热容。以 $kT/\eta$ 在无穷处的泰勒展开表示热容。[1] 假设 $kT/\eta$ 很大，只需保留泰勒展开的前两项即可。将这个结果与上一问中获得的数值结果进行比较，回答为什么该系统的热容与 $N$ 无关？这与书中讨论的三维盒子中的费米子有何不同？

### 7.3.3 态密度

为了更好地可视化和量化费米气体在较小非零温度下的行为，我需要引入一个新的概念。我们先回到计算能量的积分式(7.42)，并把积分元由 $n$ 换为电子能量 $\epsilon$：

$$\epsilon = \frac{h^2}{8mL^2}n^2, \quad n = \sqrt{\frac{8mL^2}{h^2}}\sqrt{\epsilon}, \quad \mathrm{d}n = \sqrt{\frac{8mL^2}{h^2}}\frac{1}{2\sqrt{\epsilon}}\mathrm{d}\epsilon \tag{7.49}$$

---

[1] 也即对 $\eta/kT$ 在 $0^+$ 处的泰勒展开。——译者注

利用这个关系，温度为零时的费米气体的能量就是

$$U = \int_0^{\epsilon_{\mathrm{F}}} \epsilon \left[ \frac{\pi}{2} \left( \frac{8mL^2}{h^2} \right)^{3/2} \sqrt{\epsilon} \right] \mathrm{d}\epsilon \quad (T = 0) \tag{7.50}$$

方括号里面的量有一个很好的解释：它是每单位能量的单粒子态的个数。为了计算系统的总能量，我们将能量乘以具有该能量的态的数量，再对所有的能量求和。

　　我们将每单位能量上单粒子态的个数称作**态密度**（density of states），记作 $g(\epsilon)$。它有很多种写法：

$$g(\epsilon) = \frac{\pi (8m)^{3/2}}{2h^3} V \sqrt{\epsilon} = \frac{3N}{2\epsilon_{\mathrm{F}}^{3/2}} \sqrt{\epsilon} \tag{7.51}$$

第二个表达式非常紧凑和方便，但也许有点混乱——它似乎意味着 $g(\epsilon)$ 依赖于 $N$，而事实上 $N$ 的依赖性被 $\epsilon_{\mathrm{F}}$ 抵消了。我更喜欢第一个表达式，因为它明确地表明 $g(\epsilon)$ 与 $V$ 成正比且与 $N$ 无关。但无论哪种方式，最重要的一点是三维盒子中的自由粒子的 $g(\epsilon)$ 与 $\sqrt{\epsilon}$ 成正比。该函数的图形是向右开口的抛物线，见图 7.13。如果你想知道 $\epsilon_1$ 和 $\epsilon_2$ 之间有多少个态，只需将函数在这个区间上积分即可。态密度是一个生来就是为了被积分的函数。

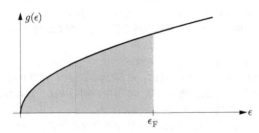

**图 7.13** 三维盒子中无相互作用、非相对论性粒子组成的系统的态密度。任何能量区间内态的数目是曲线下的面积。对于 $T = 0$ 的费米气体，所有 $\epsilon < \epsilon_{\mathrm{F}}$ 的态都被占据，所有 $\epsilon > \epsilon_{\mathrm{F}}$ 的态都未被占据。

　　态密度的想法还可以应用于许多其他的系统。式(7.51)和图 7.13 是限制在固定体积内但不受任何其他力影响的"自由"电子气体。在更现实的金属模型中，我们想要考虑电子与晶格正离子的吸引力；此时它们波函数和能量将会大不相同，因此 $g(\epsilon)$ 将是一个更复杂的函数。好消息是确定 $g$ 纯粹是量子力学的问题，与热效应或温度无关。一旦你知道某个系统的 $g$，就可以忘记量子力学而专注于热物理学。

　　对于绝对零度下的电子气体，我们可以将态密度从零积分到费米能来求出总电子数：

$$N = \int_0^{\epsilon_{\mathrm{F}}} g(\epsilon) \, \mathrm{d}\epsilon \quad (T = 0) \tag{7.52}$$

（对于自由电子气体，这与能量的计算式(7.50)相同，只不过没有额外的因子 $\epsilon$。）但是如果 $T$ 非零呢？此时我们需要将 $g(\epsilon)$ 乘以具有该能量的态被占据的概率，即费米-狄拉克分布函数。此外，我们需要一直积分到无穷大，因为任何态现在都有概率被占据了：

$$N = \int_0^\infty g(\epsilon) \, \overline{n}_{\mathrm{FD}}(\epsilon) \, \mathrm{d}\epsilon = \int_0^\infty g(\epsilon) \frac{1}{\mathrm{e}^{(\epsilon - \mu)/kT} + 1} \, \mathrm{d}\epsilon \quad （任何 \, T） \tag{7.53}$$

若想要得到所有电子的总能量，我们只需要加入一个 $\epsilon$：

$$U = \int_0^\infty \epsilon g(\epsilon) \, \overline{n}_{\mathrm{FD}}(\epsilon) \, \mathrm{d}\epsilon = \int_0^\infty \epsilon g(\epsilon) \frac{1}{\mathrm{e}^{(\epsilon-\mu)/kT}+1} \, \mathrm{d}\epsilon \quad (\text{任何 } T) \tag{7.54}$$

对于非零温度下的自由电子气体，图 7.14 显示了式(7.53)的被积函数的图像。每单位能量的电子数并不会在 $\epsilon = \epsilon_{\mathrm{F}}$ 时马上减为零，而是会有几个 $kT$ 宽的逐渐下降的过程。化学势 $\mu$ 就是一个态被占据的概率刚好是 $1/2$ 时的 $\epsilon$，并且这个值和温度为零时的值并不相同：

$$\mu(T) \neq \epsilon_{\mathrm{F}} \quad (\text{除了 } T = 0 \text{ 时}) \tag{7.55}$$

为什么不相同呢？回忆习题 7.12——费米-狄拉克分布函数关于 $\epsilon = \mu$ 对称：高于 $\mu$ 的态被占据的概率与低于 $\mu$ 的对称的态未被占据的概率相同。若我们假设当 $T$ 从零开始增加时 $\mu$ 保持不变；由于态密度在 $\mu$ 的右边比左边大，向 $\epsilon > \mu$ 的态增加的电子数目将大于从 $\epsilon < \mu$ 的态失去的数目；这意味着我们可以通过提高温度来增加电子总数！这与事实显然相互矛盾，因此，化学势必须在 $T$ 不为零时略微降低，从而将所有概率降低一小部分。

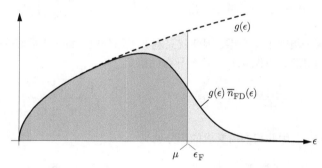

**图 7.14** 在非零的 $T$ 时，每单位能量的费米子数由态密度乘以费米-狄拉克分布给出。因为增加温度不会改变费米子的总数，所以两个浅阴影区域的面积必须相等。由于 $g(\epsilon)$ 在 $\epsilon_{\mathrm{F}}$ 以上的值大于在它之下的值，因此化学势随着 $T$ 的增加而降低。该图绘制的是 $T/T_{\mathrm{F}} = 0.1$ 时的情况；在此温度下，$\mu$ 比 $\epsilon_{\mathrm{F}}$ 低大约 $1\%$。

$\mu(T)$ 的精确公式其实已经由 $N$ 的积分式(7.53)隐含地确定了。如果我们可以计算出这个积分，就可以求解 $\mu(T)$ 了（因为 $N$ 是固定的常数）。然后我们可以将 $\mu(T)$ 的值代入能量积分式(7.54)中来计算出 $U(T)$（从而得到热容）。然而，坏消息是，即使对于自由电子气体的简单情况，我们也无法准确地计算这些积分；但是，也有好消息：可以在极限 $kT \ll \epsilon_{\mathrm{F}}$ 下近似求出这些积分。在这个极限下，能量积分的结果就是前面的式(7.47)。

**习题 7.28** 考虑限制在正方形区域 $A = L^2$ 内的二维自由费米气体。

(1) 求出费米能（用 $N$ 和 $A$ 表示），并证明粒子的平均能量为 $\epsilon_{\mathrm{F}}/2$。

(2) 求出态密度的公式。结果是一个常数，与 $\epsilon$ 无关。

(3) 分别解释，当 $kT \ll \epsilon_{\mathrm{F}}$ 以及 $T$ 高得多时，系统的化学势如何随温度变化？

(4) 由于该系统的 $g(\epsilon)$ 是一个常数，因此可以解析计算粒子数积分式(7.53)。求出这个积分，并将 $\mu$ 写为 $N$ 的函数。论证所得公式具有预期的定性行为。

(5) 证明在高温极限 $kT \gg \epsilon_{\mathrm{F}}$ 下，该系统的化学势与普通理想气体的化学势相同。

### 7.3.4 索末菲展开

我们已经谈论了很多关于积分式(7.53)和式(7.54)的内容了，是时候来研究如何计算它们以求出自由电子气体的化学势和总能量。在极限 $kT \ll \epsilon_{\mathrm{F}}$ 下计算这些积分的方法由 Arnold Sommerfeld 发明，因此称为**索末菲展开**（Sommerfeld expansion）。这个方法中的每一个步骤都不是特别困难，但总的来说，计算是相当棘手和复杂的。

我先从 $N$ 的积分开始：

$$N = \int_0^\infty g(\epsilon)\,\overline{n}_{\mathrm{FD}}(\epsilon)\,\mathrm{d}\epsilon = g_0 \int_0^\infty \epsilon^{1/2}\overline{n}_{\mathrm{FD}}(\epsilon)\,\mathrm{d}\epsilon \tag{7.56}$$

（在第二个等号中，我引入了 $g_0$ 简写态密度式(7.51)中 $\sqrt{\epsilon}$ 前的常数项。）尽管这个积分区间是所有正的 $\epsilon$，但我们所关注的是 $\epsilon = \mu$ 附近的区域，其中 $\overline{n}_{\mathrm{FD}}(\epsilon)$ 迅速下降（$kT \ll \epsilon_{\mathrm{F}}$ 时）。第一个技巧是把这个区域分离出来，我们首先分部积分得

$$N = \frac{2}{3}g_0\,\epsilon^{3/2}\overline{n}_{\mathrm{FD}}(\epsilon)\Big|_0^\infty + \frac{2}{3}g_0 \int_0^\infty \epsilon^{3/2}\left(-\frac{\mathrm{d}\overline{n}_{\mathrm{FD}}}{\mathrm{d}\epsilon}\right)\mathrm{d}\epsilon \tag{7.57}$$

由于上式第一项在两个极限下均为零，因此就只剩下了积分项，而这非常好——$\mathrm{d}\overline{n}_{\mathrm{FD}}/\mathrm{d}\epsilon$ 的值仅仅在 $\epsilon = \mu$ 附近较为显著，见图 7.15。这个导数的值是

$$-\frac{\mathrm{d}\overline{n}_{\mathrm{FD}}}{\mathrm{d}\epsilon} = -\frac{\mathrm{d}}{\mathrm{d}\epsilon}\left[\mathrm{e}^{(\epsilon-\mu)/kT} + 1\right]^{-1} = \frac{1}{kT}\frac{\mathrm{e}^x}{(\mathrm{e}^x + 1)^2} \tag{7.58}$$

式中，$x = (\epsilon - \mu)/kT$。因此我们需要求的积分就是

$$N = \frac{2}{3}g_0 \int_0^\infty \frac{1}{kT}\frac{\mathrm{e}^x}{(\mathrm{e}^x + 1)^2}\epsilon^{3/2}\,\mathrm{d}\epsilon = \frac{2}{3}g_0 \int_{-\mu/kT}^\infty \frac{\mathrm{e}^x}{(\mathrm{e}^x + 1)^2}\epsilon^{3/2}\,\mathrm{d}x \tag{7.59}$$

在第二个表达式中，积分元由 $\epsilon$ 变成了 $x$。

**图 7.15** 费米-狄拉克分布的导数值在 $\mu$ 大于几个 $kT$ 的时候就可以忽略了。

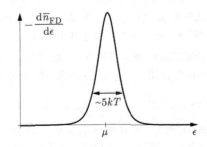

由于 $|\epsilon - \mu| \gg kT$ 时，被积函数指数衰减。基于此，我们可以做出两个近似。首先，我们把积分下限扩展到 $-\infty$；由于被积函数在 $\epsilon$ 为负时可以忽略，因此这样做没有什么不好，并且还可

以使计算更加对称。第二，我们在 $\epsilon = \mu$ 处，用泰勒级数展开函数 $\epsilon^{3/2}$，并且只保留前几项：[1]

$$\epsilon^{3/2} = \mu^{3/2} + (\epsilon - \mu)\frac{\mathrm{d}}{\mathrm{d}\epsilon}\epsilon^{3/2}\bigg|_{\epsilon=\mu} + \frac{1}{2}(\epsilon - \mu)^2\frac{\mathrm{d}^2}{\mathrm{d}\epsilon^2}\epsilon^{3/2}\bigg|_{\epsilon=\mu} + \cdots$$

$$= \mu^{3/2} + \frac{3}{2}(\epsilon - \mu)\mu^{1/2} + \frac{3}{8}(\epsilon - \mu)^2\mu^{-1/2} + \cdots \tag{7.60}$$

考虑这些近似后，我们的积分变为

$$N = \frac{2}{3}g_0 \int_{-\infty}^{\infty} \frac{\mathrm{e}^x}{(\mathrm{e}^x + 1)^2}\left[\mu^{3/2} + \frac{3}{2}xkT\mu^{1/2} + \frac{3}{8}(xkT)^2\mu^{-1/2} + \cdots\right]\mathrm{d}x \tag{7.61}$$

现在我们只有 $x$ 的幂项，只需要一项一项地把积分算出来就好了。

第一项比较简单：

$$\int_{-\infty}^{\infty} \frac{\mathrm{e}^x}{(\mathrm{e}^x + 1)^2}\,\mathrm{d}x = \int_{-\infty}^{\infty} -\frac{\mathrm{d}\overline{n}_{\mathrm{FD}}}{\mathrm{d}\epsilon}\,\mathrm{d}\epsilon = \overline{n}_{\mathrm{FD}}(-\infty) - \overline{n}_{\mathrm{FD}}(\infty) = 1 - 0 = 1 \tag{7.62}$$

第二项也很简单——因为它是 $x$ 的奇函数，

$$\int_{-\infty}^{\infty} \frac{x\mathrm{e}^x}{(\mathrm{e}^x + 1)^2}\,\mathrm{d}x = \int_{-\infty}^{\infty} \frac{x}{(\mathrm{e}^x + 1)(1 + \mathrm{e}^{-x})}\,\mathrm{d}x = 0 \tag{7.63}$$

第三项有些困难，但也可以解析计算出来（详见附录 B）：

$$\int_{-\infty}^{\infty} \frac{x^2\mathrm{e}^x}{(\mathrm{e}^x + 1)^2}\,\mathrm{d}x = \frac{\pi^2}{3} \tag{7.64}$$

当然，你可以查表或者数值求解。

将式(7.61)的这些项组合起来，我们就得到了电子数

$$N = \frac{2}{3}g_0\mu^{3/2} + \frac{1}{4}g_0(kT)^2\mu^{-1/2}\cdot\frac{\pi^2}{3} + \cdots$$

$$= N\left(\frac{\mu}{\epsilon_{\mathrm{F}}}\right)^{3/2} + N\frac{\pi^2}{8}\frac{(kT)^2}{\epsilon_{\mathrm{F}}^{3/2}\mu^{1/2}} + \cdots \tag{7.65}$$

（在第二行我代入了式(7.51)中的 $g_0 = 3N/2\epsilon_{\mathrm{F}}^{3/2}$。）将两边的 $N$ 消去，可以发现 $\mu/\epsilon_{\mathrm{F}}$ 非常接近 1，修正项正比于 $(kT/\epsilon_{\mathrm{F}})^2$（我们已经假设它很小）。因为这个修正项很小，我们可以使用近似 $\mu \approx \epsilon_{\mathrm{F}}$ 替换这一项中的 $\mu$，然后解出 $\mu/\epsilon_{\mathrm{F}}$，可得

$$\frac{\mu}{\epsilon_{\mathrm{F}}} = \left[1 - \frac{\pi^2}{8}\left(\frac{kT}{\epsilon_{\mathrm{F}}}\right)^2 + \cdots\right]^{2/3}$$

$$= 1 - \frac{\pi^2}{12}\left(\frac{kT}{\epsilon_{\mathrm{F}}}\right)^2 + \cdots \tag{7.66}$$

就和我们所预计的一样，化学势随着 $T$ 的升高缓慢地下降。在较大的温度范围内，$\mu$ 随温度的

---

[1] 如果读者关心这样做的可行性以及适用范围，可以参考习题 B.4。——译者注

变化趋势见图 7.16。

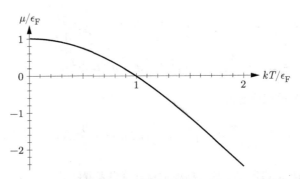

**图 7.16** 三维盒子中无相互作用、非相对论性费米气体的化学势，由习题 7.32 的数值计算得出。在低温下，$\mu$ 近似由式(7.66)给出；而在高温下，$\mu$ 变为负值并接近遵循玻尔兹曼统计的普通气体的形式。

总能量的积分式(7.54)可以用完全一样的手段计算出来，我把这个计算留到习题 7.29 中。这里，我就只给出计算结果：

$$U = \frac{3}{5}N\frac{\mu^{5/2}}{\epsilon_F^{3/2}} + \frac{3\pi^2}{8}N\frac{(kT)^2}{\epsilon_F} + \cdots \tag{7.67}$$

最后，把 $\mu$ 的表达式(7.66)代入，做一些计算，可得

$$U = \frac{3}{5}N\epsilon_F + \frac{\pi^2}{4}N\frac{(kT)^2}{\epsilon_F} + \cdots \tag{7.68}$$

这和我用定性方法得出的式(7.47)一样。

现在可以说，为了获得这个 $\pi^2/4$ 的因子，我们确实做了很多工作（因为我们已经通过量纲分析猜测出了其他的量）。但我并没有非常详细地介绍计算过程——因为结果才是重要的；同时，也是因为这些方法是专业的物理学家（以及许多其他科学家和工程师）经常做的。很少有现实世界的问题可以准确求解，因此对于科学家来说，了解何时以及如何进行近似是至关重要的。通常情况下，只有在进行了艰难刻苦的计算之后，我们才能够培养出足够的直觉来猜出大部分的结果。

**习题 7.29** 对能量积分式(7.54)应用索末菲展开，以得到式(7.67)。然后代入 $\mu$ 的展开来得到最终结果，即式(7.68)。

**习题 7.30** 索末菲展开是 $kT/\epsilon_F$ 的级数展开，在展开中我们假设 $kT/\epsilon_F$ 很小。在本节中，我只保留了 $kT/\epsilon_F$ 的 2 阶项，忽略了高阶项。证明：在每个相关步骤中，与 $T^3$ 成正比的项都是零，因此 $\mu$ 和 $U$ 展开中的下一个非零项与 $T^4$ 成正比。（如果你喜欢这些计算的话，可以尝试算出 $T^4$ 项，你可以使用有符号计算功能的软件辅助。）

**习题 7.31** 在习题 7.28 中，你计算了二维费米气体的态密度和化学势。在极限 $kT \ll \epsilon_F$ 下，计算此气体的热容；同时说明当 $kT \gg \epsilon_F$ 时，热容具有预期的行为。绘制热容随温度的变化。

**习题 7.32** 尽管无法在所有 $T$ 下解析计算 $N$ 和 $U$ 的积分（式(7.53)和式(7.54)），但使用计算机对其进行数值计算并不困难。对金属中的电子而言，这种计算基本上是不需要的（此时极限 $kT \ll \epsilon_F$ 总是满足），但是对于液态 $^3$He 和天体系统（如太阳中心的电子）而言，数值计算是必需的。

(1) 作为第一个尝试，对 $kT = \epsilon_F$ 和 $\mu = 0$ 的情况，计算 $N$ 的积分式(7.53)，并检查答案是否与图 7.16 一致。（提示：在计算机上解决问题时，最好首先将所有变量都表示为无量纲的。设 $t = kT/\epsilon_F$，$c = \mu/\epsilon_F$ 和 $x = \epsilon/\epsilon_F$。用这些新定义的变量表示这些积分，然后将其输入计算机。）

(2) 下一步是保持 $T$ 固定改变 $\mu$，直到积分等于所需的 $N$ 值。对于 $kT/\epsilon_F$ 从 0.1 到 2，求出该结果以重绘出图 7.16。（当 $kT/\epsilon_F \ll 0.1$ 时，尝试使用数值解可能不是一个好主意，因为对大数求幂可能导致溢出错误。但这个区域我们已经解析地求出了结果。）

(3) 将计算出的 $\mu$ 值代入能量积分式(7.54)中，并数值计算该积分，以获得能量随温度的变化，其中温度 $kT$ 最高计算到 $2\epsilon_F$。画出你的结果，计算斜率以获得热容。确认热容在低温和高温下均具有预期的行为。

**习题 7.33** 当把晶体中离子的吸引力考虑在内时，允许的电子能量不再由简单的式(7.36)给出。此时，允许的能量分组为多个**带**（band），它们被**带隙**（gap）分割，具有其中能量的态不被允许。在**导体**（conductor）中，费米能位于其中一个带内；在本节中，我们将该带中的电子视为受限于固定体积中的"自由"粒子。与之相反，在**绝缘体**（insulator）中，费米能位于一个带隙内，因此 $T = 0$ 时，带隙下方的带被完全占据，而带隙上方的带未被占据。因为被占据态的能量都离未被占据态较远，所以电子"卡住不动"，从而材料不导电。**半导体**（semiconductor）是一种绝缘体，其带隙很窄，足以让一些电子在室温下跃过。图 7.17 显示了理想半导体费米能附近的态密度，并定义了一些用于此问题的术语和符号。

(1) 考虑第一个近似，我们使用与自由费米气体相同的函数来对导带底部附近的态密度建模，并适当移动零点：$g(\epsilon) = g_0\sqrt{\epsilon - \epsilon_c}$，式中，$g_0$ 与式(7.51)中的常数相同。我们同时将价带顶部附近的态密度建模为该函数的镜像。在这种近似下，解释为什么无论温度如何变化，化学势始终精确地位于带隙的中间。

(2) 通常带隙的宽度远大于 $kT$。在此极限下，推导出每单位体积的传导电子数与温度和带隙宽度之间的公式。

(3) 对于室温附近的硅，价带和导带之间的带隙约为 $1.11\,\text{eV}$。在室温下，$1\,\text{cm}^3$ 的硅中大约有多少个传导电子？这与相似体积的铜中的传导电子数量相比如何？

(4) 解释为什么半导体在更高的温度下导电性能更好。用一些数字支持你的解释。（与之相反，铜等普通导体在低温下的导电性能更好。）

(5) 粗略地讲，要使材料成为绝缘体而不是半导体，价带和导带之间的带隙必须要多大？

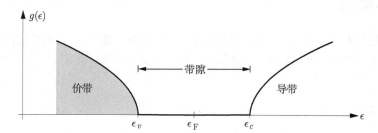

**图 7.17** 晶格周期性电势导致态密度由"带"（有许多态）和"带隙"（没有态）组成。绝缘体或半导体的费米能位于带隙中，因此在 $T = 0$ 时"价带"完全充满而"导带"完全空缺。

**习题 7.34** 在实际的半导体中，导带底部的态密度将与先前习题中使用的模型相差一个数值因子，其大小取决于材料。因此，导带的态密度 $g(\epsilon) = g_{0c}\sqrt{\epsilon - \epsilon_c}$，式中，$g_{0c}$ 是新的归一化常数，它与 $g_0$ 有所不同。类似地，价带顶部新的归一化常数记作 $g_{0v}$。

(1) 解释为什么当 $g_{0v} \neq g_{0c}$ 时，化学势会随温度变化？它什么时候会增加，什么时候会减少？

(2) 用 $T$、$\mu$、$\epsilon_c$ 和 $g_{0c}$ 写出传导电子数的表达式。假设 $\epsilon_c - \mu \gg kT$，尽可能地化简该表达式。

(3) 价带中的空态称为**空穴**（hole）。与上一问类似，写出空穴数目的表达式，并在极限 $\mu - \epsilon_v \gg kT$ 下化简。

(4) 结合 (2) 和 (3) 的结果，求出化学势随温度变化的关系。

(5) 已知硅的 $g_{0c}/g_0 = 1.09$，并且 $g_{0v}/g_0 = 0.44$。[1] 计算室温下硅中电子的 $\mu$ 的偏移。

---

[1]这些值可以从电子和空穴的"等效质量"中计算出来。例如可以参考 S.M. Sze, *Physics of Semiconductor Devices*, second edition (Wiley, New York, 1981)。

**习题 7.35** 前两道习题都涉及纯半导体，也称为**本征半导体**（intrinsic semiconductor）。然而，有用的半导体器件由包含大量杂质原子的**掺杂半导体**（doped semiconductor）制成。习题 7.5 处理了一个掺杂半导体的例子。现在我们再次考虑该系统。（注意到在习题 7.5 中我们将所有能量相对于导带底部能量 $\epsilon_c$ 表示；同时忽略了 $g_0$ 和 $g_{0c}$ 的区别，对于硅中的传导电子，这个假设是成立的。）

(1) 同样假设传导电子可以视为普通的理想气体。对每立方厘米掺杂 $10^{17}$ 个磷原子的硅（见习题 7.5），计算并绘制化学势随温度的变化曲线。

(2) 讨论把该系统的传导电子视为普通的理想气体（与费米气体相反）是否合理？给出一些数值示例。

(3) 估算激发到导带的价电子数与杂质施主贡献的传导电子数相当时的温度。在室温下，哪个传导电子的来源更加重要？

**习题 7.36** 包括电子和氦-3 原子在内的大多数自旋 1/2 费米子具有非零磁矩。因此，这种粒子组成的气体是顺磁性的。例如，考虑被限制在三维盒子中的自由电子气体，每个电子磁矩的 $z$ 分量为 $\pm\mu_B$。在指向 $z$ 方向的磁场 $B$ 下，每个"向上"态可额外获得 $-\mu_B B$ 的能量，而每个"向下"态可额外获得 $+\mu_B B$ 的能量。

(1) 对于给定数量的粒子，在给定的场强下，解释为什么简并电子气的磁化强度比第 3 章和第 6 章中研究的电子顺磁体的磁化强度要小得多？

(2) 写下存在磁场 $B$ 时，该系统态密度的公式。并画图解释你的结果。

(3) 该系统的磁化强度为 $\mu_B(N_\uparrow - N_\downarrow)$，式中，$N_\uparrow$ 和 $N_\downarrow$ 分别是具有向上和向下磁矩的电子数。用 $N$、$\mu_B$、$B$ 和费米能，表示出 $T = 0$ 时该系统磁化强度的公式。

(4) 在极限 $T \ll T_F$ 下，求出对上一问结果的修正，只需要保留到含有温度的第一项。可以假设 $\mu_B B \ll kT$，也即磁场对化学势 $\mu$ 的影响可忽略不计。（为避免将 $\mu_B$ 与 $\mu$ 混淆，建议你使用符号来简写 $\mu_B B$，如 $\delta$。）

# 7.4  黑体辐射

作为量子统计的下一个应用，考虑在给定温度下，某些"盒子"（如烤箱或窑）内的电磁辐射。首先我们来讨论一下经典物理（即非量子）视角下这个系统会出现的行为。

## 7.4.1  紫外灾难

在经典物理学中，我们将电磁辐射视为渗透到空间中连续的"场"。在盒子内，我们可以将这个场视为各种驻波模式的一个组合，见图 7.18。每个驻波模式就像是频率为 $f = c/\lambda$ 的谐振子一样，都有两个自由度，有 $2 \cdot \frac{1}{2}kT$ 的能量。因为电磁场中的谐振子的数目是无限的，所以总的热能也应该是无限的。但在实验上，当你每次打开烤箱门检查饼干时，并没有受到无限量电磁辐射的轰炸。这种经典理论与实验之间的分歧称为**紫外灾难**（ultraviolet catastrophe）（因为无限的能量主要来自非常短的波长）。

## 7.4.2  普朗克分布

紫外灾难的解决需要靠量子力学。（在历史上，正是紫外灾难问题的存在才导致了量子力学的诞生。）在量子力学中，谐振子不能拥有任意的能量；它允许的能级为

$$E_n = 0, hf, 2hf, \cdots \tag{7.69}$$

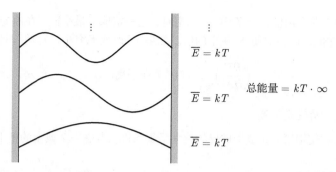

**图 7.18** 我们可以把盒子中的电磁场当作不同波长驻波的叠加。每一个模式都是有确定频率的谐振子。从经典的角度，每一个谐振子拥有平均能量 $kT$。因为可以有无穷多的模式，所以盒子中的能量也是无穷的。

（像通常一样，这些能量都是相对于基态能量而言的。在附录 A 中有对这一点更详细的介绍。）因此，单个谐振子的配分函数为

$$Z = 1 + e^{-\beta h f} + e^{-2\beta h f} + \cdots$$
$$= \frac{1}{1 - e^{-\beta h f}} \tag{7.70}$$

平均能量为

$$\overline{E} = -\frac{1}{Z}\frac{\partial Z}{\partial \beta} = \frac{hf}{e^{hf/kT} - 1} \tag{7.71}$$

如果我们以 $hf$ 作为能量"单位"，那么能量份数的平均值为

$$\overline{n}_{\text{Pl}} = \frac{1}{e^{hf/kT} - 1} \tag{7.72}$$

这个公式叫作**普朗克分布**（Planck distribution）（为了纪念 Max Planck）。

根据普朗克分布，电磁场短波长的模式由于满足 $hf \gg kT$，将会以指数方式衰减：它们被"冻结"，就像不存在一样。因此盒子中贡献能量的电磁谐振子的数目是有限的，紫外灾难不会发生。这种解决方案要求谐振子的能量是量子化的：指数衰减因子来自能量单位的份数与 $kT$ 的比值。

### 7.4.3 光子

电磁场中能量的"单位"也可以被认为是粒子，称作**光子**（photon）。它们是玻色子，在任意"模式"中的数目满足玻色-爱因斯坦分布：

$$\overline{n}_{\text{BE}} = \frac{1}{e^{(\epsilon - \mu)/kT} - 1} \tag{7.73}$$

这里的 $\epsilon$ 是每个粒子在这个模式上的能量，也即 $\epsilon = hf$。与式(7.72)相比，我们得到

$$\mu = 0 \quad （对于光子） \tag{7.74}$$

但为什么会这样？我将给出两种原因，都基于光子可以以任意数目产生或湮灭，也即它们的数目不守恒。

首先考虑亥姆霍兹自由能，当 $T$ 和 $V$ 固定时，它一定取得最小值。在由光子构成的系统中，粒子数目 $N$ 并不守恒，但将取使 $F$ 最小的值。如果 $N$ 改变无穷小，$F$ 将保持不变，也即

$$\left(\frac{\partial F}{\partial N}\right)_{T,V} = 0 \quad \text{（在平衡时）} \tag{7.75}$$

这个偏导公式与化学势完全一致。

第二种论证方式使用第 5.6 节中推导的化学平衡条件。考虑一个典型的由电子创造或吸收光子（$\gamma$）的反应：

$$e \longleftrightarrow e + \gamma \tag{7.76}$$

正如我们在第 5.6 节看到的那样，这个反应的平衡条件就是把每一种组分换成了化学势的方程。也即

$$\mu_e = \mu_e + \mu_\gamma \quad \text{（在平衡时）} \tag{7.77}$$

换句话说，光子的化学式势为 0。

不管采用哪一种论证方式，在给定温度下，盒中"气态"光子的化学势都是 0，此时玻色-爱因斯坦分布退化为普朗克分布。


### 7.4.4　对所有模式求和

普朗克分布告诉了我们电磁场的某一个"模式"（或"单粒子态"）上有多少个光子。下一步我们希望知道盒子中总光子数，以及所有这些光子的总能量。不论是哪一个，我们都需要对所有可能的态求和，就像在上一节对电子做的那样。我将计算总能量，但总的光子数将留作练习，见习题 7.44。

我们从一维开始考虑长度为 $L$ 的"盒子"。光子允许的波长和动量与其他粒子相同：

$$\lambda = \frac{2L}{n}, \quad p = \frac{hn}{2L} \tag{7.78}$$

（这里的 $n$ 是标记模式的正整数，千万不要与某个模式的平均光子数 $\bar{n}_{\text{Pl}}$ 混淆。）光子是极端相对论性的粒子，其能量为

$$\epsilon = pc = \frac{hcn}{2L} \tag{7.79}$$

而非 $\epsilon = p^2/2m$。（你也可以从描述光子能量和频率的爱因斯坦关系 $\epsilon = hf$ 出发推导出这个结果。对于光来说，$f = c/\lambda$，因此 $\epsilon = hc/\lambda = hcn/2L$。）

在三维情况下，动量变成了矢量，每一个分量都是 $h/2L$ 乘以某个整数。能量则为 $c$ 乘以动量矢量的模长：

$$\epsilon = c\sqrt{p_x^2 + p_y^2 + p_z^2} = \frac{hc}{2L}\sqrt{n_x^2 + n_y^2 + n_z^2} = \frac{hcn}{2L} \tag{7.80}$$

和第 7.3 节中所做的一样，在最后一个表达式中，我使用了 $n$ 表示 $\vec{n}$ 的模长。

任意一个特定模式的平均能量等于 $\epsilon$ 乘以那个模式的占据数，而占据数由普朗克分布给出。为了得到所有模式的总能量，我们对 $n_x$、$n_y$ 以及 $n_z$ 求和。因为每一种波形对应两种独立的光

子极化，所以我们也需要加入因子 2。因此总能量为

$$U = 2 \sum_{n_x} \sum_{n_y} \sum_{n_z} \epsilon \overline{n}_{\mathrm{Pl}}(\epsilon) = \sum_{n_x, n_y, n_z} \frac{hcn}{L} \frac{1}{e^{hcn/2LkT} - 1} \tag{7.81}$$

如第 7.3 节，我们可以把这个求和转化为球坐标（见图 7.11）中的积分。但是有一点和之前不同，对 $n$ 积分的上限此时需要取到正无穷：

$$U = \int_0^\infty \mathrm{d}n \int_0^{\pi/2} \mathrm{d}\theta \int_0^{\pi/2} \mathrm{d}\phi \; n^2 \sin\theta \frac{hcn}{L} \frac{1}{e^{hcn/2LkT} - 1} \tag{7.82}$$

再一次地，两个角度积分的结果是 $\pi/2$，对应一个单位球表面积的 $1/8$。

### 7.4.5　普朗克谱

对 $n$ 的积分可以转化为对光子能量 $\epsilon = hcn/2L$ 的积分，这样看起来更简洁，但会多出来一个因子 $L^3 = V$，因此单位体积的总能量为

$$\frac{U}{V} = \int_0^\infty \frac{8\pi \epsilon^3 / (hc)^3}{e^{\epsilon/kT} - 1} \mathrm{d}\epsilon \tag{7.83}$$

此时被积函数拥有非常漂亮的诠释：它刚好是单位光子能量的能量密度，或者叫光子的**谱**（spectrum）：

$$u(\epsilon) = \frac{8\pi}{(hc)^3} \frac{\epsilon^3}{e^{\epsilon/kT} - 1} \tag{7.84}$$

普朗克第一次推导出了这个函数，给出了相对辐射强度关于光子能量的函数（如果把变量改为 $f = \epsilon/h$，可以得到关于光子频率的函数）。如果对 $u(\epsilon)$ 从 $\epsilon_1$ 到 $\epsilon_2$ 积分，你可以得到光子在这个能量范围内的能量密度。

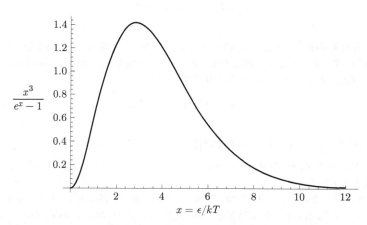

**图 7.19** 用无量纲变量 $x = \epsilon/kT = hf/kT$ 画出的普朗克谱。曲线下任何部分的面积乘以 $8\pi (kT)^4 / (hc)^3$ 就是对应频率（或光子能量）范围内的电磁辐射的能量密度，见式(7.85)。

为了真正地算出对 $\epsilon$ 的积分，我们需要再一次换元，令 $x = \epsilon/kT$。此时式(7.83)变为

$$\frac{U}{V} = \frac{8\pi\,(kT)^4}{(hc)^3} \int_0^\infty \frac{x^3}{\mathrm{e}^x - 1}\,\mathrm{d}x \tag{7.85}$$

被积函数依然正比于普朗克谱；图 7.19 画出了这个函数。这个谱在 $x = 2.82$ 或 $\epsilon = 2.82kT$ 时取极值。这一结果并不奇怪——更高的温度一般对应更高的光子能量。（这个事实称作**维恩定律**（Wien's law）。）你可以通过放出一点辐射并观察其颜色来测量烤箱内（或者更可能的，窑内）的温度。例如，典型的黏土烧制温度为 1500 K，得到的光谱峰值为 $\epsilon = 0.36\,\mathrm{eV}$，对应近红外线。（可见光光子具有更高的能量，大约 2～3 eV。）

**习题 7.37** 证明普朗克谱的峰值位于 $x = 2.82$。

**习题 7.38** 想从图 7.19 看出普朗克谱如何随温度变化不是那么显然。为了看出温度依赖性，在 $T = 3000\,\mathrm{K}$ 和 $T = 6000\,\mathrm{K}$ 下绘制出函数 $u(\epsilon)$ 的定量图像（画在一张图中），横轴单位为 eV。

**习题 7.39** 将式(7.83)换元为 $\lambda = hc/\epsilon$，从而得到光子谱随波长变化的公式。绘制出该谱，并以 $hc/kT$ 为单位求出谱峰处波长的数值公式。并解释为什么峰值没有在 $hc/(2.82kT)$ 处出现。

**习题 7.40** 从式(7.83)出发，推导出光子气体（或具有两个偏振态的极端相对论性粒子的任何其他气体）的态密度公式，并绘制此公式。

**习题 7.41** 考虑原子内任意的两个内部态 $s_1$ 和 $s_2$。令 $s_2$ 为高能态，并且有 $E(s_2) - E(s_1) = \epsilon$，$\epsilon$ 是某个正的常数。如果原子当前处于 $s_2$ 态，则每单位时间内存在一定概率自发跃迁到 $s_1$ 态，同时辐射出能量为 $\epsilon$ 的光子。每单位时间的这种概率称为**爱因斯坦 $A$ 系数**（Einstein $A$ coefficient）

$$A = 单位时间内自发跃迁的概率$$

另一方面，如果原子当前处于 $s_1$ 态，并接收到了频率为 $f = \epsilon/f$ 的光，那么它就有可能吸收一个光子，跃迁到 $s_2$ 态。发生这种情况的概率不仅与经过的时间成正比，而且也与光的强度成正比，或更确切地说，与每单位频率 $u(f)$ 上光的能量密度成正比。（这个函数在任何频率间隔上进行积分时，会给出该频率间隔内的单位体积的能量。对于我们考虑的原子跃迁，重要的是在 $f = \epsilon/h$ 处 $u(f)$ 的值。）单位时间单位光照强度下吸收光子的概率称为**爱因斯坦 $B$ 系数**（Einstein $B$ coefficient）：

$$B = \frac{单位时间内吸收的概率}{u(f)}$$

最后，原子也有可能发生受激跃迁从 $s_2$ 跳到 $s_1$，跃迁的概率与频率为 $f$ 的光强成正比。（这是激光（laser）的基本原理：激光通过受激辐射把光放大（Light Amplification by Stimulated Emission of Radiation）。）因此，我们定义了类似于 $B$ 的第三个系数 $B'$：

$$B' = \frac{单位时间内受激辐射的概率}{u(f)}$$

爱因斯坦于 1917 年指出，知道这三个系数中的任何一个即是知道了所有。

(1) 考虑许多这些原子组成的集合，$N_1$ 个处于 $s_1$ 态，$N_2$ 个处于 $s_2$ 态。用 $A$、$B$、$B'$、$N_1$、$N_2$ 和 $u(f)$ 表示出 $\mathrm{d}N_1/\mathrm{d}t$。

(2) 爱因斯坦的精妙之处在于假设这些原子"沐浴"在热辐射中，因此 $u(f)$ 就是普朗克谱函数。在平衡时，$N_1$ 和 $N_2$ 在时间上应保持恒定，其比值可以由简单的玻耳兹曼因子给出。证明这些系数满足如下公式：

$$B' = B \quad 以及 \quad \frac{A}{B} = \frac{8\pi h f^3}{c^3}$$

### 7.4.6 总能量

对于光谱的讨论已经足够了。我们来关心一下盒子内部总电磁能量是多少？式(7.85)基本上是最终答案，除了剩下的对 $x$ 的积分——积分结果只是一个无量纲数罢了。从图 7.19 你可以估计出这个数字约为 6.5；一个漂亮但非常棘手的计算（见附录 B）给出的精确结果是 $\pi^4/15$。因此对所有频率求和之后的总能量密度是

$$\frac{U}{V} = \frac{8\pi^5 (kT)^4}{15 (hc)^3} \tag{7.86}$$

这个结果最重要的特征是它依赖于温度的四次方。如果你烤箱的温度加倍，内部的电磁能量将会增加到原来的 $2^4 = 16$ 倍。

在数值上，典型烤箱内总的电磁能量非常小。在饼干烘烤温度 460 K（或 375 °F）时，每单位体积的能量是 $3.5 \times 10^{-5} \, \text{J/m}^3$。与烤箱内空气的热能相比，这点能量是微不足道的。

式(7.86)可能看起来很复杂，但你或许通过量纲分析已经猜到了除数值系数之外的答案：每个光子的平均能量必须和 $kT$ 同一个数量级，所以总能量一定正比于 $NkT$，其中 $N$ 是光子的总数。由于 $N$ 是广延量，它必须与容器的体积 $V$ 成正比；因此总能量的形式必须是

$$U = 常数 \cdot \frac{VkT}{\ell^3} \tag{7.87}$$

式中，$\ell$ 是某个拥有长度单位的量。（如果你愿意的话，可以假设每个光子占的体积是 $\ell^3$。）但问题中唯一与长度相关的量是光子的德布罗意波长，$\lambda = h/p = hc/E \propto hc/kT$。把这个波长当作 $\ell$ 代入式(7.87)即可得到式(7.86)，除了因子 $8\pi^5/15$。

> **习题 7.42** 考虑窑内的电磁辐射，其体积为 $1 \, \text{m}^3$，温度为 1500 K。
>
> (1) 辐射的总能量是多少？
> (2) 画出辐射谱与光子能量的函数关系。
> (3) 波长在 $400 \sim 700 \, \text{nm}$ 之间的可见光部分在谱中所占的能量比例是多少？

> **习题 7.43** 太阳表面的温度约为 5800 K。
>
> (1) 太阳表面 $1 \, \text{m}^3$ 的空间中包含多少电磁辐射能量？
> (2) 画出该辐射的谱与光子能量之间的函数关系。并标记出可见光波段，即 $400 \sim 700 \, \text{nm}$ 之间的区域。
> (3) 谱中可见光部分的能量占比是多少？（提示：进行数值积分。）

### 7.4.7 光子气体的熵

除了光子气体的总能量外，我们可能也想知道其他的一些量，例如，存在的光子总数或总熵。我们将看到，这两个量只差一个常数因子。我先来计算熵。

计算熵的最简单方法是从热容出发。对于体积为 $V$ 的盒子中的热光子，

$$C_V = \left(\frac{\partial U}{\partial T}\right)_V = 4aT^3 \tag{7.88}$$

这里的 $a$ 是 $8\pi^5 k^4 V/15 (hc)^3$ 的缩写。这个表达式一直到绝对零度都是成立的，所以我们可以对

其积分来求出绝对熵。把积分元记作 $T'$，有

$$S(T) = \int_0^T \frac{C_V(T')}{T'}\,\mathrm{d}T' = 4a\int_0^T (T')^2\,\mathrm{d}T' = \frac{4}{3}aT^3 = \frac{32\pi^5}{45}V\left(\frac{kT}{hc}\right)^3 k \qquad (7.89)$$

光子的总数由相同的公式给出，只不过数值系数不同，并且没有最后的 $k$（见习题 7.44）。

### 7.4.8 宇宙背景辐射

最宏大的光子气体的例子是充满整个可观测宇宙的辐射，这个辐射几乎完美对应温度为 $2.73\,\mathrm{K}$ 的热谱。然而，解释这个温度却有些棘手：没有任何机制可以让光子彼此之间或与其他任何物体保持热平衡；相反，人们认为它们是从宇宙充满与电磁辐射强烈相互作用的电离气体时留下的。那时，温度更接近 $3000\,\mathrm{K}$；但从那之后，宇宙在所有方向上扩展了数千倍，因此光子波长也相应地延伸（你也可以认为这是多普勒频移），保持光谱的形状不变，但等效温度降低到了 $2.73\,\mathrm{K}$。

构成宇宙背景辐射的光子具有相当低的能量：光谱的峰值为 $\epsilon = 2.82kT = 6.6 \times 10^{-4}\,\mathrm{eV}$，这对应于远红外线中约 $1\,\mathrm{mm}$ 的波长。这些波长不能穿透我们的大气层，但光谱的长波长的尾部，也即几厘米的微波区，可以毫无困难地被检测到。射电天文学家在 1965 年偶然发现了它。图 7.20 显示了最近的多个波长的测量结果，由宇宙背景探测者（Cosmic Background Explorer）卫星在地球大气层之上测量得到。

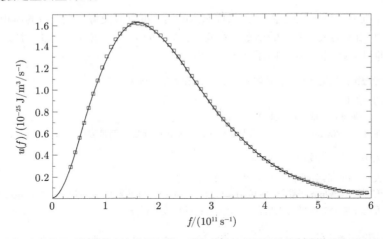

**图 7.20** 由宇宙背景探测者卫星测量的宇宙背景辐射。图像的纵轴是国际单位制下的单位频率的能量密度。注意到 $3 \times 10^{11}\,\mathrm{s}^{-1}$ 的频率对应于 $\lambda = c/f = 1.0\,\mathrm{mm}$ 的波长。每一个方框对应实际的测量数据。这些点的误差棒在当前的尺度下太小以至于没有显示；相反我们使用方框的面积表示系统误差引起的不确定度。实线是拟合结果最好的温度在 $2.735\,\mathrm{K}$ 的理论普朗克谱。图片来自 J. C. Mather, ES Cheng, RE Eplee Jr, RB Isaacman, SS Meyer, RA Shafer, R. Weiss, EL Wright, CL Bennett, NW Boggess, et al., *Astrophysical Journal Letters* **354**, L37 (1990)；改编自 NASA/GSFC 和 COBE 科学工作组。之后的其他测量给出的最好拟合温度是 $(2.728 \pm 0.002)\,\mathrm{K}$。

根据式(7.86)，宇宙背景辐射中的总能量仅为 $0.26\,\mathrm{MeV/m^3}$。这与普通物质的平均能量密度形成了鲜明的对比——宇宙尺度上平均能量密度对应每立方米拥有一个质子或 $1000\,\mathrm{MeV/m^3}$。（讽刺的是，奇怪的宇宙背景辐射的能量密度拥有三个有效数字，而普通物质的平均密度的不确定度大约是其数值的 10 倍。）另一方面，背景辐射的熵远大于普通物质：根据式(7.89)，每立方米空间包含的光子熵为 $(1.5 \times 10^9)k$，约 15 亿"单位"的熵。普通物质的熵并不容易精确计算，但如

果我们假设物质是一种普通的理想气体，就可以估计它的熵是 $Nk$ 乘以一些小数字，换句话说，每立方米只有几个 $k$。

**习题 7.44** 光子气体中光子的数量。

(1) 证明体积为 $V$、温度为 $T$ 的盒子中，平衡时的光子数为

$$N = 8\pi V \left(\frac{kT}{hc}\right)^3 \int_0^\infty \frac{x^2}{\mathrm{e}^x - 1} \mathrm{d}x$$

这个积分不能解析求解；需要查表或数值求解。

(2) 该结果与书中得出的光子气体熵的公式相比如何？（用 $k$ 为单位表示的每个光子的熵。）

(3) 计算以下温度下每立方米的光子数：$300\,\mathrm{K}$、$1500\,\mathrm{K}$（典型的窑炉）、$2.73\,\mathrm{K}$（宇宙背景辐射）。

**习题 7.45** 使用公式 $P = -(\partial U/\partial V)_{S,N}$ 证明光子气体的压强是能量密度 $(U/V)$ 的 $1/3$。计算 $1500\,\mathrm{K}$ 的窑内由辐射所施加的压强，并将结果与由空气施加的普通气压进行比较。然后计算温度为 $1.5 \times 10^7\,\mathrm{K}$ 的太阳中心的辐射压强，并将结果与密度约为 $10^5\,\mathrm{kg/m^3}$ 的电离氢气的压强进行比较。

**习题 7.46** 有时有必要知道光子气体的自由能。

(1) 直接根据定义 $F = U - TS$ 计算出（亥姆霍兹）自由能。（用 $T$ 和 $V$ 表示出结果。）

(2) 对该系统，验证 $S = -(\partial F/\partial T)_V$。

(3) 将 $F$ 对 $V$ 求导以获得光子气体的压强。检查你的结果是否与上一道习题相符。

(4) 一种更加有趣的计算 $F$ 的方法是对每一个模式（也即每个等效谐振子）应用公式 $F = -kT \ln Z$，然后对所有模式求和。尝试进行此计算，以得到

$$F = 8\pi V \frac{(kT)^4}{(hc)^3} \int_0^\infty x^2 \ln\left(1 - \mathrm{e}^{-x}\right) \mathrm{d}x$$

进行分部积分，检查你的结果是否与 (1) 一致。

**习题 7.47** 在书中，我提到，在温度冷却至约 $3000\,\mathrm{K}$ 之前，早期宇宙充满了离子气体。在本习题中我们就来研究为什么是这样。假设宇宙仅包含光子和氢原子，其中每个氢原子固定的对应 $10^9$ 个光子。对 $0$ 到 $6000\,\mathrm{K}$ 之间的温度，计算并绘制出电离原子的比例随温度的变化。如果光子与原子的比例为 $10^8$ 或 $10^{10}$，结果会如何变化？（提示：使用无量纲变量来表示所有内容，例如令 $t = kT/I$，式中，$I$ 是氢的电离能。）

**习题 7.48** 除了光子的宇宙背景辐射外，我们还认为宇宙充斥着由中微子 $(\nu)$ 和反中微子 $(\bar{\nu})$ 构成的背景辐射，其当前等效温度为 $1.95\,\mathrm{K}$。中微子有 3 种，每一种都有其对应的反粒子，每个粒子或反粒子都只有一个极化态。对于下面的 (1) 至 (3) 问，假设这 3 种粒子都完全无质量。

(1) 对于每一种中微子，我们可以假设其浓度等于其反粒子的浓度，因此它们的化学势相等：$\mu_\nu = \mu_{\bar{\nu}}$。此外，中微子和反中微子可以通过反应成对地产生或湮灭。

$$\nu + \bar{\nu} \longleftrightarrow 2\gamma$$

（式中，$\gamma$ 是光子。）假设该反应处于平衡状态（如早期宇宙中那样），证明中微子和反中微子的 $\mu = 0$。

(2) 如果中微子是无质量的，则它们必定是高度相对论性的。它们也是费米子，因此遵循不相容原理。利用这些事实求出中微子-反中微子背景辐射的总能量密度（每单位体积的能量）公式。（提示：这种"中微子气体"与光子气体几乎没有什么区别。反粒子仍然具有正的能量，因此计算也要包含反粒子，这只需要在结果中乘以 2。要计算这 3 种物质，只需乘以 3 即可。）要计算最终的积分，需要首先换元为无量纲变量，然后使用计算机、查表或参考附录 B。

(3) 推导出中微子背景辐射中每单位体积的中微子的数量。对于当前的 $1.95\,\mathrm{K}$ 的中微子温度，数值计算出结果。

(4) 中微子的质量可能很小，但非零。当 $mc^2$ 与典型热能相比可以忽略时，这不会影响早期宇宙中中

微子的产生。但是事到如今，所有背景中微子的总质量可能很大。假设 3 种中微子（和相应的反中微子）中只有 1 种具有非零质量 $m$。为了使宇宙中的中微子的总质量与普通物质的总质量可比，$mc^2$ 必须是多少（以 eV 为单位）？

**习题 7.49** 在宇宙初期的短暂时间内，温度非常高，足以产生大量的电子-正电子对，这些粒子对构成了光子和中微子外的第三种"背景辐射"（见图 7.21）。像中微子一样，电子和正电子都是费米子；但是与中微子不同，电子和正电子都是有质量的（它们的质量相同），并且每个都具有两个独立的极化态。在我们研究的时间段内，电子和正电子的密度近似相等。因此与前一道题一样，认为化学势为零是一个很好的近似。回忆狭义相对论中有质量粒子的能量为 $\epsilon = \sqrt{(pc)^2 + (mc^2)^2}$。

(1) 证明温度 $T$ 下电子和正电子的能量密度为

$$\frac{U}{V} = \frac{16\pi(kT)^4}{(hc)^3}u(T)$$

式中，

$$u(T) = \int_0^\infty \frac{x^2\sqrt{x^2 + (mc^2/kT)^2}}{\mathrm{e}^{\sqrt{x^2+(mc^2/kT)^2}} + 1}\,\mathrm{d}x$$

(2) 证明当 $kT \ll mc^2$ 时，$u(T)$ 趋于 0，并解释为什么这个结果是合理的。

(3) 在极限 $kT \gg mc^2$ 下计算 $u(T)$。并将结果与讨论中微子辐射的上一道习题相比。

(4) 在中间的温度，使用计算机计算并绘制出 $u(T)$。

(5) 使用习题 7.46-(4) 的方法，计算电子-正电子辐射的自由能密度，结果应为

$$\frac{F}{V} = -\frac{16\pi(kT)^4}{(hc)^3}f(T)$$

式中，

$$f(T) = \int_0^\infty x^2 \ln\left(1 + \mathrm{e}^{-\sqrt{x^2+(mc^2/kT)^2}}\right)\mathrm{d}x$$

在两个极限下计算 $f(T)$，并使用计算机计算并绘制中间温度的 $f(T)$。

(6) 使用 $u(T)$ 和 $f(T)$ 表示出电子-正电子辐射的熵的公式，并在高温极限下解析求解。

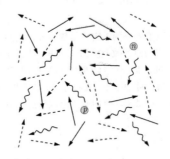

**图 7.21** 当初温度大于电子质量乘以 $c^2/k$ 时，宇宙充满了三种类型的辐射：电子和正电子（实心箭头）、中微子（虚线）和光子（波浪线）。不多的质子和中子"沐浴"在这种辐射中，大约每十亿个辐射粒子中才有一个。

**习题 7.50** 上一道习题的结果可以用来解释为什么宇宙中当前的中微子背景温度（见习题 7.48）是 1.95 K 而不是 2.73 K。最初，光子和中微子的温度应该相等，但是宇宙膨胀和冷却后，中微子与其他粒子的相互作用很快变得微不足道。此后不久，温度逐渐下降，直到 $kT/c^2$ 不再远大于电子质量。随着电子和正电子在接下来的几分钟内消失，它们"加热"了光子辐射，但并未"加热"中微子辐射。

(1) 假设宇宙具有有限的总体积 $V$，但是 $V$ 随着时间增加。使用上一道习题引入的辅助函数 $u(T)$ 和 $f(T)$，求出电子、正电子和光子的总熵与 $V$ 和 $T$ 的关系。论证如果没有其他种类的粒子与这些物质相互作用，则早期宇宙中总熵守恒。

(2) 由于中微子无法与任何物质相互作用，因此在此期间，中微子辐射的熵应当分别守恒。利用这一

事实证明，随着宇宙的膨胀和降温，中微子温度 $T_\nu$ 和光子温度 $T$ 满足关系

$$\left(\frac{T}{T_\nu}\right)^3 \left[\frac{2\pi^4}{45} + u(T) + f(T)\right] = \text{ 常数}$$

假设高温时 $T = T_\nu$，求出这个常数。

(3) 计算低温极限下的 $T/T_\nu$，来证实当前的中微子温度应为 $1.95\,\mathrm{K}$。

(4) 将 $kT/mc^2$ 从 0 取到 3，[1] 使用计算机绘制 $T/T_\nu$ 和 $T$ 之间的函数关系。

### 7.4.9　从洞中逃离的光子

到目前为止，我在这一节已经分析了烤箱或其他处于热平衡的任何盒子内的光子气体，但最终我们想了解的是热物体发射的光子。首先，我们要回答在光子气体的盒子上戳一个洞让一些光子出来（见图 7.22）的过程中到底发生了什么。

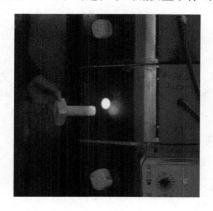

**图 7.22** 当你在一个充满辐射的容器（这里是一个窑）上开一个口时，逃出的光的谱与内部的光谱一致。逃出的能量总量正比于洞的面积以及时间。

所有光子（在真空中）以相同的速度传播，并且与波长无关。因此，低能量的光子与高能量的光子通过孔逃逸的概率相同，因此出来光子的谱将会与内部光子的谱相同。难弄清楚的是逃逸出的辐射总量；这个计算不涉及太多物理，但涉及的几何是相当棘手的。

图 7.23 显示了现在从半球壳上的某处，在指向逃逸的孔的方向上，一个时间间隔 $\mathrm{d}t$ 内逃逸的光子。球壳的半径 $R$ 取决于我们看多久之前，其厚度是 $c\,\mathrm{d}t$。我将使用球坐标标记球壳上的各个点。角度 $\theta$ 的范围从壳体左端的 0 到右边的极限 $\pi/2$。图中还有一个未显示的方位角 $\phi$，你可以从球壳的顶部边缘进入纸面、到达底端，之后再从纸面出来、到达顶端，因此它的范围是是 0 到 $2\pi$。

现在我们考虑图 7.23 中阴影部分的球块，它的体积是

$$\text{球块的体积} = (R\,\mathrm{d}\theta) \times (R\sin\theta\,\mathrm{d}\phi) \times (c\,\mathrm{d}t) \tag{7.90}$$

（阴影部分球块的 $\phi$ 轴与纸面垂直，在 $\phi$ 轴上，这个球块的边长为 $R\sin\theta\,\mathrm{d}\phi$——因为 $R\sin\theta$ 是当 $\phi$ 扫过 0 到 $2\pi$ 时这个球块组成的圆环的半径。）式(7.86)给出了这个球块对应的光子能量密度：

$$\frac{U}{V} = \frac{8\pi^5 (kT)^4}{15 (hc)^3} \tag{7.91}$$

---

[1]既然你已经解决了这个习题，你会发现计算早期宇宙的动力学并确定这些事情何时发生是相对容易的事情。基本思想是假设宇宙以"逃逸速度"膨胀。Weinberg (1977) [40] 给出了你需要的一切。

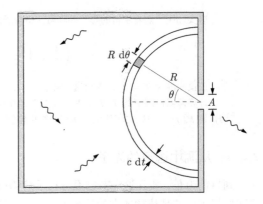

**图 7.23** 正在从孔中逃出的光子在一段时间以前都位于盒子里面的一个球壳内；光子从这个球壳的某一点逃出的概率与距孔的距离和角度 $\theta$ 有关。

接下来，我把这个量简记为 $U/V$；因此球块的总能量是

$$\text{球块的能量} = \frac{U}{V} c\, \mathrm{d}t R^2 \sin\theta\, \mathrm{d}\theta\, \mathrm{d}\phi \tag{7.92}$$

但并非所有球块中的能量都会从孔中逃逸出来，因为大多数光子指向错误的方向。站在球块的角度，光子指向正确方向的概率等于从这个球块看到的孔的表观面积，再除以以块为中心的半径为 $R$ 的假想球体的总面积：

$$\text{逃出的概率} = \frac{A\cos\theta}{4\pi R^2} \tag{7.93}$$

这里的 $A$ 是洞的面积，$A\cos\theta$ 是从球块看过去的投影面积。所以从球块逃出的能量为

$$\text{从球块逃逸出的能量} = \frac{A\cos\theta}{4\pi} \frac{U}{V} c\, \mathrm{d}t \sin\theta\, \mathrm{d}\theta\, \mathrm{d}\phi \tag{7.94}$$

为了计算出在时间间隔 $\mathrm{d}t$ 内从孔中逃逸出的总能量，我们只需对 $\theta$ 和 $\phi$ 积分：

$$
\begin{aligned}
\text{逃逸出的总能量} &= \int_0^{2\pi} \mathrm{d}\phi \int_0^{\pi/2} \mathrm{d}\theta \frac{A\cos\theta}{4\pi} \frac{U}{V} c\, \mathrm{d}t \sin\theta \\
&= 2\pi \frac{A}{4\pi} \frac{U}{V} c\, \mathrm{d}t \int_0^{\pi/2} \cos\theta \sin\theta\, \mathrm{d}\theta \\
&= \frac{A}{4} \frac{U}{V} c\, \mathrm{d}t
\end{aligned}
\tag{7.95}
$$

逃逸出的能量自然正比于孔的面积 $A$，也正比于时间间隔的长度 $\mathrm{d}t$。如果我们把这些量除掉，就可以得到单位面积上辐射出来的功率：

$$\text{单位面积的功率} = \frac{c}{4} \frac{U}{V} \tag{7.96}$$

除了 1/4 的因子外，你或许已经从量纲分析的角度猜出了结果：为了把能量/体积转化为功率/面积，你需要乘以一个单位是距离/时间的量，而和这个问题唯一相关的速度就是光速。

代入盒子中能量密度式(7.91)，最终的结果是

$$\text{单位面积的功率} = \frac{2\pi^5}{15} \frac{(kT)^4}{h^3 c^2} = \sigma T^4 \tag{7.97}$$

式中，的 $\sigma$ 称作**斯特藩-玻尔兹曼常量**（Stefan-Boltzmann constant）：

$$\sigma = \frac{2\pi^5 k^4}{15h^3 c^2} = 5.67 \times 10^{-8} \frac{\text{W}}{\text{m}^2 \cdot \text{K}^4} \tag{7.98}$$

（这个数非常容易记忆，只需要记住 "5-6-7-8"，另外，不要忘了 8 前面的负号。）辐射功率和温度四次方成正比的关系叫作**斯特藩定律**（Stefan's law），于 1879 年由实验首次发现。

### 7.4.10　其他物体的辐射

尽管我是从盒子上孔发出光子的模型得出的斯特藩定律，它也同样适用于在温度为 $T$ 时由任何非反射（"黑色"）表面发射的光子。因此，这种辐射称为**黑体辐射**（blackbody radiation）。证明黑色物体完全像盒子中的洞一样发射光子非常简单。

见图 7.24，假设左边有一个带洞的盒子，右边有一个黑色物体，两个物体都处在相同的温度下，并且面对面放置。每个物体都发射光子，其中一些被另一个吸收。如果物体的大小相同，则每个物体都将吸收来自另一个物体相同比例的辐射。现在假设黑体发出的功率比洞少一些，能量则将从洞流到黑体，而不是从黑体流到洞，所以黑体会逐渐变热。但是这个过程违反了热力学第二定律。如果黑体比孔发出更多的辐射，那么黑体会逐渐冷却，而带孔的盒子越来越热。再一次地，这不可能发生。

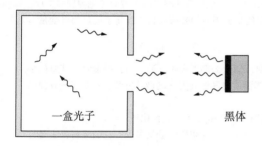

**图 7.24** 此图表示的假想实验证明：完美黑体表面的辐射与拥有同样大小孔的充满热光子的盒子的辐射一样。

一盒光子　　　　　黑体

因此，在任何给定的温度下，黑体单位面积发出的总功率必须与孔发出的功率相同。但我们还可以再进一步。假想在洞和黑体之间插入一个滤波器，它只允许一定范围的波长通过；同样地，如果一个物体在这些波长下发射的辐射多于另一个物体，则其温度会降低，而另一个物体的温度会升高，从而违反了热力学第二定律。因此，黑体的整个辐射谱也必须与孔相同。

如果一个物体不是黑色的，那么它会反射一些光子，不再完全吸收它们。此时事情变得有点复杂。（在某个给定的波长下）假设每 3 个光子撞击物体会有 1 个被反射，另外 2 个被吸收。现在，为了与孔保持热平衡，它只需要发射 2 个光子，和反射的 1 个光子在返回的路上汇合。更一般地讲，如果 $e$ 是（在某个给定波长下）吸收光子的比例，那么与完美的黑体相比，$e$ 也是发射光子的比例。数字 $e$ 称为材料的**发射率**（emissivity）。对于完美的黑体，它等于 1；对于完美的反射表面，它等于 0。因此，物体反射性能愈好则发射性能愈差，反之亦然。通常，发射率取决于光的波长，因此辐射光谱将与完美黑体的光谱不同。如果我们在所有的相关波长上使用 $e$ 的加权平均值，那么某物体辐射的总功率可以写为

$$\text{功率} = \sigma e A T^4 \tag{7.99}$$

式中，$A$ 是其表面积。

**习题 7.51** 已知白炽灯钨丝的温度约为 3000 K。钨的发射率约为 1/3，并假设它与波长无关。

(1) 如果灯泡发出的总功率为 100 W，则其灯丝的表面积为多少平方毫米？

(2) 灯泡光谱中的峰值对应的光子能量是多少？该光子能量对应的波长是多少？

(3) 使用笔（或计算机）绘制出灯丝发出的光谱。标出图上 400～700 nm 之间与可见光波长相对应的区域。

(4) 有多少比例的灯泡能量以可见光的形式辐射？（在计算器或计算机上进行数值积分。）用上一问的图定性检查你的结果。

(5) 为了提高白炽灯的效率，应当升高还是降低温度？（通过使用不同的温度，某些白炽灯确实可以获得略高的效率。）

(6) 忽略掉钨在 3695 K 下会发生熔化的事实的情况下，估算白炽灯的最大可能效率（即可见光占光谱能量的比例最大）以及相应的灯丝温度。

**习题 7.52**

(1) 忽略衣服和环境反射，（粗略）估计我们身体辐射的总功率。（无论皮肤是什么颜色，其在红外波长下的发射率都非常接近 1；在这些波长下，几乎所有的非金属都是近乎完美的黑体。）

(2) 将一天中人辐射的总能量（以千卡表示）与你进食摄入的能量进行比较。为什么会有如此大的差异？

(3) 质量为 $2 \times 10^{30}$ kg 的太阳的辐射功率为 $3.9 \times 10^{26}$ W。若与我们的身体比较每单位质量释放出的能量，哪个更多？

**习题 7.53** 黑洞如果存在的话是一个黑体，因此它会发出黑体辐射，称为**霍金辐射**（Hawking radiation）。质量为 $M$ 的黑洞的总能量为 $Mc^2$，表面积为 $16\pi G^2 M^2/c^4$，温度为 $hc^3/16\pi^2 kGM$（见习题 3.7）。

(1) 估算一个太阳质量（$2 \times 10^{30}$ kg）的黑洞发射出的霍金辐射的峰值波长（以光子能量为自变量）。将你的答案与黑洞的大小进行比较。

(2) 计算一个太阳质量的黑洞的辐射总功率。

(3) 想象在空旷的空间中有一个黑洞，它会放出辐射，但什么都不吸收。当它失去能量时，其质量必定减少。因此我们可以说它在"蒸发"。推导出黑洞质量随时间变化的微分方程，并求解该方程以获得黑洞寿命与初始质量的关系。

(4) 计算一个太阳质量黑洞的寿命，并与已知宇宙的年龄（$10^{10}$ 年）进行比较。

(5) 假设在早期宇宙中产生的一个黑洞在今天消失了。那么它的初始质量是多少？它的辐射将主要集中在电磁频谱的哪一部分？

### 7.4.11 太阳和地球

利用地球接收到的太阳辐射量（$1370 \, \text{W/m}^2$）——也称作**太阳常数**（solar constant）——和地球与太阳之间的距离（$1.5 \times 10^8$ km），可以很轻松地计算出太阳的总能量输出或**光度**（luminosity）为 $3.9 \times 10^{26}$ W。太阳的半径大约是地球的 100 倍，也即 $7.0 \times 10^8$ m；所以它的表面积是 $6.1 \times 10^{18} \, \text{m}^2$。根据这些信息，如果假设发射率为 1（这不是很准确，但足以满足我们的要求），我们可以计算出太阳的表面温度

$$T = \left(\frac{光度}{\sigma A}\right)^{1/4} = 5800 \, \text{K} \tag{7.100}$$

知道温度后，我们可以以预测太阳光谱中强度最强的光子对应的能量为

$$\epsilon = 2.82kT = 1.41 \, \text{eV} \tag{7.101}$$

这对应于近红外波段，波长为 880 nm。这个预测可以被验证，并且的确与实验一致：太阳光谱近

似地由普朗克公式给出，在该能量处具有峰值。由于峰值非常接近可见光谱的红色末端，因此太阳的大部分能量以可见光的形式发射。（你可能已经在其他地方了解到太阳光谱在可见光谱的中间，大约 500 nm 处达到峰值。习题 7.39 讨论了为什么存在这种差异。）

太阳辐射的一小部分被地球吸收，使地球表面升温至适合生命生存的温度。但地球并不是越来越热的；平均来讲，它也以相同的速度向太空发射辐射。吸收和发射之间的这种平衡为我们提供了一种估算地球表面的平衡温度的方法。

让我们做出第一个粗略近似——假设地球对所有波长都是完美黑体。此时，地球吸收的功率是太阳常数乘以站在太阳角度看到的地球的横截面积 $\pi R^2$。同时，地球发射的功率由斯特藩定律给出，其中 $A$ 是整个地球的表面积 $4\pi R^2$，$T$ 是等效的平均表面温度。如果令吸收功率等于发射功率，我们有

$$\text{太阳常数} \times \pi R^2 = 4\pi R^2 \sigma T^4$$

$$\Rightarrow \quad T = \left( \frac{1370 \,\text{W/m}^2}{4 \times 5.67 \times 10^{-8} \,\text{W/(m}^2 \cdot \text{K}^4)} \right)^{1/4} = 279 \,\text{K} \tag{7.102}$$

这非常接近于实际测量到的平均温度 288 K（15 ℃）。

然而，地球并不是一个完美的黑体。由于云层的作用，大约 30% 照射到地球的阳光会被直接反射回太空，把反射考虑进去后，预测的地球平均温度将会降至寒冷的 255 K。

由于吸收能力差也对应着发射能力差，所以你可能会认为，如果将不完美的发射率考虑进式(7.102)的右侧，预测的地球温度就会回升。然而事实并非如此，因为地球在红外波段的发射率与其对可见光的吸收率是不同的。实际上，（像其他任意的非金属一样）地球表面在红外波段是非常好的发射体。但另外一种机制可以拯救我们——地球大气层中存在的水蒸气和二氧化碳，它们对波长高于几个微米的电磁波几乎是不透明的。所以如果从太空看地球的红外波段，你看到的主要是大气层，而不是地表。（大致）255 K 的平衡温度只适用于大气，而下方的表面则由进入的阳光和大气这个"毯子"共同加热。如果我们将大气视为对可见光透明而对红外线不透明的薄层，就得到了图 7.25 中的情况。平衡要求入射的太阳光能量（减去反射的）等于大气向上发射的能量，这部分能量也与大气向下辐射的能量相同。因此，（在这个简化的模型中）地球表面接受了两倍于太阳光的能量。基于式(7.102)，该机制将把表面温度提高 $2^{1/4}$ 倍，达到 303 K。这个温度有点高，因为大气其实不是一个完全不透明的层。这种机制称为**温室效应**（greenhouse effect），但大多数温室主要依靠不同的机制工作（限制对流冷却）。

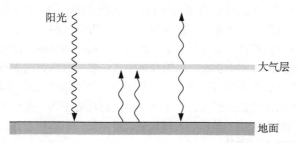

**图 7.25** 地球的大气对入射光来说基本是透明的，但对从地球表面向上辐射的红外线来说却是不透明的。如果我们把大气层当作一个薄层，平衡时地球表面接收的能量中，来自太阳的能量和来自大气的能量一样多。

**习题 7.54** 太阳是唯一可以直接测量大小的恒星。对其他恒星的大小，天文学家则使用斯特藩定律进行

估计。

    (1) 如果以能量为横轴绘出天狼星 A 的光谱，峰值的光子能量为 2.4 eV。如果已知天狼星 A 的光度约为太阳的 24 倍，那么天狼星 A 的半径与太阳的半径相比如何？

    (2) 天狼星 B——天狼星 A 的伴星（见图 7.12），其光度只有太阳的 3%。其（以能量为横轴的）光谱在约 7 eV 时达到峰值。它的半径与太阳相比如何？

    (3) 参宿四（猎户座 α）的光谱在光子能量为 0.8 eV 时达到峰值，而其光度大约是太阳的 100 000 倍。那么参宿四的半径与太阳的半径相比如何？尝试解释为什么参宿四称为"红超巨星"？

**习题 7.55** 若将地球大气中吸收红外线的气体浓度增加一倍，以便等效地产生第二个"毯子"来加热表面。估计此时平衡后地球表面的温度。（提示：首先计算出下层的大气"毯子"的温度是上面的 $2^{1/4}$ 倍。最后发现表面比下层"毯子"的温度再高一个更小的因子。）

**习题 7.56** 金星与地球有几个方面不同：它与太阳的距离只有地球到太阳距离的 70%，77% 的入射阳光被其厚云层反射，同时它的大气层对红外光更不透明。

    (1) 计算金星所在位置的太阳常数，并估算在不存在大气且金星不反射任何阳光的情况下，金星表面的平均温度。

    (2) 把金星的大气反射考虑在内，再次估算其表面温度。

    (3) 金星大气在红外波长下的不透明度大约是地球的 70 倍。因此，我们可以把金星大气建模为类似书中考虑的 70 个拥有不同平衡温度的连续"毯子"。使用此模型估算金星的表面温度。（提示：最顶层毯子就是上一问的温度。下一层比这一层暖和 $2^{1/4}$ 倍。再下一个层比第二层暖和一个更小的倍数。尝试继续写下去，直到你发现规律。）

## 7.5　固体的德拜模型

在第 2.2 节中，我介绍了晶体的**爱因斯坦模型**（Einstein model）。这个模型将原子视为独立的三维谐振子。在习题 3.25 中，你应该已经算出了这个模型的热容

$$C_V = 3Nk\frac{(\epsilon/kT)^2\, \mathrm{e}^{\epsilon/kT}}{\left(\mathrm{e}^{\epsilon/kT}-1\right)^2} \quad （爱因斯坦模型） \tag{7.103}$$

式中，$N$ 是原子数；$\epsilon = hf$ 是这些谐振子的能量单位。当 $kT \gg \epsilon$ 时，热容接近常数 $3Nk$，与能量均分定理一致。当 $kT \sim \epsilon$ 时，热容下降，并且当温度趋于 0 时热容也接近于 0。这个结果与实验的吻合程度还算可以，但细节并不一致——在极限 $T \to 0$ 时尤甚：式(7.103)预测热容将会指数地衰减到 0，然而实验测出的却是立方衰减（$C_V \propto T^3$）。

爱因斯坦模型的问题在于晶体中的原子并不是彼此独立振动的。如果你扰动了一个原子，它的近邻也会开始振动，其振动方式取决于振荡频率，这二者的依赖关系十分复杂。晶体中存在大量原子一起振动的低频振荡模式，也存在原子与近邻相反运动的高频振荡模式。因此能量单位的大小不同，这与振荡模式的频率成正比。尽管高频模式在非常低的温度下被冻结，但某些低频模式仍然活跃。这就是为什么热容没有按照爱因斯坦模型预测的那样迅速地降低到零。

在许多方面，固体晶体的振荡模式类似于真空中电磁场的振荡。这种相似性让我们不禁试图将上一节对电磁辐射的处理应用于晶体的机械振荡。机械振荡也称为声波，它和光波表现得非常像。然而，二者也有一些不同之处：

- 声波的传播速度比光波慢得多，其速度取决于材料的刚度和密度。我将忽略掉声速可以依赖于波长和方向的事实，把这个速度记作 $c_s$，看作常数。
- 光波必须横向极化，而声波也可以纵向极化。（在地震学中，横向极化的波称作剪切波或 S

波，而纵向极化的波称为压力波或 P 波。）因此，我们有三个极化而不再是两个极化。简单起见，我将假设所有的三个极化都具有相同的速度。

- 光波可以有任意短的波长，但固体中声波的波长不能短于原子间距的两倍。

前两个差异很容易考虑在内，第三个则需要进一步地思考。

除了这三个差异之外，声波的行为几乎与光波完全相同。每种振荡模式都有一组等间隔的能级，能量单位等于

$$\epsilon = hf = \frac{hc_s}{\lambda} = \frac{hc_s n}{2L} \tag{7.104}$$

在最后一个表达式中，$L$ 是晶体的长度，$n = |\vec{n}|$ 是 $n$ 空间中声波矢量的大小，该矢量描述了波的形状。当某个模式与温度 $T$ 平衡时，它包含的能量单位数平均而言符合普朗克分布：

$$\overline{n}_{\mathrm{Pl}} = \frac{1}{e^{\epsilon/kT} - 1} \tag{7.105}$$

（千万不要把这里的 $\overline{n}_{\mathrm{Pl}}$ 与式(7.104)中的 $n$ 混淆。）就像电磁波一样，我们可以把这些能量单位想象为 $\mu = 0$ 的玻色-爱因斯坦分布的粒子。这一次，这些"粒子"称作**声子**（phonon）。

为了计算出晶体中的总热能，需要对所有允许模式对应的能量求和：

$$U = 3 \sum_{n_x} \sum_{n_y} \sum_{n_z} \epsilon \overline{n}_{\mathrm{Pl}}(\epsilon) \tag{7.106}$$

前面的因子 3 来源于每一个 $\vec{n}$ 对应的三个极化态。下一步要做的是把求和转换为积分。但首先要明白，我们要求和的 $\vec{n}$ 可以取哪些值。

如果我们研究的是电磁振荡，那么允许的模式数量是无限的，求和上限是无穷大。但在晶体中，原子的间距对波长做了严格的下限。考虑一维的原子晶格（见图 7.26）。每种振荡模式都对应其独特的形状，"鼓包"（无论向上还是下）的总数等于 $n$。因为每个鼓包必须至少包含一个原子，因此 $n$ 不能超过一行中的原子数。如果三维的晶体是完美的立方体，那么沿任何方向的原子数目都是 $\sqrt[3]{N}$，所以式(7.106)中的每个求和应该从 1 求到 $\sqrt[3]{N}$。换句话说，我们需要在 $n$ 空间中对一个立方体进行求和。如果晶体本身不是一个完美的立方体，那么 $n$ 空间中相应的体积也不是。但是，求和还是会在总体积为 $N$ 的 $n$ 空间中进行。

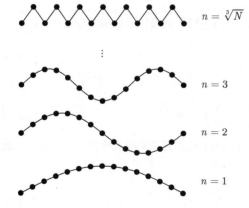

$$n = \sqrt[3]{N}$$

$$n = 3$$

$$n = 2$$

$$n = 1$$

**图 7.26** 晶体中的一行原子的振动模式。如果晶体是一个立方体，那么每一行的原子数目是 $\sqrt[3]{N}$。这也是这个方向上的模式数，因为波的每一个"鼓包"都至少包含一个原子。

现在轮到了棘手的近似。在 $n$ 空间中对立方或其他复杂形状进行求和（或积分）是很难办的，因为我们要求和的函数以一种非常复杂的方式依赖于 $n_x$、$n_y$ 和 $n_z$（平方根的指数）。但是，

函数与 $\bar{n}$ 的模长的关系却很简单，它根本不依赖于 $n$ 空间的角度。所以德拜（Peter Debye）想到了一个聪明的办法，假设 $n$ 空间的相关区域是一个球体，或者更确切地说，是球体的 1/8。为了保持总的自由度不变，他选择了一个总体积为 $N$ 的 1/8 球体。可以很容易地计算出这个球体的半径为

$$n_{\max} = \left(\frac{6N}{\pi}\right)^{1/3} \tag{7.107}$$

图 7.27 显示了 $n$ 空间中的立方体，同时也显示了用于近似它的球面。

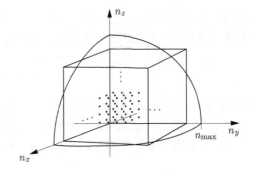

**图 7.27** 式(7.106)的求和实际上是在 $n$ 空间中的边长为 $\sqrt[3]{N}$ 的立方体中进行的。为了近似，我们把求和当作在相等体积的 1/8 球体中进行。

令人惊叹的是，德拜近似在高温和低温极限下都是精确的。在高温时，问题的关键是求出总的模式数，也即，总的自由度的数目；如果我们选择的体积是正确的话，这个数不会有变化。在低温时，模长比较大的 $\bar{n}$ 的模式被冻结，所以我们怎么数它们都可以。在居中的温度，我们虽然得不到精确的结果，但这个近似还是难以置信的好。

使用德拜近似，把求和转换为球坐标中的积分，式(7.106)变为

$$U = 3 \int_0^{n_{\max}} \mathrm{d}n \int_0^{\pi/2} \mathrm{d}\theta \int_0^{\pi/2} \mathrm{d}\phi\ n^2 \sin\theta \frac{\epsilon}{\mathrm{e}^{\epsilon/kT}-1} \tag{7.108}$$

（和之前一样）对角度的积分结果是 $\pi/2$，我们就剩下了

$$U = \frac{3\pi}{2} \int_0^{n_{\max}} \frac{hc_s}{2L} \frac{n^3}{\mathrm{e}^{hc_s n/2LkT}-1} \mathrm{d}n \tag{7.109}$$

这个积分不能解析求解。为了让公式看起来更简洁，我们把积分元换为无量纲的变量：

$$x = \frac{hc_s n}{2LkT} \tag{7.110}$$

此时积分上限变为

$$x_{\max} = \frac{hc_s n_{\max}}{2LkT} = \frac{hc_s}{2kT}\left(\frac{6N}{\pi V}\right)^{1/3} \equiv \frac{T_{\mathrm{D}}}{T} \tag{7.111}$$

上面等式的最后，我定义了**德拜温度**（Debye temperature）$T_{\mathrm{D}}$，它是对所有常数的一个简写。此时，把所有常数写在一起并换元，最后得到的积分公式为

$$U = \frac{9NkT^4}{T_{\mathrm{D}}^3} \int_0^{T_{\mathrm{D}}/T} \frac{x^3}{\mathrm{e}^x-1} \mathrm{d}x \tag{7.112}$$

到了这一步，你可以在计算机上对任意温度算出积分值。但是，即便在没有计算机的情况下，

我们仍然可以得到低温极限和高温极限下积分的结果。

当 $T \gg T_D$ 时，积分的上限远小于 1，所以 $x$ 一直很小，因此分母中可以引入近似 $e^x \approx 1+x$，此时 1 消掉了，并且分子中的 $x$ 降低一次，从而与分母抵消。此时积分结果为 $\frac{1}{3}(T_D/T)^3$，最终结果为

$$U = 3NkT \quad （当 T \gg T_D 时） \tag{7.113}$$

这个结果与能量均分定理（以及爱因斯坦模型）的结果一致。热容在这个极限下为 $C_V = 3Nk$。

当 $T \ll T_D$ 时，积分的上限附近被积函数很小（由于分母中存在 $e^x$），所以我们可以把积分上限直接替换为无穷大——增加的模式不会对最终结果产生影响。在这个近似下，积分与我们对光子气体所做的计算（见式 (7.85)）一致，结果是 $\pi^4/15$。所以总能量为

$$U = \frac{3\pi^4}{5} \frac{NkT^4}{T_D^3} \quad （当 T \ll T_D 时） \tag{7.114}$$

对 $T$ 求导可以得到热容

$$C_V = \frac{12\pi^4}{5} \left(\frac{T}{T_D}\right)^3 Nk \quad （当 T \ll T_D 时） \tag{7.115}$$

预测出的 $C_V \propto T^3$ 与几乎任何固体材料在低温下的实验数据都吻合得非常漂亮。对于金属来说，我们在第 7.3 节描述过，热容也有传导电子的线性贡献。因此总的热容可以写为

$$C = \gamma T + \frac{12\pi^4 Nk}{5T_D^3} T^3 \quad （金属，当 T \ll T_D 时） \tag{7.116}$$

对于自由电子模型，$\gamma = \pi^2 Nk^2/2\epsilon_F$。图 7.28 显示了三种常见金属的 $C/T$-$T^2$ 图像。线性的数据证实了德拜理论预言的晶格振动，而截距则给出了 $\gamma$ 的实验值。

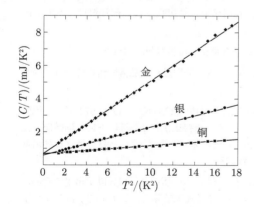

**图 7.28** （每摩尔）铜、银、金的低温热容的测量结果。数据来自 William S. Corak, MP Garfunkel, CB Satterthwaite, and Aaron Wexler, *Physical Review* **98**, 1699 (1955)。

在中间的温度，你必须做一个数值积分来得到晶体中的总热能。如果你真正感兴趣的是热容，最好直接对式 (7.109) 解析地求导，然后将积分元改为 $x$。结果是

$$C_V = 9Nk \left(\frac{T}{T_D}\right)^3 \int_0^{T_D/T} \frac{x^4 e^x}{(e^x-1)^2} \, dx \tag{7.117}$$

计算机生成的函数图像见图 7.29，式 (7.103) 给出的爱因斯坦模型的预测也绘在图中——通过使曲

线在高温下一致，我们确定了常数 $\epsilon$。可以看到，两条曲线在低温下存在着显著差异。图 1.14 进一步比较了实验数据与德拜模型的预测。

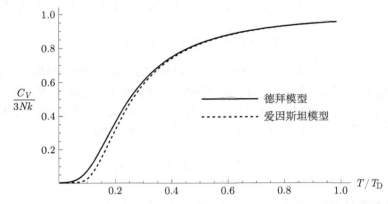

**图 7.29** 德拜模型预测的固体的热容，同时绘出了爱因斯坦模型的预测结果用以比较。爱因斯坦模型中的常数 $\epsilon$ 是可以使两个模型在高温下吻合最好的值。注意到爱因斯坦模型预测的曲线在低温下比德拜模型预测的更平缓。

利用式(7.111)，代入物质的声速，可以预测任何特定物质的德拜温度。但如果通过选择 $T_D$，使测量的热容与理论预测更吻合的话，我们可以得到更好的拟合结果。$T_D$ 的典型值可从铅（柔软而致密）的 88 K 变到钻石（坚硬而轻盈）的 1860 K。由于在 $T = T_D$ 时，热容达到其最大值的 95%，因此德拜温度可以让我们大致了解只需使用能量均分定理的温度。当能量均分定理不适用时，德拜公式通常可以给出一个不错的（但不是最好）对整个温度范围内的热容估计。要做得更好，我们还有很多工作未完成：需要考虑到声子的速度取决于其波长、极化和相对于晶轴的行进方向。这样的分析可以在固体物理书籍中找到。

**习题 7.57** 补充推导式(7.112)和式(7.117)时省略的步骤。

**习题 7.58** 已知声音在铜中的传播速度为 3560 m/s。利用该值计算出铜的理论德拜温度。然后从图 7.28 中确定其实验值，并进行比较。

**习题 7.59** 详细解释为什么图 7.28 中三条热容曲线的纵轴截距相似而斜率却区别很大。

**习题 7.60** 绘制出铜的热容随温度的变化曲线，范围从 0 到 5 K。分别显示出晶格振动和传导电子的贡献。这两种贡献在什么温度下相等？

**习题 7.61** 低于 0.6 K 时，液态 $^4$He 的热容与 $T^3$ 成正比，测量值为 $C_V/Nk = (T/4.67\,\text{K})^3$。这说明低温下主要激发的是长波声子。液体中声子与固体中声子的唯一重要区别在于，液体不能传输横向极化波——声波必须是纵向的。液态 $^4$He 中的声速为 238 m/s，密度为 0.145 g/cm$^3$。从这些数字计算出低温极限下声子对液态 $^4$He 热容的贡献，并与测量值进行比较。

**习题 7.62** 将式(7.112)中的被积函数展开为 $x$ 的幂级数，保留到 $x^4$ 项。然后进行积分以求出更精确的高温极限下的能量表达式。对该表达式求导以得到热容，并使用该公式来估算 $C_v$ 在 $T = T_D$ 和 $T = 2T_D$ 处与 $3Nk$ 的误差百分比。

**习题 7.63** 考虑一个二维固体，例如拉伸的鼓面、一层云母或石墨。对于面积为 $A = L^2$ 的这类方形材料，求出其热能的表达式（用积分表示），并在低温和高温极限下近似计算结果。同时求出热容的表达式，然后使用计算机或计算器绘制出热容随温度的变化。计算时我们假设该材料只能垂直于其自身的平面振动，也即只有一种"极化"。

**习题 7.64 铁磁体**（ferromagnet）是不存在外部磁场也能自发磁化的材料（如铁）。这种情况发生的原因在于每个基本偶极子平行于其近邻排列的趋势都很强。在 $T = 0$ 时，铁磁体的磁化具有可能的最大值，此时所有的偶极子都完美对齐。如果存在 $N$ 个原子，则总磁化强度通常为 $\sim 2\mu_B N$，$\mu_B$ 为玻尔磁子。在稍高一点的温度下，激发以**自旋波**（spin wave）的形式存在并可以经典地将其可视化，见图 7.30。像声波一样，自旋波也可以被量子化：波的每种模式的能量只能是基本能量单位的整数倍。与声子类似，我们将其能量单位视为粒子，称为**磁波振子**（magnon）。每个磁波振子将系统的总自旋降低一个单位，即 $h/2\pi$，因此每个磁波振子将磁化强度降低 $\sim 2\mu_B$。然而，与声波的频率与波长成反比不同，自旋波的频率与 $1/\lambda$ 的平方成正比（在长波极限下）。因此，对任何"粒子"，由于 $\epsilon = hf$ 以及 $p = h/\lambda$，磁波振子的能量与其动量的平方成正比。与普通非相对论性粒子的能量动量关系类似，我们可以把磁波振子的能量动量关系写为 $\epsilon = p^2/2m^*$，式中，$m^*$ 是与自旋相互作用能和原子间距有关的常数。对于铁，$m^* = 1.24 \times 10^{-29}$ kg，约为电子质量的 14 倍。磁波振子和声子之间的另一个区别是，每个磁波振子（或自旋波模式）只有一个可能的极化。

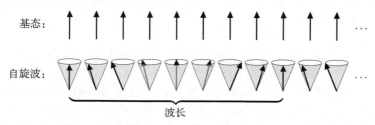

基态：

自旋波：

波长

**图 7.30** 铁磁体的基态下，所有基本偶极子指向相同的方向。基态以上的最低能量激发是自旋波，其中偶极子以圆锥运动的形式进动。由于相邻偶极子之间的方向差异很小，因此长波自旋波的能量很小。

(1) 证明在低温下，三维铁磁体单位体积的磁波振子数为

$$\frac{N_m}{V} = 2\pi \left(\frac{2m^*kT}{h^2}\right)^{3/2} \int_0^\infty \frac{\sqrt{x}}{e^x - 1}\, dx$$

数值计算这个积分。

(2) 使用上一问的结果求出磁化强度减小的比例 $(M(0) - M(T))/M(0)$ 的表达式。以 $(T/T_0)^{3/2}$ 的形式写出答案，并估算铁的常数 $T_0$。

(3) 计算低温下铁磁体中磁激发贡献的热容。结果是 $C_V/Nk = (T/T_1)^{3/2}$，式中，$T_1$ 与 $T_0$ 仅相差一个常数因子。估算铁的 $T_1$，并比较磁波振子和声子对热容的贡献。（已知铁的德拜温度为 470 K。）

(4) 考虑低温下的由磁偶极子构成的二维阵列。假设每个基本偶极子仍可以指向任意的（三维）方向，因此自旋波仍可能存在。证明在这种情况下，磁波振子总数的积分是发散的。（此结果表明这种二维系统中没有自发磁化。但在第 8.2 节中，我们将考虑一个不同的允许发生磁化的二维模型。）

## 7.6  玻色-爱因斯坦凝聚

前两节，我们处理了可以以任意数量存在的玻色子（光子和声子），玻色子的总数由热平衡决定。但是数量从一开始就固定的"普通"玻色子呢？比如具有整数自旋的原子是什么样呢？

因为这个问题很难，我将把它留在最后来回答。为了应用玻色-爱因斯坦分布，我们必须首先确定化学势（并不是始终固定为零），现在化学势是密度和温度的复杂函数。尽管确定 $\mu$ 很麻烦，但是这样做是值得的：我们将会发现一种非常特殊的行为——当温度低于某一临界值时，玻色气体会突然"凝结"到基态上。

最简单的方法是首先考虑 $T \to 0$ 的极限。在零温下，所有原子都处于可能的最低能量的态，并且由于在任何给定态下允许存在任意多的玻色子，这意味着每个原子都处在基态。（再次提醒，当我简单地说"态"时，指的是单粒子态。）对于被限制在体积为 $V = L^3$ 的盒子内的原子，基

态的能量是

$$\epsilon_0 = \frac{h^2}{8mL^2}\left(1^2 + 1^2 + 1^2\right) = \frac{3h^2}{8mL^2} \tag{7.118}$$

如果 $L$ 是一个宏观量的话，这个能量是非常小的。我用 $N_0$ 来标记任意的温度下在这个态上的平均原子数，$N_0$ 由玻色-爱因斯坦分布给出：

$$N_0 = \frac{1}{e^{(\epsilon_0 - \mu)/kT} - 1} \tag{7.119}$$

当 $T$ 足够低时，$N_0$ 会很大。在这种情况下，表达式中的分母一定非常小，这意味着指数非常接近于 1，也就意味着 $(\epsilon_0 - \mu)/kT$ 非常小。因此，我们可以把指数表达式用泰勒级数展开，并且只保留前两项，可以得到

$$N_0 = \frac{1}{1 + (\epsilon_0 - \mu)/kT - 1} = \frac{kT}{\epsilon_0 - \mu} \quad （\text{当 } N_0 \gg 1 \text{ 时}） \tag{7.120}$$

所以在 $T = 0$ 时，化学势 $\mu$ 一定与 $\epsilon_0$ 相等。当 $T \neq 0$ 而仍非常小时（几乎所有原子处于基态），化学势只比 $\epsilon_0$ 小一点点。剩下的问题就是，温度要多低才能让 $N_0$ 足够大？

决定 $\mu$ 的一般条件是，对玻色-爱因斯坦分布的所有态求和一定等于总的原子数 $N$：

$$N = \sum_{\text{所有的态 } s} \frac{1}{e^{(\epsilon_s - \mu)/kT} - 1} \tag{7.121}$$

原则上讲，我们可以不断改变 $\mu$ 的值，直到求和求出来的总数是正确的（对每一个温度 $T$ 都要重复这个过程）。实际操作上，我们会把求和替换为积分来简化问题：

$$N = \int_0^\infty g\left(\epsilon\right) \frac{1}{e^{(\epsilon - \mu)/kT} - 1}\,d\epsilon \tag{7.122}$$

在 $kT \gg \epsilon_0$ 时，有足够多的有意义的求和项，因此这个近似是成立的。函数 $g\left(\epsilon\right)$ 是**态密度**（density of states），也即单位能量范围内单粒子态的数目。对于限制在体积 $V$ 中的自旋为 0 的玻色子来说，这个函数与第 7.3 节用到的对电子的描述一致（见式(7.51)），只不过要再除以 2，因为这一次只有一种自旋取向：

$$g\left(\epsilon\right) = \frac{2}{\sqrt{\pi}}\left(\frac{2\pi m}{h^2}\right)^{3/2} V\sqrt{\epsilon} \tag{7.123}$$

图 7.31 显示了态密度、玻色-爱因斯坦分布（在 $\mu$ 稍微比 0 小时）和它们的乘积，也即粒子分布与粒子能量的关系图。

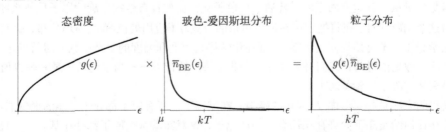

**图 7.31** 玻色子随能量的分布是两个函数——态密度和玻色-爱因斯坦分布——之积。

不幸的是，积分式(7.122)不能解析求解。因此我们必须不断地做数值积分，直到找到一个正确的 $\mu$ 值。最有意思（也是最简单的）猜测是 $\mu = 0$——这是温度足够低、$N_0$ 足够大时的一个很好的近似。代入 $\mu = 0$ 并且把积分变量替换为 $x = \epsilon/kT$，可得

$$N = \frac{2}{\sqrt{\pi}} \left(\frac{2\pi m}{h^2}\right)^{3/2} V \int_0^\infty \frac{\sqrt{\epsilon}\,\mathrm{d}\epsilon}{\mathrm{e}^{\epsilon/kT} - 1}$$
$$= \frac{2}{\sqrt{\pi}} \left(\frac{2\pi mkT}{h^2}\right)^{3/2} V \int_0^\infty \frac{\sqrt{x}\,\mathrm{d}x}{\mathrm{e}^x - 1} \tag{7.124}$$

对 $x$ 积分的结果等于 2.315，结合 $2/\sqrt{\pi}$ 的系数，有 [1]

$$N = 2.612 \left(\frac{2\pi mkT}{h^2}\right)^{3/2} V \tag{7.125}$$

这个结果显然是错误的，因为公式右边的每一项除了 $T$ 之外都和温度无关，这意味原子数取决于温度，显然不合逻辑。事实上，存在并且只有一种温度，使得式(7.125)是正确的，我把这个温度记作 $T_c$：

$$N = 2.612 \left(\frac{2\pi mkT_c}{h^2}\right)^{3/2} V \quad \text{或} \quad kT_c = 0.527 \left(\frac{h^2}{2\pi m}\right) \left(\frac{N}{V}\right)^{2/3} \tag{7.126}$$

但是当温度 $T \neq T_c$ 时，式(7.125)哪里错了？在温度高于 $T_c$ 时，化学势一定显著地小于 0；从式(7.122)中你可以看出，如果 $\mu$ 取负数，算出的 $N$ 将比式(7.125)等号右边的结果小，这与我们的预期一致。当温度比 $T_c$ 低时，这个问题变得微妙，此时把式(7.121)的求和转化为式(7.122)的积分的过程不再成立。

仔细看式(7.124)的被积函数。当 $\epsilon$ 趋于 0 时，态密度（正比于 $\sqrt{\epsilon}$）也趋于 0，但是玻色-爱因斯坦分布会发散（正比于 $1/\epsilon$）。尽管它们的乘积是一个可积分的函数，单是在 $\epsilon = 0$ 这一点，我们的积分是否正确地表述了求和，还需要斟酌。实际上，我们已经在式(7.120)中看到，当 $\mu \approx 0$ 时，基态的原子数可以很大很大，而我们的积分中并没有包括这一部分。另一方面，这个积分应当可以正确描述 $\epsilon \gg \epsilon_0$ 时远离尖峰的大量态。如果我们考虑在大于 $\epsilon_0$ 但是远小于 $kT$ 的某个下限截断积分，我们仍然可以近似得到一样的结论：

$$N_{\text{激发态}} = 2.612 \left(\frac{2\pi mkT}{h^2}\right)^{3/2} V \quad \text{（当 } T < T_c \text{ 时）} \tag{7.127}$$

这是处于激发态的原子数目，不包含基态。（这个表达式是否正确地描述了几个最低的激发态并不清楚。如果我们假设 $N$ 和 $N_{\text{激发态}}$ 的差别足够大，那么 $\mu$ 一定更接近于基态能量而不是前几个激发态的能量，因此，不存在任何一个激发态拥有与基态可比的原子数目。但是，存在一个非常狭窄的温度区间，只比 $T_c$ 小一点点，这个条件并不成立。当总的原子数目不是很大时，这个温度区间甚至不怎么狭窄。关于这个问题的讨论可以参考习题 7.66。）

上述这些讨论的所要阐述的内容已经很清楚了：当温度高于 $T_c$ 时，化学势是负的，几乎所有的原子都处于激发态；当温度低于 $T_c$ 时，化学势非常接近于 0，激发态的原子数目由式(7.127)给

---

[1] 其实就是 $\zeta(3/2) \approx 2.315 \cdot 2/\sqrt{\pi} \approx 2.612$，计算可参考附录 B.5 节。——译者注

定，它可以重新写为

$$N_{\text{激发态}} = \left(\frac{T}{T_c}\right)^{3/2} N \quad (\text{当 } T < T_c \text{ 时})\tag{7.128}$$

剩下的原子一定处于基态，因此有

$$N_0 = N - N_{\text{激发态}} = \left[1 - \left(\frac{T}{T_c}\right)^{3/2}\right] N \quad (\text{当 } T < T_c \text{ 时})\tag{7.129}$$

图 7.32 描述了 $N_0$ 和 $N_{\text{激发态}}$ 与温度的关系；图 7.33 描述了化学势与温度的关系。

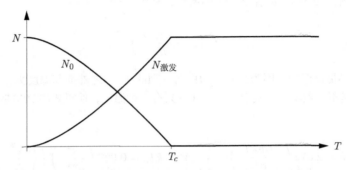

**图 7.32** 三维盒子中的理想玻色气体处于基态的原子数（$N_0$）和处于激发态的原子数。在 $T_c$ 以下，处于激发态的原子数目正比于 $T^{3/2}$。

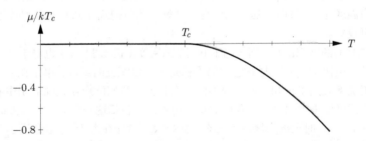

**图 7.33** 三维盒子中的理想玻色气体的化学势与温度的关系。在凝聚温度以下，$\mu$ 的变化太小，以至于在这样的尺度下几乎看不到。在凝聚温度以上，$\mu$ 变为负数。该图来自习题 7.69 的数值计算。

在温度小于 $T_c$ 时发生的基态原子的突然聚集称作**玻色-爱因斯坦凝聚**（Bose-Einstein condensation）。转变温度 $T_c$ 称作**凝聚温度**（condensation temperature），基态原子称作**凝聚体**（condensate）。从式(7.126)可以看出凝聚温度刚好是量子体积（$v_Q = (h^2/2\pi mkT)^{3/2}$）等于每个粒子平均占据体积（$V/N$）时的温度（除了因子 2.612）。换句话说，如果我们想象原子是尽可能局域在空间中的波函数的话（见图 7.4），当波函数开始显著地互相重叠时，凝聚就会发生。（处于凝聚态的原子的波函数会充满整个容器，但我并没有尝试画出这个情况。）

数值上讲，在所有实际实验条件下，凝聚温度都非常小。但是，它没有我们猜的那么低。如果你把单个粒子放入体积为 $V$ 的盒子，当温度处于 $kT$ 与 $\epsilon_0$ 可比或者更小的时候，原子就很有可能处于基态（因此原子处于能量 $\geqslant 2\epsilon_0$ 的激发态的概率就小很多）。但是，如果你把大量的全同玻色子放入同样的盒子，只需温度比 $T_c$ 低一点，就能得到凝聚态。此时，凝聚温度比之前高了很多。从式(7.118)和式(7.126)中我们可以看出，$kT_c$ 比 $\epsilon_0$ 大了一个 $N^{2/3}$ 的因子。图 7.34 显

示了 $(\epsilon_0 - \mu) \ll \epsilon_0 \ll kT_c$ 的能量尺度关系。

**图 7.34** 玻色-爱因斯坦凝聚中的能量尺度。短竖线描述了不同单粒子态的能量。（平均而言，当增加温度时线之间变得更加紧密；而且读者请注意，这些线的位置在数值上是不准确的。）凝聚温度（乘以 $k$）是最低能级之间间隔的很多倍，但是当 $T < T_c$ 时，化学势只比基态能量低一点点。

### 7.6.1　真实世界中的例子

玻色-爱因斯坦凝聚于 1995 年首次实现，实验中使用的是弱相互作用原子气体铷-87。[1] 在这个实验中，有大于 $10^4$ 个原子被限制（使用第 4.4 节中描述过的激光冷却和俘获技术）在一个量级为 $10^{-15}\,\mathrm{m}^3$ 的体积中。在约 $10^{-7}\,\mathrm{K}$ 的温度下，观察到有大部分原子凝聚到了基态，这个温度比单个孤立原子有很大可能处于基态所需的温度大了 100 倍。图 7.35 显示了这次实验中在高于、刚刚低于以及远远低于凝聚温度下的原子的速度分布。至 1999 年，玻色-爱因斯坦凝聚已在稀原子钠气体、稀原子锂气体和稀氢气上实现。

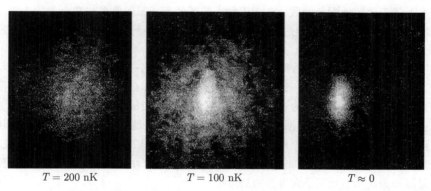

$T = 200\ \mathrm{nK}$ ． ． ． ． ． ． $T = 100\ \mathrm{nK}$ ． ． ． ． ． ． $T \approx 0$

**图 7.35** 铷-87 原子发生玻色-爱因斯坦凝聚的证据。在关闭限制原子的磁场后，使气体自由膨胀一段时间，之后在原子气体团上打光以获取它的分布，这便是上述图像的来源。因此，图像上的原子位置描述了在磁场关闭之前的瞬间原子的速度。在凝聚温度之上（左图），速度分布是分散且各向同性的，与玻尔兹曼分布一致。在凝聚温度之下（中图），大量数目的原子落入一个速度空间中小的细长区域，这些原子处于凝聚态。狭长形状起源于在竖直方向上的限制更强，导致基态波函数在位置空间中更狭窄，因此在速度空间中也更宽阔。在可以达到的最低温度（右图）下，原子几乎都处于基态。图片来自 Carl E. Wieman, *American Journal of Physics* **64**, 854 (1996)。

玻色-爱因斯坦凝聚也发生在粒子之间相互作用很强的系统中，对于这种体系，在这一节讲到的定量处理不是很准确。最著名的例子是存在**超流**（superfluid）相的 ${}^4\mathrm{He}$：在温度低于 $2.17\,\mathrm{K}$ 时，它的黏度基本为零（见图 5.13）。更准确地说，低于此温度的液体是正常态和超流态的混合物，温度越低，超流部分比例越高。这种行为表明超流部分是一个玻色-爱因斯坦凝聚体。在忽略原子间相互作用力的情况下，通过简单的计算所预测的凝聚温度仅略高于观测值（见习题 7.68）。不幸的是，忽略氦原子之间的相互作用是无法解释超流现象本身的。

[1] Carl E. Wieman, "The Richtmyer Memorial Lecture: Bose-Einstein Condensation in an Ultracold Gas", *American Journal of Physics* **64**, 847–855 (1996) 精彩描述了该实验。

如果 $^4$He 的超流部分是玻色-爱因斯坦凝聚体，那么你可能会认为，由于氦-3 是费米子，不会存在这样的相。的确，它在 2K 附近没有向超流体的相变。但是，低于 3mK 时，$^3$He 会有两个不同的超流相。[1] 费米子系统为什么会拥有这样的相？事实证明，凝聚的"粒子"实际上是 $^3$He 原子对，它们通过核磁矩与周围原子结合在一起。[2] 一对费米子具有整数自旋，因此是一个玻色子。类似现象也发生在超导体中，其中电子对通过离子的晶格振动结合在一起。在低温下，这些电子对"凝结"成超导态，是玻色-爱-因斯坦凝聚的另一个例子。[3]

### 7.6.2　为什么会发生？

我已经告诉你了玻色-爱因斯坦凝聚确实会发生，现在让我们回过头来，理解它为什么会发生。上面的推导完全基于玻色-爱因斯坦分布这个强大的工具，但它不够直观。我们可以使用一些不难，并且更基本的方法，来理解这种现象。

假设我们有 $N$ 个可以区分的玻色子（或许它们都被不同的颜色或其他别的东西所标记）放置在一个盒子中，注意，这次并不是一组全同玻色子。如果粒子不相互作用，我们可以使用玻尔兹曼统计并且把它们中的每一个视为一个单独的系统。在温度为 $T$ 时，任一粒子都有很大的几率占据任何能量和 $kT$ 同样量级的单粒子态，并且这种态的数量在任何现实条件下都非常大。（这个数字基本上等于单粒子配分函数 $Z_1$。）因此，粒子处于基态的概率非常小，是 $1/Z_1$。由于这个结论适用于 $N$ 个可区分粒子中的每一个，所以只有非常小部分的原子可以处在基态，此时没有玻色-爱因斯坦凝聚。

我们可以从一个不同的角度看待这种情况。这一次，我们一次性处理整个系统，而不是一次一个粒子。从这个角度来看，每一个系统态都有自己的概率和自己的玻尔兹曼因子。所有原子处于基态的系统态的玻尔兹曼因子为 1（为简单起见，将基态能量设为零），而总能量为 $U$ 的系统态的玻尔兹曼因子为 $e^{-U/kT}$。根据前一段中的结论，占主导地位的系统态几乎都是那些粒子能量为 $kT$ 量级的激发态；因此整个系统的能量大约是 $U \sim NkT$，所以，一个典型系统态的玻尔兹曼因子是类似 $e^{-NkT/kT} = e^{-N}$ 这样的式子。这是一个非常小的数字！系统怎么会更喜欢这些态，而不是凝聚到玻尔兹曼因子大得多的基态呢？

答案是，尽管能量为 $NkT$ 数量级的任何特定系统态都是非常不可能的，但是这些态的数量是如此巨大，以至于它们和在一起之后变得很可能（见图 7.36）。在 $Z_1$ 个单粒子态之间排列 $N$ 个可区分粒子的方式是 $Z_1^N$，只要 $Z_1 \gg 1$，与玻尔兹曼因子 $e^{-N}$ 相比，它反而是压倒性的。

现在让我们回到全同玻色子的情况。如果几乎所有粒子都处于能量是 $kT$ 数量级的单粒子态，此时系统态的玻尔兹曼因子的数量级是 $e^{-N}$。但是现在，这种系统态的数量要小得多。这个数字基本上是在 $Z_1$ 个单粒子态之间排列 $N$ 个无法区分的粒子的方式，在数学上，这个问题与

---

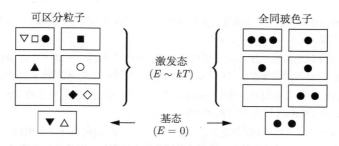

**图 7.36** 当大多数粒子处于激发态时，整个系统的玻尔兹曼因子总是非常小的（$e^{-N}$ 数量级）。对于可区分的粒子，可以排列这些态的可能是如此之大，以至于这种形式的系统态很容易出现。对于全同玻色系统，排列的数目就小得多。

在 $Z_1$ 个谐振子态之间排列有 $N$ 个能量单位的爱因斯坦固体相同：

$$(\text{态的数目}) \sim \binom{N + Z_1 - 1}{N} \sim \begin{cases} (eZ_1/N)^N, & Z_1 \gg N \\ (eN/Z_1)^{Z_1}, & Z_1 \ll N \end{cases} \tag{7.130}$$

当允许的单粒子态数目比玻色子的数目大得多的时候，组合因子同样足够大，可以抵消玻尔兹曼因子 $e^{-N}$ 的影响，所以此时所有玻色子处于激发态的系统态会再一次占据优势。反之，当可用的单粒子态数目远小于玻色子数目时，组合因子不足以补偿玻尔兹曼因子，所以即使放在一起，这些系统态也是指数级的不可能。（最后的结论从公式看还不太直观，但可以举一个简单的数值例子：当 $N = 100$、$Z = 25$ 时，所有玻色子都处于激发态的玻尔兹曼因子的数量级为 $e^{-100} = 4 \times 10^{-44}$，而此时系统态仅有 $\binom{124}{100} = 3 \times 10^{25}$ 个。）通常来讲，组合因子其实足够大，以至于平均下来可以将每一个可用的激发态都填入一个玻色子；然而，任何剩余的玻色子都会凝聚到基态——因为玻尔兹曼因子更偏好低能的系统态。

因此，玻色-爱因斯坦凝聚的解释在于对全同粒子排列方式的计数上：由于在激发态上排列全同粒子方式的数目相对较小，因此，与粒子可区分的情况相比，全同粒子更可能处于基态。你可能仍然有疑问，我们怎么知道同一种类的玻色子真的是全同的，以至于它们的排列数只能这样数呢？或者说，我们怎么知道统计力学基本假设——所有不同的态（系统和周围的环境）具有同样的统计权重——可以应用到理想玻色子组成的系统上？这些问题拥有不错的理论解答，但需要对量子力学的理解，而这超出了本书的范围。即便如此，这个问题的答案仍然不是无懈可击的。依然可能存在某些我们不知道的相互作用，使得我们可以区分所认为全同的玻色子，导致玻色-爱因斯坦凝聚失效。到目前为止，实验告诉我们这样的相互作用似乎并不存在。那我们也只能应用奥卡姆剃刀来结束这一节的讨论了：我们目前只能认为特定种类的玻色子之间是真的不可区分的。正如格里菲斯（David Griffiths）所说："即便是上帝，也无法分辨它们。"[1]

**习题 7.65** 数值计算出式(7.124)中的积分，验证书中引用值的正确性。

**习题 7.66** 考虑被限制在体积为 $(10^{-5}\,\text{m})^3$ 的盒子内的 $10\,000$ 个铷-87 原子。

(1) 计算基态的能量 $\epsilon_0$。（分别用 J 和 eV 表示结果。）

(2) 计算凝聚温度，并将 $kT_c$ 与 $\epsilon_0$ 进行比较。

(3) 若 $T = 0.9 T_c$，基态有多少个原子？化学势与基态能量有多接近？每个（三重简并的）第一激发态中有几个原子？

---

[1] David J. Griffiths, *Introduction to Quantum Mechanics* (Prentice-Hall, Englewood Cliffs, NJ, 1995), p. 179.（机械工业出版社出版有此书翻译版和影印版。——译者注）

(4) 对限制在相同体积内的 $10^6$ 个原子，重复前两问。讨论在什么条件下基态原子数要比第一激发态的原子数大得多。

**习题 7.67** 在首个氢原子系统的玻色-爱因斯坦凝聚的观测中，[1] 大约 $2 \times 10^{10}$ 个原子被捕获并冷却到 $1.8 \times 10^{14}$ 个原子/cm$^3$ 的峰值密度。计算该系统的凝聚温度，并与 $50\,\mu K$ 的测量值进行比较。

**习题 7.68** 假设液态 $^4$He 是无相互作用原子构成的气体，计算其凝聚温度。将你的答案与观察到的超流转变温度 $2.17\,K$ 进行比较。（液态 $^4$He 的密度为 $0.145\,g/cm^3$。）

**习题 7.69** 如果你有计算机并且会做数值积分的话，计算 $T > T_c$ 时的 $\mu$ 值不太困难。

(1) 与之前一样，用计算机计算时有必要把变量转化为无量纲的。定义 $t = T/T_c$，$c = \mu/kT_c$ 以及 $x = \epsilon/kT_c$。用这些变量表达出定义 $\mu$ 的积分式(7.122)。结果应当是

$$2.315 = \int_0^\infty \frac{\sqrt{x}\,dx}{e^{(x-c)/t} - 1}$$

(2) 根据图 7.33，当 $T = 2T_c$ 时，$c$ 的正确值约为 $-0.8$。代入这些值，检查它是否满足上述方程。

(3) 固定 $T$ 而改变 $\mu$，求出 $T = 2T_c$ 时 $\mu$ 的精确值。将 $T/T_c$ 从 1.2 取到 3.0，间隔为 0.2，绘制出 $\mu$ 随温度变化的曲线。

**习题 7.70** 图 7.37 显示了玻色气体热容随温度变化的关系。在此习题中，你将算出这个不同寻常的曲线形状。

(1) （类比式(7.122)）写出用积分形式表示的、限制在体积 $V$ 中的、由 $N$ 个玻色子组成的气体的总能量的表达式。

(2) 当 $T < T_c$ 时，令 $\mu = 0$。数值计算积分然后将结果对 $T$ 求导以获得热容。并与图 7.37 进行比较。

(3) 解释为什么热容在高温极限下必定接近 $\frac{3}{2}Nk$。

(4) 当 $T > T_c$ 时，使用习题 7.69 中计算过的 $\mu$ 值来计算积分，以得到能量与温度的关系，然后对结果进行数值微分以获得热容。画出热容，并检查是否与图 7.37 一致。

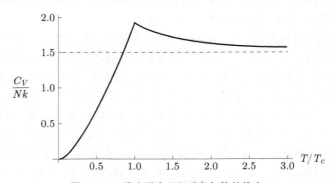

**图 7.37** 三维盒子中理想玻色气体的热容。

**习题 7.71** 从习题 7.70-(2) 中得出的 $C_V$ 公式开始，计算 $T < T_c$ 时玻色气体的熵、亥姆霍兹自由能以及压强。你会发现压强的最终结果与体积无关，解释为什么会这样。

**习题 7.72** 对于封闭在二维盒子中由粒子组成的气体，其态密度是恒定的，与 $\epsilon$ 无关（见习题 7.28）。研究二维盒子中无相互作用玻色气体的行为。你应该发现，只要 $T$ 远大于零，化学势就会显著地小于零，因此该系统不会突然凝聚到基态。解释系统为什么不会凝聚，并描述随着温度降低该系统会发生什么。$g(\epsilon)$ 必须具有什么性质才能发生突然的玻色-爱因斯坦凝聚？

[1]Dale G. Fried, Thomas C. Killian, Lorenz Willmann, David Landhuis, Stephen C. Moss, Daniel Kleppner, and Thomas J. Greytak, "Bose-Einstein Condensation of Atomic Hydrogen", *Physical Review Letters* **81**, 3811 (1998)

**习题 7.73** 考虑三维各向同性谐振子势阱中的 $N$ 个自旋 0 玻色子组成的气体。（在上面讨论的铷原子实验中，约束势实际上是谐振子势，但不是各向同性的。）这种势阱中，能级为 $\epsilon = nhf$，式中，$n$ 为任意的非负整数，$f$ 为经典振荡频率。能级 $n$ 的简并度为 $(n+1)(n+2)/2$。

(1) 求出该势阱中单个原子的态密度公式 $g(\epsilon)$（你可以假设 $n \gg 1$）。

(2) 用振荡频率 $f$ 写出该系统凝聚温度的表达式。

(3) 该势能有效地将粒子限制在大约为振幅立方的体积内。可以通过令粒子的总能量（$kT$ 量级）等于"弹簧"的势能来估算振幅。忽略掉 2 和 $\pi$ 这类的所有因子，证明上一问的答案大致等于正文中刚性盒子中玻色子的凝聚温度公式。

**习题 7.74** 与上一习题一样，考虑处于各向同性谐振子势阱中的玻色气体。对于该系统，由于能级结构比三维盒子情况简单得多，因此可以直接对式(7.121)进行数值求和，而不必将其近似为积分。[1]

(1) 将该系统的式(7.121)写成考虑简并度情况下的能级求和。用无量纲变量 $t = kT/hf$ 和 $c = \mu/hf$ 替换 $T$ 和 $\mu$。

(2) 写一段代码计算任意给定 $t$ 和 $c$ 值的求和。证明 $N = 2000$、$c = -10.534$ 时，$t = 15$ 才能使式(7.121)成立。（提示：求和大约需要包括前 200 个能级。）

(3) 仍然使用上一问的参数，绘制粒子数与能级能量的关系。

(4) 现在将 $t$ 减小到 14，并调整 $c$ 的值，直到求和再次等于 2000。绘制出粒子数与能量的关系。

(5) 对 $t = 13$、12、11 和 10 重复上一问，你会发现所需的 $c$ 值逐渐接近零，但从未达到零。详细讨论这个结果。

**习题 7.75** 考虑高温下无相互作用的自旋 0 玻色气体。此时 $T \gg T_c$。（请注意，在这种情况下，"高"温仍可低于 1 K。）

(1) 证明在这个极限下，玻色-爱因斯坦分布函数可以近似写为

$$\overline{n}_{\mathrm{BE}} = e^{-(\epsilon - \mu)/kT} \left[ 1 + e^{-(\epsilon - \mu)/kT} + \cdots \right]$$

(2) 仅保留上述显示的项，将近似代入式(7.122)，以得出玻色气体化学势的一阶量子修正。

(3) 使用巨自由能的性质（见习题 5.23 和习题 7.7）来证明，任何系统的压强均由 $P = (kT/V) \ln \mathcal{Z}$ 给出，式中，$\mathcal{Z}$ 是巨配分函数。论证对于无相互作用的粒子气体，$\ln \mathcal{Z}$ 可以通过对所有模式（或单粒子态）求 $\ln \mathcal{Z}_i$ 之后再求和得出，式中，$\mathcal{Z}_i$ 是第 $i$ 个模式的巨配分函数。

(4) 基于上一问的结果，利用态密度将对模式的求和写为对能量的积分。使用 (2) 中化学势的结果，适当地展开对数以解析计算出高温极限下无相互作用玻色气体的积分。最终结果为

$$P = \frac{NkT}{V} \left( 1 - \frac{Nv_Q}{4\sqrt{2}V} \right)$$

再一次地，我们忽略了高阶项。因此，你可能已经预料到了，量子统计导致玻色气体的压强降低。

(5) 用习题 1.17 中引入的维里展开的形式重写出上一问的结果，并给出第二维里系数 $B(T)$。绘制出假想的无相互作用 ${}^4\mathrm{He}$ 原子气体的 $B(T)$ 曲线。

(6) 对自旋 1/2 费米子气体重复整道习题。（几乎不需要进行任何修改。）讨论结果，并绘制假想的无相互作用氦-3 原子气体的维里系数。

---

[1] 本习题基于文献 Martin Ligare, *American Journal of Physics* **66**, 185–190 (1998)。

在所有的恒星中，有 10% 或更多的是白矮星，它们只是在那里，从它们很薄的氢氦表层下的碳氧核中辐射热（动）能。它们将持续这种毫无生机的过程直到宇宙重新收缩，或者发生重子衰变，或者通过穿透势垒变为黑洞。（这三种可能结果的时间尺度分别是 $10^{14}$、$10^{33}$ 和 $10^{10^{76}}$，前两个的单位是年，第三个的单位是什么已经无所谓了。）

—— Virginia Trimble, *SLAC Beam Line* **21**,
3 (fall, 1991)

# 第 8 章  相互作用粒子组成的系统

统计力学中的**理想系统**（ideal system）是其中的粒子（分子、电子、光子、声子或磁偶极子）不会相互施加显著力的系统。前面两章中考虑的所有系统在这个意义上都是"理想"的。但如果万事万物都是理想的，那么世界将会是一个无聊的地方——气体永远不会凝结成液体，没有材料会自发地磁化，等等。现在是时候来考虑一些非理想的系统了。

预测由许多相互作用粒子组成的非理想系统的行为并不容易。你不能将系统分解为许多独立的子系统（粒子或模式），从而一次处理一个子系统，然后像前两章那样对子系统进行求和。相反，你必须着手考虑整个系统。通常这意味着你无法准确计算热力学量——近似已是势在必行。将合适的近似方法应用于各种相互作用粒子系统已成为现代统计力学的主要组成部分。此外，相近的近似方法广泛应用于其他研究领域，尤其是在量子力学的多粒子系统中。

在本章中，我将介绍两个相互作用系统的例子：其一为弱相互作用分子气体，其二为倾向于与它们相邻偶极子平行的磁偶极子阵列。这两个系统每一个都有一种近似方法（分别是图解微扰论和蒙特卡罗模拟），它不仅解决了这两个系统中的问题，而且在理论物理中还有更加广泛的应用。[1]

## 8.1  弱相互作用气体

在第 5.3 节中，利用范德瓦耳斯方程，我们首次尝试理解非理想气体。该方程在定性上非常成功，甚至可以预测稠密的气体将凝结成液体；但它在数量上并不十分准确，且与基本的分子相互作用的关联也寥寥无几。那么，我们能做得更好吗？具体而言，我们能否使用强大的统计力学工具从第一性原理预测非理想气体的行为？

答案是肯定的，但是这条路窒碍难行。至少在本书的层面上，仅在低密度极限下，也即当分子之间的相互作用仍相对较弱时，非理想气体性质的第一性原理计算才是可行的。在本节中，我将进行这样的计算，最终推导出低密度极限下成立的对理想气体定律的修正。这种方法无法帮助我们理解液-气相变，但至少结果从数字上看在其有效范围内是准确的。总之，我们牺牲了普遍性以换来准确性、严谨性。

---

[1]本章的两节内容完全独立，读者可以以任意顺序阅读。同时，除了少数几个习题之外，这一章的内容都与第 7 章无关。

### 8.1.1 配分函数

与往常一样，我们首先写下配分函数。从第 2.5 节和习题 6.51 的角度来看，我们可以通过分子的位置和动量矢量来表征分子的"态"。这样一来，单个分子的配分函数就是

$$Z_1 = \frac{1}{h^3} \int d^3r \, d^3p \ e^{-\beta E} \tag{8.1}$$

这里的单个积分号其实代表了六个积分，三个是位置的积分（$d^3r$），三个是动量的积分（$d^3p$）积分区域包括了所有的动量矢量，但是位置矢量被限制在体积为 $V$ 的盒子内。为了给出无量纲的相互独立的波函数的个数，因子 $1/h^3$ 也是必须的。简单起见，我忽略了对于分子内部态（例如转动态）的任何求和。

对于一个没有内部的自由度的分子，式(8.1)与第 6.7 节中理想气体的公式是等价的（见习题 6.51）。对于由 $N$ 个完全一致的分子组成的气体，这个方程很好写，但是看起来很复杂：

$$Z = \frac{1}{N!} \frac{1}{h^{3N}} \int d^3r_1 \cdots d^3r_N \, d^3p_1 \cdots d^3p_N \ e^{-\beta U} \tag{8.2}$$

现在我们有了 $6N$ 个对全部 $N$ 个分子可能的动量和位置分量的积分了。同样，我们也有了 $N$ 个因子 $1/h^3$，再加上一个分子不可区分带来的 $1/N!$。现在，玻尔兹曼因子的能量就是整个系统的总能量 $U$ 了。

若气体理想，$U$ 就是动能的和：

$$U_{动能} = \frac{|\vec{p}_1|^2}{2m} + \frac{|\vec{p}_2|^2}{2m} + \cdots + \frac{|\vec{p}_N|^2}{2m} \tag{8.3}$$

对于非理想气体，当然还有分子间作用产生的势能。将总的势能记为 $U_{势能}$，配分函数现在就可以写为

$$Z = \frac{1}{N!} \frac{1}{h^{3N}} \int d^3r_1 \cdots d^3r_N \, d^3p_1 \cdots d^3p_N \ e^{-\beta|\vec{p}_1|^2/2m} \cdots e^{-\beta|\vec{p}_N|^2/2m} e^{-\beta U_{势能}} \tag{8.4}$$

好消息是，这 $3N$ 个动量的积分非常好算。势能只取决于分子的位置而不取决于它们的速度，而动量 $\vec{p}_i$ 只会出现在动能玻尔兹曼因子 $e^{-\beta|\vec{p}_i|^2/2m}$ 上；这 $3N$ 个动量的积分和理想气体完全一致，也就是说，

$$\int d^3p_i \ e^{-\beta|\vec{p}_i|^2/2m} = \left(\sqrt{2\pi m k T}\right)^3 \tag{8.5}$$

将这 $N$ 个因子合起来，我们有

$$\begin{aligned} Z &= \frac{1}{N!} \left(\frac{\sqrt{2\pi m k T}}{h}\right)^{3N} \int d^3r_1 \cdots d^3r_N \ e^{-\beta U_{势能}} \\ &= Z_{理想} \cdot \frac{1}{V^N} \int d^3r_1 \cdots d^3r_N \ e^{-\beta U_{势能}} \end{aligned} \tag{8.6}$$

式中，$Z_{理想}$ 就是理想气体的配分函数式(6.85)。因此，我们的目标就简化为计算剩下的部分：

$$Z_c = \frac{1}{V^N} \int d^3r_1 \cdots d^3r_N \ e^{-\beta U_{势能}} \tag{8.7}$$

它称作**位形积分**（configuration integral）（因为它是对分子的所有组合方式/位置的积分）。

### 8.1.2　集团展开

为了更明确地写出位形积分，我首先假设气体的势能可以写成分子对之间相互作用势能的和：

$$U_\text{势能} = u_{1,2} + u_{1,3} + \cdots + u_{1,N} + u_{2,3} + \cdots u_{N-1,N}$$
$$= \sum_\text{对} u_{i,j} \tag{8.8}$$

每一项 $u_{i,j}$ 代表由分子 $i$ 与分子 $j$ 之间相互作用产生的势能，我假设它仅取决于两个分子之间的距离，$|\vec{r}_i - \vec{r}_j|$。这是一个很大程度的简化——我认为分子间势能与分子朝向无关，且忽略了这样的事实：当两个分子靠近时，它们会相互扭曲，从而改变它们中任何一个与第三个分子的相互作用。尽管如此，这种"简化"并没有使位形积分整体看起来更漂亮。我们现在有

$$Z_c = \frac{1}{V^N} \int \mathrm{d}^3 r_1 \cdots \mathrm{d}^3 r_N \prod_\text{对} \mathrm{e}^{-\beta u_{i,j}} \tag{8.9}$$

式中，的 $\prod$ 代表所有不同的 $i,j$ 对的乘积。

最终，我们总还是需要知道 $u_{i,j}$ 的一个确切的公式，但现在，我们只需知道它会随着分子 $i$ 与分子 $j$ 的距离变大而变为 0 就可以了。尤其是对于稀薄气体来说，所有分子之间的距离都非常远，以至于 $u_{i,j} \ll kT$，因此玻尔兹曼因子 $\mathrm{e}^{-\beta u_{i,j}}$ 非常接近 1。基于这一点，下一步就是得出每个玻尔兹曼因子与 1 的偏差：

$$\mathrm{e}^{-\beta u_{i,j}} = 1 + f_{i,j} \tag{8.10}$$

这里定义了一个新的量 $f_{i,j}$，称作**迈耶 $f$ 函数**（Mayer $f$-function）。所有这些玻尔兹曼因子的乘积就是

$$\prod_\text{对} \mathrm{e}^{-\beta u_{i,j}} = \prod_\text{对} \left(1 + f_{i,j}\right)$$
$$= \left(1 + f_{1,2}\right)\left(1 + f_{1,3}\right) \cdots \left(1 + f_{1,N}\right)\left(1 + f_{2,3}\right) \cdots \left(1 + f_{N-1,N}\right) \tag{8.11}$$

若我们把所有的这些项乘起来，第一项是 1，第二项是所有单个 $f$ 函数的求和，第三项是两个不同的 $f$ 函数的积的求和，以此类推。即

$$\prod_\text{对} \mathrm{e}^{-\beta u_{i,j}} = 1 + \sum_\text{对} f_{i,j} + \sum_\text{不同的对} f_{i,j} f_{k,l} + \cdots \tag{8.12}$$

将这个展开代回位形积分有

$$Z_c = \frac{1}{V^N} \int \mathrm{d}^3 r_1 \cdots \mathrm{d}^3 r_N \left(1 + \sum_\text{对} f_{i,j} + \sum_\text{不同的对} f_{i,j} f_{k,l} + \cdots \right) \tag{8.13}$$

我们希望这个数列中的每一项都会随着 $f$ 函数乘积的个数越来越多而变得越来越不重要，这样一来，我们就可以只考虑前一两项了。

式(8.13)的第一项不含有 $f$ 函数，非常简单——每一个 $\mathrm{d}^3r$ 积分出来就是一个盒子的体积：

$$\frac{1}{V^N} \int \mathrm{d}^3r_1 \cdots \mathrm{d}^3r_N (1) = 1 \tag{8.14}$$

第二项是所有单个 $f$ 函数的求和的积分，每一个积分中与 $i$、$j$ 无关的积分项抵消了一部分分母上的 $V$。因为 $f_{1,2}$ 只依赖于 $\vec{r}_1$、$\vec{r}_2$，我们有

$$\begin{aligned}
\frac{1}{V^N} \int \mathrm{d}^3r_1 \cdots \mathrm{d}^3r_N \, f_{1,2} &= \frac{1}{V^N} V^{N-2} \int \mathrm{d}^3r_1 \, \mathrm{d}^3r_2 \, f_{1,2} \\
&= \frac{1}{V^2} \int \mathrm{d}^3r_1 \, \mathrm{d}^3r_2 \, f_{1,2}
\end{aligned} \tag{8.15}$$

事实上，$f_{1,2}$ 的角标只是对应着 $\mathrm{d}^3r_1$、$\mathrm{d}^3r_2$ 的两个标记，并不代表真的分子 1、2，因此，所有其他的积分形式上完全一致，对所有这些项的积分就等于这个数乘以 $N(N-1)/2$：

$$\frac{1}{V^N} \int \mathrm{d}^3r_1 \cdots \mathrm{d}^3r_N \left( \sum_{\text{对}} f_{i,j} \right) = \frac{1}{2} \frac{N(N-1)}{V^2} \int \mathrm{d}^3r_1 \, \mathrm{d}^3r_2 \, f_{1,2} \tag{8.16}$$

在继续之前，我想为这个表达式引入一个图形表示的缩写，这个缩写也将为我们提供一个物理上的解释。这个积分对应的图是一对点，并由一条线连接，分别代表分子 1 和分子 2 以及这对分子之间的相互作用：

$$\mathbf{\mathord{\updownarrow}} = \frac{1}{2} \frac{N(N-1)}{V^2} \int \mathrm{d}^3r_1 \, \mathrm{d}^3r_2 \, f_{1,2} \tag{8.17}$$

将图片转换为公式的步骤如下：

1. 点从 1 开始计数，对于第 $i$ 个点，写下表达式 $(1/V)\int \mathrm{d}^3r_i$。第 1 个点乘 $N$，第 2 个乘 $N-1$，第 3 个乘 $N-2$，以此类推。
2. 对于连接点 $i$、$j$ 的线，写下因子 $f_{i,j}$。
3. 除以这个图的**对称因子**（symmetry factor）：在不改变对应的 $f$ 函数的乘积的情况下对点进行编号的方式数。（即保持图不变的点的排列数。）

对于式(8.17)中简单的图，这个步骤得出的表达式和等号右边完全一致——由于 $f_{1,2} = f_{2,1}$，对称因子为 2。在物理上，这个图表示了只有两个分子在相互作用的情况。

现在我们来考虑积分式(8.13)中的第三项——有两个不同的 $f$ 函数的积的求和。这些求和中包括了有 1 个公共分子的情况和没有公共分子的情况。有 1 个公共分子时，只涉及 3 个分子，其他分子的积分都是体积 $V$。此时项的个数为 $N(N-1)(N-2)/2$，即

$$\bigwedge = \frac{1}{2} \frac{N(N-1)(N-2)}{V^3} \int \mathrm{d}^3r_1 \, \mathrm{d}^3r_2 \, \mathrm{d}^3r_3 \, f_{1,2} f_{2,3} \tag{8.18}$$

这个图在物理上表示一个分子同时和两个不同的分子作用。当没有公共分子时，涉及 4 个分子，此时项的个数为 $N(N-1)(N-2)(N-3)/8$。即

$$\left( \mathord{\updownarrow}\,\mathord{\updownarrow} \right) = \frac{1}{8} \frac{N(N-1)(N-2)(N-3)}{V^4} \int \mathrm{d}^3r_1 \, \mathrm{d}^3r_2 \, \mathrm{d}^3r_3 \, \mathrm{d}^3r_4 \, f_{1,2} f_{3,4} \tag{8.19}$$

这个图在物理上表示两对分子相互作用而对与对之间没有作用的情况。对于这两个图，上面的步

骤可以准确给出这些表达式。

现在，你或许已经猜出来了，整个位形积分可以写成图的和：

$$Z_c = 1 + \text{[图]} + \text{[图]} + \left(\text{[图]}\right) + \text{[图]} + \text{[图]} + \text{[图]}$$
$$+ \left(\text{[图]}\right) + \left(\text{[图]}\right) + \cdots \tag{8.20}$$

每一个可能的图都刚好在和中出现一次，每一个点至少与另外一个点相连，并且每对相连的点只能被连接一次。我不会试图证明组合因子在所有情况下都能完全正确，但它们确实如此。位形积分的这种表示是**图解微扰级数**（diagrammatic perturbation series）的一个例子：第一项 1 表示非相互作用分子气体的"理想"情况；其余项（由图表示）描述了"扰动"系统远离理想极限的相互作用。我们期望——至少对于大量分子同时相互作用罕见的低密度气体而言——简单的图比复杂的图更重要。虽然你永远不会想要计算更复杂的图，但它们仍然提供了一种可视化任意数量分子的相互作用的方法。

即使对于低密度气体来说，我们也不能只保留图解展开 $Z_c$ 的前几项。我们马上将要看到，对于最简单的只有两个点的图，其求和也远大于 1，即数列

$$1 + \text{[图]} + \left(\text{[图]}\right) + \left(\text{[图]}\right) + \cdots \tag{8.21}$$

直到很靠后的项才会收敛（当对称因子增长到很大的时候）。从物理上来讲，这是因为相互作用分子对的同时作用在 $N$ 很大时是非常常见的。但是，幸好这个和可以被化简。我们可以首先假设 $N = N-1 = N-2 = \cdots$。由于包含 $n$ 个完全相同的子图的图的对称因子为 $n!$，这个序列就可以被化简为

$$1 + \text{[图]} + \frac{1}{2!}\left(\text{[图]}\right)^2 + \frac{1}{3!}\left(\text{[图]}\right)^3 + \cdots = \exp\left(\text{[图]}\right) \tag{8.22}$$

换句话说，互不相连的同一子图组成的所有的图合起来变成了该子图的指数函数。但是这还没完——在更进一步的假设中，我们保留小了一个因子 $N$ 的项，会发现级数式(8.22)甚至包括了式(8.18)的中的图（见习题 8.7）。更复杂的图可以类似地抵消，最后的结果是 $Z_c$ 可以写成和的指数的形式，求和的图是去掉任何一个点后剩下的仍旧是连通的图：

$$Z_c = \exp\left(1 + \text{[图]} + \text{[图]} + \text{[图]} + \text{[图]} + \text{[图]} + \cdots\right) \tag{8.23}$$

这个公式不是特别准确，但是它与真实值相差的余项在热力学极限下（$N \to \infty$ 而 $N/V$ 固定）收敛为 0；同样地，此时在所有计算中应用 $N = N-1 = N-2 = \cdots$ 也毫无问题。但很遗憾，这个公式的证明超出了本书的范围。

式(8.23)中的每一个图都称作一个**集团**（cluster）——因为它代表了一种分子间同时相互作用的集团。这个公式称作位形积分的**集团展开**（cluster expansion）。集团展开是一个很好的级数：对于低密度气体来说，顶点多的集团图总是比顶点少的集团图的值小。

现在，让我们把这些结果合到一起去。回忆式(8.6)，气体的整个配分函数是位形积分乘以理想气体的配分函数：

$$Z = Z_{\text{理想}} \cdot Z_c \tag{8.24}$$

为了计算压强，我们需要知道亥姆霍兹自由能：

$$F = -kT \ln Z = -kT \ln Z_{理想} - kT \ln Z_c \tag{8.25}$$

我们已经在第 6.7 节中计算出了 $Z_{理想}$，将其结果与 $Z_c$ 的集团展开一起代入式(8.25)，得

$$F = -NkT \ln \left( \frac{V}{Nv_Q} \right) - kT \left( \blacksquare + \triangle + \square + \cdots \right) \tag{8.26}$$

压强就是

$$P = -\left( \frac{\partial F}{\partial V} \right)_{N,T} = \frac{NkT}{V} + kT \frac{\partial}{\partial V} \left( \blacksquare + \triangle + \square + \cdots \right) \tag{8.27}$$

这样一来，若我们可以把某些集团图明确算出来，就可以改进理想气体定律了。

**习题 8.1** 用 $f$ 函数写出式(8.20)中每个图对应的公式，并解释为什么对称系数恰好给出正确的总系数。

**习题 8.2** 绘制出总共 11 张含有 4 个 $f_{i,j}$ 的图，其中有 5 张是连通图，其余的是非连通图。

**习题 8.3** 保留式(8.23)中的前两个图，应用近似 $N \approx N-1 \approx N-2 \approx \cdots$，将幂级数中的指数展开到第三阶并展开每一项。说明对于不连通图，数值系数恰好都是正确的对称因子。

**习题 8.4** 绘制出所有包含 4 个顶点的连通图，共有 6 张。注意避免看起来不同但实际上相同的两个图。哪些图将在去掉任意一个顶点之后依然连通？

### 8.1.3　第二维里系数

我们现在来考虑最简单的只有两个顶点的图：

$$\blacksquare = \frac{1}{2} \frac{N^2}{V^2} \int \mathrm{d}^3 r_1 \, \mathrm{d}^3 r_2 \, f_{1,2} \tag{8.28}$$

因为 $f$ 函数只依赖于两个分子之间的距离，不妨令 $\vec{r} \equiv \vec{r}_2 - \vec{r}_1$，并将第二个积分的积分元由 $\vec{r}_2$ 换为 $\vec{r}$：

$$\blacksquare = \frac{1}{2} \frac{N^2}{V^2} \int \mathrm{d}^3 r_1 \left[ \int \mathrm{d}^3 r \, f(r) \right] \tag{8.29}$$

式中，

$$f(r) = \mathrm{e}^{-\beta u(r)} - 1 \tag{8.30}$$

$u(r)$ 是任何一对分子相对于它们各自中心之间距离的势能。在计算关于 $r$ 的积分之前，我们还需要做一些工作，但我们现在可以确定一件事：结果将是一个与 $\vec{r}_1$ 和 $V$ 无关的强度量。这是因为当 $r$ 仅比分子大小大几倍时，$f(r)$ 就会变为零，并且 $\vec{r}_1$ 与盒子壁的距离在这个数之内的可能性可以忽略不计。因此，无论该积分的值如何，剩余的 $\vec{r}_1$ 的积分将简单地给出因子 $V$：

$$\blacksquare = \frac{1}{2} \frac{N^2}{V} \int \mathrm{d}^3 r \, f(r) \tag{8.31}$$

在把所有的 $V$ 都显式写出来以后，我们将其代入式(8.27)来计算压强：

$$
\begin{aligned}
P &= \frac{NkT}{V} + kT\frac{\partial}{\partial V}\left[\frac{1}{2}\frac{N^2}{V}\int \mathrm{d}^3 r\ f_{1,2}\left(r\right)\right] + \cdots \\
&= \frac{NkT}{V} - kT\cdot\frac{1}{2}\frac{N^2}{V^2}\int \mathrm{d}^3 r\ f\left(r\right) + \cdots \\
&= \frac{NkT}{V}\left[1 - \frac{1}{2}\frac{N}{V}\int \mathrm{d}^3 r\ f\left(r\right) + \cdots\right]
\end{aligned}
\tag{8.32}
$$

为了方便，我们将这个级数写为习题 1.17 中介绍过的**维里展开**（virial expansion）的形式：

$$
P = \frac{NkT}{V}\left[1 + \frac{B\left(T\right)}{\left(V/N\right)} + \frac{C\left(T\right)}{\left(V/N\right)^2} + \cdots\right]
\tag{8.33}
$$

现在，我们就可以计算**第二维里系数**（the second virial coefficient）$B(T)$ 了：

$$
B\left(T\right) = -\frac{1}{2}\int \mathrm{d}^3 r\ f\left(r\right)
\tag{8.34}
$$

为了计算这个三重积分，我将使用球坐标系，其积分元为（见图 7.11）

$$
\mathrm{d}^3 r = \left(\mathrm{d}r\right)\left(r\,\mathrm{d}\theta\right)\left(r\sin\theta\,\mathrm{d}\phi\right)
\tag{8.35}
$$

被积函数 $f(r)$ 与角度 $\theta$ 和 $\phi$ 无关，因此关于角度的积分就是单位球的表面积 $4\pi$，这样一来，我们有[1]

$$
B\left(T\right) = -2\pi\int_0^\infty r^2 f\left(r\right)\mathrm{d}r = -2\pi\int_0^\infty r^2\left[\mathrm{e}^{-\beta u(r)} - 1\right]\mathrm{d}r
\tag{8.36}
$$

这是我们在没有分子间势能 $u(r)$ 具体表达式情况下所能得到的最简形式。

为了模拟实际的分子间势能，我们需要一种在远距离处具有弱吸引力且在短距离内具有强排斥力的函数（见第 5.3 节）。对于没有永久电偶极矩的分子，长程力来自单个分子中偶极矩的涨落，它在另一个分子中诱导出一个偶极矩然后互相吸引；可以证明该力随 $1/r^7$ 衰减，因此相应的势能随 $1/r^6$ 衰减。用于模拟潜在的排斥部分的确切公式结果并不重要；为了数学方便，最常使用与 $1/r^{12}$ 成正比的项。这些吸引力和排斥力的项的和给出了**伦纳德-琼斯势**（Lennard-Jones potential）。使用适当命名的常量，可以将其写为

$$
u\left(r\right) = u_0\left[\left(\frac{r_0}{r}\right)^{12} - 2\left(\frac{r_0}{r}\right)^6\right]
\tag{8.37}
$$

图 8.1 显示了此函数的图像，以及三种不同温度下相应的迈耶 $f$ 函数的图像。参数 $r_0$ 表示当能量最小时的分子中心之间的距离——非常粗略地说是分子的直径。参数 $u_0$ 是势阱的最大深度。

如果将伦纳德-琼斯势函数代入式(8.36)中以计算第二维里系数，并在各种温度下数值积分，你可以得到图 8.2 的实线。在低温下，$f$ 函数的积分的主要贡献是它在 $r_0$ 处的较高的向上尖峰，即吸引势阱。平均值大于零的 $f$ 将导致负的维里系数，表明压强低于理想气体的压强。然而，在高温下，负势阱在 $f$ 中表现得不那么显著，此时积分值主要来自短距离排斥相互作用的 $f$ 的负

---

[1]虽然实际积分上限为 $\sqrt{3}L$，但是这个数比 $f(r)$ 减为 0 对应的 $r$ 大得多，且在热力学极限下就是无穷，因此可以将上限改为正无穷。
　　——译者注

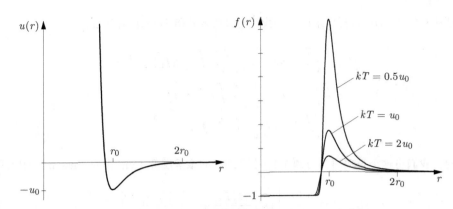

**图 8.1** 左图：伦纳德-琼斯分子间势能函数，在距离较小时有很强的排斥作用，距离较大时有较弱的吸引作用。右图：对应的在三个温度下的迈耶 $f$ 函数。

数部分；因而维里系数是正的，即压强大于理想气体的压强。然而，在非常高的温度下，这种效应在某种程度上受到高能分子能够部分穿透排斥区域而减弱。

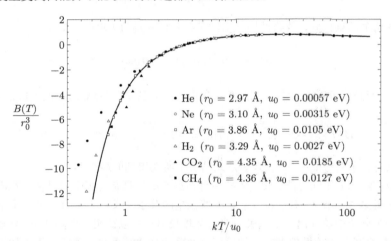

**图 8.2** 一些气体的第二维里系数的测量结果与式 (8.36) 的预测的比较，其中 $u(r)$ 由伦纳德-琼斯函数给出。注意横轴是对数的。每一种气体都分别拟合出了常数 $r_0$ 和 $u_0$。对于二氧化碳，拟合较差是由于分子的形状不对称。对于氢和氦，在低温下的差异是量子力学效应引起的。数据来自 J. H. Dymond and E. B. Smith, *The Virial Coefficients of Pure Gases and Mixtures: A. Critical Compilation* (Oxford University Press, Oxford, 1980)。

图 8.2 还显示了几种气体的 $B(T)$ 的实验值，$r_0$ 与 $u_0$ 为每种气体的实验数据与理论曲线的最佳拟合参数。对于大多数简单的气体，由伦纳德-琼斯势预测的 $B(T)$ 形状与实验非常吻合。（对于具有强不对称形状和/或永久偶极矩的分子，其他势能函数将更合适，而对于较轻的气体氢和氦，量子力学效应在低温下变得重要。[1]）该实验与理论的一致性告诉我们伦纳德-琼斯势是一种相当准确的分子间相互作用模型，而拟合参数 $r_0$ 与 $u_0$ 的值为我们提供了有关分子大小和极化率的定量信息。在这里，一如既往，统计力学在两个方向都有效：在对微观物理的理论理解上，

---

[1] 在习题 7.75 中你已经看到，对于像氢或氦这样的玻色气体，量子统计对 $B(T)$ 的贡献应该是负的。然而，该习题没有考虑另一种量子效应。一个分子的德布罗意波不能穿透另一个分子的物理体积，因此当平均德布罗意波长（$\ell_Q$）变得大于物理直径（$r_0$）时，排斥力会比经典情况更大。只有当温度更低时，$\ell_Q$ 与分子之间的平均距离相当，量子统计的影响才会成为主导。在达到这样的低温之前，氢和氦都会液化。关于维里系数（包括量子效应）的详尽讨论，参见 Joseph O. Hirschfelder, Charles F. Curtiss, and R. Byron Bird, *Molecular Theory of Gases and Liquids* (Wiley, New York, 1954)。

我们预测出了大量分子的整体行为；在物质的性质的测量上，我们推断出了很多关于物质的分子本身的信息。

原则上，我们现在可以继续使用集团展开来计算低密度气体的第三和更高的维里系数。但实际上，我们会遇到两个主要问题。首先，式(8.27)中的其他的图很难明确计算。但更糟糕的是，当三个或更多分子的团簇相互作用时，我在式(8.8)中所做的，将势能写为成对相互作用的总和通常是不成立的。这两个困难都可以克服，[1] 但如何正确计算第三维里系数远远超出了本书的范围。

**习题 8.5** 通过换元，我们可以把式(8.18)用式(8.31)的积分简洁地表达出来。对式(8.20)中第一行的最后两个图也进行相同的操作。哪些图不能用式(8.31)的积分表达出来？

**习题 8.6** 由于 $f(r)$ 在大约分子直径的距离内的阶数为 1，在超过这个距离时 $f \approx 0$，因此，$n$ 个 $f$ 乘积的三维积分大约等于分子体积的 $n$ 次幂。基于此，你可以估算图的量级。估算式(8.20)中所有图的量级，并解释为什么以指数形式重写该序列是有必要的。

**习题 8.7** 证明如果不做太多近似的话，式(8.22)中的指数级数包含了式(8.18)中有三个顶点的图。同时证明误差项在热力学极限下趋于 0。

**习题 8.8** 证明第 $n$ 个维里系数取决于式(8.23)中具有 $n$ 个顶点的图。利用对 $f$ 函数的积分写出第三个维里系数 $C(T)$。并解释为什么这个积分很难计算？

**习题 8.9** 证明伦纳德-琼斯势在 $r = r_0$ 时取得最小值 $-u_0$。在 $r$ 取何值时，势能为零？

**习题 8.10** 考虑通过伦纳德-琼斯势相互作用的分子气体，在 $kT/u_0$ 取 1 到 7 时，利用计算机计算和绘制第二维里系数。在同一张图上，同时标注出习题 1.17 中给出的氮气数据，并选择合适的参数 $r_0$ 和 $u_0$ 以获得最好的拟合。

**习题 8.11** 考虑由"硬球"构成的气体，它们只在距离小于 $r_0$ 时才有相互作用，此时，它们的相互作用能为无穷大。画出这种气体的迈耶 $f$ 函数，并计算第二维里系数。简要讨论你的结果。

**习题 8.12** 考虑一种分子气体，其相互作用能 $u(r)$ 在 $r < r_0$ 时是无限的，在 $r > r_0$ 时为负，其最小值为 $-u_0$。进一步假设 $kT \gg u_0$，因此可以使用 $e^x \approx 1 + x$ 来近似 $r > r_0$ 时的玻尔兹曼因子。证明在这些条件下，第二维里系数的形式与习题 1.17 中计算的范德瓦尔斯气体相同，均为 $B(T) = b - (a/kT)$。用 $r_0$ 和 $u(r)$ 表示出范德瓦尔斯常数的 $a$ 和 $b$ 项，并简要讨论你的结果。

**习题 8.13** 利用集团展开以图的总和形式写出单原子非理想气体的总能量。仅保留第一个图，证明能量约为

$$U \approx \frac{3}{2}NkT + \frac{N^2}{V} \cdot 2\pi \int_0^\infty r^2 u(r) e^{-\beta u(r)}\, dr$$

假设势能是伦纳德-琼斯势，使用计算机将这个以 $T$ 为自变量的积分进行数值计算。绘制出校正项与温度有关的部分，并解释该图形所蕴含的物理。讨论对定容热容的修正，并在室温和大气压下对氩气进行数值计算。

**习题 8.14** 在本节中，我使用了第 6 章中讲到的"正则"形式来对固定粒子数的气体进行集团展开。但是，如果我们允许系统与热库交换粒子，使用第 7.1 节中讲过的"巨正则"形式将会更加简洁。

(1) 写出处于热和扩散平衡下，温度为 $T$、化学势为 $\mu$ 的弱相互作用气体的巨配分函数 $\mathcal{Z}$。将 $\mathcal{Z}$ 表示为所有可能的粒子数 $N$ 的总和，其中每一项都包括普通的配分函数 $Z(N)$。

(2) 使用式(8.6)和式(8.20)将 $Z(N)$ 表示为图的求和，之后每个图都对 $N$ 求和。求和时，之前定义的规则一中点的表达式需要替换为 $(\lambda/v_Q) \int d^3 r_i$，其中 $\lambda = e^{\beta\mu}$。把因子 $N(N-1)\cdots$ 考虑在内，最终你会发现，所有图的和可以简化为指数形式

$$\mathcal{Z} = \exp\left(\frac{\lambda V}{v_Q} + \vcenter{\hbox{图}} + \vcenter{\hbox{图}} + \vcenter{\hbox{图}} + \vcenter{\hbox{图}} + \cdots\right)$$

---

[1] 关于第三维里系数的计算和理论与实验之间比较的讨论，参见 Reichl (1998) [12]。

注意到指数包含所有的连通图，与式(8.23)不同的是，可以通过移除一根线而变得不再连通的图仍旧包括在内。

(3) 使用巨配分函数的性质（见习题 7.7），求出用图解展开形式写出的粒子平均数和气体压强的表达式。

(4) 在每个求和中仅保留第一个图，用迈耶 $f$ 函数的积分表示出 $\overline{N}(\mu)$ 和 $P(\mu)$。约掉 $\mu$ 之后，你应当得到和正文一样的压强（以及第二维里系数）。

(5) 保留有三个顶点的图重复上一问，以 $f$ 函数的积分形式表示出第三维里系数。你会发现 Λ 形状的图抵消了，只有三角图对 $C(T)$ 有贡献。

## 8.2　铁磁体的伊辛模型

在理想的顺磁体中，每个微观磁偶极子只响应外部磁场（如果存在的话）；偶极子没有任何平行（或反平行）于它们的相邻偶极子的内在趋势。然而，在现实世界中，原子的偶极子会受到它们相邻偶极子的影响：总是有一些偶极子会偏向于与相邻偶极子平行或反平行。在一些材料中，这种偏好是由偶极子之间的普通磁力引起的。然而，在更有意思的例子（例如铁）中，相邻偶极子的排列是由于涉及泡利不相容原理的复杂的量子力学效应引起的。无论哪种方式，相邻偶极子的相对取向都会对能量有或大或小的影响。

即使在没有外场的情况下，相邻偶极子也彼此平行排列的材料称作**铁磁体**（ferromagnet）（以最熟悉的例子铁命名）。当相邻偶极子反平行排列时，我们将该材料称为**反铁磁体**（antiferromagnet）（例如 Cr、NiO 和 FeO）。在本节中，我将讨论铁磁体，尽管大多数内容也可以应用于反铁磁体。

铁磁体的长程序表现为净的非零磁化。[1] 然而，升高温度会引起随机涨落，从而降低总体磁化强度。每个铁磁体都有一个临界温度，称为**居里温度**（Curie temperature），高于该温度时，净磁化强度为零（当没有外场时）。在居里温度以上，铁磁体变成顺磁体。铁的居里温度为 1043 K，大大高于大多数其他铁磁体。

你可能注意到，即使低于居里温度，一块铁也没有自发地磁化。这是因为大块铁通常将自己分成很小、但仍含有数十亿个原子偶极子的**磁畴**（domain）。在每个磁畴内，材料被磁化，但是由一个磁畴内的所有偶极子产生的磁场使相邻磁畴趋向于磁化为相反的方向。（把两个普通的棒状磁铁并排放置，你就会明白为什么。）因为磁畴太多，而且指向一个方向的磁畴数量也差不多，所以整个材料没有净磁化强度。然而，如果你在外部磁场存在时加热一块铁，这个磁场可以克服磁畴之间的相互作用，并导致几乎所有的偶极子平行排列。在材料冷却到室温后除去外场，铁磁相互作用会防止任何明显的重新排列，这样你就拥有了一个"永"磁铁。

在这一节中，我会试图模拟铁磁体——或更确切地说，铁磁体中的单个磁畴——的行为。我将考虑相邻偶极子相互平行排列的趋势，但将忽略偶极子之间的任何远程磁相互作用。为了进一步简化问题，我假设材料有偏好的磁化轴，并且每个原子偶极子只能平行或反平行于该轴。[2] 这个简化的磁体模型称为**伊辛模型**（Ising model），以在 20 世纪 20 年代研究了这个模型的 Ernst Ising 命名。[3] 图 8.3 显示了 10×10 方形网格上二维伊辛模型的一种可能的态。

---

[1] 可以通过关联函数的行为理解长程序，见习题 8.29。——译者注

[2] 应当指出，在许多方面，这个模型并不是真实铁磁体的精确模型。即使确实存在一个偏好的磁化轴，即使每个基本偶极子也只沿着它有两个方向，量子力学带来的结果也比这个简易的模型更加微妙。因为我们没有测量单个偶极子的取向，所以只有它们的磁矩之和被量子化，而不是每个粒子的磁矩。例如，在低温下，实际铁磁体的相关态是长波的"磁谐振子"（见习题 7.64），其中所有偶极子几乎平行，并且一个单位的反向排列分布在许多偶极子上。因此，伊辛模型对于铁磁体的低温行为的预测并不准确。幸运的是，它在居里温度附近比较准确。

[3] Stephen G. Brush, "History of the Lenz-Ising model", *Reviews of Modern Physics* **39**, 883–89. (1967) 站在历史角度对伊辛模

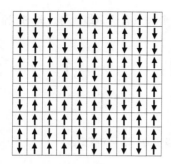

图 **8.3** 10×10 方形网格上二维
伊辛模型的一种可能的态。

符号记号如下：$N$ 代表所有原子偶极子的数目；$s_i$ 代表第 $i$ 个偶极子当前的态，$s_i = 1$ 代表偶极子朝上，$s_i = -1$ 代表偶极子朝下；一对相邻偶极子的作用所产生的能量为 $\pm\epsilon$，二者方向相同时为负号，相反时为正号；当然，我们也可以将这个能量写为 $-\epsilon s_i s_j$（$i$ 与 $j$ 相邻）。这样一来，这个系统的所有最近邻相互作用总能量就是

$$U = -\epsilon \sum_{\text{相邻的}i,j} s_i s_j \tag{8.38}$$

为了预测这个系统的热力学性质，我们需要尝试计算其配分函数

$$Z = \sum_{\{s_i\}} e^{-\beta U} \tag{8.39}$$

求和要遍历所有可能的偶极子排列。$N$ 个偶极子中的每一个都具有 2 种可能的排列，这个求和的项数就是 $2^N$，通常是一个非常大的数。暴力地将所有的项加起来根本不现实。

**习题 8.15** 考虑正方形晶格上的二维伊辛模型，每个偶极子（边缘上除外）在上、下、左和右都有四个"近邻"（对角方向通常不认为是近邻）。对于图 8.4 所示的 4×4 方格的这个态，系统的总能量是多少（用 $\epsilon$ 表示）？

图 **8.4** 4×4 方形网格上二维
伊辛模型的一种可能的态（见
习题8.15）。

**习题 8.16** 假设你通过计算机计算由 100 个基本偶极子组成的伊辛模型的配分函数，并假设计算机的速度是每秒十亿项，那么要等多久才会有最终结果？

**习题 8.17** 考虑只有两个基本偶极子的伊辛模型，它们的相互作用能为 $\pm\epsilon$。列举出该系统的态并写下它们的玻尔兹曼因子。计算配分函数。求出偶极子平行和反平行的概率，并将这些概率绘制为 $kT/\epsilon$ 的函数。同时也计算并绘制出系统的平均能量。在什么温度下，两个偶极子更倾向于同时指向上方而不是一个上一个下？

### 8.2.1　一维情况的解析解

到目前为止，我还没有指定原子偶极子是如何在空间中排列的，也没有指定它们每个有多少近邻。为了模拟一个真实的铁磁体，它们应该被排列在一个三维晶格上。但是我先看一个更简单

型进行了很好的回顾。

的排列——偶极子沿着一维线延伸（见图 8.5），每个都只有两个最近邻。此时我们可以严格计算出配分函数。

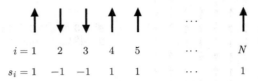

$$i = 1 \quad 2 \quad 3 \quad 4 \quad 5 \quad \cdots \quad N$$
$$s_i = 1 \quad -1 \quad -1 \quad 1 \quad 1 \quad \cdots \quad 1$$

**图 8.5** 拥有 $N$ 个基本偶极子的一维伊辛模型。

对于一维的伊辛模型（没有外部磁场时），能量是

$$U = -\epsilon\left(s_1 s_2 + s_2 s_3 + s_3 s_4 + \cdots + s_{N-1} s_N\right) \tag{8.40}$$

配分函数就可以写为

$$Z = \sum_{s_1} \sum_{s_2} \cdots \sum_{s_N} \mathrm{e}^{\beta\epsilon s_1 s_2} \mathrm{e}^{\beta\epsilon s_2 s_3} \cdots \mathrm{e}^{\beta\epsilon s_{N-1} s_N} \tag{8.41}$$

式中，每个求和都是取 $\pm 1$ 两个值。我们注意到最后一个关于 $s_N$ 的和其实是

$$\sum_{s_N} \mathrm{e}^{\beta\epsilon s_{N-1} s_N} = \mathrm{e}^{\beta\epsilon} + \mathrm{e}^{-\beta\epsilon} = 2\cosh\beta\epsilon \tag{8.42}$$

这个结果与 $s_{N-1}$ 是 $+1$ 还是 $-1$ 无关，因此，当这个最内层的求和被求完以后，可以接着求和 $s_{N-1}$、$s_{N-2}$ 直到 $s_2$；这样一来我们就有了 $N-1$ 个 $2\cosh\beta\epsilon$；最后的对 $s_1$ 的求和就只给出了一个因子 $2$。故，配分函数就是

$$Z = 2^N \left(\cosh\beta\epsilon\right)^{N-1} \approx \left(2\cosh\beta\epsilon\right)^N \tag{8.43}$$

在 $N$ 是一个大数字时，最后一个约等号才成立。

现在我们得到了配分函数，然后，我们应该试图找到以温度作为自变量的平均能量的函数。通过直接的计算，可以得到

$$\overline{U} = -\frac{\partial}{\partial\beta} \ln Z = -N\epsilon \tanh\beta\epsilon \tag{8.44}$$

$T \to 0$ 时它趋近于 $-N\epsilon$，$T \to \infty$ 时它趋于 $0$。因此，偶极子在高温时会随机排列（这样相邻的偶极子才会是一半平行一半反平行），但在温度为 $0$ 时会全部平行（以达到可能的最低能量）。

如果你有似曾相识的感觉，不要惊讶——若你用磁能 $\mu B$ 代替相互作用能 $\epsilon$，这个系统的 $Z$ 和 $\overline{U}$ 都和双状态顺磁体完全一样。但是，这里偶极子喜欢彼此平行排列，而不是与外场平行排列。

请注意，当温度降低时，系统的确变得更有序（不太随机），然而，有序性是逐渐变高的。$T$ 的函数 $\overline{U}$ 是完全光滑的，在非零临界温度下没有突然的转变。显然，一维伊辛模型在这一关键方面并不像真实的三维铁磁体。它的磁化倾向还不够大，因为每个偶极子只有两个最近邻。

所以我们下一步应该是考虑更高维的伊辛模型。然而不幸的是，这样的模型很难求解。昂萨格（Lars Onsager）在 20 世纪 40 年代首次解出了二维晶格上的伊辛模型。他在 $N \to \infty$ 的极限下计算出了闭合形式[1]的配分函数，并发现该模型就像真正的铁磁体一样确实具有临界温度。因

---

[1]闭合形式（closing form）指的是在给定一系列的运算集合下，一个表达式能被写成这些运算以及确定常数的有限组合的形式。——译

为他的解在数学上极其困难，所以本书中我不会尝试讨论这个方法。然而，没有人得出过三维伊辛模型的严格解。因此，从这里开始，最卓有成效的方法是放弃严格解的想法，转而依赖于近似。

**习题 8.18** 从配分函数出发，计算一维伊辛模型的平均能量，以验证式(8.44)。同时绘制出平均能量随温度变化的曲线。

## 8.2.2 平均场近似

接下来，我要介绍一个非常粗略的近似，它可以用来"解决"任意维的伊辛模型。这个近似不是特别精确，但它确实给出了一些关于到底会发生什么和维度为什么重要的定性解释。

我们把注意力集中在晶格中间的一个偶极子上，记为 $i$，取向是 $s_i$，可以是 $+1$ 或 $-1$。设 $n$ 是偶极子具有的最近邻的数目：

$$n = \begin{cases} 2 & \text{一维} \\ 4 & \text{二维（方形晶格）} \\ 6 & \text{三维（简单立方晶格）} \\ 8 & \text{三维（体心立方晶格）} \\ 12 & \text{三维（面心立方晶格）} \end{cases} \tag{8.45}$$

假想这些相邻偶极子的取向是暂时冻结的，但是我们的偶极子 $i$ 可以自由地选择朝上或朝下。如果它朝上，那么偶极子和它的最近邻之间的相互作用能是

$$E_\uparrow = -\epsilon \sum_{\text{近邻}} s_{\text{近邻}} = -\epsilon n \bar{s} \tag{8.46}$$

式中，$\bar{s}$ 是其近邻的平均取向（见图 8.6）。同理，若偶极子 $i$ 朝下，其相互作用能是

$$E_\downarrow = +\epsilon n \bar{s} \tag{8.47}$$

这一个偶极子的配分函数就是

$$Z_i = e^{\beta \epsilon n \bar{s}} + e^{-\beta \epsilon n \bar{s}} = 2 \cosh(\beta \epsilon n \bar{s}) \tag{8.48}$$

这个偶极子的平均朝向就是

$$\bar{s}_i = \frac{1}{Z_i} \left[ (1) e^{\beta \epsilon n \bar{s}} + (-1) e^{-\beta \epsilon n \bar{s}} \right] = \frac{2 \sinh(\beta \epsilon n \bar{s})}{2 \cosh(\beta \epsilon n \bar{s})} = \tanh(\beta \epsilon n \bar{s}) \tag{8.49}$$

现在让我们来看看这个等式的两边。左边 $\bar{s}_i$ 是任何典型偶极子取向的热平均值（除了我们忽略的晶格边缘上的那些）。右边 $\bar{s}$ 是偶极子的 $n$ 个近邻的实际瞬时取向的平均值。**平均场近似**（mean field approximation）的想法就是假定这两个量相同——$\bar{s}_i = \bar{s}$。换句话说，我们假设在每个时刻，所有偶极子的取向都是这样，每个邻域都是"典型的"——没有任何邻域具有导致磁化偏离热平均值的涨落。（这个近似类似于我在第 5.3 节中导出范德瓦耳斯方程的那个近似。只

---

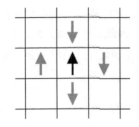

**图 8.6** 这个特定偶极子的四个近邻的平均值是 $(+1-3)/4 = -1/2$。若中心偶极子朝上，它与其近邻的相互作用能就是 $+2\epsilon$；它朝下的话这个能量就是 $-2\epsilon$。

不过在那里是密度，而不是这里的偶极子方向排列。当时，我也是假定密度的平均值不在系统内部随位置的变化而变化。）

在平均场近似中，我们有

$$\bar{s} = \tanh\left(\beta\epsilon n\bar{s}\right) \tag{8.50}$$

现在，$\bar{s}$ 就是整个系统的平均偶极子朝向了。这是一个超越方程，所以我们不能将 $\bar{s}$ 用 $\beta\epsilon n$ 表示。最好的方法是绘制方程的两边并寻找一个图形解（见图 8.7）。注意，$\beta\epsilon n$ 的值越大，$\bar{s}=0$ 附近的双曲正切函数的斜率越陡。这意味着我们的方程可以有一个或三个解，这取决于 $\beta\epsilon n$ 的值。

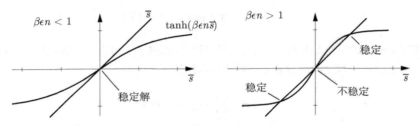

**图 8.7** 式(8.50)的图形解。tanh 函数在零点的斜率是 $\beta\epsilon n$。当它小于 1 的时候，只有在 $\bar{s}=0$ 处的一个解；当它大于 1 的时候，这个解变得不稳定，但是还存在两个非平凡的稳定解。

当 $\beta\epsilon n < 1$ 即 $kT > n\epsilon$ 时，仅有的一个解在 $\bar{s}=0$ 处，也就是说此时净磁化为零。此时，若有一个热扰动暂时地将 $\bar{s}$ 增加了，决定了 $\bar{s}$ 应该是什么的双曲正切函数就比当前的 $\bar{s}$ 小，$\bar{s}$ 就倾向于减小到 0。此时解 $\bar{s}=0$ 是稳定的。

当 $\beta\epsilon n > 1$ 即 $kT < n\epsilon$ 时，我们不仅在 $\bar{s}=0$ 处有一个解，还有两个额外的解，一正一负。然而此时解 $\bar{s}=0$ 就不稳定了：一个让 $\bar{s}$ 增加的扰动会使得双曲正切函数比 $\bar{s}$ 大，使其进一步地变大。另外两个才是稳定的解。由于系统没有正或负磁化的内在倾向，这两个解关于原点对称分布。也就是说，系统将获得一个（等可能的或正或负的）非零磁化。当一个像这样的拥有内在对称性的系统在低温下必须选择一个或另一个态时，我们就说对称性**自发破缺**（spontaneously broken）了。

该系统磁化与未磁化的临界温度是

$$kT_c = n\epsilon \tag{8.51}$$

它正比于相互作用能和近邻的个数。这个结果并不意外：每个偶极子的近邻越多，系统的磁化倾向就越强。但是我们注意到，该分析告诉我们即使是一维的伊辛模型也应该在温度低于 $2\epsilon/k$ 时磁化。然而我们已经从严格解中知道，一维伊辛模型并没有相变行为。显然，平均场近似在一维时的表现令人大失所望。[1] 但幸运的是，随着维度增加，其准确性也在增加。

**习题 8.19** 已知铁的临界温度为 1043 K。使用该值粗略估算出以 eV 为单位的偶极子间的相互作用能 $\epsilon$。

**习题 8.20** 对（方格子上的）二维伊辛模型应用平均场理论，使用计算机绘制出以 $kT/\epsilon$ 为自变量的 $\bar{s}$ 函数。

**习题 8.21** 在 $T = 0$ 时，式(8.50)表明 $\bar{s} = 1$。在 $\beta \epsilon n \gg 1$ 的极限下，对该值进行修正，只保留到含有温度的第一项，并与习题 7.64 中处理过的真实铁磁体的低温行为进行比较。

**习题 8.22** 考虑存在外部磁场 $B$ 时的伊辛模型，如果偶极子朝上，则每个偶极子将获得 $-\mu_\mathrm{B} B$ 的额外能量，如果朝下则获得 $+\mu_\mathrm{B} B$ 的额外能量（其中 $\mu_\mathrm{B}$ 是偶极子的磁矩）。使用平均场近似分析该系统，求出类似式(8.50)的等式。以图形方式研究等式的解，并讨论该系统的磁化强度与外部场强和温度的关系。在 $T$-$B$ 平面中绘制方程具有三个解的区域。

**习题 8.23** 伊辛模型还可以用于模拟除铁磁体之外的其他系统；例如反铁磁体、二元合金、甚至流体。流体的伊辛模型称为**晶格气体**（lattice gas）。我们想象空间被划分成点阵，每个点都可以被气体分子占据或不占据。该系统没有动能，唯一的势能来自相邻位置分子的相互作用。具体来说，当相邻晶格点都被占据时，对能量有 $-u_0$ 的贡献。

(1) 以 $u_0$、$T$ 和 $\mu$ 为自变量，写下该系统的巨配分函数的公式。

(2) 重新整理你的公式，证明存在外部磁场 $B$ 时，在不计一个与系统态无关的因子的情况下，该公式与伊辛铁磁体的普通配分函数相同，只要你把 $u_0$ 替换为 $4\epsilon$ 以及 $\mu$ 替换为 $2\mu_\mathrm{B} B - 8\epsilon$。（注意，$\mu$ 是气体的化学势，而 $\mu_\mathrm{B}$ 是磁体中偶极子的磁矩。）

(3) 讨论公式的含义。磁体的哪些态对应于晶格气体的低密度态？哪些态对应于气体已凝结为液体的高密度态？该模型对 $P$-$T$ 平面中的液气相边界形状的预测是什么？

**习题 8.24** 在这道习题中，你将使用平均场近似来分析临界点附近伊辛模型的行为。

(1) 证明：当 $x \ll 1$ 时，$\tanh x \approx x - \frac{1}{3} x^3$。

(2) 当 $T$ 非常接近于临界温度时，在平均场近似下，利用上一问的结果求出伊辛模型的磁化强度的表达式。你会发现 $M \propto (T_c - T)^\beta$，式中，$\beta$ 是**临界指数**（critical exponent）（不要与 $1/kT$ 混淆），它类似于习题 5.55 中为流体定义的 $\beta$。昂萨格的严格解表明，二维上 $\beta = 1/8$，而实验和更加复杂的近似表明三维上 $\beta \approx 1/3$。然而平均场近似却预测出更大的值。

(3) 磁化率 $\chi$ 的定义为 $\chi \equiv (\partial M / \partial B)_T$。在临界点附近它通常写为 $\chi \propto (T - T_c)^{-\gamma}$，式中，$\gamma$ 是另一个临界指数。在平均场近似下求出 $\gamma$ 的值，并证明它与 $T$ 略高于还是略低于 $T_c$ 无关。（二维时 $\gamma$ 的精确值为 7/4，三维时 $\gamma \approx 1.24$。）

### 8.2.3  蒙特卡罗模拟

考虑一个方格子上的二维中型大小的伊辛模型，它有大约 100 个基本偶极子（见图 8.3）。虽然最快的计算机也无法计算这个系统所有可能态的概率，但我们或许不需要考虑所有的态，也许仅仅随机抽样 100 万个左右的态就足够了。这种想法称作**蒙特卡罗求和/积分**（Monte Carlo summation / integration），这个名字来源于著名的欧洲博彩中心。蒙特卡罗求和就是随机抽样尽可能多的态，计算这些态的玻尔兹曼因子，然后使用这个随机抽样来计算平均能量、磁化强度和其他热力学量。

不幸的是，刚刚概述的步骤对于伊辛模型并不适用——即使我们抽样了多达 10 亿个态，对于适中的 $10 \times 10$ 点阵，这只是所有态非常小的一部分——大约 $1/10^{21}$。在低温下，当系统想要磁化时，重要的态（几乎所有的偶极子都指向同一个方向）占总数的比例很小，以至于我们很可

---

[1] 其实存在消除了这个重大缺陷的更复杂的平均场近似，它正确地预测了一维伊辛模型只在温度为零时磁化。例如，可以参考 Pathria (1996) [10]。

能完全错过了这些态。完全随机地从所有的态中抽样并不高效；因此，我们也称完全随机抽样的蒙特卡罗方法为朴素蒙特卡罗方法。

一种改进的方法是在随机产生态时利用玻尔兹曼因子作为指导，具体算法如下。从任何态开始。随机选择偶极子并计算它翻转的概率：计算翻转前后的能量差 $\Delta U$；若 $\Delta U \leqslant 0$，即系统能量不变或减少，则翻转该偶极子而产生下一个系统态；若 $\Delta U > 0$，即系统能量增加，翻转概率就是 $e^{-\Delta U/kT}$，产生一个随机数来决定是否翻转。如果这个偶极子没有翻转，则系统态保持不变。但是无论翻转与否，都继续随机选择一个偶极子，重复上述过程，直到平均下来所有偶极子都被随机到过很多次。这个算法称为**Metropolis 算法**（Metropolis algorithm），以 Nicholas Metropolis 的名字命名——1953 年他以第一作者提出了这种计算方法。[1] 这种方法也称为按**重要性采样**（importance sampling）的蒙特卡罗求和法。

在 Metropolis 算法产生的系统态的子集中，低能态比高能态出现的概率更高。为了更加详细地理解为什么这个算法可行，让我们来考虑两个态 1 和 2，只需要翻转一个偶极子就可以从态 1 变为态 2。令 $U_1$ 与 $U_2$ 为这两个态的能量，我们可以调整这二者的顺序使得 $U_1 \leqslant U_2$。若系统一开始处于态 2，在这个算法中，态 2 变为态 1 的概率就是 $1/N$，即随机到该偶极子的概率；若系统一开始在态 1 上，它变为态 2 的概率就是 $(1/N)\,e^{-(U_2-U_1)/kT}$，这两个转换的概率之比自然就是

$$\frac{\mathcal{P}\,(1 \to 2)}{\mathcal{P}\,(2 \to 1)} = \frac{(1/N)\,e^{-(U_2-U_1)/kT}}{(1/N)} = \frac{e^{-U_2/kT}}{e^{-U_1/kT}} \tag{8.52}$$

也即两个态的玻尔兹曼因子的比。若系统中只有这两个态，与玻尔兹曼统计所要求的一样，它们出现的频率刚好就是这个比例。[2]

我们再来考虑与态 1 和态 2 也是只相差另一个偶极子的态 3 和态 4，这样一来系统就可以在态 1 和态 2 之间通过更多的步骤来转换：$1 \leftrightarrow 3 \leftrightarrow 4 \leftrightarrow 2$。正反过程的概率比为

$$\frac{\mathcal{P}\,(1 \to 3 \to 4 \to 2)}{\mathcal{P}\,(2 \to 4 \to 3 \to 1)} = \frac{e^{-U_3/kT}}{e^{-U_1/kT}}\frac{e^{-U_4/kT}}{e^{-U_3/kT}}\frac{e^{-U_2/kT}}{e^{-U_4/kT}} = \frac{e^{-U_2/kT}}{e^{-U_1/kT}} \tag{8.53}$$

这和玻尔兹曼统计要求的一样。同样的结论也适用于涉及任意多中间步骤的转换以及由于多个偶极子的翻转而不同的态之间的转换。因此，Metropolis 算法确实是按照正确的玻尔兹曼概率来产生态的。

但是，严格地说，这个结论只在算法运行时间无限长之后才适用——因为此时每个态都已经被生成过多次了。然而我们想在较短的时间内运行算法，但这样一来大多数态根本不会生成！在这种情况下，我们不能保证实际生成的态将准确地表示所有系统态的完整集合。事实上，就连定义什么是"准确"都很困难。在将该算法应用到伊辛模型上时，我们主要关心的是随机产生的态给出了系统的平均能量和磁化的确切情况。在实践中，最明显的例外就是，在低温下，Metropolis 算法的系统将迅速进入一个几乎所有的偶极子都平行于它们的最近邻的"亚稳"态。尽管根据玻尔兹曼统计，这样的态的可能性确实很高，但是算法可能需要很长的时间才能产生另外的显著不同的态——比如每个偶极子都相较于该"亚稳"态翻转了的态。（从这种方式上来说，Metropolis 算法比较类似于真实世界中所发生的事情——较大的系统从来没有时间去探索所有可能的微观态，而且真正的热力学平衡的弛豫时间可以非常长。）

---

[1] N. Metropolis, A. W. Rosenbluth, M. N. Rosenbluth, A. H. Teller, and E. Teller, "Equation of State Calculations by Fast Computing Machines", *Journal of Chemical Physics* **21**, 1087–1092 (1953). 这篇文章利用他们提出的算法计算了包含 224 个硬碟（hard disk）的二维气体的压强。这个简单的过程需要当时最先进的计算机计算好几天。
[2] 当两个态之间的转换率拥有正确的比例时，我们就说这两个转换处于**细致平衡**（detailed balance）。

让我们记住这个算法的局限性并继续去实现它。该算法几乎可以用任何传统的以及许多非传统的计算机语言写出来。与其单单选择一种特定的语言，不如让我用"伪代码"写出算法，你可以把它翻译成你所喜欢的语言。图 8.8 显示了一个基本二维伊辛模型模拟的伪代码程序。这个程序只产生图形输出，用偶极子朝上和朝下的不同颜色填充方格。每次偶极子翻转时，方格的颜色都会发生变化，所以你可以准确地看到正在产生的态的序列。

```
program ising                          二维伊辛模型蒙塔卡罗模拟算法

size = 10                              方形格点宽度
T = 2.5                                温度单位为 ε/k
initialize
for iteration = 1 to 100*size^2 do     主循环
  i = int(rand*size+1)                 随机选择一行
  j = int(rand*size+1)                 随机选择一列
  deltaU(i,j,Ediff)                    计算选择的格点翻转后的能量变化
  if Ediff <= 0 then                   若翻转后能量降低就将其翻转
    s(i,j) = -s(i,j)
    colorsquare(i,j)
  else
    if rand < exp(-Ediff/T) then       否则以玻尔兹曼因子的概率翻转它
      s(i,j) = -s(i,j)
      colorsquare(i,j)
    end if
  end if
next iteration                         返回并开始下一步循环……
end program

subroutine deltaU(i,j,Ediff)           计算翻转偶极子的能量变化（周期性边界条件）
  if i = 1 then top = s(size,j) else top = s(i-1,j)
  if i = size then bottom = s(1,j) else bottom = s(i+1,j)
  if j = 1 then left = s(i,size) else left = s(i,j-1)
  if j = size then right = s(i,1) else right = s(i,j+1)
  Ediff = 2*s(i,j)*(top+bottom+left+right)
end subroutine

subroutine initialize                  初始化一个随机矩阵
  for i = 1 to size
    for j = 1 to size
      if rand < 0.5 then s(i,j) = 1 else s(i,j) = -1
      colorsquare(i,j)
    next j
  next i
end subroutine

subroutine colorsquare(i,j)            根据s的值为方块涂色（实现依赖于系统）
```

**图 8.8** 利用 Metropolis 算法的二维伊辛模型的伪代码。

这个伪代码利用一个二维数组 s 来储存磁化朝向，s(i,j) 表示它的第 i 行第 j 列的元素，行和列都从 1 取到 size；你可以改变 size 的值来模拟不同大小的晶格。温度 T 的单位为 ε/k，你也可以改变它的值。设置完这两个常数以后，该程序将会调用 initialize 来随机地生成一个

s。[1]

这个程序的核心就是随机选择偶极子并判断是否翻转的"主循环"。在该循环中，平均每个偶极子会执行 100 次 Metropolis 算法。当然，也可以把 100 选择为其他更合适的数。（注意，* 表示乘法而 ^ 表示幂。）在每次循环中，程序首先随机选取一个偶极子；函数 rand 会返回一个 0 到 1 之间的随机数，而 int() 会返回不大于其参数的最大整数。子程序 deltaU 在这个程序中间部分定义，它计算选定偶极子翻转后的能量变化（单位为 $\epsilon$），其返回值为 Ediff。若它小于等于 0，则翻转该偶极子；若它大于 0，则用它计算玻尔兹曼因子并与随机数比较来决定它是否翻转。如果该偶极子翻转了，就调用子程序 colorsquare 来改变屏幕上方块的对应颜色。

计算能量差的子程序 deltaU 需要一点额外的说明。当模拟使用相对较小的格子时，处理"边缘效应"总会存在问题。例如，在这里的伊辛模型中，格子边缘上的偶极子比其他地方的偶极子更不受约束地与其近邻对齐。如果我们建模的真实系统和模拟的晶格大小差不多，那么我们应该就把边缘当作真正的边缘，边缘上偶极子的近邻更少。但是如果我们对更大的系统的行为感兴趣，那么应该尽量减少边缘效应。减少边缘效应的一种方法是使格子"首尾相连"，把右边看成是紧挨着左边的边，把底边看成是紧挨着上边的边。物理上，这就好像把偶极子阵列放在环面上。这种方法的另一种解释是假设晶格是平面的，但是它在所有方向上都是无限的，且总是完全周期性的，所以向上、向下、向左或向右移动一定量（size 的值）后总是会回到等价的位置，其中偶极子在任何时候都保持与当前位置完全相同的排列。基于后者，我们称这个方法为**周期性边界条件**（periodic boundary condition）。回到子程序 deltaU，我们可以注意到它正确地识别所有四个最近邻，不论所选的偶极子是否在边缘上。翻转后的能量变化自然就是 s(i,j) 与四个最近邻的 s 乘积的和的两倍。

真正将这个伪代码转换为可以运行的代码还需要不少工作。你需要首先选择一个操作系统和一种编程语言——数学运算、变量赋值、条件语句、循环语句等都可能与编程语言有关，但是大部分常见编程语言实现起来都比较简单。某些编程语言要求在程序开头声明变量为特定类型（如整数或实数）。在主程序和子程序中都要访问的变量可能需要特殊处理。整个程序中，最非标准化的是处理图形：子程序 colorsquare 的实现在不同的操作系统中区别很大。但是，我还是祝福你在你最喜欢的计算机上实现并运行这个程序时不会遇到太多困难。

运行 ising 程序非常有趣：当系统试图找到具有相对大的玻尔兹曼因子的态时，你可以看到方格不断地改变颜色。事实上，当偶极子随着时间的流逝来回改变它们的排列时，把这个想象成磁铁中真实发生的事情来观察十分诱人。由于这种相似性，使用重要性采样的蒙特卡罗程序通常称为**蒙特卡罗模拟**（Monte Carlo simulation）。但是请记住，我们没有试图模拟一个磁体真实的随时间的变化。相反，我们实现了一个"伪动力学"，一次只翻转一个偶极子，而忽略了系统的真正与时间相关的动力学。这个伪动力学唯一的现实特性是它产生概率与其玻尔兹曼因子成正比的态，正如磁体的真实动力学所预测的那样。

图 8.9 显示了 20×20 点阵的 ising 程序的一些图形输出。第一幅图像显示了由程序生成的随机初始态，而剩余的图像分别显示了不同温度下 40 000 次迭代（平均每偶极子 100 次）结束时的最终态。尽管这些瞬时图像不能代替程序运行的动态过程，但它们确实显示了每个温度下的典型态。在 T = 10 时，最终态仍然是几乎随机的，偶极子只有轻微的倾向与它们的近邻对齐。在越来越低的温度下，偶极子趋向于形成越来越大的正磁化和/或负磁化团簇，[2] 直到在 T = 2.5 时，

---

[1]理论上来说，初始态是什么都没问题；但是在实际中，若你不想这个程序稳定到一个"典型"态的过程太久，初始态的选择还是很重要的：在高温时，随机初始态较好；在低温下，完全磁化的初始态更好。

[2]我不会试图定义"团簇"，看一看图片，你就可以理解了。习题 8.29 中涉及了团簇"大小"的更精确的定义。

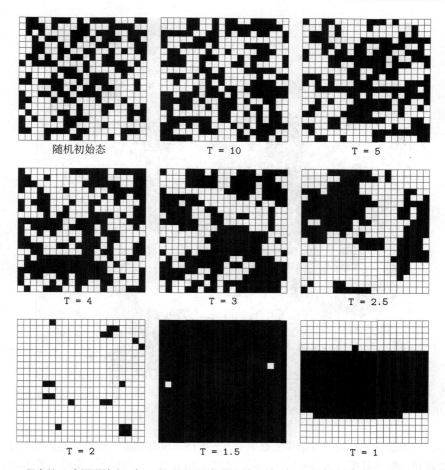

**图 8.9** ising 程序的 8 次图形输出，每一次运行温度都比之前更低。每一个黑色的块代表 "朝上" 的偶极子，白色的代表 "朝下" 的偶极子。温度 T 以 $\epsilon/k$ 为单位。

这些团簇大约与晶格本身一样大。在 T = 2 时，一个单一的团簇已经占据了整个晶格，我们可以说这个系统是 "磁化" 的。偶极子的小型团簇偶尔还是会翻转，但它们不会持续太久；我们必须等待很长的时间才能让整个晶格翻转到（同样可能的）相反磁化的态。T = 1.5 的结果碰巧稳定在相反的磁化强度中，并且在这个温度下，单个偶极子的涨落变得不常见。在 T = 1 时，我们可能期望系统完全磁化并保持这种状态，事实上，有时确实如此；然而，在大约一半的运行中它会陷入亚稳态——有两个磁畴，一个是正的，另一个是负的，见图 8.9。

　　根据这个结果，我们可以说系统的临界温度在 2.0 到 2.5 个 $\epsilon/k$ 之间，回忆一下平均场近似所预测的临界温度为 $4\epsilon/k$——这个预测在定性上不是很差，但是定量上差了接近 2 倍。确实，20×20 的晶格有点太小了，当我们进行更大、更真实的模拟的时候会发生什么呢？

　　答案不难猜出来。只要温度足够高，典型团簇的大小将远小于晶格的尺寸，系统的行为几乎与晶格的尺寸无关。但是较大的晶格允许更大的团簇形成，所以在临界温度附近，我们应该尽可能地使用大的晶格。大型晶格在运行足够长时间后，可以表明在 $2.27\epsilon/k$ 的温度下，最大团簇的大小接近无穷大（见图 8.10）。这就是热力学极限下真正的临界温度。事实上，这一结果与昂萨格的二维伊辛模型的严格解一致。

**图 8.10** 在 $T = 2.27$（临界温度）时 ising 程序在数百万次迭代之后产生的 $400 \times 400$ 晶格的典型态。我们注意到这个图中存在所有可能大小的团簇——从整个晶格的尺寸到单个偶极子。

尽管需要更多的计算时间且结果更难展示，三维伊辛模型也进行过类似的模拟。对于一个简单的立方晶格，临界温度大约为 $4.5\epsilon/k$，同样比平均场近似的预测略低。蒙特卡罗方法还可以应用于更复杂的铁磁体模型以及包括流体、合金、界面、原子核和亚原子核粒子在内的大量其他系统。

**习题 8.25** 在习题 8.15 中，我们手工计算了 $4 \times 4$ 方形格子上特定态的能量。使用周期性边界条件重复该计算。

**习题 8.26** 用你喜欢的编程语言在你喜欢的计算机上实现 ising 程序。改变晶格尺寸和温度运行它，并观察结果。特别是：

(1) 对 $20 \times 20$ 的晶格，在 $T = 10$、$5$、$4$、$3$ 和 $2.5$ 的情况下，运行程序。每个偶极子在每次运行时，平均至少翻转 100 次。在每个温度下，对最大团簇的大小进行粗略估计。

(2) 对 $40 \times 40$ 的晶格，重复上一问。团簇的大小是否有所不同？为什么？

(3) 对 $20 \times 20$ 的晶格，在 $T = 2$、$1.5$ 和 $1$ 时运行程序。估计每个温度下的平均磁化强度（用占饱和强度的百分比表示）。忽略掉运行时系统进入具有两个亚稳定磁畴的态。

(4) 在 $T = 2.5$ 时以 $10 \times 10$ 的晶格大小运行程序。观察进行 $100\,000$ 次左右迭代时系统行为的改变。描述并解释这个行为。

(5) 依次使用更大的晶格来估计温度从 $2.5$ 至 $2.27$（临界温度）改变时典型的团簇尺寸。越接近临界温度，需要的晶格就越大，并且程序也必须运行更长的时间。你不必盯着这个程序，去干自己的事情就好。[1] 温度接近临界温度时，团簇的大小达到无穷大，这种说法是合理的吗？

---

[1] 原书这句话的字面意思是"当你觉得别的事情更有趣的话，就退出吧。"本书首次出版于 1999 年，个人计算机的计算能力已经今非昔比，其多任务能力更是突飞猛进，因此我们换了一种适合当今情况的表达方式。——译者注

**习题 8.27** 修改 ising 程序，以计算迭代中系统的平均能量。为此，在 initialize 子程序中添加计算晶格初始能量的代码；之后，每当一个偶极子翻转的时候，就适当地改变能量变量。在计算平均能量时，确保对所有迭代求了平均值，而不是仅对偶极子实际发生翻转的那些迭代求平均（为什么？）。在 5×5 晶格上，以合理的小区间将 T 从 4 降至 1，然后将平均能量和热容绘制为 T 的函数。在每次运行中，平均对每个偶极子至少进行 1000 次迭代，多多益善。如果你的计算机足够快，对 10×10 晶格和 20×20 晶格重复计算并讨论结果。（提示：相对于在每个温度下使用随机的初始态重新开始，把上一个附近温度下的终态作为下一步的初始态可以节省时间。对于更大的晶格，用更小的温度区间，如 3 到 1.5，可以节省时间。）

**习题 8.28** 修改 ising 程序，以计算每次迭代中，总的磁化强度（即所有 s 的和），并追踪运行过程中每个可能的磁化强度出现的频率，将结果绘制为直方图。在各种温度下，对 5×5 晶格运行程序，并讨论结果。画出最可能的磁化强度随温度变化的曲线。如果你的计算机足够快的话，对 10×10 的晶格再算一次。

**习题 8.29** 为了量化伊辛磁体中排列的团簇，我们定义一个量，称作**关联函数**（correlation function）$c(r)$。取任意两个偶极子 $i$ 和 $j$，记它们之间的距离为 $r$，并计算它们态的乘积 $s_i s_j$。如果偶极子平行，则该乘积为 1；如果偶极子反平行，则乘积为 $-1$。现在，将这个量对所有以相距 $r$ 的偶极子对求平均，以得出在这个距离上，偶极子对 "关联" 的趋势。最后，为了消除系统任何整体磁化的影响，还需减去平均值 s 的平方。写成公式，关联函数就是

$$c(r) = \overline{s_i s_j} - \overline{s_i}^2$$

式中，第一项可以理解为，在固定距离 $r$ 上，对所有偶极子对求平均。原则上讲，也需要对系统的所有可能态求平均，但暂时不要这样做。

(1) 修改 ising 程序，以计算晶格当前状态所对应的关联函数，对所有距离为 $r$ 的偶极子对求平均。计算时要保包括垂直方向以及水平方向（但不包括对角线方向），其中 $r$ 的取值范围是 1 到晶格大小的一半。每迭代一定次数后，你的程序都应执行此过程。将关联函数的结果绘制成柱状图。

(2) 在临界点之上、之下和附近的各种温度下运行该程序。使用的晶格尺寸至少为 20，当然越大越好（尤其在临界点附近）。描述每个温度下关联函数的行为。

(3) 现在继续修改代码，以计算出对运行时间求平均的关联函数。（但是，在求平均之前最好让系统 "平衡" 到一个典型态。）定义**关联长度**（correlation length）为关联函数降低到 $1/e$ 的距离。估算每个温度下的关联长度，并绘制关联长度与 T 的关系图。

**习题 8.30** 修改 ising 程序以模拟一维伊辛模型。

(1) 对于尺寸为 100 的晶格，观察在不同温度下产生的状态序列并讨论结果。根据（无限晶格的）严格解，我们期待该系统仅在温度为零时才发生磁化；程序的行为是否与此预测一致？典型团簇的大小如何取决于温度？

(2) 类比习题 8.27，修改程序以计算平均能量。绘制能量和热容与温度的关系图，并与无限晶格的精确结果进行比较。

(3) 类比习题 8.28，修改程序以计算磁化强度。确定不同温度下的最可能的磁化强度，并讨论。

**习题 8.31** 修改 ising 程序，以模拟简单立方晶格的三维伊辛模型。以任一你能想到的方式，尝试证明该系统的临界点在 $T = 4.5$ 左右。

**习题 8.32** 考虑一个二维伊辛晶格，并将这些格点分成 3×3 的 "块"，见图 8.11。在**块自旋变换**（block spin transformation）中，我们用单个偶极子替换每个块中的九个偶极子，这单个偶极子的状态由 "多数规则" 确定：如果原始偶极子超过一半朝上，则新偶极子也朝上；而如果原始偶极子的一半以上朝下，则新偶极子也朝下。通过将此变换应用于整个晶格，我们可以将其缩减为一个新的晶格，其宽度是原来宽度的 1/3。这种变换是一种**重整化群变换**（renormalization group transformation），对研究系统临界点附近的行为极其有用。[1]

---

[1]若想了解更多的关于重整化群的内容以及它的应用，可以参考 Kenneth G. Wilson, "Problems in Physics with Many Scales of

(1) 修改 ising 程序，以将块自旋变换应用于晶格的当前状态，并将变换后的晶格与原始晶格并排绘制（保持原晶格不变）。让程序定期自动运行该过程，以便观察两个晶格的演化。

(2) 在各种温度下，对 90×90 晶格运行修改后的程序。当系统在每个温度下到达"典型"的平衡态后，将变换后的晶格与典型的 30×30 原始晶格进行比较。通常，你应该发现变换后的晶格类似于不同温度下的原始晶格。我们将此温度称为"变换温度"。变换温度何时大于原始温度，何时小于原始温度？

(3) 想象从一个非常大的晶格开始，然后连续应用许多次块自旋变换，每次将系统变换到一个新的有效温度。论证无论原始温度如何，此过程最终都会到达三个**不动点**（fixed point）之一：零、无穷大或临界温度。这些不动点分别对应什么样的初始温度？（评论：考虑临界温度是块自旋变换不动点这一事实的含义。如果对系统的小尺度的态进行平均而动力学保持不变，则该系统行为的许多方面都必须独立于任何特定的微观细节。这意味着许多不同的物理系统（磁体、流体等）应具有基本相同的临界行为。更具体地说，不同的系统将具有相同的"临界指数"（见习题 5.55和习题 8.24中定义的临界指数）。但是，有两个参数仍可以影响临界行为。一个是系统所处的空间维数（大多数真实世界的系统为 3）；另一个是定义系统磁化强度（或类似的"序参量"）的"矢量"的维数。对于伊辛模型，磁化是一维的，总是沿着给定的轴；对于流体，序参量也是一维量，即液体和气体之间的密度差。因此，流体在其临界点附近的行为应当与三维伊辛模型的行为相同。）

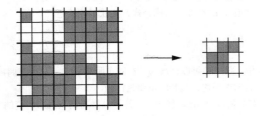

**图 8.11** 在**块自旋变换**中，我们将每个由九个偶极子组成的块替换为单个偶极子，该单个偶极子的方向由"多数规则"确定。

Length", *Scientific American* **241**, 158–179 (August, 1979)。

# 附录 A　量子力学基础

理解热力学的基本原理并不要求你对量子力学有任何了解。但是要预测具体某个物理系统（如氮气分子或一大块金属中的电子）的详细热力学性质，你需要知道可能的"态"是什么以及这些"态"对应的能量是什么，而这由量子力学原理决定。

即便如此，阅读本书仍不需要你了解太多的量子力学。在正文中每处需要量子力学的地方，我都详细地总结了结果以便可以立刻开始手头的计算。如果你不关心结果的来源，那么无需阅读本附录。然而，你可能希望看到对这本书中用到的量子力学的更系统的概述，本附录就旨在做到这一点，你可以自由选择在阅读正文之前或之后阅读这一部分。[1]

## A.1　波粒二象性的证据

量子力学的历史根源与 20 世纪初统计力学的发展密切相关。在这段历史中尤其重要的是能量均分定理的失效，它不仅对电磁辐射失效（第 7.4 节中描述的"紫外灾难"），也对固体晶体振动能失效（证据是低温时其热容异常得低，习题 3.24 和习题 3.25 以及第 7.5 节中均有讨论）。但是还有更多的关于量子力学的直接证据，也即，单独的波动模型和粒子模型都不足以描述原子尺度的物质和能量。在本节中，我将简要介绍一些。

### A.1.1　光电效应

如果你在金属表面打一束光，它可以把金属中的部分电子敲掉，使它们跃出表面。这种现象叫作**光电效应**（photoelectric effect），它是摄像机和许多其他光电探测器的基本原理。

要定量研究光电效应，你可以把一块金属（称为光电阴极）与另一块金属（阳极）放入真空管中以捕捉射出的电子。然后，你可以测量随着电子在阳极上聚集而产生的电压，或者电子在电路中由阳极回到阴极时的电流（见图 A.1）。

电流测量可以显示（单位时间）内有多少电子从阴极射出并被阳极捕获。我们可以得到一个意料之中的结果，即，当光变强时电流增加。更亮的光会激发出更多的电子。

另一方面，电压测量则显示了电子从阳极跃迁至阴极所需的能量。一开始电压为 0，但随着电子在阳极上聚集，它们会产生电场将其他电子推回阴极。不久之后电压就会稳定下来，表明没有电子有足够的能量射出以跨越这个电场。电压只是每单位电荷的能量，所以如果最终电压是 $V$，那么射出电子的最大动能（当它们离开阴极时）一定是 $K_{\max} = eV$，式中，$e$ 是电子的电荷。

---

[1] 市面上有很多优秀教科书供你深入了解量子力学。我在这里强烈推荐 A. P. French and E. F. Taylor, *An Introduction to Quantum Physics* (Norton, New York, 1978) 以及 David J. Griffiths, *Introduction to Quantum Mechanics* (Prentice-Hall, Englewood Cliffs, NJ, 1995)。（机械工业出版社出版有后者的翻译版和影印版。——译者注）

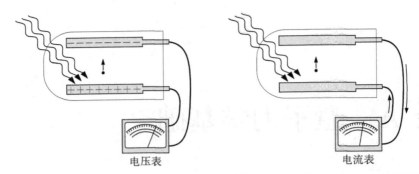

**图 A.1** 两个研究光电效应的实验。当一个理想电压表（内阻无限大）接在电路上时，电子会在阳极集聚，并且互相排斥；电压表可以测量（每单位电荷）电子越过电路所需的能量。当连接电流表时，它会测量（每单位时间）在阳极上聚集并且随电路返回阴极的电子数目。

令人惊讶的事情出现了：最终电压，也即电子的最大动能，与光源的亮度无关。更亮的光线会射出更多的电子，但没有给予单个电子更多的能量。然而，最终电压确实取决于光的颜色，即波长（$\lambda$）或频率（$f = c/\lambda$）。事实上，射出电子的最大动能与光的频率满足线性关系：

$$K_{\max} = hf - \phi \tag{A.1}$$

这里的 $h$ 是一个普适常数，叫作**普朗克常量**（Planck's constant），$\phi$ 是一个取决于材料的常数。这个公式于 1905 年首次由爱因斯坦提出，推广自普朗克早期对黑体辐射的解释。

爱因斯坦对光电效应的解释很简单：光是以微小的束或粒子的方式进入金属，也即以**光子**（photon）的形式进入，每个光子具有的能量等于普朗克常量乘以光的频率：

$$E_{光子} = hf \tag{A.2}$$

更亮的光束包含更多的光子，但每个光子的能量只取决于频率，而不取决于亮度。当光线照射到阴极时，每个电子只吸收一个光子的能量。常数 $\phi$——称为**功函数**（work function）——是电子所需的离开金属的最小能量；一旦电子离开金属，它可以拥有的最大能量就是光子的能量（$hf$）减去 $\phi$。

我们通常不会注意到光是离散的光子，这是因为每一个光子的能量非常小：普朗克常量仅为 $6.63 \times 10^{-34}$ J·s，所以可见光光子的能量仅为 $2\sim3$ eV。一个典型的灯泡每秒会发出 $10^{20}$ 个光子。尽管如此，检测单个光子的技术（从物理实验室的光电倍增管到用于天文学的 CCD 相机）在今天是相当普遍的。

**习题 A.1** 光子的基本原理。

(1) 证明 $hc = 1240$ eV·nm。

(2) 计算具有下列波长的光子所对应的能量：650 nm（红光）、450 nm（蓝光）、0.1 nm（X 射线）、1 mm（宇宙背景辐射）。

(3) 计算 1 mW 红色 He-Ne 激光器（$\lambda = 633$ nm）在一秒内发射出的光子数。

**习题 A.2** 假设在一个上述类型的光电效应实验中，波长为 400 nm 的光导致的电压表的示数为 0.8 V。

(1) 光电阴极的功函数是多少？

(2) 如果将波长改为 300 nm，电压表示数是多少？如果波长改为 500 nm 呢？600 nm 呢？

## A.1.2 电子干涉

如果每个人都曾认为是波的光可以表现得像一束粒子，那么也许每个人都曾认为是粒子的电子表现出波的性质就不再那么令人惊讶。

但是让我先停一下。当我们说光像波时候，到底是什么意思？我们实际上看不到任何东西在波动（像水波或吉他弦上那样的振动），可以观察的只是当光线穿过狭窄的开口或绕过一个小障碍物时发生的衍射和干涉效应。或许最简单的例子是双缝干涉，其中来自单一光源的单色光穿过一对紧密间隔的狭缝并在有一定距离的观测屏幕上出现交替的亮点和暗点（见图 A.2）。

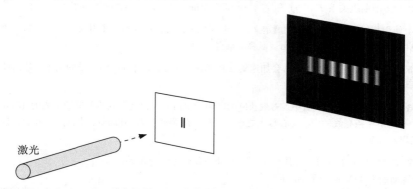

**图 A.2** 在双缝实验中，单色光（通常来自激光）瞄准一对狭缝。在后方一定距离的观测屏幕上会出现明亮相间的干涉条纹。

电子也会做同样的事情：拿一束电子（如电视显像管或电子显微镜）并将其对准一对非常紧密间隔的狭缝，在屏幕（电视屏幕或其他一些探测器）上，你也会得到干涉条纹，并且与光完全一样（见图 A.3）。

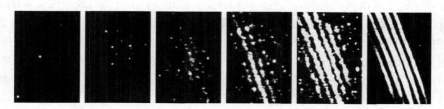

**图 A.3** 这些图像中电子束的来源是电子显微镜。一个带正电的导线被放置在光束的路径中，导致电子经过导线时偏转并发生干涉，好像它们通过双缝一样。不同图像中的电子束电流依次增加，表明干涉图案是由单个电子的统计行为构成的。来自 P. G. Merli, G. F. Missiroli, and G. Pozzi, *American Journal of Physics* **44**, 306 (1976)。

电子束的波长可以根据狭缝间距和干涉图案的大小确定。事实证明，电子的波长与电子的动量成反比，而且比例系数是普朗克常量：

$$\lambda = \frac{h}{p} \tag{A.3}$$

这个著名的关系由德布罗意（Louis de Broglie）于 1923 年预言。它也适用于光子，并且这也是爱因斯坦关系 $E = hf$ 和以光速运动的任何物体能量动量关系式 $p = E/c$ 结合的直接结果。德布罗意猜对了电子（和所有其他"粒子"）以相同的方式拥有与其动量相关的波长。（爱因斯坦关系 $E = hf$ 也适用于电子和其他粒子，但这个关系不那么有用，因为电子的"频率"不是可以直接测量的。）

电子和光子都可以表现得像波一样产生干涉条纹的事实提出了一些棘手的问题。每个单独的粒子（电子或光子）都只能到达观察屏幕上的一个点，所以如果粒子通过装置的速度足够慢，图案会一个点一个点地逐渐增强，见图 A.3。显然，每个粒子到达的位置都是随机的，屏幕上的亮度显示了粒子最后到达这一点的概率。这意味着每个光子或电子都必须以某种方式通过两个狭缝然后与自己干涉来确定最终到达的位置。换句话说，粒子的行为在通过狭缝时像波，波在屏幕某一位置的振幅决定了最终位置的概率。（更确切地说，到达特定位置的概率成正比于波的振幅的平方，就像电磁波的亮度正比于电场幅度的平方一样。）

**习题 A.3** 用爱因斯坦关系 $E = hf$ 和 $E = pc$ 证明德布罗意关系式(A.3)对光子成立。

**习题 A.4** 使用相对论性的能量和动量定义，证明对以光速传播的任何粒子有 $E = pc$。（对电磁波，这个关系也可以从麦克斯韦方程组导出，但要困难得多。）

**习题 A.5** 电视显像管中的电子通常会加速到 $10\,000\,\mathrm{eV}$ 的能量。计算此时电子的动量，然后使用德布罗意关系计算其波长。

**习题 A.6** 在图 A.3 所示的实验中，等效狭缝的间距为 $6\,\mu\mathrm{m}$，"狭缝"到检测屏的距离为 $16\,\mathrm{cm}$。一条亮线的中心与下一条亮线的中心（在放大之前）之间的间距通常为 $100\,\mathrm{nm}$。根据这些参数，确定电子束的波长以及加速电压。

**习题 A.7** 德布罗意关系适用于所有"粒子"，而不仅仅是电子和光子。
(1) 计算动能为 $1\,\mathrm{eV}$ 的中子的波长。
(2) 估算投出的棒球的波长（使用任一合理的质量和速度）。说明为什么看不到棒球在球棒周围发生衍射。

## A.2 波函数

鉴于单个粒子可以表现出波的性质，我们需要一种允许粒子性质与波动性质共存的描述方式。为此，物理学家们发明了量子力学中**波函数**（wavefunction）的概念。波函数在量子力学中起着描述粒子"状态"的作用，就像在经典力学中的位置和动量一样。它可以告诉我们粒子在某个特定时刻正在做什么的一切信息。粒子波函数的通常符号是 $\Psi$，它是位置（或者说三个坐标 $x$、$y$、$z$）的函数。让我们来看一个简单例子，假设粒子被限制为仅可以在 $x$ 方向上移动，那么这种情况下任何时刻的 $\Psi$ 都只是 $x$ 的函数。

粒子可以具有各种各样的波函数。有狭窄、很尖的波函数，此时对应于粒子位置确定的态（见图 A.4）。还有在大范围内振荡的波函数，对应于粒子动量确定的态（见图 A.5）。在后一种情况中，粒子的动量 $p$ 与波长 $\lambda$ 关系由德布罗意关系 $p = h/\lambda$ 给出。

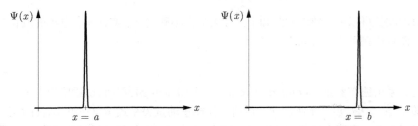

**图 A.4** 粒子位置确定的态的波函数（分别对应与 $x = a$ 和 $x = b$）。当粒子处在这样的态时，粒子的动量完全不确定。

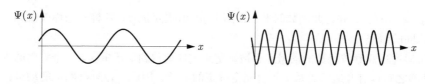

**图 A.5** 粒子动量确定的态的波函数（分别对应动量很小和动量很大的情况）。当粒子处在这样的态时，粒子的位置完全不确定。

实际上，波函数的波长只告诉了我们粒子动量的大小。即便只有一维，$p_x$ 都可以是正的或是负的，然而从图 A.5 中，你并不能分辨出正负。为了让 $\Psi$ 可以完全确定粒子的态，它需要有两个组分，也即，一对函数。对于具有确定动量的粒子，第二个组分具有与第一组分完全相同的波长但相位相差了 90°（见图 A.6）。对于图 A.6 的情况，动量在 $+x$ 方向上。如果要描述拥有相反动量的粒子，我们只需翻转第二组分，此时第二组分与第一组分在另一个方向上相差了 90°。$\Psi$ 的两个组分通常由单个复函数给出，其"实部"是第一个组分，"虚部"（更恰当地说，也是实的）是第二组分。如果你愿意的话，可以绘制 $\Psi$ 的虚部沿着指向纸面外的轴变化的图像。此时对于一个有确定动量的波函数，这个三维图像是一个螺旋形或葡萄酒开瓶器的形状，对于正 $p_x$ 是右旋的，对于负 $p_x$ 是左旋的。

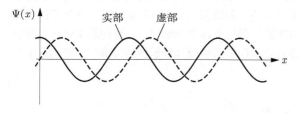

**图 A.6** 对确定动量的粒子的波函数的更加完整的描述，同时显示了波函数的"实部"和"虚部"。

除了有确定空间位置的波函数和有确定动量的波函数外，也有各种各样其他的波函数（见图 A.7）。对于任意的波函数，有一个非常重要的精确描述。首先，我们来计算波函数模的平方：

$$|\Psi(x)|^2 = (\mathrm{Re}\ \Psi)^2 + (\mathrm{Im}\ \Psi)^2 \tag{A.4}$$

如果对这个函数在任意两点 $x_1$ 和 $x_2$ 之间进行积分的话，你将会得到那个时刻粒子处于这两点之间的概率。（因此 $|\Psi|^2$ 是一个生来就要被积分的函数。）定性地讲，你更可能在粒子波函数振幅更大的区域内找到粒子，不太可能在波函数振幅很小的区域内找到粒子。对于一个有狭窄尖峰的波函数，你肯定可以在尖峰位置发现粒子，但是对于确定动量的波函数，你可以在任何位置找到粒子。

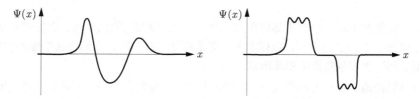

**图 A.7** 一些其他的波函数，其动量和位置都没有同时确定。

我们当然有计算粒子动量概率分布的方法，不过这个方法在数学上有点复杂：你需要首先对一个波函数进行"傅里叶变换"，变换后的波函数是一个自变量为"波数"$k = 2\pi/\lambda$ 的函数；之

后换元为 $p_x = hk/2\pi$，并将此函数的平方在两个 $p_x$ 值之间积分，这样一来你就得到了粒子处在这个动量区间的概率。

你也可以通过观察波函数的动量是否被确定来定性地得到上述事实。一个完美的正弦波函数（实部和虚部之间具有合适的关系）具有完全确定的波长，因此，也具有确定的动量；而一个有明确位置的尖尖的波函数根本没有波长：如果要测量它的动量，你可以得到任何结果。

**习题 A.8** 确定动量的波函数可以用公式 $\Psi(x) = A(\cos kx + \mathrm{i}\sin kx)$ 表示，式中，$A$ 和 $k$ 是常数。

(1) 常数 $k$ 与粒子的动量有什么关系？（论证你的答案。）

(2) 证明如果粒子具有这样的波函数，则可以在任意位置 $x$ 找到它。

(3) 如果该公式对所有的 $x$ 都成立，解释为什么常数 $A$ 必须是无穷小。

(4) 证明该波函数满足微分方程 $\mathrm{d}\Psi/\mathrm{d}x = \mathrm{i}k\Psi$。

(5) 通常将函数 $\cos\theta + \mathrm{i}\sin\theta$ 写为 $\mathrm{e}^{\mathrm{i}\theta}$。把 i 当作一个普通常数，证明 $A\mathrm{e}^{\mathrm{i}kx}$ 满足上一问的微分方程。

### A.2.1 不确定性原理

另一类重要的波函数是我有时说的"组合"波函数，或者更准确地讲，是**波包**（wavepacket）。波包在某个区域内近似是正弦，而在这个区域外逐渐消失，因此可以认为它是在空间中局域的。图 A.8 展示了一个 $x$ 和 $p_x$ 均近似确定但都不完全确定的波函数。在这种状态下，如果要测量粒子的位置，我们可以得到一系列值。如果有 100 万个都处于这个态的粒子，我们测量完它们的位置后将会发现测量值以某个平均值为中心，并且弥散程度就是所有测量值的标准差。我把这个标准差记为 $\Delta x$，它大致就是波包的宽度。

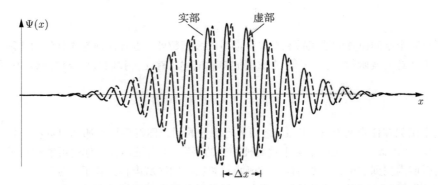

**图 A.8** 一个 $x$ 和 $p_x$ 近似确定但是没有精确确定的**波包**。波包的"宽度"由 $\Delta x$ 定义，更严格地讲，应该定义为波函数平方的标准差。（正如你所看到的那样，$\Delta x$ 要比波包"真正"的宽度小好几倍。）

同样地，如果有 100 万个粒子都处在这一状态，我们测量它们的动量，会发现测量出来的动量分布也是以某个平均值为中心，以标准差为弥散程度。这一次，我们将这个标准差称作 $\Delta p_x$，它是"动量空间"中波包宽度的粗略测量。

我们可以轻松地构建一个具有较小 $\Delta x$ 的波包，只需使振荡在每一侧都更快地消失。但是有一个代价：态的振荡更少时，粒子的波长和动量变得更加难以确定。出于同样的原因，如果构造一个有精确动量的波包，我们必须包含许多振荡，导致一个较大的 $\Delta x$。波包在实空间中的宽度与动量空间中的宽度存在反比关系。

为了更准确地说明这种关系，假设我们令波包足够狭窄，在消失之前它只包含一个完整的振荡。此时位置的标准差大约是一个波长，而动量的标准差则相当大，与动量本身相当：

$$\Delta p_x \sim p_x = \frac{h}{\lambda} \sim \frac{h}{\Delta x} \tag{A.5}$$

因为更小的 $\Delta p_x$ 意味着更大的 $\Delta x$，所以对波包，有

$$(\Delta x)(\Delta p_x) \sim h \tag{A.6}$$

这个关系不仅对狭窄波包成立，它其实对任意波包均成立。更一般地，我们可以利用傅里叶分析证明对于任意的波函数都有

$$(\Delta x)(\Delta p_x) \geqslant \frac{h}{4\pi} \tag{A.7}$$

这便是著名的**海森伯不确定性原理**（Heisenberg uncertainty principle）。它告诉我们，如果你准备 100 万个具有相同波函数的粒子，然后一半的粒子测量它们的位置，另一半测量它们的动量，接着计算二者的标准差，标准差的乘积不会小于 $h/4\pi$。因此，无论你怎样准备一个粒子，你都不能把它放到一个 $\Delta x$ 和 $\Delta p_x$ 都任意小的态上。一个恰当构造的波包可以使乘积达到 $h/4\pi$ 的最佳极限；但对于大多数波函数，这个乘积会更大。

**习题 A.9** 一个"恰当构造"的波包的公式为

$$\Psi(x) = A e^{ik_0 x} e^{-ax^2}$$

式中，$A$、$a$ 和 $k_0$ 都是常数。（在习题 A.8 中我们定义了如何计算指数上的虚数。在这道习题中，你可以像处理其他常数一样处理 i。）
  (1) 对此波函数计算并绘制出 $|\Psi(x)|^2$。
  (2) 证明常数 $A$ 必须等于 $(2a/\pi)^{1/4}$。（提示：利用在 $x = -\infty$ 和 $x = \infty$ 之间找到粒子的概率必须等于 1，算出这个常数。相关积分的计算可以参考附录 B.1 节。）
  (3) 标准差 $\Delta x$ 的计算可以使用公式 $\sqrt{\overline{x^2} - \overline{x}^2}$，而 $x^2$ 的平均值则是由概率加权的 $x^2$ 的和：

$$\overline{x^2} = \int_{-\infty}^{\infty} x^2 |\Psi(x)|^2 \, \mathrm{d}x$$

  使用这些公式证明，该波包的 $\Delta x = 1/(2\sqrt{a})$。
  (4) 函数 $\Psi(x)$ 的傅里叶变换的定义为

$$\widetilde{\Psi}(k) = \frac{1}{\sqrt{2\pi}} \int_{-\infty}^{\infty} e^{-ikx} \Psi(x) \, \mathrm{d}x$$

  证明对于恰当构造的波包，$\widetilde{\Psi}(k) = (A/\sqrt{2a}) \exp\left[-(k - k_0)^2 / 4a\right]$。绘制此函数。
  (5) 使用类似于 (3) 中的公式，证明对于该波函数，$\Delta k = \sqrt{a}$。（提示：标准差不依赖于 $k_0$，因此可以从一开始就将 $k_0$ 设为 0 来简化计算。）
  (6) 对该波函数计算 $\Delta p_x$，并检查是否满足不确定性原理。

**习题 A.10** 画出一个乘积 $(\Delta x)(\Delta p_x)$ 远大于 $h/4\pi$ 的波函数。解释如何估计你画出的波函数的 $\Delta x$ 和 $\Delta p_x$。

## A.2.2  线性独立的波函数

从前面的图中可以看出，一个粒子可能的波函数的数目是巨大的。这对统计力学提出了问题，在统计力学里，我们需要数出一个粒子可能出现的态。数出所有的波函数是不可行的，我们需要

的只是一种数出独立波函数数目的方法。接下来，我将精确描述这个想法。

如果一个波函数 $\Psi$ 可以写为两个波函数 $\Psi_1$ 和 $\Psi_2$ 的叠加，

$$\Psi(x) = a\Psi_1(x) + b\Psi_2(x) \tag{A.8}$$

式中，$a$ 和 $b$ 是两个（复数）常数，此时我们说 $\Psi$ 是 $\Psi_1$ 和 $\Psi_2$ 的**线性组合**（linear combination）。另一方面，如果不存在常数 $a$ 和 $b$ 使式(A.8)成立，那么我们说 $\Psi$ **线性独立**（linearly independent）于 $\Psi_1$ 和 $\Psi_2$。更一般地说，如果存在函数集合 $\Psi_n(x)$ 使得 $\Psi(x)$ 不能写为 $\Psi_n(x)$ 中任意波函数的线性组合，那么我们就说 $\Psi(x)$ 线性独立于 $\Psi_n(x)$。如果集合中的任意波函数都不能表示成其他波函数的线性组合，我们就说它们都是线性独立的。

在统计力学中，我们想要做的是计算粒子允许的独立波函数的数目。如果粒子被限制在一个有限区域，并且能量是有限的，那么这个数字总是有限的。即使如此，我们仍然可以有许多不同的线性独立波函数的集合。在第 2.5 节中，我使用了在位置和动量空间中都近似局域的波包。但通常情况下使用有确定能量的波函数会更加方便，这将在下一节中讨论。

**习题 A.11** 考虑函数 $\Psi_1(x) = \sin(x)$ 和 $\Psi_2(x) = \sin(2x)$，$x$ 的取值范围是 0 到 $\pi$。写下由 $\Psi_1(x)$ 和 $\Psi_2(x)$ 组成的三个不同的非平凡线性组合的公式，并绘制出这三个函数。为简单起见，假设函数都是实函数。

## A.3　具有确定能量的波函数

在粒子具有的所有可能的波函数中，最重要的是具有确定总能量的波函数。总能量就是动能加势能；对于一维的非相对论性粒子，

$$E = \frac{p_x^2}{2m} + V(x) \tag{A.9}$$

式中，势能函数 $V(x)$ 事实上可以是任意的。当在特殊的情况 $V(x) = 0$ 下，总能量就等于只依赖于动量的动能，因此定能波函数就是确定动量的波函数。当 $V(x) \neq 0$ 时，确定动量的波函数就不一定再具有固定的能量了，因而定能波函数会发生变化。

为了求出给定势能 $V(x)$ 下的定能波函数，我们必须求解一个微分方程，称为**不含时薛定谔方程**（time-independent Schrödinger equation）。[1] 量子力学教科书中详细讨论了这个方程和求解方法；在这里，我只给出一些重要的特殊情况下的解。

### A.3.1　盒子中的粒子

最简单的非零势能函数是"无限深势阱"：

$$V(x) = \begin{cases} 0 & 0 < x < L \\ \infty & \text{其他} \end{cases} \tag{A.10}$$

---

[1] 当然还有含时薛定谔方程，但它的目的完全不同：它告诉你任何波函数随着时间的推移如何变化。定能波函数以频率 $f = E/h$ 从实数到虚数来回振荡，而其他波函数则以更加复杂的方式演化。由于定能波函数随时间的演化最为简单，因此它的两个薛定谔方程之间存在密切的数学关系。

这个理想的势能将粒子束缚在 0 到 $L$ 的区间——一个一维的"盒子"——内（见图 A.9）。盒子内部的粒子不存在势能，然而外部不可能存在粒子——因为粒子的能量不是无穷的。

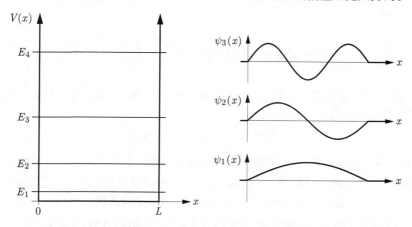

**图 A.9** 一维盒子中粒子的几个最低能级和对应的定能波函数。

这个势能函数非常简单，因此我们可以求出定能波函数，而无须费心去解不含时薛定谔方程。每个允许的波函数必须在盒子外面为零，而在没有势能的盒子里面，确定能量的波函数将具有确定的动能并因此具有（差不多）确定的动量。定能波函数需要在 $x = 0$ 和 $x = L$ 时连续地变为 0，因为不连续会在动量中引入无限的不确定性（即，零波长的傅里叶分量）。但是确定动量的波函数在任何位置都不会一直是零。为了得到具有零点（节点）的波函数，我们需要将两个动量大小相等，方向相反的波函数加在一起以形成"驻波"。这样的波函数仍具有确定的动能，因为动能仅取决于动量的平方。

图 A.9 中展示了几个定能波函数。为了让波函数在两端都变为 0，只有特定的波长是允许的：$2L$、$2L/2$、$2L/3$，等等。对于这些波长，我们可以利用德布罗意关系来得到它们的动量的大小，而能量就是 $p^2/2m$。因此，允许的能量就是

$$E_n = \frac{p_n^2}{2m} = \frac{1}{2m}\left(\frac{h}{\lambda_n}\right)^2 = \frac{h^2}{2m}\left(\frac{n}{2L}\right)^2 = \frac{h^2 n^2}{8mL^2} \tag{A.11}$$

式中，$n$ 是一个正整数。注意到能量是量子化的：因为盒子中的半波长的数目必须是整数，所以只有特定的离散间隔的能量是可行的。更一般地来说，当一个粒子被限制在一个区域内时，它的波函数两端必须是零且在内部具有整数个数的"鼓包"，因而它的能量是量子化的。

定能波函数很重要，不仅因为它们具有确定的能量，也因为任何其他波函数都可以写成定能波函数的线性组合。（对于盒子内粒子的波函数，这个陈述与傅里叶分析的定理相同，即有限区域内的任何函数都可以写成正弦函数的线性组合。）此外，定能波函数都是线性独立的（至少对于限制在有限区域内的一维粒子来说是这样的）。因此，计算定能波函数为我们提供了一种简便的方法来计算粒子可用的"全部"状态。

对于限制于三维盒子内部的粒子，我们可以将 3 个一维定能波函数相乘来构造出一个定能三维波函数：

$$\psi(x, y, z) = \psi_x(x)\,\psi_y(y)\,\psi_z(z) \tag{A.12}$$

式中，$\psi_x$、$\psi_y$ 和 $\psi_z$ 每一个都可以是任意的一维盒子中的正弦波函数。（我们通常使用小写的 $\psi$

来代表定能波函数。）这个乘积当然不会得到所有可能的定能波函数，不过剩下的都可以写成它们的线性组合，因此计算以这种方式分解的波函数就足以达到我们的目的。总能量因而也很好地分解为三项的和：

$$E = \frac{|\vec{p}|^2}{2m} = \frac{1}{2m}\left(p_x^2 + p_y^2 + p_z^2\right) = \frac{1}{2m}\left[\left(\frac{hn_x}{2L_x}\right)^2 + \left(\frac{hn_y}{2L_y}\right)^2 + \left(\frac{hn_z}{2L_z}\right)^2\right] \tag{A.13}$$

式中，$L_x$、$L_y$ 和 $L_z$ 分别是盒子三个方向的长度；$n_x$、$n_y$ 和 $n_z$ 是三个正整数。若盒子是一个立方体，这个公式就变为

$$E = \frac{h^2}{8mL^2}\left(n_x^2 + n_y^2 + n_z^2\right) \tag{A.14}$$

每一个这些 $n$ 的三元组都是一个不同的线性独立的波函数，但并非每一个不同的三元组都对应着不同的能量：大多数能级是**简并**（degenerate）的，对应着多个在统计力学中必须分开计数的线性独立的态。（给定能量下线性独立态的个数称作该能级的**简并度**（degeneracy）。）

**习题 A.12** 粗略估计被限制在宽度为 $10^{-15}$ m（原子核的大小）的盒子中质子的最小能量。

**习题 A.13** 对于极端相对论性粒子，例如光子或高能的电子，能量和动量之间的关系不再是 $E = p^2/2m$，而是 $E = pc$。（此公式适用于无质量粒子，也适用于满足极限 $E \gg mc^2$ 的有质量粒子。）

(1) 对限制在长度为 $L$ 的一维盒子中的极端相对论性粒子，求出允许能量的公式。

(2) 估算被限制在宽度为 $10^{-15}$ m 的盒子内的电子的最小能量。曾经有人认为原子核可能包含电子；解释为什么这个说法不太可能。

(3) 可以将一个核子（质子或中子）看作 3 个几乎无质量的夸克的束缚态，这 3 个夸克由非常强大的力约束在一起，从而有效地将它们限制在一个宽度为 $10^{-15}$ m 的盒子内。估计 3 个这样的粒子的最小能量（假设它们 3 个都处于最低能量态），然后除以 $c^2$ 以获得对核子质量的估计。

**习题 A.14** 考虑限制在三维立方体中的非相对论性粒子，画出其能级图，以显示能量低于 $15\cdot\left(h^2/8mL^2\right)$ 的所有态。确保分别显示每个线性独立的态，以显示出每个能级的简并度。随着 $E$ 的增加，每单位能量的平均状态数是增加还是减少？

## A.3.2　谐振子

另一个重要的势能函数是谐振子势能：

$$V(x) = \frac{1}{2}k_s x^2 \tag{A.15}$$

式中，$k_s$ 是一个"弹簧常数"。具有该势能函数的粒子的定能波函数不太容易猜出来，但是可以通过解不含时薛定谔方程得出，其中一些见图 A.10。它们不是正弦函数，但仍然具有近似的局部"波长"，在中间附近较小（势能较少，因此动能较大），并且两侧都较大（动能很小）。

与盒子中的粒子一样，量子谐振子的定能波函数必须在每一侧变为零，其间有整数个"鼓包"，因此其能量同样是量子化的。故允许的能量是

$$E = \frac{1}{2}hf, \ \frac{3}{2}hf, \ \frac{5}{2}hf, \ \cdots \tag{A.16}$$

式中，$f = \frac{1}{2\pi}\sqrt{k_s/m}$ 为谐振子的固有频率。能级之间是等间隔的，而不是像上次盒子中的粒子那样间隔越来越远。（这是因为如果能量较大，谐振子可以"传播"到更远的两侧，为波函数提供更多空间，从而允许了更长的波长。）我们一般都相对于基态能量测量所有的能量，也即允许

的能量是

$$E = 0,\ hf,\ 2hf,\ \cdots \tag{A.17}$$

以这种方式移动零点对热相互作用几乎没有影响。但是，零点能很关键的情况下却不一定能这样做，见习题 A.24。

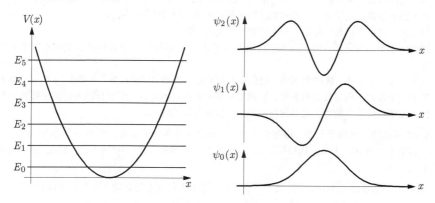

**图 A.10** 一维量子谐振子的几个最低的能级和对应的波函数。

许多现实世界的系统——至少对于最简单的近似来说——是简谐振荡的。量子谐振子的一个很好的例子是双原子分子（如 $N_2$ 或 CO）的振动运动。振动能量可以通过观察分子从一种态跃迁到另一种态时发出的光来测量，见图 A.11。

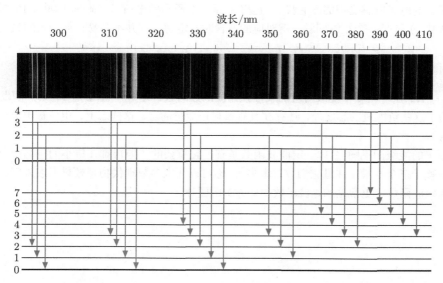

**图 A.11** 分子氮 $N_2$ 发射光谱的一部分。能级图显示了各个谱线的跃迁。所示的所有线都来自同一对电子态之间的跃迁。然而，在任一电子态下，分子也可具有一个或多个"单位"的振动能量；这些数字标记在左边。谱线根据获得或丢失的振动能量单位的数量进行分组。因为振动能级在一个电子态中比在另一个电子态中间隔得更远，所以每组线内发生了分裂。图片来自 Gordon M. Barrow, *Introduction to Molecular Spectroscopy* (McGraw-Hill, New York, 1962)。照片最初由 J. A. Marquisee 提供。

**习题 A.15** CO 分子可以以 $6.4 \times 10^{13}\,\mathrm{s^{-1}}$ 的固有频率振动。

(1) CO 分子的 5 个最低振动态的能量是多少（以 eV 为单位）?

(2) 如果 CO 分子一开始处于基态，而你希望将其激发到第一个振动能级，那么应该使用什么波长的光？

**习题 A.16** 在这道习题中，你将分析图 A.11 中所示的分子氮的光谱。你可以假设能级图正确表示出了所有的能级跃迁过程。

(1) 忽略任何的振动能（除了零点能 $\frac{1}{2}hf$），近似计算出上下两个电子态之间的能量差。

(2) 对上部和下部的电子态，分别近似计算出振动能级之间的能量间隔。

(3) 使用另一组谱线重复计算上一问，以验证图是否一致。

(4) 如何从光谱图中得知（电子态的）振动能级不是均匀间隔的？（这表明势能函数不完全是二次函数。）

(5) 对于下部的电子态，将两个氮原子结合在一起成键的等效"弹簧常数"是多少？（提示：首先考虑单个原子相对于固定质心的振荡，来确定一半弹簧的弹簧常数。然后仔细考虑整个弹簧的弹簧常数（每单位拉伸量的力）是如何与一半的弹簧常数相关的。）

**习题 A.17** 可以将二维谐振子视为由两个独立的一维振子组成的系统。考虑一个各向同性的二维谐振子，其固有频率在两个方向上都相同。写出该系统允许能量的公式，并绘制出能级图，显示出每个能级的简并度。

**习题 A.18** 对三维各向同性谐振子重复上一道习题。并求出任何给定能量下简并态数目的公式。

### A.3.3 氢原子

第三个重要的势能函数是

$$V(r) = -\frac{k_e e^2}{r} \tag{A.18}$$

即氢原子中的电子所感受到的库仑势。（这里 $e$ 是一个质子的电荷量，$k_e = 8.99 \times 10^9$ N·m²/C² 为库仑常数。）这是一个三维问题，解对应的不含时薛定谔方程并不容易，但能级的最终公式非常简单：

$$E = -\frac{2\pi^2 m_e e^4 k_e^2}{h^2}\frac{1}{n^2} = -\frac{13.6\,\text{eV}}{n^2} \tag{A.19}$$

式中，$n = 1, 2, 3, \cdots$。第 $n$ 能级对应的线性独立波函数的数目是 $n^2$：基态是 1，第一激发态是 4，等等。除了这些负能量的态之外，还存在具有任何正能量的态；这些态上，电子被电离，不再与质子结合。

氢原子的能级图见图 A.12。定能波函数是有趣且重要的，但很难在狭小的空间中绘制，因为它们依赖于三个变量（并且它们数目太多）。你可以在大多数现代物理教科书或入门化学教科书中找到该波函数（更常见的是波函数的平方）的图片。

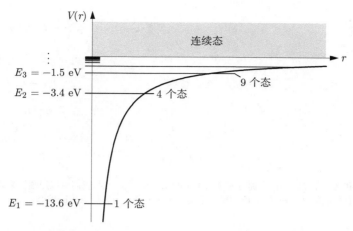

**图 A.12** 氢原子的能级图。曲线是势能函数，正比于 $-1/r$。除了离散间隔的负能量态之外，还存在连续的正能量（电离）态。

**习题 A.19** 假设氢原子从高能态跃迁到低能态，并在此过程中发射出光子。计算以下每个跃迁中释放的光子的能量和波长：$2 \to 1$、$3 \to 2$、$4 \to 2$ 以及 $5 \to 2$。

## A.4 角动量

除了位置、动量和能量外，我们可能还想知道一个粒子（相对于某个原点）的角动量。更具体地来讲，我们可能想知道它角动量矢量的大小 $|\vec{L}|$，或角动量矢量大小的平方 $|\vec{L}|^2$。此外，我们还可能想知道角动量矢量的三个分量，$L_x$、$L_y$ 和 $L_z$。

与之前类似，存在一些特殊的波函数，它们的一些特定变量是明确的。但是，不存在一个波函数，其超过一个的 $L_x$、$L_y$ 或 $L_z$ 是明确的（除了所有三个分量都是 0 的平庸情况）。对于任何特定的波函数，我们最多只能指明 $|\vec{L}|^2$ 的值，以及 $\vec{L}$ 中的一个分量；通常我们把它称作 $z$ 分量。

粒子的角动量仅决定了其波函数在球坐标中的角度依赖性，也即与角度变量 $\theta$ 和 $\phi$ 的依赖关系。具有确定角动量的波函数是依赖于这些变量的正弦函数。为了让波函数是单值函数，当你沿着任何圆周走一圈时，这些正弦函数必须经过整数次的振荡。因此，只有某些"波长"的振荡才被允许，这对应于角动量值的量子化。允许的 $|\vec{L}|^2$ 的值为 $\ell(\ell+1)\hbar^2$，其中 $\ell$ 是任何的非负整数，$\hbar$ 是 $h/2\pi$ 的缩写。对于任意的给定 $\ell$，允许的 $L_z$ 值（或 $L_x$ 或 $L_y$）为 $m\hbar$，式中，$m$ 是 $-\ell$ 到 $\ell$ 的任何整数。图 A.13 给出了一种可视化这些态的方法。

对于有旋转对称性的问题，角动量是最重要的。经典情况下，角动量是守恒的。在量子力学中，旋转对称性意味着确定能量波函数的还可以拥有确定的角动量。氢原子是一个重要的例子，其基态必定有 $|\vec{L}|^2 = 0$，第一激发态（$n = 2$）可以有 $|\vec{L}|^2 = 0$ 或 $|\vec{L}|^2 = 2\hbar^2$（也即 $\ell = 0$ 或 $\ell = 1$），依此类推。（氢原子的一般规则是 $\ell$ 必须小于决定能量的整数 $n$。顺便说一句，我们把 $n$、$\ell$ 以及 $m$ 这样的整数称为**量子数**（quantum number）。）

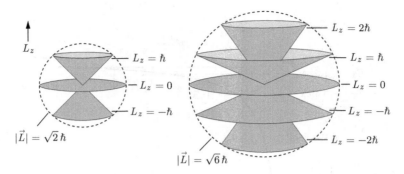

**图 A.13** 一个 $|\vec{L}|$ 和 $L_z$ 都确定的粒子拥有完全未确定的 $L_x$ 和 $L_y$，因此我们可以用圆锥来表示角动量"矢量"，这个圆锥表示了所有可能的 $L_x$ 和 $L_y$。图中显示了对于 $\ell = 1$ 和 $\ell = 2$ 所有可能的态。

**习题 A.20** 理解角动量量子化的一种非常原始但部分正确的方法如下：考虑一个限制在沿半径为 $r$ 的圆上传播的粒子，此时，它围绕中心的角动量为 $\pm rp$，其中 $p$ 是任何时刻其线性动量的大小。使用 $s$ 标记粒子在圆上的位置，其范围为 0 到 $2\pi$。粒子的波函数是 $s$ 的函数。现在假设波函数是正弦波，因此 $p$ 是确定的。利用波函数必须在整个圆上经历整数次完全振荡的事实，求出允许的 $p$ 的值和允许的角动量的值。

**习题 A.21** 对确定 $E$、$|\vec{L}|^2$ 和 $L_z$ 的氢原子，用量子数（$n$、$\ell$ 和 $m$）列举出所有独立的态，直到 $n = 3$，检查能级 $n$ 的独立态的数目是否等于 $n^2$。

## A.4.1 分子的转动

角动量在热物理中的一个重要应用是气体中分子的转动。对该问题的分析一般分为三种情况：单原子、双原子和多原子分子。

单原子分子（即单个原子）实际上没有任何转动态。原子中的电子的确可以携带角动量，并且这个角动量可以有各种取向（如果是孤立原子，则所有的取向都具有相同的能量）。但如果要改变电子角动量的大小，则需要将它们置于激发态，这通常需要几个电子伏特的能量，多于常温下原子可获得的能量。在任何情况下，这些激发态被分类为电子态，而不是分子转动态。此外，原子核也可以拥有内禀的角动量（"自旋"），它可以有不同的方向，但改变其角动量的大小通常需要巨大的能量，如 100 000 eV。

更一般地说，当谈论分子的转动态时，我们既不对单个原子核的转动感兴趣，也不对激发的电子态感兴趣。因此，将原子核当作质点，并完全忽略仅仅"凑凑热闹"的电子是合适的。在整个讨论过程中，我将采用这两个简化。

在双原子分子中，将两个原子结合在一起的键通常非常强，所以我们可以认为两个原子核由一个刚性无质量棒连接在一起。让我们假设这个"哑铃"的质心处于静止状态（也就是说，我们忽略任何平动运动）。从经典的角度，这个系统在空间中仅取决于两个球坐标角度 $\theta$ 和 $\Psi$，它们指定了朝向其中一个原子核的方向。（第二个原子核的位置也随之确定，在第一个原子核相对的一侧。）分子的能量由角动量矢量确定，此时通常称为 $\vec{J}$（而不是 $\vec{L}$）。更确切地说，能量只是通常的转动动能，

$$E_{转动} = \frac{|\vec{J}|^2}{2I} \tag{A.20}$$

式中，$I$ 是关于质心的转动惯量（也即，$I = m_1 r_1^2 + m_2 r_2^2$，这里的 $m_i$ 和 $r_i$ 分别是第 $i$ 个原子的质量和到转轴的距离）。

站在量子力学的角度，这个系统的波函数只是 $\theta$ 和 $\phi$ 的函数。因此，指定角动量（$|\vec{J}|^2$ 和 $J_z$）足以确定整个波函数，并且对分子而言，可用的独立波函数的数目与不同的角动量态的数目完全一致。此外，根据式(A.20)，$|\vec{J}|^2$ 的值确定了分子的转动能。因此，$|\vec{J}|^2$ 的量子化就是能量的量子化，允许的能量为

$$E_{转动} = \frac{j(j+1)\hbar^2}{2I} \tag{A.21}$$

这里的 $j$ 原则上与上面提到的量子数 $\ell$ 一致，所允许的值为 0，1，2，……。每一个能级简并度等于这个 $j$ 值允许的不同 $J_z$ 值的数量，即 $2j+1$。图 6.6 显示了一个转动双原子分子的能级图。

然而，我刚才说的内容仅适用于由可区分的原子组成的双原子分子：CO、CN，甚至由不同的同位素组成的 $H_2$。如果两个原子不可区分，那么只有一半的不同状态，因为两个原子互相交换不会改变最终的态。基本上这意味着式(A.21)中一半的 $j$ 值是允许的，另一半则不允许；习题 6.30 解释了如何确定哪一半是允许的，哪一半是不允许的。

对任何双原子分子，转动能级之间的间距与 $\hbar^2/2I$ 成正比。当转动惯量很小时，这个量会很大，但即使是最小的分子，它也会小于 $1/100\,\mathrm{eV}$。因此，一般来说，分子的转动能级的排列比振动能级的排列要密集得多（见图 A.14）。由于 $kT \gg \hbar^2/2I$，因此室温时，对于几乎全部的分子，转动"自由度"通常会蕴含大量的热能。

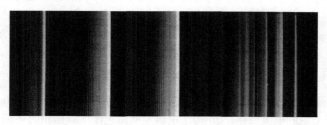

**图 A.14** 图 A.11 的 $N_2$ 光谱在波长约为 $370\sim390\,\mathrm{nm}$ 范围的放大图。对每一个振动能级，都对应许多简并的转动能级，因此每一个宽线其实是由许多窄线形成的一个"带"。图片来自 Gordon M. Barrow, *Introduction to Molecular Spectroscopy* (McGraw-Hill, New York, 1962)。最初由 J. A. Marquisee 摄制。

线性多原子分子，如 $CO_2$，类似于双原子分子，因为其空间的依赖关系可以仅用两个角度来指定，因此这种分子的转动能同样由式(A.21)给出。

然而，大多数多原子分子更加复杂。例如，$H_2O$ 分子的取向并不能仅由一个氢原子相对于质心的位置来确定；即使保持氢原子固定，氧原子仍然可以在一个小圆圈中移动。因此，要指定非线性多原子分子的方向，我们需要第三个角度。这意味着，转动波函数现在依赖于三个变量而不是两个变量，因此允许的所有可能态的总数大于双原子分子的总数。因为三个可能的转动轴的转动惯量通常是互不相同的，所以能级结构通常非常复杂。在较高温度下，会有许多可用的转动态，这些态的数量可以看作三个"自由度"。但是除此之外的详细讨论则超出了本书的范围。[1]

**习题 A.22** 在第 6.2 节中，符号 $\epsilon$ 是常数 $\hbar^2/2I$ 的简写。该常数通常通过微波光谱法测得：用微波轰击分子并观察哪些频率被吸收。

(1) 已知 CO 分子的 $\epsilon$ 约为 $0.000\,24\,\mathrm{eV}$。求会引起从 $j=0$ 到 $j=1$ 跃迁的微波频率。什么频率会引起从 $j=1$ 到 $j=2$ 的跃迁呢？

(2) 使用测量的 $\epsilon$ 计算 CO 分子的转动惯量。

(3) 根据转动惯量和已知的原子质量，计算出 CO 分子的"键长"或原子核之间的距离。

---

[1] 可以在物理化学教科书中找到对多原子分子更详细的讨论，如 Atkins (1998) [23]。

### A.4.2  自旋

除了粒子由于空间运动产生的角动量之外，在量子力学中，粒子还可以具有内部或"内禀"的角动量，称为**自旋**（spin）。有时，如果观察得足够仔细，你会发现粒子具有内部结构，其自旋仅仅是其组分运动的结果。但对于像电子和光子这样的"基本"粒子，最好直接将自旋视为一种无法用内部结构描述的内禀角动量。

与其他形式的角动量一样，自旋角动量的大小只能有一些特定的值：$\sqrt{s(s+1)}\hbar$，这里的 $s$ 是一个与 $\ell$ 类似的量子数。然而，事实证明 $s$ 不必是整数；它也可以是半整数，即 $1/2$、$3/2$、$5/2$ 等。每种基本粒子有它自己的 $s$ 值，且一劳永逸地固定。电子、质子、中子、中微子等粒子的 $s = 1/2$；而光子等粒子的 $s = 1$。对于复合粒子，有各种规则来从组分的自旋和轨道角动量确定总自旋；例如，基态氦-4 原子的 $s = 0$，因为其组分的自旋相互抵消。

（顺便说一句，当系统的角动量来自轨道运动和自旋的组合时，或者当我们不想知道具体细节时，我们通常称它为 $J$，并使用量子数 $j$ 而不是 $\ell$ 或 $s$。）

给定一个粒子的 $s$ 值，其自旋角动量沿 $z$ 轴（或任意轴）的分量依然可以有几个不同的可能值。与轨道角动量一样，这些值以整数的间隔从 $s\hbar$ 取到 $-s\hbar$。例如，如果 $s = 1/2$，角动量的 $z$ 分量可以是 $+\hbar/2$ 或 $-\hbar/2$。如果 $s = 3/2$，$z$ 分量则有四个可能的值：$+3\hbar/2$、$+\hbar/2$、$-\hbar/2$ 以及 $-3\hbar/2$。对于无质量粒子，对这个规则有一个修正：$z$ 分量只允许取极值，例如，光子为 $\pm\hbar$（$s = 1$），引力子为 $\pm 2\hbar$（$s = 2$）。

旋转的带电粒子就像一个小条形磁铁，它的强度和朝向由**磁矩矢量**（magnetic moment vector）$\vec{\mu}$ 刻画。对于宏观的电流回路，$|\vec{\mu}|$ 等于电流与回路包围区域面积的乘积，而 $\vec{\mu}$ 的方向由右手定则确定。但是，这个定义对于微观磁体来说并不是很有用，所以最好直接根据在磁场中扭转粒子所需的能量来定义 $\vec{\mu}$。外部磁场 $\vec{B}$ 与 $\vec{\mu}$ 平行时，能量最低，反平行时最高；如果我们令 $\vec{\mu}$ 和 $\vec{B}$ 垂直时的能量为零，那么能量公式为

$$E_{磁} = -\vec{\mu} \cdot \vec{B} \tag{A.22}$$

通常把 $\vec{B}$ 的方向定义为 $z$ 方向，此时，

$$E_{磁} = -\mu_z \left| \vec{B} \right| \tag{A.23}$$

现在，由于 $\vec{\mu}$ 正比于一个粒子的角动量，而量子力学粒子的 $\mu_z$ 是量子化的：对于自旋 $1/2$ 粒子有两个可能的值，对于自旋 $1$ 的粒子有三个可能的值，等。对于第 2.1 节介绍过的重要的自旋 $1/2$ 粒子的情况，有

$$\mu_z = \pm\mu \tag{A.24}$$

所以 $\mu \equiv |\mu_z|$。尽管这种记号很方便，但是我还是要提醒你，$\mu$ 与 $|\vec{\mu}|$ 并不相等，就像 $|J_z|$ 与 $|\vec{J}|$ 不相等一样。

**习题 A.23** 类比图 A.13，绘制一个圆锥图，显示 $s = 1/2$ 和 $s = 3/2$ 粒子的自旋态。使用相同的比例为这两种粒子绘图，并在大小和方向上尽可能精确。

## A.5　多粒子系统

一个由两个粒子组成的量子力学系统只有一个波函数。在空间是一维的情况下，双粒子系统的波函数是两个变量 $x_1$ 和 $x_2$ 的函数，对应于两个粒子的位置。更准确地说，如果将波函数的平方对 $x_1$ 和 $x_2$ 在某个范围内积分，你会得到在第一个范围内找到第一个粒子同时在第二个范围找到第二个粒子的概率。

一些双粒子波函数可以写为单粒子波函数的乘积：

$$\Psi\left(x_1, x_2\right) = \Psi_a\left(x_1\right) \Psi_b\left(x_2\right) \tag{A.25}$$

这是一个巨大的简化，仅适用于所有双粒子波函数中的一小部分。幸运的是，所有其他双粒子波函数都可以写成以这种方式考虑的波函数的线性组合。因此，如果我们只对线性独立的波函数感兴趣，只需要考虑这些可以写成乘积的波函数。（无论两个粒子是否存在相互作用，前面的叙述都是正确的。但如果它们之间不存在相互作用，还可以进一步简化：系统的总能量就是这两个粒子的能量之和，如果我们取 $\Psi_a$ 和 $\Psi_b$ 是合适的单粒子定能波函数，那么它们的乘积将是组合系统的定能波函数。）

如果所讨论的两个粒子彼此可区分，那就没什么好说的。但量子力学允许粒子绝对不可区分——没有可能的测量可以揭示出哪个粒子是哪个。在这种情况下，在位置 $a$ 发现粒子 1 并且在位置 $b$ 发现粒子 2 的概率密度一定与在位置 $b$ 发现粒子 1 的并在位置 $a$ 发现粒子 2 的概率密度相同。换句话说，波函数的平方必须在交换两个坐标的操作下保持不变：

$$\left|\Psi\left(x_1, x_2\right)\right|^2 = \left|\Psi\left(x_2, x_1\right)\right|^2 \tag{A.26}$$

这可以意味着 $\Psi$ 在这种操作下不变，但是这不完全正确，还存在一种可能——$\Psi$ 在这种操作下改变符号：

$$\Psi\left(x_1, x_2\right) = \pm \Psi\left(x_2, x_1\right) \tag{A.27}$$

（由于交换波函数自变量两次一定会变回它之前的形式，所以只有两种可能。而乘以复数 $i$ 或者其他复数则不满足这样的要求。）

实验发现，式(A.27)描述的两种情况在自然界都存在。对一些种类的粒子，$\Psi$ 在交换自变量时保持不变，称作**玻色子**（boson）；对另一些种类的粒子，$\Psi$ 在交换自变量时变号，称作**费米子**（fermion）：

$$\Psi\left(x_1, x_2\right) = \begin{cases} +\Psi\left(x_2, x_1\right) & \text{玻色子} \\ -\Psi\left(x_2, x_1\right) & \text{费米子} \end{cases} \tag{A.28}$$

（对第一种情况，我们把 $\Psi$ 称为"对称"的，第二种情况，我们称其为"反对称"的。）玻色子的例子包括光子、介子和许多类型的原子及原子核。费米子的例子包括电子、质子、中子、中微子和许多其他类型的原子和原子核。事实上，所有具有整数自旋的粒子（或者更准确地说，是量子数 $s$ 为整数时）都是玻色子，所有拥有半整数自旋（即 $s = 1/2$、$3/2$ 等）的粒子都是费米子。

规则式(A.28)最直接的应用是两个粒子处于同一粒子态时，有

$$\Psi\left(x_1, x_2\right) = \Psi_a\left(x_1\right) \Psi_a\left(x_2\right) \tag{A.29}$$

对于玻色子而言，这个公式保证 $\Psi$ 在交换 $x_1$ 和 $x_2$ 时对称。对于费米子，这种情况则完全不可能存在，因为一个函数不可能等于它自己的相反数（除非它是 0，而这是不被允许的）。

（当我们考虑粒子的自旋方向时，情况实际上有些复杂。粒子的"态"不仅包括它空间波函数的部分，也包括它的自旋态，所以对于费米子来说，空间部分的波函数可以是对称的，只要自旋部分反对称即可。对于自旋 1/2 粒子的重要情形，我们要记住任何给定的空间波函数最多可被两个相同种类的粒子占据，只要它们的自旋波函数是反对称的。）

本节的所有陈述和公式都可以自然地推广到三个或更多个粒子的系统。几个全同玻色子组成的系统在交换任意一对自变量的情况下都保持不变，与之对应的，几个全同费米子组成的系统在交换任意一对自变量的情况下都应该改变符号。任何给定的单粒子态（其中"态"既包括空间波函数也包括自旋波函数）都可以容纳任意多个相同的玻色子，但最多只能容纳一个费米子。

## A.6  量子场论

经典力学不仅处理点状的粒子系统，还涉及连续系统：弦、振动固体，甚至"场"（如电磁场）。通常的做法是先假设连续对象实际上是由小弹簧连接在一起的一堆点粒子，之后取粒子数趋于无穷的极限，使它们之间的空间变为零。结果通常是与时间和空间有关的某种偏微分方程（例如，线性的波动方程或麦克斯韦方程组）。

当这个偏微分方程是线性的时候，使用**傅里叶分析**（Fourier analysis）可以很容易地解决。将系统的初始形状（比如一根弦）想象成不同波长的正弦函数的叠加，我们把每一个正弦函数记作一个"模"，这些"模"在自身的特征频率和时间上正弦振荡。为了得到弦在未来某个时刻上的形状，你首先要弄清楚每种模在那个时刻的样子，然后把它们按照与最初相同的比例加起来即可。

对经典连续介质力学可能说得太多了；如果我们现在想把量子力学应用到连续系统上，要怎么办？再一次地，最有成效的方法通常是使用系统的傅里叶模。每种模都表现为一个量子谐振子，拥有与谐振子相同的量子化的能级：

$$E = \frac{1}{2}hf, \ \frac{3}{2}hf, \ \frac{5}{2}hf, \ \cdots \tag{A.30}$$

因此，对于任何给定的模，都存在能量为 $\frac{1}{2}hf$ 的"零点"能（我们通常忽略），加上任何大小为 $hf$ 整数倍的能量。由于不同模拥有不同的频率，所以整个系统的能量单位大小可能跨度很大。

在电磁场的例子中，这些能量单位称为**光子**（photon）。作为离散的实体，它们的行为非常像定能波函数。由于确定能量的态并不是场的唯一态，我们甚至可以将不同的模混在一起，得到一个在空间中局域的"光子"。因此，我们再一次遇到了波粒二象性，这一次内容甚至更加丰富。我们从扩展到整个空间的经典场开始，通过应用量子力学原理，我们看到场在很多方面类似一个离散粒子组成的集合。但是，现在我们有的是一个粒子数量取决于当前态的系统，而不是从一开始就确立或者固定的系统。事实上，场的态对应的粒子数目甚至可以没有明确定义。这些只是构建精确的量子涨落模型以及描述光子产生湮灭模型所需的特征。[1]

类似地，固体晶体中振动的能量单位称为**声子**（phonon）。像光子一样，它们可以是局域的

---

[1] 关于量子电磁场的简单讨论，请参见 Ramamurti Shankar, *Principles of Quantum Mechanics*, second edition (Plenum, New York, 1994) 第 18.5 节。F. Mandl and G. Shaw, *Quantum Field Theory*, second edition (Wiley, Chichester, 1993) 是一个好的出发点，它更完整地介绍了量子场论。（本书作者与 Michael E. Peskin 曾合著过一本量子场论（*An Introduction to Quantum Field Theory*），现已是该领域的标准教科书。——译者注）

也可以是空间弥散的，并且可以在各种反应中产生和湮灭。从根本上讲，声子不是"真实的"粒子：它们的波长和能量被晶格中的非零原子间距所限制，它们仅在波长远大于原子间距时才表现出来。因此，声子称为**准粒子**（quasiparticle）。但是，声子的图像依然提供了精确的针对晶体低能激发的描述。此外，许多其他材料的低能激发，从磁化的铁到液氦，都可被各种类型的准粒子所类似描述。

在更基础的层面上，我们可以使用量子场来描述所有其他种类的、在自然界中发现的"基本"粒子。将质子保持在一起的力由称为"胶子"的粒子提供，它们由"色动力学"场所描述。还有电子场、$\mu$ 子场、各种中微子场、夸克场，等等。描述费米子的场则相当不同，它需要使得每种模只能保持 0 单位能量或者 1 单位能量，而不是与玻色子一样的无限数量单位能量。（电子或其他）带电粒子对应的场有两种类型的激发，一种对应于粒子；另一种对应于"反粒子"———一个与粒子质量相同，但拥有相反电荷的粒子。一般来说，建立场的量子理论需要考虑基本粒子的所有已知物理特征。但是，在足够短的波长和足够高的能量下，这个模型将失效，就像声子模型在波长与原子间距相当时所发生的一样。也许将来有一天我们会发现一个非常小尺度上的新结构，并得出结论，自然界的所有"粒子"实际上都是准粒子。

**习题 A.24** 根据式(A.30)，即便没有其他能量，量子场的每个模也具有 $\frac{1}{2}hf$ 的"零点"能。如果该场确实是一个振动弦或其他物质，这不会带来问题，因为模的总数是有限的：模的波长不能短于原子间距的一半（见第 7.5 节）。但是对于电磁场和其他基本粒子对应的基本场，模的总数没有明显限制，零点能的存在会带来问题。

(1) 考虑体积为 $L^3$ 的盒子内电磁场。使用第 7 章中的方法，以沿 $x$、$y$ 和 $z$ 方向三重积分的形式，写下盒子内场所有模的总零点能公式。

(2) 有充分的理由相信，我们当前的大多数物理学定律，包括量子场论在内，都会在非常小的尺度上失效，此时量子引力变得很重要。通过量纲分析，你大概可以猜测该长度尺度为 $\sqrt{G\hbar/c^3}$，这个量称作**普朗克长度**（Planck length）。证明普朗克长度确实具有长度单位，并计算出其数值。

(3) 回到 (1) 的结果，尝试在波长为普朗克长度的模下截断积分，以估计出空间中由电磁场的零点能贡献的单位体积的能量，用 $J/m^3$ 表示你的结果。然后除以 $c^2$ 以得出空间的等效质量密度（使用单位 $kg/m^3$）。相比之下，宇宙中普通物质的平均质量密度大约相当于每立方米一个质子。（评论：由于大多数物理现象只依赖于能量的差异以及零点能永远不会改变，因此"空"的空间中存在的大能量密度与大多数物理规律无关。唯一的例外是引力：能量会产生引力，因此，真空中的大能量密度会影响宇宙的膨胀率。真空的能量密度称为**宇宙学常数**（cosmological constant）。根据观察到的宇宙膨胀率，宇宙学家估计实际的宇宙学常数不会大于 $10^{-7}\,J/m^3$。这个观测上限与计算值之间的差异是理论物理学中最大的悖论之一。（明显的解决方案是找出来自其他来源的对能量密度的负贡献。事实上，费米子场对宇宙学常数具有负贡献，但是没人知道在所需的精度下，如何使这种负贡献抵消玻色子的正贡献。)[1]）

---

[1]更多关于宇宙学常数悖论的介绍以及各种提出的解决方案，可以参考 Larry Abbott, *Scientific American* **258**, 106–113 (May, 1988)、Ronald J. Adler, Brendan Casey, and Ovid C. Jacob, *American Journal of Physics* **63**, 620–626 (1995) 和/或 Steven Weinberg, *Reviews of Modern Physics* **61**, 1–82 (1989)。

# 附录 B　数学结论

　　尽管理解本书所需的数学不会超过多元微积分，然而还是有几个我引用的数学结论在一般的微积分课上不会教授。这个附录就是为了推导出这些结论。若你愿意相信这些结论（或者更好的是，你已经大致或用一些特殊情况验证过了），那么你其实可以不读这个附录。但是在这些推导中使用的一些工具是在理论物理中也常用的；当然，这些推导本身也很有意思，所以我希望你还是可以读一读，并享受这条微积分路上人迹罕至小径的风景。

## B.1　高斯积分

　　**高斯函数**（Gaussian）$e^{-x^2}$ 的积分是存在的，但是并没有办法写成常见函数的表达式（如幂函数、指数函数、对数函数）。如果你需要计算这个积分的话，很有可能需要求助于数值方法了。

　　然而，若该积分的上下限是 0 或 $\pm\infty$，你就不用担心了——因为高斯函数从 $-\infty$ 到 $\infty$ 的积分为 $\sqrt{\pi}$：

$$\int_{-\infty}^{\infty} e^{-x^2}\,\mathrm{d}x = \sqrt{\pi} \tag{B.1}$$

由于被积函数是一个偶函数（见图 B.1），0 到 $\infty$ 的积分就是 $\sqrt{\pi}/2$。这个结论的证明需要用到极坐标系下的二重积分。

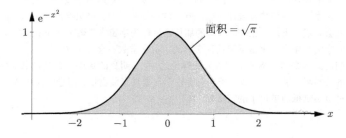

**图 B.1** 高斯函数 $e^{-x^2}$，其从 $-\infty$ 到 $\infty$ 的积分为 $\sqrt{\pi}$。

　　定义

$$I = \int_{-\infty}^{\infty} e^{-x^2}\,\mathrm{d}x \tag{B.2}$$

关键就是将这个数平方：

$$I^2 = \left(\int_{-\infty}^{\infty} e^{-x^2}\,\mathrm{d}x\right)\left(\int_{-\infty}^{\infty} e^{-y^2}\,\mathrm{d}y\right) \tag{B.3}$$

这里，我把第二项的积分元记为 $y$，这样就不会和前面的混淆了。第二项就是一个常数，因此，我们可以将它移入第一个积分之内；同时，$e^{-x^2}$ 与 $y$ 无关，我们可以把它移动到关于 $y$ 的积分内：

$$I^2 = \int_{-\infty}^{\infty} e^{-x^2} \left( \int_{-\infty}^{\infty} e^{-y^2} \, dy \right) dx = \int_{-\infty}^{\infty} \int_{-\infty}^{\infty} e^{-x^2} e^{-y^2} \, dy \, dx \tag{B.4}$$

现在我们就有了关于整个二维空间的函数 $e^{-(x^2+y^2)}$ 的积分，我将在极坐标系 $r$ 和 $\phi$ 下（见图 B.2）计算这个积分。这样，被积函数就变成了 $e^{-r^2}$，积分区域就是 $r$ 从 0 到 $\infty$ 和 $\phi$ 从 0 到 $2\pi$。最重要的是，无穷小的面积元从 $dx \, dy$ 变成了 $(dr)(r \, d\phi)$。该二重积分就变成了

$$I^2 = \int_0^{\infty} \int_0^{2\pi} e^{-r^2} r \, d\phi \, dr = 2\pi \int_0^{\infty} r e^{-r^2} \, dr = (2\pi) \left( -\frac{1}{2} e^{-r^2} \right) \Big|_0^{\infty} = \pi \tag{B.5}$$

这就是式(B.1)。

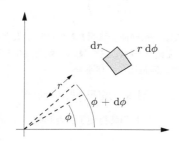

图 B.2 在极坐标系中无穷小的面积元是 $(dr)(r \, d\phi)$。

从式(B.1)，你可以进行一个简单的替换并得到更通用的表达式

$$\int_0^{\infty} e^{-ax^2} \, dx = \frac{1}{2} \sqrt{\frac{\pi}{a}} \tag{B.6}$$

式中，$a$ 是任意正数。从这个结果出发，我们可以通过对 $a$ 求导得到另一个有用的结论：

$$\frac{d}{da} \int_0^{\infty} e^{-ax^2} \, dx = \frac{\sqrt{\pi}}{2} \frac{d}{da} a^{-1/2} \tag{B.7}$$

我们可以将等式左边的求导放入积分内，它作用于 $e^{-ax^2}$ 以后会带来因子 $-x^2$；而等式右边抵消了这个负号，最终得到

$$\int_0^{\infty} x^2 e^{-ax^2} \, dx = \frac{1}{4} \sqrt{\frac{\pi}{a^3}} \tag{B.8}$$

这种"在积分内求导"的技巧是一个极其有用的计算超越函数乘以 $x$ 的幂的定积分的方法。（另一种方法是分部积分，但是那就比较慢。）

我们经常在物理和数学中见到高斯函数的积分，所以你可能会需要把这一节（包括习题）的结论制成参考表格。在统计物理中，高斯函数通常在能量是二次函数的玻尔兹曼因子的积分中出现（见第 6.3 节、第 6.4 节）。

**习题 B.1** 画出函数 $e^{-x^2}$ 的不定积分。

**习题 B.2** 对式(B.8)再次求导，计算 $\int_0^{\infty} x^4 e^{-ax^2} \, dx$。

**习题 B.3** 当 $n$ 为奇数时，$x^n e^{-ax^2}$ 的积分较容易计算。

(1) 计算 $\int_{-\infty}^{\infty} x e^{-ax^2} \, dx$。（不要使用计算器！）

(2) 利用简单的代换，计算 $x\mathrm{e}^{-ax^2}$ 的不定积分。

(3) 计算 $\displaystyle\int_0^\infty x\mathrm{e}^{-ax^2}\,\mathrm{d}x$。

(4) 对上一问的结果求导，计算 $\displaystyle\int_0^\infty x^3\mathrm{e}^{-ax^2}\,\mathrm{d}x$

**习题 B.4** 有时候，你只需要积分高斯函数的"尾部"，也即从一个较大的 $x$ 积分到无穷：

$$\int_x^\infty \mathrm{e}^{-t^2}\,\mathrm{d}t = ?\quad（当 x \gg 1 时）$$

通过如下方法近似计算该积分。首先，用 $s=t^2$ 换元，将被积函数变为简单的指数乘以一个正比于 $s^{-1/2}$ 的项。积分值大部分来自于下限附近的区域，因此，将 $s^{-1/2}$ 在 $x$ 处泰勒展开并保留前几项就够了。这样一来，你就有了一个级数展开的积分。算出该级数前三项的积分，你会得到

$$\int_x^\infty \mathrm{e}^{-t^2}\,\mathrm{d}t = \mathrm{e}^{-x^2}\left(\frac{1}{2x} - \frac{1}{4x^3} + \frac{3}{8x^5} - \cdots\right)$$

注意：当 $x$ 很大的时候，这个级数的前几项将很快地收敛到精确值。然而，若你计算了太多项，分子上的系数最终会增长得比分母上更快，级数反而会发散。无论 $x$ 多大，这个发散早晚会发生！这种级数展开称作**渐近展开**（asymptotic expansion）。它们很有用，但是让我心神不安。

**习题 B.5** 利用习题 B.4的方法，求出 $t^2\mathrm{e}^{-t^2}$ 从 $x$（$x \gg 1$）到 $\infty$ 的定积分的渐近展开。

**习题 B.6** 令 $\mathrm{e}^{-x^2}$ 的不定积分在 $x=0$ 处为 0，并乘以 $2/\sqrt{\pi}$，我们就得到了**误差函数**（error function），写作 $\mathrm{erf}\,x$：

$$\mathrm{erf}\,x \equiv \frac{2}{\sqrt{\pi}}\int_0^x \mathrm{e}^{-t^2}\,\mathrm{d}t$$

(1) 证明 $\mathrm{erf}(\pm\infty)=\pm1$。

(2) 用 $\mathrm{erf}\,x$ 表达出 $\displaystyle\int_0^x t^2\mathrm{e}^{-t^2}\,\mathrm{d}t$。

(3) 利用习题 B.4的方法，求出 $\mathrm{erf}\,x$ 在 $x \gg 1$ 时的近似表达式。

## B.2 伽马函数

若你从这个积分

$$\int_0^\infty \mathrm{e}^{-ax}\,\mathrm{d}x = a^{-1} \tag{B.9}$$

开始并一直对 $a$ 做微分，你最终会得到

$$\int_0^\infty x^n\mathrm{e}^{-ax}\,\mathrm{d}x = (n!)\,a^{-(n+1)} \tag{B.10}$$

令 $a=1$，这就是 $n!$ 的公式：

$$n! = \int_0^\infty x^n\mathrm{e}^{-x}\,\mathrm{d}x \tag{B.11}$$

我将在下一节中利用这个公式推导 $n!$ 的斯特林近似。

即使 $n$ 不是整数，积分式(B.11)仍旧可以计算（尽管可能不能解析计算），这给了我们一种将阶乘扩展到非整数的手段。这个扩展就称作**伽马函数**（Gamma function），记作 $\Gamma(n)$。因为

某些原因，定义中自变量偏移了 1：

$$\Gamma(n+1) \equiv \int_0^\infty x^n \mathrm{e}^{-x}\,\mathrm{d}x \tag{B.12}$$

因此，对于正整数输入 $n+1$ 来说，

$$\Gamma(n+1) = n! \tag{B.13}$$

　　或许伽马函数最重要的性质就是它的递归性：

$$\Gamma(n+1) = n\Gamma(n) \tag{B.14}$$

当 $n$ 是正整数的时候，这其实就是阶乘的定义；但是它对非整数的 $n$ 也成立。你可以从式(B.12)中看出这个递归规律来。

　　不管是从定义式(B.12)还是从递归式(B.14)，你都可以发现，$\Gamma(n)$ 在 $n=0$ 的时候发散了。当伽马函数的输入是负数时，定义式(B.12)总是发散的，但是我们仍旧可以从递归式(B.14)定义出此时的伽马函数（当 $n$ 不是整数时）。图 B.3 显示了整数和负数对应的伽马函数的图像。

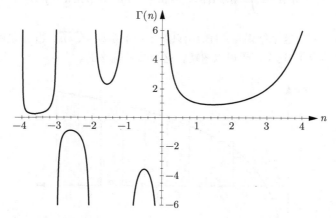

**图 B.3** 伽马函数 $\Gamma(n)$。对于正整数，$\Gamma(n) = (n-1)!$；对于正的非整数，$\Gamma(n)$ 可以从式(B.12)计算出来；对于负的非整数，$\Gamma(n)$ 只能从式(B.14)计算出来。

　　伽玛函数给出了本书中出现的一些比较模糊的阶乘表达式的含义，例如：

$$0! = \Gamma(1) = 1, \quad \left(\frac{d}{2}-1\right)! = \Gamma\left(\frac{d}{2}\right) \tag{B.15}$$

许多理论物理的定积分计算中也常出现伽马函数，我们将在附录 B.4 节遇到这类问题。

　　**习题 B.7** 证明递归式(B.14)。不要假设 $n$ 是整数。

　　**习题 B.8** 计算 $\Gamma\left(\frac{1}{2}\right)$。（提示：换元可以令被积函数变成高斯函数。）之后利用递归公式计算 $\Gamma\left(\frac{3}{2}\right)$ 和 $\Gamma\left(-\frac{1}{2}\right)$。

　　**习题 B.9** 数值积分式(B.12)，以计算 $\Gamma\left(\frac{1}{3}\right)$ 和 $\Gamma\left(\frac{2}{3}\right)$。一个有用的恒等式是

$$\Gamma(n)\Gamma(1-n) = \frac{\pi}{\sin(n\pi)}$$

但是其证明超出了本书范围。用求出来两个 $\Gamma$ 值验证该等式。

## B.3　斯特林近似

在第 2.4 节中，我引入了斯特林近似：

$$n! \approx n^n \mathrm{e}^{-n} \sqrt{2\pi n} \tag{B.16}$$

这个公式在 $n \gg 1$ 时是准确的。由于它非常重要，我将使用两种方法推导它。

第一种方法很简单，但是不那么准确。我们先来看 $n!$ 的自然对数：

$$
\begin{aligned}
\ln n! &= \ln\left[n \cdot (n-1) \cdot (n-2) \cdots 1\right] \\
&= \ln n + \ln(n-1) + \ln(n-2) + \cdots + \ln 1
\end{aligned} \tag{B.17}
$$

这个对数和可以表示成柱状图的面积和（见图 B.4）。当 $n$ 很大的时候，我们可以用对数函数曲线下的面积来近似，因此

$$\ln n! \approx \int_0^n \ln x\, \mathrm{d}x = \left.(x \ln x - x)\right|_0^n = n \ln n - n \tag{B.18}$$

也就是说，$n! \approx (n/e)^n$。这个结果与式(B.16)只差了一个系数 $\sqrt{2\pi n}$。当 $n$ 足够大的时候（这也是统计物理的正常情况），这个因子可以忽略，这个结果就够了。

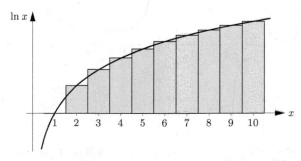

**图 B.4** 如图所示，上限为整数 $n$ 柱状图的面积和是 $\ln n!$。当 $n$ 很大的时候，我们可以用对数函数曲线下的面积来近似它。

若想要得到一个更精确的表达式，你还是可以使用式(B.18)，只不过需要更精确地选择积分上下限（见习题 B.10）。但是为了得到式(B.16)，我将使用一个完全不同的方法，先从式(B.11) 开始：

$$n! = \int_0^\infty x^n \mathrm{e}^{-x}\, \mathrm{d}x \tag{B.19}$$

我们来看当 $n$ 很大的时候，被积函数 $x^n \mathrm{e}^{-x}$ 会怎么样：第一项 $x^n$ 随着 $x$ 增加得很快，然而第二项 $\mathrm{e}^{-x}$ 在 $x$ 大的时候衰减得更快。因此这个函数先增加后减少，见图 B.5。你可以很简单地证明最大值在 $x = n$ 处，且对应函数值为 $n^n \mathrm{e}^{-n}$（见习题 B.11）。我们关心的是这个曲线下的面积，而这个曲线可以用高斯函数近似。为了求出在 $x = n$ 附近最接近这个曲线的高斯函数，我们先把它写为单个指数形式：

$$x^n \mathrm{e}^{-x} = \mathrm{e}^{n \ln x - x} \tag{B.20}$$

令 $y \equiv x - n$，将指数重写为关于 $y$ 的形式，以准备展开对数：

$$
\begin{aligned}
n \ln x - x &= n \ln (n + y) - n - y \\
&= n \ln \left[ n \left( 1 + \frac{y}{n} \right) \right] - n - y \\
&= n \ln n - n + n \ln \left( 1 + \frac{y}{n} \right) - y
\end{aligned}
\tag{B.21}
$$

在峰的附近有 $y \ll n$，因此我们可以把这个对数做泰勒展开：

$$
\ln \left( 1 + \frac{y}{n} \right) \approx \frac{y}{n} - \frac{1}{2} \left( \frac{y}{n} \right)^2
\tag{B.22}
$$

线性项和式(B.21)中最后的 $-y$ 抵消掉了。把所有的计算合起来，我们就有近似

$$
x^n e^{-x} \approx n^n e^{-n} e^{-y^2/2n}, \quad \text{式中，} y = x - n
\tag{B.23}
$$

这就是式(B.19)的被积函数对应的最佳高斯近似了，它在图 B.5 中以虚线画出。想要得出 $n!$ 的话，从 0 到 $\infty$ 积分就可以了；但是由于这个函数在 $x < 0$ 时也基本是 0，我们可以把下限换为 $x = -\infty$。利用积分式(B.6)，我们有

$$
n! \approx n^n e^{-n} \int_{-\infty}^{\infty} e^{-y^2/2n} \, \mathrm{d}y = n^n e^{-n} \sqrt{2\pi n}
\tag{B.24}
$$

也即式(B.16)。

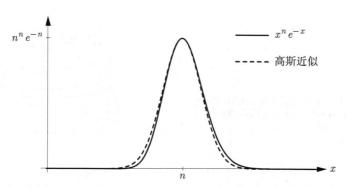

**图 B.5** $n = 50$ 时函数 $x^n e^{-x}$ 的曲线（实线），该曲线下的面积就是 $n!$；虚线是最佳的高斯近似，其曲线下面积给出了 $n!$ 的斯特林近似。

**习题 B.10** 更仔细地选择式(B.18)中积分的上下限，以得出 $n!$ 更精确的近似值。（提示：上限是更关键的。下限没有明显的最佳选择，但是请尽力而为。）

**习题 B.11** 证明函数 $x^n e^{-x}$ 在 $x = n$ 处取得最大值。

**习题 B.12** 对于 $n = 10$、$20$ 和 $50$，使用计算机绘制函数 $x^n e^{-x}$ 以及该函数的高斯近似。注意峰的相对宽度（以 $n$ 为单位）如何随 $n$ 的增加而减小，以及高斯近似如何随着 $n$ 的增加而更加精确。如果你的计算机软件允许的话，不妨试一试更高的 $n$ 值。

**习题 B.13** 通过在对数展开式(B.22)中保留更多项，我们可以改进斯特林近似。泰勒展开其指数，你应该得到一个关于 $y$ 的多项式乘以式(B.23)。按照该过程计算斯特林近似，始终保留所有最后量级为式(B.24)除以 $n$ 的项。（由于当 $y$ 和 $\sqrt{n}$ 同阶时，高斯函数基本为 0，所以可以通过令 $y = \sqrt{n}$ 来估计

保留的项的阶数。）算完之后，你应该得到

$$n! \approx n^n \mathrm{e}^{-n} \sqrt{2\pi n} \left(1 + \frac{1}{12n}\right)$$

用 $n = 1$ 和 $n = 10$ 检测这个近似的准确度。（现实中，我们很少需要这个修正项，但是它提供了一个简单估计斯特林近似误差的途径。）

## B.4    *d* 维超球体的表面积

在第 2.5 节中，我提到过半径为 $r$ 的 $d$ 维 "超球体" 的 "表面积" 就是

$$A_d(r) = \frac{2\pi^{d/2}}{(\frac{d}{2}-1)!} r^{d-1} = \frac{2\pi^{d/2}}{\Gamma(\frac{d}{2})} r^{d-1} \tag{B.25}$$

在 $d = 2$ 时它给出了圆的周长，即 $A_2(r) = 2\pi r$；在 $d = 3$ 时它给出了球的表面积，即 $A_3(r) = 4\pi r^2$。（在 $d = 1$ 时 $A_1(r) = 2$，就是一个线段两端端点个数。）

在证明对任意的 $d$ 通用的式(B.25)之前，我们先来计算一个真正的三维球体——$d = 3$——的特殊情况来热热身。见图 B.6，球的表面可以看成一系列环组成的，每一环的宽度都是 $r\,\mathrm{d}\theta$，周长是 $A_2(r\sin\theta) = 2\pi r\sin\theta$，因此球体的表面积就是

$$A_3(r) = \int_0^\pi A_2(r\sin\theta)\, r\,\mathrm{d}\theta = 2\pi r^2 \int_0^\pi \sin\theta\,\mathrm{d}\theta = 4\pi r^2 \tag{B.26}$$

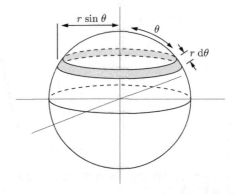

**图 B.6** 为了计算球体的表面积，我们把它看成一系列的环并积分。计算超球体的表面积其实是同样的步骤。

我们可以使用数学归纳法证明式(B.25)：先假设在 $d-1$ 维时它成立，类比上面的推导，将 $d$ 维超球体的表面想象成由 $d-1$ 维的 "环" 构成，其 "宽度" 都是 $r\,\mathrm{d}\theta$，"周长" 都是 $A_{d-1}(r\sin\theta)$，这个超球体的 "表面积" 同样还是从 0 到 $\pi$ 的积分：

$$\begin{aligned}
A_d(r) &= \int_0^\pi A_{d-1}(r\sin\theta)\, r\,\mathrm{d}\theta \\
&= \int_0^\pi \frac{2\pi^{(d-1)/2}}{\Gamma(\frac{d-1}{2})} (r\sin\theta)^{d-2}\, r\,\mathrm{d}\theta \\
&= \frac{2\pi^{(d-1)/2}}{\Gamma(\frac{d-1}{2})} r^{d-1} \int_0^\pi (\sin\theta)^{d-2}\,\mathrm{d}\theta
\end{aligned} \tag{B.27}$$

在习题 B.14 中你可以证明

$$\int_0^\pi (\sin\theta)^n \, \mathrm{d}\theta = \frac{\sqrt{\pi}\,\Gamma\left(\frac{n}{2}+\frac{1}{2}\right)}{\Gamma\left(\frac{n}{2}+1\right)} \tag{B.28}$$

因此

$$A_d(r) = \frac{2\pi^{(d-1)/2}}{\Gamma\left(\frac{d-1}{2}\right)} r^{d-1} \cdot \frac{\pi^{1/2}\Gamma\left(\frac{d}{2}-\frac{1}{2}\right)}{\Gamma\left(\frac{d}{2}\right)} = \frac{2\pi^{d/2}}{\Gamma\left(\frac{d}{2}\right)} r^{d-1} \tag{B.29}$$

即式(B.25)。

**习题 B.14** 式(B.28)是通过数学归纳法证明的。

(1) 验证 $n=0$ 和 $n=1$ 时式(B.28)成立。

(2) 证明

$$\int_0^\pi (\sin\theta)^n \, \mathrm{d}\theta = \left(\frac{n-1}{n}\right) \int_0^\pi (\sin\theta)^{n-2} \, \mathrm{d}\theta$$

（提示：首先把 $(\sin\theta)^n$ 写成 $(\sin\theta)^{n-2}(1-\cos^2\theta)$，然后把展开式的第二项分成一个 $\cos\theta$ 乘以其他的因子，之后应用分部积分。）

(3) 利用前两问的结论证明式(B.28)。

**习题 B.15** 式(B.25)有一个更简洁但更需要技巧的推导方法，它类似于附录 B.1 节中计算基本高斯积分的方法。诀窍是考虑函数 $\mathrm{e}^{-r^2}$ 在 $d$ 维上全空间的积分。

(1) 首先在平面直角坐标系中计算该积分。结果应该是 $\pi^{d/2}$。

(2) 由于积分具有球对称性，你也可以在 $d$ 维球坐标系中计算该积分。解释为什么所有角度的积分必然给出一个因子 $A_d(1)$，也即 $d$ 维空间中单位球体的表面积。之后，证明这个积分等于 $A_d(1)\cdot\int_0^\infty r^{d-1}\mathrm{e}^{-r^2}\,\mathrm{d}r$。

(3) 用伽马函数表示这个积分，以推导出式(B.25)。

**习题 B.16** 推导出 $d$ 维超球体体积的计算公式。

## B.5　量子统计中的积分

在第 7 章量子统计中，我们经常在对玻色子（分母中是减号）或费米子（分母中是加号）系统的态求和的时候碰到这种形式的积分：

$$\int_0^\infty \frac{x^n}{\mathrm{e}^x \pm 1} \, \mathrm{d}x \tag{B.30}$$

这些积分当然可以数值计算；然而，当 $n$ 是奇数的时候，这个积分的值可以用 $\pi$ 精确地写出来。

第一步是把积分写成无穷级数的和。我们先不管因子 $x^n$，剩下的部分可以写成关于 $\mathrm{e}^{-x}$ 的无穷级数：

$$\begin{aligned}
\frac{1}{\mathrm{e}^x \pm 1} &= \frac{\mathrm{e}^{-x}}{1 \pm \mathrm{e}^{-x}} = \mathrm{e}^{-x} \mp (\mathrm{e}^{-x})^2 + (\mathrm{e}^{-x})^3 \mp \cdots \\
&= \mathrm{e}^{-x} \mp \mathrm{e}^{-2x} + \mathrm{e}^{-3x} \mp \mathrm{e}^{-4x} + \cdots
\end{aligned} \tag{B.31}$$

现在我们把 $x^n$ 加进去并一项一项地积分就可以了。在 $n=1$ 时，我们有

$$\int_0^\infty \frac{x}{\mathrm{e}^x \pm 1}\,\mathrm{d}x = \int_0^\infty \left(x\mathrm{e}^{-x} \mp x\mathrm{e}^{-2x} + x\mathrm{e}^{-3x} \mp \cdots\right)\mathrm{d}x$$

$$= 1 \mp \frac{1}{2^2} + \frac{1}{3^2} \mp \frac{1}{4^2} + \cdots \tag{B.32}$$

在数学中经常见到这种无穷级数，因此数学家们将其命名为**黎曼 $\zeta$ 函数**（Riemann zeta function）$\zeta(n)$，定义为

$$\zeta(n) \equiv 1 + \frac{1}{2^n} + \frac{1}{3^n} + \cdots = \sum_{k=1}^\infty \frac{1}{k^n} \tag{B.33}$$

因此，我们就可以得出

$$\int_0^\infty \frac{x}{\mathrm{e}^x - 1}\,\mathrm{d}x = \zeta(2) \tag{B.34}$$

当被积函数分母中是加法的时候，它是一个交错级数，我们需要做一点变换：

$$\int_0^\infty \frac{x}{\mathrm{e}^x + 1}\,\mathrm{d}x = \left(1 + \frac{1}{2^2} + \frac{1}{3^2} + \cdots\right) - 2\left(\frac{1}{2^2} + \frac{1}{4^2} + \frac{1}{6^2} + \cdots\right)$$

$$= \zeta(2) - \frac{2}{2^2}\left(1 + \frac{1}{2^2} + \frac{1}{3^2} + \cdots\right)$$

$$= \zeta(2) - \frac{1}{2}\zeta(2)$$

$$= \frac{1}{2}\zeta(2) \tag{B.35}$$

推导出更一般的结论并没有难多少（见习题 B.17）：

$$\int_0^\infty \frac{x^n}{\mathrm{e}^x - 1}\,\mathrm{d}x = \Gamma(n+1)\zeta(n+1)$$
$$\int_0^\infty \frac{x^n}{\mathrm{e}^x + 1}\,\mathrm{d}x = \left(1 - \frac{1}{2^n}\right)\Gamma(n+1)\zeta(n+1) \tag{B.36}$$

（当 $n$ 是整数的时候，$\Gamma(n+1) = n!$。）

现在问题"就剩下"了求出定义黎曼函数的式(B.33)这个无穷级数和的值。不幸的是，得到这个简单的值所需的工作却很艰辛。我会利用傅里叶级数，以一种非常需要技巧的迂回方式求出它来。[1]

关键在于考虑一个周期为 $2\pi$、振幅为 $\pi/4$ 的方波（见图 B.7）。**傅里叶定律**（Fourier's theorem）证明了任何周期函数都可以表示成正弦和余弦的线性叠加。对于我们这样的奇函数来说，正弦函数的叠加就够了，因此对一组特定的 $a_k$，有

$$f(x) = \sum_{k=1}^\infty a_k \sin(kx) \tag{B.37}$$

我们注意到第一个正弦函数与 $f(x)$ 的周期一致，剩下正弦函数的周期是它的 1/2、1/3、1/4，等。我们可以使用"傅里叶技巧"来求出这些系数：将原函数乘以 $\sin(jx)$（$j$ 是任意的正整数）并在

---

[1] 我很难想象人们一开始是如何想到这种方法的。我是从 Mandl（1988）[4] 中学到这个方法的。

一个周期上积分：

$$\int_0^{2\pi} f(x)\sin(jx)\,\mathrm{d}x = \sum_{k=1}^{\infty} a_k \int_0^{2\pi} \sin(kx)\sin(jx)\,\mathrm{d}x \tag{B.38}$$

右边的积分在 $k \ne j$ 时均为零，$k = j$ 时为 $\pi$。只留下等式右边求和中唯一的非零项，对任意 $k$，有

$$a_k = \frac{1}{\pi}\int_0^{2\pi} f(x)\sin(kx)\,\mathrm{d}x = \frac{2}{\pi}\int_0^{\pi} f(x)\sin(kx)\,\mathrm{d}x \tag{B.39}$$

这就是任意的周期为 $2\pi$ 的奇函数 $f(x)$ 的傅里叶系数。对于我们的方波来说，这些系数就是

$$a_k = \frac{2}{\pi}\int_0^{\pi} \frac{\pi}{4}\sin(kx)\,\mathrm{d}x = \begin{cases} 1/k & k = 1, 3, 5, \cdots \\ 0 & k = 2, 4, 6, \cdots \end{cases} \tag{B.40}$$

所以，对于 $0 < x < \pi$ 来说，

$$\frac{\pi}{4} = \sum_{\text{奇数}\ k} \frac{\sin(kx)}{k} \tag{B.41}$$

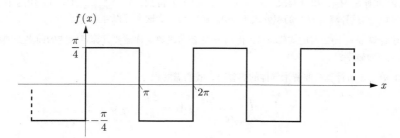

**图 B.7** 周期为 $2\pi$、振幅为 $\pi/4$ 的方波。这个函数的傅里叶级数告诉了我们当 $n$ 是偶数的时候，$\zeta(n)$ 是多少。

最后的技巧就是把这个表达式不断对 $x$ 积分并计算它在 $\pi/2$ 时的值。将式(B.41)两边同时从 $x = 0$ 到 $x = x'$ 积分，我们有

$$\frac{\pi x'}{4} = \sum_{\text{奇数}\ k} \frac{1}{k}\int_0^{x'} \sin(kx)\,\mathrm{d}x = \sum_{\text{奇数}\ k} \frac{1}{k^2}\left(1 - \cos kx'\right) \tag{B.42}$$

当 $x' = \pi/2$ 时，这就是

$$\frac{\pi^2}{8} = \sum_{\text{奇数}\ k} \frac{1}{k^2} \tag{B.43}$$

然而 $\zeta(2)$ 的求和中含有所有的正整数：

$$
\begin{aligned}
\zeta(2) &= \sum_{\text{奇数 } k} \frac{1}{k^2} + \sum_{\text{偶数 } k} \frac{1}{k^2} \\
&= \frac{\pi^2}{8} + \left( \frac{1}{2^2} + \frac{1}{4^2} + \frac{1}{6^2} + \cdots \right) \\
&= \frac{\pi^2}{8} + \frac{1}{4} \left( \frac{1}{1^2} + \frac{1}{2^2} + \frac{1}{3^2} + \cdots \right) \\
&= \frac{\pi^2}{8} + \frac{1}{4} \zeta(2)
\end{aligned}
\tag{B.44}
$$

也就是说

$$
\zeta(2) = \frac{4}{3} \frac{\pi^2}{8} = \frac{\pi^2}{6}
\tag{B.45}
$$

这个结果已经足够我们计算在 $n=1$ 时积分式(B.30)的值了（无论分母上是正还是负）。对于更大的奇数 $n$，我们需要在式(B.42)中多做几次积分，然后代入 $\pi/2$ 并求解对应的无穷级数（见习题 B.19）。然而这个方法不能用来求奇数 $n$ 对应的 $\zeta(n)$——事实上奇数 $n$ 对应的 $\zeta(n)$ 没有关于 $\pi$ 的表达式，因此只能数值计算。

**习题 B.17** 推导出通用积分式(B.36)。

**习题 B.18** 使用计算机绘制式(B.41)右侧正弦波的和，首先在 $k=1$ 处终止和，然后在 $k=3$、5、15 和 25 处终止。注意该级数确实会收敛到一开始的方波函数，但收敛速度不是特别快。

**习题 B.19** 再对式(B.42)积分两次，然后代入 $x=\pi/2$ 得到公式 $\sum_{\text{奇数 } k}(1/k^4)$。用这个公式证明 $\zeta(4)=\pi^4/90$，然后计算 $n=3$ 的积分式(B.36)。解释为什么这个过程对 $\zeta(3)$ 无效。

**习题 B.20** 计算 $x=\pi/2$ 时的式(B.41)，得到 $\pi$ 的著名级数。你需要计算该级数的前多少项和才能得到 $\pi$ 的三位有效数字？

**习题 B.21** 第 7.3 节计算简并费米气体的热容时，我们需要积分

$$
\int_{-\infty}^{\infty} \frac{x^2 e^x}{(e^x+1)^2}\, dx = \frac{\pi^2}{3}
$$

为了得出这个结果，首先要证明被积函数是偶函数，因此从 0 积分到 $\infty$ 然后乘以 2 即可。然后分部积分，以将其与式(B.35)的积分关联起来。

**习题 B.22** 数值求和级数以计算 $\zeta(3)$。你需要计算该级数的前多少项和才能得到三位有效数字？

# 推荐阅读

## 本科生热物理学教材

[1] Herbert B. Callen, *Thermodynamics and an Introduction to Thermostatistics*, second edition (Wiley, New York, 1985). 以一种抽象、逻辑严谨的方法介绍热力学。应用章节不太难并且清晰易懂。

[2] Gerald Carrington, *Basic Thermodynamics* (Oxford University Press, Oxford, 1994). 专注于经典热力学的入门佳作。

[3] Charles Kittel and Herbert Kroemer, *Thermal physics*, second edition (W. H. Freeman, San Francisco, 1980). 有见地并且提供了多种现代应用。

[4] F. Mandl, *Statistical Physics*, second edition (Wiley, Chichester, 1988). 强调统计方法并且内容清晰。

[5] F. Reif, *Fundamentals of Statistical Thermal Physics* (Mcgraw-Hill, New York, 1965). 相比于大多数本科生教材，这本书更加进阶。强调统计方法并且包含了几个讲述输运理论的章节。

[6] Keith Stowe, *Introduction to Statistical Mechanics and Thermodynamics* (Wiley, New York, 1984). 或许是最简单的讲述统计方法的书。写得非常好但是很遗憾在处理化学势时存在错误。

[7] Mark W. Zemansky and Richard H. Dittman, *Heat and Thermodynamics*, seventh edition (McGraww-Hill, New York, 1997). 这是一本经典的教科书，很好地描述了实验结果和技术。较早的版本包含未纳入最新版的大量内容，我尤其喜欢第 5 版（出版于 1968 年，由 Zemansky 独自撰写）。

## 研究生热物理学教材

[8] David Chandler, *Introduction to Modern Statistical Mechanics* (Oxford University Press, New York, 1987). 我最喜欢的进阶教科书：短小精悍，有许多引人入胜的习题。并且可以找到包含部分习题答案的手册。

[9] L. D. Landau and Lifshitz E. M., *Statistical Physics*, trans. by J. B. Sykes and Kearsly M. J., thrid edition, Part I (Pergamon Press, Oxford, 1980). 一本权威的经典。

[10] R. K. Pathria, *Statistical Mechanics*, second edition (Butterworth-Heinemann, Oxford, 1996). 系统介绍统计力学的好书。

[11] A. B. Pippard, *The Elements of Classical Thermodynamics* (Cambridge University Press, Cambridge, 1957). 简短地总结了理论和几个应用。

[12] L. Reichl, *A Modern Course in Statistical Physics*, second edition (Wiley, New York, 1998). 内容广博且非常进阶。

## 入门教材

[13] Vinay Ambegaokar, *Reasoning About Luck: Probability and its Uses in Physics* (Cambridge University Presss, Cambridge, 1996). 讲述概率论的基础教科书并且涉及许多物理应用。

[14] John B. Fenn, *Engines, Energy, and Entropy: A Thermodynamics Primer* (W. H. Freeman, San Francisco, 1982). 浅析了经典热力学并且强调日常生活中的实例，特色是其中名叫 Charlie 的穴居人的卡通角色。

[15] Richard P. Feynman, B. Leighton Robert, and Sands Matthew, *The Feynman Lectures on Physics* (Addison-Wesley, Reading, MA, 1963). 第 1、3、4、6 以及39～46章讲述热物理学，每一页都蕴含着费曼大量的深刻见解。

[16] Thomas A. Moore, *Six Ideas that Shaped Physics: Unit T* (McGraw-Hill, New York, 1998). 我在第 2.2 节和 2.3 节中介绍热力学第二定律时所用的方法受这本清晰易懂的书启发。[1]

[17] F. Reif, *Statistical Physics: Berkeley Physics Course—Volume 5* (McGraw-Hill, New York, 1967). 更加进阶的介绍，相比于 Reif (1965) [5] 更具可读性。[2]

## 科普读物

[18] P. W. Atkins, *The Second Law* (Scientific American Books, New York, 1984). 一本拥有很多插图、还不错的咖啡桌书。

[19] Martin Goldstein and Inge F. Goldstein, *The Refrigerator and the Universe: Understanding the Laws of Energy* (Harvard University Press, Cambridge, MA, 1993). 全面介绍了热物理学以及它的广泛应用。

[20] Mark W. Zemansky, *Temperatures Very Low and Very High* (Van Nostrand, Princeton, 1964; reprinted by Dover New York, 1981). 一本不厚的平装书，着重于极端温度下的物理学。非常令人愉悦，除了当作者不小心切换成教科书模式的时候。

## 热机与制冷机

[21] Michael J. Moran and Howard N. Shapiro, *Fundamentals of Engineering Thermodynamics*, third edition (Wiley, New York, 1995). 为数不多的百科全书式的好书。

[22] Peter B. Whalley, *Basic Engineering Thermodynamics* (Oxford University Press, Oxford, 1992). 清爽简洁。

---

[1] 机械工业出版社出版有此书影印版。——译者注
[2] 机械工业出版社出版有此书影印版和翻译版。——译者注

# 化学热力学

[23] P. W. Atkins, *Physical Chemistry* (W. H. Freeman, New York, 1998). 几本优秀的物理化学教科书之一，内容丰富。

[24] Alexander Findlay, *Phase Rule*, ninth edition, revised by A. N. Campbell and N. O. Smith (Dover, New York, 1951). 拥有你想了解的关于相图的一切。

[25] Peter Haasen, *Physical Metallurgy*, trans. by Janet Mordike, thrid edition (Cambridge University Press, Cambridge, 1996). 一本不回避物理的权威专著。

[26] Peter A. Rock, *Chemical Thermodynamics* (University Science Books, Mill Valley, CA, 1983). 写得不错的化学热力学导论，拥有大量有趣的应用。

[27] E. Brian Smith, *Basic Chemical Thermodynamics*, fourth edition (Oxford University Press, Oxford, 1990). 不错的覆盖基础的小书。

# 生物

[28] Isaac Asimov, *Life and Energy* (Doubleday, Garden City, NY, 1962). 热力学及其在生物化学中应用的通俗解释。历久弥新。

[29] Lubert Stryer, *Biochemistry*, fourth edition (W. H. Freeman, New York, 1995). 非常详细，但可能没有你期待的那么量化。

[30] Ignacio Jr. Tinoco, Kenneth Sauer, and James C. Wang, *Physical Chemistry: Principles and Applications in Biological Sciences*, thrid edition (Prentice-Hall, Englewood Cliffs, NJ, 1995). 不如标准的物理化学教科书全面，但包含了更多生物化学方面的应用。

# 地球与环境科学

[31] G. M. Anderson, *Thermodynamics of Natural Systems* (Wiley, New York, 1996). 实用的化学热力学介绍，特别强调地质领域的应用。

[32] Craig F. Bohren, *Clouds in a Glass of Beer: Simple Experiments in Atmospheric Physics* (Wiley, New York, 1987). 简短、基础、令人愉悦。此书的开端是作者观察到的现象——"一杯啤酒上的泡沫就是一团生成的云"。Bohren 还写了续集，*What Light Through Yonder Window Breaks?* (Wiley, New York, 1991)。

[33] Craig F. Bohren and Bruce A. Albrecht, *Atmospheric Thermodynamics* (Oxford University Press, New York, 1998). 尽管这本教科书是为气象学学生所著，但它会吸引任何了解基础物理学并对日常生活充满好奇的人。它非常有趣、充满深思。

[34] John Harte, *Consider a Spherical Cow: A Course in Environmental Problem Solving* (University Science Books, Sausalito, CA, 1988). 一本精彩的书，它将本科水平的物理和数学应用于数十个有趣的环境学问题。

[35] Raymond Kern and Alain Weisbrod, *Thermodynamics for Geologists*, trans. by Duncan McKie (Freeman, Cooper and Company, San Francisco, 1967). 精心选择的示例是此书的特色。

[36] Darrell Kirk Nordstrom and James L. Munoz, *Geochemical Thermodynamics*, second editon (Blackwell Scientific Publications, Palo Alto, CA, 1994). 为追求严谨的地质化学家所写的优秀进阶教科书。

## 天文学与宇宙学

[37] Bradley W. Carroll and Dale A. Ostlie, *An Introduction to Modern Astrophysics* (Addison-Wesley, Reading, MA, 1996). 此书在中级本科水平上对天体物理学进行了清晰、全面的介绍。

[38] P. J. E. Peebles, *Principles of Physical Cosmology* (Princeton University Press, Princeton, NJ, 1993). 一本宇宙学的进阶专著，详细讨论了早期宇宙的热历史。

[39] Frank H. Shu, *The Physical Universe: An Introduction to Astronomy* (University Science Books, Mill Valley, CA, 1982). 尽管此书读起来像一般的天文学介绍性教科书，但实际上它是为物理学的学生准备的天体物理学教科书。这本书充满了物理洞察力，将所有的天体物理学都描述为引力与热力学第二定律之间的竞争。

[40] Steven Weinberg, *The First Three Minutes* (Basic Books, New York, 1977). 经典的关于早期宇宙历史的叙述。尽管写给非专业读者，但也可以让物理学家有所思考。

## 凝聚态物理

[41] Neil W. Ashcroft and N. David Mermin, *Solid State Physics* (Saunders College, Philadelphia, 1976). 非常优秀的教科书，但是内容上比 Kittel (1996) [45] 更加进阶。

[42] Peter J. Collings, *Liquid Crystals: Nature's Delicate Phase of Matter* (Princeton University Press, Princeton, NJ, 1990). 针对基本物理及其应用的简短、基础的概述。

[43] David L. Goodstein, *States of Matter* (Prentice-Hall, Englewood Cliffs, NJ, 1975; reprinted by Dover, New York, 1985). 写得很好的研究生级别教科书，探讨了气体、液体和固体的性质。

[44] E. S. R. Gopal, *Specific Heats at Low Temperatures* (Plenum, New Y, 1966). 不错的简短专著，强调理论和实验的对比。

[45] Charles Kittel, *Introduction to Solid State Physics*, seventh edition (Wiley, New York, 1996). 经典本科生教材。[1]

[46] J. Wilks and D. S. Betts, *An Introduction to Liquid Helium* (Oxford University Press, Oxford, 1987). 简洁且相对易读的概述。

[47] J. M. Yeomans, *Statistical Mechanics of Phase Transitions* (Oxford University Press, Oxfor, 1992). 简短可读的针对临界现象理论的介绍。

[1] 机械工业出版社出版有此书影印版。——译者注

# 计算机仿真

[48] Harvey Gould and Jan Tobochnik, *An Introduction to Computer Simulation Methods*, second edition (Addison-Wesley, Reading, MA, 1996). 此书涵盖各种级别的广泛应用，并且包括许多统计力学内容。

[49] Charles A. Whitney, *Random Processes in Physical Systems: An Introduction to Probability-Based Computer Simulations* (Wiley, New York, 1990). 一本很好的基础教科书，从抛硬币讲到脉动变星。

# 历史与哲学

[50] Martin Bailyn, *A Survey of Thermodynamics* (American Institute of Physics, New York, 1994). 对讲到的每个主题都提供了大量历史的教科书。

[51] Stephen G. Brush, *The Kind of Motion We Call Heat: A History of the Kinetic Theory of Gases in the 19th Century* (North-Holland, 1976). 此书写作风格很学术。

[52] Joseph Kestin, ed., *The Second Law of Thermodynamics* (Dowden, Hutchinson & Ross, Stroudsburg, PA, 1976). 卡诺、克劳修斯、汤姆孙以及其他人原始论文的（英文）重印，并附有有帮助的编辑评论。

[53] Harvey S. Leff and Andrew F. Rex, eds., *Maxwell's Demon: Entropy, Information, Computing* (Princeton University Press, Princeton, NJ, 1990). 关于熵的含义的重要论文选集。

[54] K. Mendelssohn, *The Quest for Absolute Zero* (Taylor & Francis, London, 1977). 低温物理学的通俗历史，从氧气的液化讲到超流氦的特性。

[55] Hans Christian Von Baeyer, *Maxwell's Demon: Why Warmth Disperses and Time Passes* (Random House, New York, 1998). 热物理学历史的大众读物，强调深层次问题。强烈推荐。

# 热力学数据参考表格

[56] National Research Council, *International Critical Tables of Numerical Data* (McGraw-Hill, New York, 1926–33). 包含各种数据的七卷汇编。

[57] Joseph H. Keenan, Frederic G. Keyes, Philip G. Hill, and Joan G. Moore, *Steam Tables (S. I. Units)* (Wiley, New York, 1978). 令人着迷。

[58] David R. Lide, ed., *CRC Handbook of Thermophysical and Thermochemical Data*, 75th edition (Chemical Rubber Company, Boca Raton, FL, 1994). 内容冗杂但易于获取。1990 年之后的版本结构更加清晰，并使用更现代的单位。

[59] William C. Reynolds, *Thermodynamic Properties in SI* (Stanford University Dept. of Mechanical Engineering, Stanford, CA, 1979). 方便使用的包含 40 种重要流体性质的汇编。

[60] N. B. Vargaftik, *Handbook of Physical Properties of Liquids and Gases* (Hemisphere, Washington, DC, 1997). 包括多种流体详细性质的表格。

[61] Harold W. Woolley, Russell B. Scott, FG Brickwedde, et al., "Compilation of Thermal properties of Hydrogen in its Various Isotopic and Ortho-Para Modifications", *Journal of Research of the National Bureau of Standards* **41**, 379–475 (1948). 权威但读起来不容易。

阅读任何新教科书很麻烦的一点是习惯符号。幸运的是，经过数十年的使用，许多热物理学的记号已被广泛接受并标准化。但是，有几个重要的例外，包括：

| 物理量 | 本书 | 其他符号 |
|---|---|---|
| 总能量 | $U$ | $E$ |
| 重数 | $\Omega$ | $W,\ g$ |
| 亥姆霍兹自由能 | $F$ | $A$ |
| 吉布斯自由能 | $G$ | $F$ |
| 巨势 | $\Phi$ | $\Omega$ |
| 配分函数 | $Z$ | $Q,\ q$ |
| 麦克斯韦速率分布 | $\mathcal{D}(v)$ | $P(v)$ |
| 量子长度 | $\ell_Q$ | $\lambda,\ \lambda_T$ |
| 量子体积 | $v_Q$ | $\lambda_T^3,\ 1/n_Q$ |
| 费米-狄拉克分布 | $\overline{n}_{\mathrm{FD}}(\epsilon)$ | $f(\epsilon)$ |
| 态密度 | $g(\epsilon)$ | $D(\epsilon)$ |

# 参考数据

## 物理常量

$$k = 1.381 \times 10^{-23}\,\text{J/K}$$
$$= 8.617 \times 10^{-5}\,\text{eV/K}$$
$$N_\text{A} = 6.022 \times 10^{23}$$
$$R = 8.314\,\text{J/(mol·K)}$$
$$h = 6.626 \times 10^{-34}\,\text{J·s}$$
$$= 4.136 \times 10^{-15}\,\text{eV·s}$$
$$c = 2.998 \times 10^8\,\text{m/s}$$
$$G = 6.674 \times 10^{-11}\,\text{N·m}^2/\text{kg}^2$$
$$e = 1.602 \times 10^{-19}\,\text{C}$$
$$m_e = 9.109 \times 10^{-31}\,\text{kg}$$
$$m_p = 1.673 \times 10^{-27}\,\text{kg}$$

## 单位转换

$$1\,\text{atm} = 1.013\,\text{bar} = 1.013 \times 10^5\,\text{N/m}^2$$
$$= 14.7\,\text{lb/in}^2 = 760\,\text{mmHg}$$
$$T(\text{摄氏度 °C}) = T(\text{开尔文 K}) - 273.15$$
$$T(\text{华氏度 °F}) = \frac{9}{5}T(\text{摄氏度 °C}) + 32$$
$$1\,\text{°R} = \frac{5}{9}\,\text{K}$$
$$1\,\text{cal} = 4.184\,\text{J}$$
$$1\,\text{Btu} = 1054\,\text{J}$$
$$1\,\text{eV} = 1.602 \times 10^{-19}\,\text{J}$$
$$1\,\text{u} = 1.661 \times 10^{-27}\,\text{kg}$$

原子序数（左上角）是原子核中的质子数。原子质量（底部）由地球表面同位素的丰度加权得出。所有的原子质量都是相对于碳-12 同位素的质量。原子质量单位（u）定义为碳-12 原子质量的 1/12。引用的最后一位数字的不确定度通常差异很大。括号中的数字是该元素寿命最长的同位素的质量——它们不存在稳定同位素。然而，尽管 Th、Pa 和 U 没有稳定的同位素，但它们确实是典型的地壳成分，因此可以给出有意义的加权质量。元素 110 到 112 给出了已知同位素的质量数。此表来自于 Particle Data Group 的 Review of Particle Physics, *The European Physical Journal* C3, 73 (1998)。[1]

## 元素周期表

| 1 IA | 2 IIA | 3 IIIB | 4 IVB | 5 VB | 6 VIB | 7 VIIB | 8 VIII | 9 VIII | 10 VIII | 11 IB | 12 IIB | 13 IIIA | 14 IVA | 15 VA | 16 VIA | 17 VIIA | 18 VIIIA |
|---|---|---|---|---|---|---|---|---|---|---|---|---|---|---|---|---|---|
| 1 **H** 氢 1.00794 | | | | | | | | | | | | | | | | | 2 **He** 氦 4.002602 |
| 3 **Li** 锂 6.941 | 4 **Be** 铍 9.012182 | | | | | | | | | | | 5 **B** 硼 10.811 | 6 **C** 碳 12.0107 | 7 **N** 氮 14.0674 | 8 **O** 氧 15.9994 | 9 **F** 氟 18.9984032 | 10 **Ne** 氖 20.1797 |
| 11 **Na** 钠 22.989770 | 12 **Mg** 镁 24.3050 | | | | | | | | | | | 13 **Al** 铝 26.981538 | 14 **Si** 硅 28.0855 | 15 **P** 磷 30.973761 | 16 **S** 硫 32.066 | 17 **Cl** 氯 35.4527 | 18 **Ar** 氩 39.948 |
| 19 **K** 钾 39.0983 | 20 **Ca** 钙 40.078 | 21 **Sc** 钪 44.955910 | 22 **Ti** 钛 47.867 | 23 **V** 钒 50.9415 | 24 **Cr** 铬 51.9961 | 25 **Mn** 锰 54.938049 | 26 **Fe** 铁 55.845 | 27 **Co** 钴 58.933200 | 28 **Ni** 镍 58.6934 | 29 **Cu** 铜 63.546 | 30 **Zn** 锌 65.39 | 31 **Ga** 镓 69.723 | 32 **Ge** 锗 72.61 | 33 **As** 砷 74.92160 | 34 **Se** 硒 78.96 | 35 **Br** 溴 79.904 | 36 **Kr** 氪 83.80 |
| 37 **Rb** 铷 85.4678 | 38 **Sr** 锶 87.62 | 39 **Y** 钇 88.90585 | 40 **Zr** 锆 91.224 | 41 **Nb** 铌 92.90638 | 42 **Mo** 钼 95.94 | 43 **Tc** 锝 (97.907215) | 44 **Ru** 钌 101.07 | 45 **Rh** 铑 102.90550 | 46 **Pd** 钯 106.42 | 47 **Ag** 银 107.8682 | 48 **Cd** 镉 112.411 | 49 **In** 铟 114.818 | 50 **Sn** 锡 118.710 | 51 **Sb** 锑 121.760 | 52 **Te** 碲 127.60 | 53 **I** 碘 126.90447 | 54 **Xe** 氙 131.29 |
| 55 **Cs** 铯 132.90545 | 56 **Ba** 钡 137.327 | 57 – 71 镧系 | 72 **Hf** 铪 178.49 | 73 **Ta** 钽 180.9479 | 74 **W** 钨 183.84 | 75 **Re** 铼 186.207 | 76 **Os** 锇 190.23 | 77 **Ir** 铱 192.217 | 78 **Pt** 铂 195.078 | 79 **Au** 金 196.96655 | 80 **Hg** 汞 200.59 | 81 **Tl** 铊 204.3833 | 82 **Pb** 铅 207.2 | 83 **Bi** 铋 208.98038 | 84 **Po** 钋 (208.982415) | 85 **At** 砹 (209.987131) | 86 **Rn** 氡 (222.017570) |
| 87 **Fr** 钫 (223.019731) | 88 **Ra** 镭 (226.025402) | 89 –103 锕系 | 104 **Rf** 𬬻 (261.1089) | 105 **Db** 𬭊 (262.1144) | 106 **Sg** 𬭳 (263.1186) | 107 **Bh** 𬭛 (262.1231) | 108 **Hs** 𬭶 (265.1306) | 109 **Mt** 鿏 (266.1378) | 110 (269, 273) | 111 (272) | 112 (277) | | | | | | |

**镧系**

| 57 **La** 镧 138.9055 | 58 **Ce** 铈 140.116 | 59 **Pr** 镨 140.90765 | 60 **Nd** 钕 144.24 | 61 **Pm** 钷 (144.912745) | 62 **Sm** 钐 150.36 | 63 **Eu** 铕 151.964 | 64 **Gd** 钆 157.25 | 65 **Tb** 铽 158.92534 | 66 **Dy** 镝 162.50 | 67 **Ho** 钬 164.93032 | 68 **Er** 铒 167.26 | 69 **Tm** 铥 168.93421 | 70 **Yb** 镱 173.04 | 71 **Lu** 镥 174.967 |
|---|---|---|---|---|---|---|---|---|---|---|---|---|---|---|

**锕系**

| 89 **Ac** 锕 (227.027747) | 90 **Th** 钍 232.0381 | 91 **Pa** 镤 231.03588 | 92 **U** 铀 238.0289 | 93 **Np** 镎 (237.048166) | 94 **Pu** 钚 (244.064197) | 95 **Am** 镅 (243.061372) | 96 **Cm** 锔 (247.070346) | 97 **Bk** 锫 (247.070298) | 98 **Cf** 锎 (251.079579) | 99 **Es** 锿 (252.082971) | 100 **Fm** 镄 (257.095096) | 101 **Md** 钔 (258.098427) | 102 **No** 锘 (259.1011) | 103 **Lr** 铹 (262.1098) |
|---|---|---|---|---|---|---|---|---|---|---|---|---|---|---|

[1] *Review of Particle Physics* 每年更新一次，每两年在高能物理期刊上发表。它包括对已知基本粒子特性测量的汇编和评估，并总结了对假想的新粒子的搜索。——译者注

## 部分物质的热力学性质

该表中的所有值都是处于 298 K 和 1 bar 时的 1 mol 物质。化学式之后的是物质的形态，可以是固体 (s)、液体 (l)、气体 (g) 或水溶液 (aq)。当存在一种以上的常见固体形态时，会指明矿物名称或晶体结构。水溶液数据的标准浓度为 1 mol/kg。生成熵和生成吉布斯自由能 $\Delta_f H$ 和 $\Delta_f G$ 代表形成 1 mol 物质时 $H$ 和 $G$ 的变化，生成的原料是该物质最稳定的单质（如 C（石墨）、$O_2(g)$ 等）。要获得另一个反应的 $\Delta H$ 或 $\Delta G$ 值，从产物的 $\Delta_f$ 中减去反应物的 $\Delta_f$。对于溶液中的离子，在正离子和负离子之间划分热力学量存在歧义。按照惯例，将 $H^+$ 取为零，所有其他值的选择都应与此值保持一致。数据来自 Atkins (1998) [23]、Lide (1994) [58] 和 Anderson (1996) [31]。请注意，尽管这些数据对于本书中的示例和问题是足够准确和一致的，但并非所有显示的数字位数都是有意义的。若以研究为目的，你应始终参考原始文献来确定实验的不确定度。

| 物质（形态） | $\Delta_f H$/kJ | $\Delta_f G$/kJ | $S$/(J/K) | $C_P$/(J/K) | $V$/cm$^3$ |
|---|---|---|---|---|---|
| Al(s) | 0 | 0 | 28.33 | 24.35 | 9.99 |
| Al$_2$SiO$_5$（蓝晶石） | −2594.29 | −2443.88 | 83.81 | 121.71 | 44.09 |
| Al$_2$SiO$_5$（红柱石） | −2590.27 | −2442.66 | 93.22 | 122.72 | 51.53 |
| Al$_2$SiO$_5$（硅线石） | −2587.76 | −2440.99 | 96.11 | 124.52 | 49.90 |
| Ar(g) | 0 | 0 | 154.84 | 20.79 | |
| C（石墨） | 0 | 0 | 5.74 | 8.53 | 5.30 |
| C（钻石） | 1.895 | 2.900 | 2.38 | 6.11 | 3.42 |
| CH$_4$(g) | −74.81 | −50.72 | 186.26 | 35.31 | |
| C$_2$H$_6$(g) | −84.68 | −32.82 | 229.60 | 52.63 | |
| C$_3$H$_8$(g) | −103.85 | −23.49 | 269.91 | 73.5 | |
| C$_2$H$_5$OH(l) | −277.69 | −174.78 | 160.7 | 111.46 | 58.4 |
| C$_6$H$_{12}$O$_6$（葡萄糖） | −1273 | −910 | 212 | 115 | |
| CO(g) | −110.53 | −137.17 | 197.67 | 29.14 | |
| CO$_2$(g) | −393.51 | −394.36 | 213.74 | 37.11 | |
| H$_2$CO$_3$(aq) | −699.65 | −623.08 | 187.4 | | |
| CO(aq) | −691.99 | −586.77 | 91.2 | | |
| Ca$_2{}^+$(aq) | −542.83 | −553.58 | −53.1 | | |
| CaCO$_3$（方解石） | −1206.9 | −1128.8 | 92.9 | 81.88 | 36.93 |
| CaCO$_3$（文石） | −1207.1 | −1127.8 | 88.7 | 81.25 | 34.15 |
| CaCl$_2$(s) | −795.8 | −748.1 | 104.6 | 72.59 | 51.6 |
| Cl$_2$(g) | 0 | 0 | 223.07 | 33.91 | |
| Cl$^-$(aq) | −167.16 | −131.23 | 56.5 | −136.4 | 17.3 |
| Cu(s) | 0 | 0 | 33.150 | 24.44 | 7.12 |
| Fe(s) | 0 | 0 | 27.28 | 25.10 | 7.11 |
| H$_2$(g) | 0 | 0 | 130.68 | 28.82 | |

| 物质（形态） | $\Delta_f H/\text{kJ}$ | $\Delta_f G/\text{kJ}$ | $S/(\text{J/K})$ | $C_P/(\text{J/K})$ | $V/\text{cm}^3$ |
|---|---|---|---|---|---|
| $H(g)$ | 217.97 | 203.25 | 114.71 | 20.78 | |
| $H^+(aq)$ | 0 | 0 | 0 | 0 | |
| $H_2O(l)$ | −285.83 | −237.13 | 69.91 | 75.29 | 18.068 |
| $H_2O(g)$ | −241.82 | −228.57 | 188.83 | 33.58 | |
| $He(g)$ | 0 | 0 | 126.15 | 20.79 | |
| $Hg(l)$ | 0 | 0 | 76.02 | 27.98 | 14.81 |
| $N_2(g)$ | 0 | 0 | 191.61 | 29.12 | |
| $NH_3(g)$ | −46.11 | −16.45 | 192.45 | 35.06 | |
| $Na^+(aq)$ | −240.12 | −261.91 | 59.0 | 46.4 | −1.2 |
| $NaCl(s)$ | −411.15 | −384.14 | 72.13 | 50.50 | 27.01 |
| $NaAlSi_3O_8$（钠长石） | −3935.1 | −3711.5 | 207.40 | 205.10 | 100.07 |
| $NaAlSi_3O_8$（硬玉） | −3030.9 | −2852.1 | 133.5 | 160.0 | 60.40 |
| $Ne(g)$ | 0 | 0 | 146.33 | 20.79 | |
| $O_2(g)$ | 0 | 0 | 205.14 | 29.38 | |
| $O_2(aq)$ | −11.7 | 16.4 | 110.9 | | |
| $OH^-(aq)$ | −229.99 | −157.24 | −10.75 | −148.5 | |
| $Pb(s)$ | 0 | 0 | 64.81 | 26.44 | 18.3 |
| $PbO_2(s)$ | −277.4 | −217.33 | 68.6 | 64.64 | |
| $PbSO_4(s)$ | −920.0 | −813.0 | 148.5 | 103.2 | |
| $SO_4^{2-}(aq)$ | −909.27 | −744.53 | 20.1 | −293 | |
| $HSO_4^-(aq)$ | −887.34 | −755.91 | 131.8 | −84 | |
| $SiO_2$（$\alpha$ 石英） | −910.94 | −856.64 | 41.84 | 44.43 | 22.69 |
| $H_4SiO_4(aq)$ | −1449.36 | −1307.67 | 215.13 | 468.98 | |

# 中文索引

# 英文索引

# PEARSON

## 教学支持申请表

　　本书配有**教师手册**，为了确保您及时有效地申请，请您**务必完整填写**如下表格，加盖学院的公章后扫描发送至下方邮箱，我们将会在 2~3 个工作日内为您处理。

　　请填写所需教辅的开课信息：

| 采用教材 | | | □ 中文版 □ 英文版 □ 双语版 | | |
|---|---|---|---|---|---|
| 作　者 | | 出版社 | | | |
| 版　次 | | ISBN | | | |
| 课程时间 | 始于　　年　月　日 | 学生人数 | | | |
| | 止于　　年　月　日 | 学生年级 | □专科　□本科 1/2 年级<br>□研究生 □本科 3/4 年级 | | |

　　请填写您的个人信息：

| 学　　校 | | | | |
|---|---|---|---|---|
| 院系/专业 | | | | |
| 姓　　名 | | 职　称 | □助教□讲师□副教授□教授 | |
| 通信地址/邮编 | | | | |
| 手　　机 | | 电　话 | | |
| 传　　真 | | | | |
| Official E-mail(**必填**)<br>(eg:XXX@ruc.edu.cn) | | E-mail<br>(eg:XXX@163.com) | | |
| 是否愿意接受我们定期的新书讯息通知：　□是　□否 | | | | |

系 / 院主任：＿＿＿＿＿＿＿＿＿＿（签字）

（系 / 院办公室章）

＿＿＿＿＿年＿＿＿月＿＿＿日

联系人：张金奎
地址：北京市西城区百万庄大街 22 号 机械工业出版社高教分社
邮编：100037
电话：010-88379722
传真：010-68997455